"十三五"国家重点出版物出版规划项目

能源化学与材料<u>丛书</u>　总主编　包信和

电化学能源材料
结构设计和性能调控

孙世刚　田　娜　周志有　李君涛　著

科 学 出 版 社

北　京

内 容 简 介

本书根据作者长期的科学研究实践,融合相关基础理论、最新研究进展和发展前沿,从表面原子排列结构、传输通道结构和纳米结构等层次阐述电化学能源材料的结构与性能的构效关系,并通过典型的电催化反应(氢气和 C1、C2 有机小分子氧化,氧气、二氧化碳和氮气还原)和电化学能源器件(质子交换膜燃料电池、二次电池)中的研究实例论述电催化剂和电极材料等电化学能源材料的结构设计和性能调控。

本书适合从事电催化、电化学、催化化学、表界面科学、化学工程和能源、材料、纳米技术等交叉学科领域的科技工作者,以及相关领域学习的研究生和高年级本科生参考。

图书在版编目(CIP)数据

电化学能源材料结构设计和性能调控 / 孙世刚等著. —北京:科学出版社,2021.2

(能源化学与材料丛书/包信和总主编)

"十三五"国家重点出版物出版规划项目

ISBN 978-7-03-067242-1

Ⅰ.①电… Ⅱ.①孙… Ⅲ.①电化学－能源－材料－结构设计 Ⅳ.①TK01

中国版本图书馆 CIP 数据核字(2020)第 255820 号

责任编辑:李明楠 / 责任校对:杜子昂
责任印制:徐晓晨 / 封面设计:蓝正设计

科 学 出 版 社 出版
北京东黄城根北街 16 号
邮政编码:100717
http://www.sciencep.com

北京虎彩文化传播有限公司 印刷
科学出版社发行 各地新华书店经销
*
2021 年 2 月第 一 版 开本:720×1000 1/16
2021 年 6 月第二次印刷 印张:18 1/2
字数:370 000

定价:158.00 元
(如有印装质量问题,我社负责调换)

丛书编委会

丛 书 序

能源是人类赖以生存的物质基础，在全球经济发展中具有特别重要的地位。能源科学技术的每一次重大突破都显著推动了生产力的发展和人类文明的进步。随着能源资源的逐渐枯竭和环境污染等问题日趋严重，人类的生存与发展受到了严重威胁与挑战。中国人口众多，当前正处于快速工业化和城市化的重要发展时期，能源和材料消费增长较快，能源问题也越来越突显。构建稳定、经济、洁净、安全和可持续发展的能源体系已成为我国迫在眉睫的艰巨任务。

能源化学是在世界能源需求日益突出的背景下正处于快速发展阶段的新兴交叉学科。提高能源利用效率和实现能源结构多元化是解决能源问题的关键，这些都离不开化学的理论与方法，以及以化学为核心的多学科交叉和基于化学基础的新型能源材料及能源支撑材料的设计合成和应用。作为能源学科中最主要的研究领域之一，能源化学是在融合物理化学、材料化学和化学工程等学科知识的基础上提升形成，兼具理学、工学相融合大格局的鲜明特色，是促进能源高效利用和新能源开发的关键科学方向。

中国是发展中大国，是世界能源消费大国。进入 21 世纪以来，我国化学和材料科学领域相关科学家厚积薄发，科研队伍整体实力强劲，科技发展处于世界先进水平，已逐步迈进世界能源科学研究大国行列。近年来，在催化化学、电化学、材料化学、光化学、燃烧化学、理论化学、环境化学和化学工程等领域均涌现出一批优秀的科技创新成果，其中不乏颠覆性的、引领世界科技变革的重大科技成就。为了更系统、全面、完整地展示中国科学家的优秀研究成果，彰显我国科学家的整体科研实力，提升我国能源科技领域的国际影响力，并使更多的年轻科学家和研究人员获取系统完整的知识，科学出版社于 2016 年 3 月正式启动了"能源化学与材料丛书"编研项目，得到领域众多优秀科学家的积极响应和鼎力支持。编撰该丛书的初衷是"凝炼精华，打造精品"。一方面要系统展示国内能源化学和材料资深专家的代表性研究成果，以及重要学术思想和学术成就，强调原创性和系统性及基础研究、应用研究与技术研发的完整性；另一方面，希望各分册针对特定的主题深入阐述，避免宽泛和冗余，尽量将篇幅控制在 30 万字内。

本套丛书于 2018 年获"十三五"国家重点出版物出版规划项目支持。希望它的付梓能为我国建设现代能源体系、深入推进能源革命、广泛培养能源科技人才贡献一份力量！同时，衷心希望越来越多的同仁积极参与到丛书的编写中，让本套丛书成为吸纳我国能源化学与新材料创新科技发展成就的思想宝库！

包信和

2018 年 11 月

前　言

随着能源资源日益短缺和环境加速恶化，开发可再生能源(太阳能、风能、潮汐能等)，建立清洁、高效的新能源结构，是人类社会可持续发展面临的共同挑战。在未来新能源结构和社会发展中，电化学能源技术是可再生能源开发利用的基础，是新能源汽车产业发展的核心技术，是国防安全、太空和深海探测的有力保障，是下一代通信、人工智能、大数据等高新技术发展的重要支撑。作为电化学能源转换的燃料电池，把燃料分子的化学能直接转换成电能，不受卡诺循环的理论限制，高效、无污染；而作为电化学能量储存的二次电池和超级电容器则把电能转换成化学能储存起来，根据需要再转换成电能释放。它们不仅方便地为各类移动电器和电动车提供驱动电源，还应用于大规模储存间歇式发电的可再生能源。当前，我国可再生能源的风力发电和太阳能发电装机容量及电动车数量发展迅速，规模早已跃居世界首位。社会经济的快速发展对电化学能源体系的性能也提出了越来越高的要求，体现在高能量密度、高功率密度、高安全性、长寿命、低成本和宽运行温度等方面。

无论是燃料电池还是二次电池的性能都极大地取决于电极材料的性能，而电极材料的结构则是决定其性能的关键因素。燃料电池中的反应发生在催化剂表界面，而二次电池的反应不仅在电极表界面进行，还涉及电极材料的体相传输。因此，从原子、分子层次设计燃料电池催化剂和二次电池电极材料的结构，并发展有效的策略和方法实现结构控制合成，从而大幅度提升其性能一直是关键的科学问题和基础研究的前沿。基于此，本书融合电化学能源材料的基础理论、最新研究进展和发展前沿，结合作者长期的科学研究实践和获取的知识积累，从表面原子排列结构、表面传输通道结构和纳米结构等层次阐述电化学能源材料的结构与性能的构效关系，并通过典型的研究实例论述电化学能源材料的结构设计和性能调控。基于对电化学能源材料结构与性能的构效规律的理解，本书概述了模型催化剂的基础，包括表面结晶学基础和金属单晶模型催化剂的制备及其在固|液界面电化学条件下的表征；以铂金属单晶模型电催化剂为例，系统论述了多种液体燃料分子在催化剂表面解离吸附和氧化反应动力学，以及多种直接液体燃料电池中阳极和阴极催化剂的表面结构效应；结合燃料电池、二次电池等电化学能源体系的发展，系统阐述了高指数晶面/高表面能纳米催化剂的控制合成、性能表征和应

用，燃料电池非贵金属氧还原催化剂的活性位结构、性能与稳定性，锂离子电池正极和负极材料的结构与性能调控等方面的基础、研究进展和发展方向。

本书围绕燃料电池催化剂和锂电池电极材料的结构设计和性能调控，分为以下三个部分进行系统阐述。

第一部分：金属单晶模型催化剂及其构效规律，由三章组成。包括金属单晶模型催化剂，介绍表面结晶学相关基础知识和理论，以及金属单晶模型催化剂的制备和表征(第 2 章)；电催化反应动力学，阐述有机小分子电催化氧化双途径反应机理，及其在 Pt 单晶电极上解离吸附和直接氧化反应动力学(第 3 章)；电催化剂表面结构效应，从表面原子排列结构层次论述电催化剂的构效规律，基于 Pt 金属单晶模型催化剂对 H_2、C1、C2 等小分子燃料电氧化，O_2 和 CO_2 等重要能源分子电还原研究结果的系统分析，总结表面结构与电催化性能的构效规律，建立电催化活性位的结构模型(第 4 章)。

第二部分：燃料电池催化剂结构设计和性能调控，由三章组成。包括高指数晶面结构纳米晶的形状控制合成，阐述晶体生长原理及规律和高指数晶面结构纳米晶的形状控制合成方法和进展(第 5 章)；高指数晶面结构金属及其合金纳米催化剂的电催化性能，结合有机小分子氧化、O_2 还原、CO_2 还原和 N_2 还原等能源电化学反应，讨论不同结构高指数晶面金属及合金纳米催化剂的电催化性能(第 6 章)；燃料电池非贵金属氧还原催化剂的结构设计和性能调控，着重论述 M/N/C 非贵金属 ORR 催化剂的结构设计、活性位和表界面过程及在燃料电池中的性能和稳定性(第 7 章)。

第三部分：锂离子电池电极材料的结构设计和性能调控。包括锂离子电池正极和负极材料的结构设计和性能调控。从电极材料的结构与性能的基础出发，阐述各种正极材料(层状氧化物正极材料、尖晶石型氧化物正极材料、聚阴离子型正极材料)和负极材料(硅负极材料、基于转换反应的氧化物负极材料)的结构调控与性能提升的策略和进展(第 8 章)。

全书以第 1 章引论开始，介绍电化学能源在现代能源体系中的地位、挑战及其材料本身的特征和调控，并在全书最后，第 9 章，给出结论和展望。

本书的读者对象适合从事电化学、化学、化工，以及能源、材料、纳米技术等学科领域的科技工作者和从事新能源材料产业的工程技术人员。也可作为相关领域学习的研究生、高年级本科生，以及从事教学工作的教师参考用书。

在本书完成之际，作者感谢肖翀、唐敬筱、王宇成、李毓阳、万里洋、张鹏方等同学和周尧、任文锋博士对本书相关章节的资料收集和参与部分书稿工作做出的贡献，感谢甄春花老师协调作者撰写进度，特别感谢本书的责任编辑为本书顺利出版所做出的努力。

本书各章的撰写分工为孙世刚(第 1～4 章，第 9 章)，田娜(第 5、6 章)，周志有(第 7 章)，李君涛(第 8 章)。由于作者的学识、水平和时间所限，本书难免存在不足之处，敬请读者不吝指正，将不胜感激。

孙世刚

2020 年 10 月于厦门大学芙蓉园

目　　录

第1章 引 论

1.1 电化学能源在现代能源体系中的重要地位和面临的主要挑战

能源是经济建设和社会进步的原动力。目前人类社会赖以生存和发展的能源主要是煤、石油和天然气等化石能源。煤的利用推动了 18 世纪 60 年代蒸汽机的出现，开启了人类社会第一次工业革命；19 世纪 60 年代石油和天然气的开发促成了汽车和飞机的发明，引发了人类社会第二次工业革命。迄今为止，人类利用化石能源的主要方式是燃烧，即把储存在化石能源中的化学能转化为热能，经过热机转化为机械能做功，或进一步带动发电机发电，转化成电能加以利用。但是，以燃烧的方式利用化石能源带来了严重的后果，给人类的生存造成严重的负面影响。一方面，所有热机都受到卡诺循环原理的限制，其能源转化效率低，产生大量的污染物排放，使生态环境恶化，特别是温室气体(CO_2，N_2O 等)在大气中的积累导致"温室效应"，引起全球气候变化。另一方面，两次工业革命以来，人类对化石能源的消耗快速增长，从 1900 年至今，化石能源消费增长了 22.5 倍。根据已探明的化石能源储量和人类当前消耗的水平，预测石油和天然气还可供人类使用 50 年左右，煤可用 300 年左右。当然，人类通过技术进步也在不断发现新的煤田、气田和油田资源。但是，根据国际能源署(International Energy Agency，IEA)的统计和预测，自 1900 年以来，人类消耗化石能源的速度稳步上升，而发现新的油、气、煤田资源的速度在 20 世纪 60 年代到达高峰期后却稳步下降。

随着化石能源的消耗，水能和核能在现代能源体系中占据了一定的比重，但是化石能源依然是主体能源。以我国为例，目前 75%的电力仍然由使用煤炭的火力发电厂提供。当前，迫于使用化石能源带来的日益严重的环境污染的压力，亟须开发清洁的可再生能源，如太阳能、风能、生物质能、地热能、海洋能等。但是这些能源都是间歇式的能源，发电品质差、难以并入电网，需要发展相应的储能技术。已经有多种成熟的储能技术，如抽水储能(仅适用于水力发电)、压缩空气储能、飞轮储能、蓄热储能、蓄冰储能、电磁储能，电化学储能，等等。在各种储能技术中，适合可再生能源的大规模能量储存、并且最为方便可靠的是电化学储能。根据中关村储能产业技术联盟(CNESA)全球储能项目库的不完全统计，截至 2019 年年底，全球已投运储能项目累计装机规模 184.6 吉瓦(GW)。其中，抽水蓄能的累计装机规模最大，为 171 GW，电化学储能的累计装机规模紧随其后，为 9520.5 兆瓦(MW)。在各类电化学储能技术中，锂离子电池的累计装机规模最大，达到 8453.9 MW。我国于 2016 年已成为全球最大可再生能源生产国和消费国。根据国家能源局公布的数据，截至 2019 年年底，我国累计风电装机容量 2.1 亿 kW，累计光伏发电装机容量 2.04 亿 kW，一直居全球首位。但因电化学储能等设施的建设远不能满足需求，仍然存在大量弃风、弃光现象。2019 年我国总的弃光电量 46 亿 kW·h、弃风电量高达 169 亿 kW·h，两项合计相当于三峡电站 2019 年 16%的发电量。

　　我国化石能源的结构可归结为富煤、贫油、少气。我国煤储量约 1145 亿 t，居世界第三位(第一位美国，约 2273 亿 t)；石油储量约 256 亿桶，居世界第十三位(第一位委内瑞拉，约 3009 亿桶)；天然气储量约 4.9 万亿 m^3，居世界第十位(第一位俄罗斯，约 48 万亿 m^3)。根据国际能源署估计，我国的煤层气储量约 36 万亿 m^3，居世界第三位，页岩气可采储量约 36 万亿 m^3，位居世界第一位。但是目前的开采技术和装备及成本离商业化要求还有较大的差距。尽管我国的石油储量少，但是随着社会经济的发展，对石油的消费量快速增长，特别是交通(汽车、轮船、飞机等)领域。根据中国汽车工业协会统计，2019 年我国汽车产销量分别为 2572.1 万辆和 2576.9 万辆，连续 11 年位居世界第一位。我国机动车保有量在 2019 年达到 3.48 亿辆(公安部交通管理局发布的数据)，是不折不扣的石油能源消费"大户"。我国从 1993 年开始，石油消费量首次超过石油产量。2011 年，石油年消耗量超过 4.5 亿 t，石油年产量少于 2 亿 t，进口 2.5 亿 t，对外依存度达到 55.3%，首次超过了美国。2019 年石油表观消费量 6.97 亿 t，石油净进口量约为 5.06 亿 t，石油对外依存度高达 72.6%。为了应对这一严峻的形势，我国大力推动了汽车电气化的进程，制定了 2008 年百辆级、2010 年万辆级、2015 年百万辆级、2020 年千万辆级的新能源车发展计划，并于 2009 年开始实施了"十城千辆"项目示范推广新能源车。到 2016 年年底，我国新能源车产销突破 50 万辆，累计推广超过 100 万辆，居世界第一位；至 2019 年 12 月，新能源车保有量达到 381 万辆，占全球新能源汽车总量的 53.4%。虽然目前我国新能源车的发展速度居全球第一，但仍然滞后于新能源车发展计划，其问题的关键可归结为电化学能源还跟不上新能源车发展的需求。

　　在化石能源日渐短缺、环境日趋恶化的今天，清洁、高效和优化利用化石能源、开发可再生能源已成为现代能源发展的重要趋势。而无论是大规模储能、动力电源领域，还是下一代移动通讯(5G)和人工智能(AI)等高技术领域，电化学能源都占据着十分重要的地位。电化学能源包含二次电池、燃料电池、超级电容等典型的新能源体系。当前，电化学能源面临的挑战可归结为以下主要方面。

　　(1)二次电池。性能不能满足快速发展所提出的越来越高的要求。电池的性能包括能量密度、功率密度、循环使用寿命、工作温度范围、安全性和成本等。目前，商品化的基于石墨负极/磷酸铁锂正极的锂离子动力电池体系的能量密度为 120～150 W·h/kg，基于石墨负极/三元金属材料正极的锂离子动力电池的能量已经达到 200～230 W·h/kg，但都与储能、移动电器、电动车的需求存在较大差距。以电动车为例，如果充一次电的续航里程与燃油车一致(500 公里)，动力电池的能量密度需要达到 500 W·h/kg，相应的正极和负极材料的比容量都需要大幅度提升。

(2)燃料电池。成本高，离商品化应用还有较大的差距。当前用于电动车的燃料电池主要是以氢气为燃料的质子交换膜燃料电池，以及潜在的以有机小分子(甲醇、乙醇等)为燃料的直接液体燃料电池。这些燃料电池都无一例外使用铂基金属催化剂，而铂族金属价格高昂，储量稀少，成为商品化推广应用的主要瓶颈。显然，提升铂基催化剂的活性、选择性和稳定性可以大幅度提高铂金属的利用率，从而显著降低成本。此外，开发非贵金属催化剂亦是解决这一瓶颈问题的重要途径。

(3)超级电容器。成本高也是突出的问题，而其主要的成本来自电极材料，如双电层电容器中的活性炭电极材料成本占比大于40%。

由此可见，电化学能源面临的主要挑战来自电极材料的性能不能满足快速增长的需求和高昂的成本。无论是燃料电池催化剂，还是二次电池和超级电容器的电极材料，其性能都取决于材料的结构(化学组成、体相结构、表面结构、电子结构、纳米结构等)，因此如何通过结构设计、控制合成，开发出性能更优、成本更低的电极材料成为电化学能源的主要科学问题和研究前沿。

1.2　电化学能源体系及其材料的结构特征和调控

电化学能源是实现化学能与电能之间直接转化和储存的能源系统。因不受热机卡诺循环原理的限制，其能量转换效率高、清洁无污染、方便灵活，广泛应用于移动电器(通信、办公)的电源，电动汽车的动力电源和可再生能源的大规模储能，是化石能源高效、清洁和优化利用的重要途径，也是可再生能源(太阳能、风能、生物质能、潮汐能、地热能等)开发和利用的技术支持。

如图 1.1 所示的典型的电化学能源转换系统，其核心是燃料电池。燃料电池直接把蕴藏在化石燃料或生物质燃料中的化学能直接转化成电能。因此，燃料电池是一种化学发电机，是继火力、水力和核能之后的第四种发电方式。燃料电池的燃料来源十分广泛，几乎所有可以氧化的物质[氢气、天然气、碳氢化合物(甲醇、乙醇等)、氮氢化合物(氨、肼等)、生物质等]均可作为阳极氧化的燃料，而阴极还原反应则利用大气中占 20.9%的氧气。

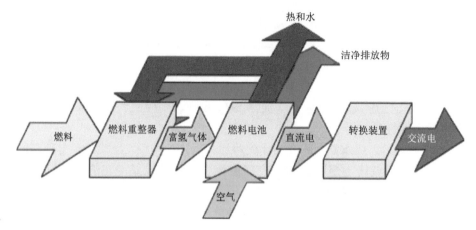

图 1.1 典型的电化学能源转换系统示意图

燃料电池依据所使用的电解质可分为不同的类型：

(1) 传导质子(H⁺)或羟基(OH⁻)的电解质(膜)。这类燃料电池一般都在比较低的温度(室温或低于 100℃)下工作，除碱性燃料电池外都使用铂基材料为催化剂，包含以氢气为燃料的质子交换膜燃料电池(PEMFCs, proton exchange membrane fuel cells)、磷酸燃料电池(PAFCs, phosphoric acid fuel cells)、碱性燃料电池(AFCs, alkaline fuel cells)；以有机分子为燃料的直接液体燃料电池(DLFCs, direct liquid fuel cells)，如直接甲醇燃料电池(DMFCs, direct methanol fuel cells)、直接乙醇燃料电池(DEFCs, direct ethanol fuel cells)，等等。

(2) 传导氧负离子(O²⁻)的电解质(高温陶瓷 YSZ，LSGM 等)，即固体氧化物燃料电池(SOFCs, solid oxide fuel cells)。其工作温度一般在 500～1000℃，催化剂通常为金属陶瓷材料(Ni/YSZ，LSCo，Ni/CeO₂，Cu/CeO₂ 等)，可使用氢气、一氧化碳、天然气、煤气和碳氢化合物为燃料。

(3) 传导碳酸根(CO₃²⁻)的电解质(富含 Li₂CO₃ 和 K₂CO₃ 的 MgO 或 LiAlO₃ 粉末烧结陶瓷复合材料)，即熔融碳酸盐燃料电池(MCFCs, molten carbonate fuel cells)。其工作温度 600℃左右，催化剂使用镍合金和镍氧化物，以氢气为燃料。

上述燃料电池中，目前应用最为广泛的是质子交换膜燃料电池，在空间电源(载人宇宙飞船、卫星动力、空间照明)，军事动力机具(装甲车、潜艇、深海探测器、救生发射器、通信和信号发射)，地面发电站(中央电站、分散式电站、在位式电站)，边远地区能源(微波通信、电网无法到达地区)等领域都发挥了重要的作用。特别是质子交换膜燃料电池具有高能源转换效率、低污染、高能量密度的优势，在电动交通(电动车、电动舰船、电动飞行器)方面具有重要的应用前景。

质子交换膜燃料电池以氢气为燃料，如图 1.2(a)所示。负极(阳极)和正极(阴极)反应分别为：

负极反应：$\qquad$ $H_2 \Longrightarrow 2H^+ + 2e^-$ $\quad E_-^0 = 0.0\ V$ $\hfill$ (1.1)

正极反应：$\qquad$ $O_2 + 4H^+ + 4e^- \Longrightarrow 2H_2O$ $\quad E_+^0 = 1.229\ V$ $\hfill$ (1.2)

电池反应：$\qquad$ $2H_2 + O_2 \Longrightarrow 2H_2O$ $\quad E^0 = E_+^0 - E_-^0 = 1.229\ V$ $\hfill$ (1.3)

能量转换理论效率：$\qquad$ $\eta_{\text{Theo}} = \dfrac{\Delta G}{\Delta H} = \dfrac{E}{E - T\left(\dfrac{\partial E}{\partial T}\right)_p}$ $\hfill$ (1.4)

在常温常压下，电池反应(1.3)的 $\Delta G^0 = -237.14\ \text{kJ/mol}$，$\Delta H^0 = -285.83\ \text{kJ/mol}$，$\eta_{\text{Theo}} = 83\%$。由式(1.4)可知，氢氧燃料电池的能量转换理论效率是温度 T 的函数，随温度增加而增大或减小的程度取决于电压 E 随温度的变化率 $T(\partial E / \partial T)_p$。

燃料电池最为重要的关键材料是催化剂。以 PEMFCs 为例〔图 1.2(a)〕，其阳极(anode)和阴极(cathode)催化剂都是基于铂族金属的材料。铂族金属(特别是铂金属)不仅对氢气氧化和氧气还原都具有极高的催化活性，而且在强酸性或强碱性环境中还具有超高的稳定性，成为目前 PEMFCs 不可替代的催化剂材料。但是，铂族金属在地球上储量稀少(探明储量约 8 万 t)，且分布极不均匀(南非约 80%，津巴布韦约 10%，俄罗斯约 8%，美国和加拿大约 2%，我国仅 0.3%左右)[1]，属稀缺资源，价格高昂。如图 1.2(b)所示，目前燃料电池价格超过一半以上的成本来自催化剂(电极材料)，成为制约其商品化应用的主要瓶颈。因此如何提高铂族金属的利用率是 PEMFCs 的重大挑战和关键的科学和技术问题。

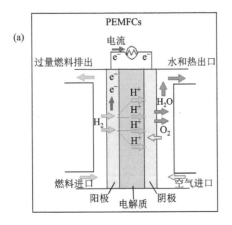
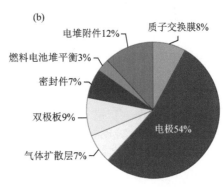

图 1.2　(a)质子交换膜燃料电池示意图；(b)PEMFCs 部件价格占比

在燃料电池中，无论是阳极氧化反应还是阴极还原反应，其电催化过程(燃料分子的吸附、解离、转化、电荷转移等)都发生在催化剂表面。因此，催化剂的性能取决于其表面结构(化学结构、电子结构、表面原子排列结构和纳米结构)。如何从原子、分子微观层次认识催化活性位的结构，获取表面结构与催化性能之间的构效规律，理性设计和制备高活性、高选择性、高稳定性和低成本的催化剂构成了燃料电池电催化的核心内容。以 PEMFCs 为例，一方面，通过调控表面结构显著提高电催化性能是有效提升铂族金属利用率的重要途径，包括优化铂催化剂的化学组成(铂基合金，表面修饰)，控制合成特定表面原子排列结构的纳米晶，以及构筑特定形貌的纳米结构等。另一方面，开发制备高活性和高稳定性的非贵金属催化剂是降低成本、解决其商业化瓶颈问题的重要方向。

电化学能源储存包含电池和超级电容器，图 1.3 是它们与燃料电池性能的比较。可以看到，燃料电池具有与内燃机相当的最高能量密度，超级电容器的能量密度最低，但功率密度最高。电池的能量密度和功率密度则介于燃料电池和超级电容器之间。

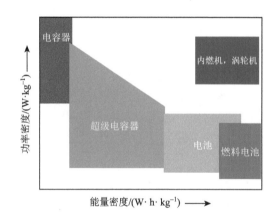

图 1.3　电池、燃料电池和超级电容器的能量密度和功率密度比较

依据可否重复使用，电池分为一次电池(不可充电)和二次电池(可充电)。一次电池如银锌电池(Zn/AgO)、锌锰电池(Zn/MnO_2)，热激活电池(Mg/V_2O_5 等)和水激活电池($Mg/AgCl$ 等)等，常用于消费电子器件(如电子手表、计算器等)和医疗、军事等特殊应用领域(如心脏起搏器、军用贮备电源等)。二次电池可以反复充电、多次使用，具有更高的能量密度，在消费电子器件、移动通信、规模储能、电动交通、航空航天、国防安全等领域得到了更广泛的应用。二次电池包括镍镉电池(NiCd)、镍金属氢化物电池(NiMH)、铅酸电池(Pb-acid)，锂电池(锂离子电池，lithium ion battery；锂硫电池，lithium-sulfur battery)，其他金属离子电池(钠离子电池，sodium ion battery；镁离子电池，magnesium ion battery；铝离子电池，aluminum ion battery)，金属空气电池(锂空气电池，lithium-air battery；锌空气电池，zinc-air battery)和液流电池(flow redox battery)等。

　　以锂离子电池为例,其工作原理如图 1.4 所示。大多数商品化用于消费电子器件的锂离子电池均以石墨(graphite)为负极,钴酸锂(LiCoO$_2$)为正极,电池的化学式可表示为:

$$(-,阳极)\ C(graphite)\ \big|\ LiFP_6 - EC + DMC + DEC(1:1:1)\ \big|\ LiCoO_2\ (阴极, +) \quad (1.5)$$

负极和正极反应分别为

负极反应:　　　　$Li_xC_6 \underset{充电}{\overset{放电}{\rightleftharpoons}} 6C + xLi^+ + xe^- \quad E^{0-} = -3.04\ V$　　　　(1.6)

正极反应:　　　　$Li_{1-x}CoO_2 + xLi^+ + xe^- \underset{充电}{\overset{放电}{\rightleftharpoons}} LiCoO_2 \quad E^+ = 0.56\ V$　　　　(1.7)

电池反应:　$Li_{1-x}CoO_2 + Li_xC_6 \underset{充电}{\overset{放电}{\rightleftharpoons}} 6C + LiCoO_2 \quad E^0 = E^{0+} - E^{0-} = 3.60\ V$　(1.8)

　　锂离子电池也称“摇椅式电池”。充电过程中,储存在层间化合物 LiCoO$_2$ 正极中的锂原子氧化为锂离子,在外加电源的驱动下,电子经外电路到达负极,锂离子则经过电解质嵌入到石墨负极中接受电子还原为锂原子储存起来。放电过程则相反,不同之处是电池的化学势($\Delta G^0 = -nFE^0 = -347.3\ kJ/mol$)驱动电子经外电路的负载做功后流到正极,锂离子经过电解质嵌入到 LiCoO$_2$ 正极中接受电子还原为锂原子。

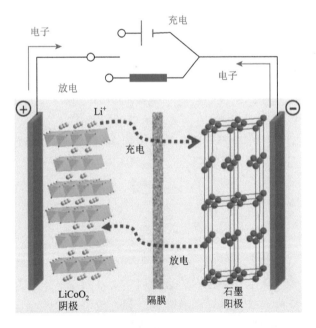

图 1.4　锂离子电池工作原理图(正极:LiCoO$_2$;负极:石墨)

　　如前所述,与燃料电池一样,电池最为关键的材料也是电极材料。其他材料如电解质、导电剂、黏合剂等也发挥着重要功能。不同类型电池的电极材料具有不同的化学组成和结构。对于目前应用最为广泛的锂离子电池，要求其电极材料能够储存锂离子。因此可以储存锂离子的层状材料（石墨、$LiCoO_2$、$LiNi_{1/3}Co_{1/3}Mn_{1/3}O_2$ 等），尖晶石型材料（$LiMn_2O_4$），橄榄石型（$LiFePO_4$）材料，以及可以形成锂合金的金属（Sn、Sb 等）或可发生锂取代转换反应的金属氧化物（Co_3O_4、MnO 等）和硅材料（Si、SiO_2 等）都可以作为锂离子电池的电极材料。依据它们氧化还原反应电位的高低分为负极（如石墨、Sn、Si 等）和正极（$LiCoO_2$、$LiFePO_4$ 等）材料。显然，锂离子电池电极材料的性能与它们的化学组成、晶相结构和表面结构有关。电池最重要的性能是它的能量密度（w）和功率密度（p），分别由下面两式决定。

$$w = \frac{nFE^0}{\sum M_i} \tag{1.9}$$

$$p = k\frac{D}{l^2}d \tag{1.10}$$

式（1.9）中，n 为电化学反应转移的电子数，E^0 为电化学势，F 为法拉第常数，$\sum M_i$ 是电极材料的摩尔质量。显然，$\sum M_i$ 越小（越轻），E^0 和 n 越大，能量密度就越高，这是开发高能量密度二次电池理论基础；式（1.10）中，k 是电化学反应动力学系数，D 为锂离子的扩散系数，l 为扩散路径长度，d 是材料表面锂离子传输活性中心的密度。D 由电极材料的体相微观（晶相）结构决定，l 取决于电极材料的粒径尺寸，d 则与电极材料的表面结构密切相关。显然，通过减小电极材料的粒径尺寸，通过设计和调控材料的体相微观结构和表面结构，增大锂离子的扩散系数和传输通道的密度，可以显著提升电极的功率性能，成为开发高功率或快速充电二次电池的指导原则。

依据储能机制，超级电容器可分为双电层电容器、赝电容器、混合型电容器和电池型电容器四种类型，其能量密度（w）和功率密度（p）分别为

$$w = \frac{1}{2}CV^2 \tag{1.11}$$

$$p = \frac{V^2}{2R_s} \tag{1.12}$$

式（1.11）中，C 为超级电容器的电容，V 为电压；式（1.12）中，R_s 为电阻。双电层电容的材料为多孔活性炭，其比表面积越大，双电层电容越大；赝电容涉及电化学氧化还原反应，其材料包括氧化物、聚合物等；电池型电容采用一些电池的电极材料。超级电容器的电极材料除要求比表面积大，对于赝电容器和电池型电容器因还涉及氧化还原、离子传输等过程，故还要求其电极材料具有与二次电池电极材料类似的结构。

由上可知，不同的电化学能源体系具有不同的能源转换和储存机理，相应的

电极材料也具有不同的结构特征。在燃料电池中，电化学反应主要发生在催化剂表面和电极|电解质界面。因此，电极的表面和界面结构是设计和制备高活性、高选择性和高稳定性催化剂的主要因素。而对于二次电池，电化学能源转换和储存不仅发生在电极表面和电极|电解液界面，还涉及电极材料体相的扩散和传输过程。因此，电极材料的性能不仅取决于表面和界面结构，还取决于尺寸、形貌和体相结构。本书针对不同电化学能源体系的特点，系统阐述质子交换膜氢氧燃料电池催化剂、直接液体燃料电池催化剂和锂电池电极材料的结构特征和结构设计的理论基础，以及通过调控电化学能源材料的结构提升其性能的策略和主要的研究进展。

参 考 文 献

[1]   胡昌义，刘时杰. 贵金属新材料[M]. 长沙：中南大学出版社，2015：1-16.

第 2 章　金属单晶模型催化剂

理性设计和制备高性能(电)催化剂的理论基础是催化剂表面结构与性能之间的构效规律，其核心是催化活性中心(位点)的组成、结构和物理化学性质。实际应用的催化剂都是把催化活性组分的超细粒子(现代称纳米粒子)高度分散到各种载体上，以提高活性和稳定性，同时提升催化剂材料的利用率，减小催化剂的成本。实际催化剂粒子虽然活性高，但表面结构十分复杂，如何认识催化活性中心、获得催化剂的构效规律成为催化科学最重要的难题。1932 年诺贝尔化学奖得主 I. Langmuir[1]首先注意到这一难题，提出可以利用结构明确的单晶面作为模型催化剂，研究其构效规律，然后将获取的理论知识拓展到实际催化剂设计和制备中。由于实验条件(表面结构、催化性能表征技术等)的限制，这一建议直到 20 世纪 70 年代才得以实现。随着超高真空技术、电子能谱技术等的发展，德国科学家 G. Ertl[2]和美国科学家 G. A. Somorjai[3]等在超高真空体系中，以金属单晶面为模型催化剂，研究了不同条件下各种金属不同密勒指数单晶面的结构及其变化，以及一系列催化体系在固|气界面反应的构效规律。G. Ertl 因此获得 2007 年诺贝尔化学奖，G. A. Somorjai 也获得了 1998 年的 Wolf 化学奖。与固|气界面相比较，由电极与电解质溶液组成的固|液界面更为复杂，法国科学家 J. Clavilier[4]在同时期把金属单晶模型催化剂引入固|液界面研究，成为电化学表面科学及电催化研究的先驱，获得 2008 年的 Frumkin 奖章。

本章首先简要介绍表面结晶学的基础知识，重点阐述金属单晶模型催化剂制备和表征，特别是电催化领域最重要的 Pt 金属单晶面在固|液界面电化学条件下的结构表征及其变化的原位跟踪探测。

2.1　表面结晶学基础

以金属单晶面作为模型电催化剂，其重大意义在于获得原子排列结构层次的电催化剂构效规律，明确电催化活性位(中心)的结构，发展电催化的基础理论，指导高性能电催化剂的设计和制备。研究原子排列结构明确的单晶电极上发生的各种过程，包括表面结构重建，反应分子吸附、脱附、成键、解离和转化等，其关键是能够根据研究进展的需要获得各种具有特定原子排列结构的金属单晶面。

表面结晶学是制备各种表面结构单晶电极的基础。

2.1.1　晶面密勒指数

密勒指数(Miller indices)是标记某一单晶面取向的坐标。如图 2.1(a)所示,将一个立方晶体的单胞植入三维坐标系中,不同取向的晶面由其在 X、Y、Z 三个轴上截距 x、y、z 的倒数,即密勒指数 hkl 表示为

$$(hkl) = \left(\frac{1}{x} \frac{1}{y} \frac{1}{z} \right) \tag{2.1}$$

当晶面在三个轴上的截距分别为 $x=1$,$y=1$,$z=1$ 时,为(111)晶面;分别为 $x=1$,$y=\infty$(即与 Y 轴平行,相交于无限远),$z=\infty$时,为(100)晶面;分别为 $x=1$,$y=1$,$z=\infty$时,为(110)晶面,如图 2.1 中(b)、(c)、(d)所示。

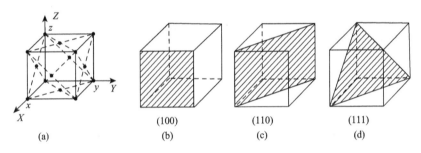

图 2.1　(a)位于三维坐标系中的立方晶体单胞;(b)、(c)、(d)密勒指数分别为(100)、(110)和(111)的晶面

表面原子通常按二维布拉维(Bravais)格子形成二维单胞,并周期性无限延展形成原子排列结构均一的晶面。表面原子二维排列点阵表示为

$$\vec{T} = n\vec{a} + m\vec{b} \tag{2.2}$$

式中,$\vec{a}$ 和 $\vec{b}$ 是二维布拉维单胞的基矢,n 和 m 为周期延展的整数。五种二维布拉维单胞类型见图 2.2,基矢长度 a、b 和它们之间的夹角 β 列于表 2-1 中。

对于不同晶系,如面心立方(fcc)或体心立方(bcc)晶系,相同密勒指数晶面具有完全不同的表面原子排列结构。对于面心立方晶体(图 2.3),立方体单胞除每个顶点一个原子外,在每个面上还有一个原子。(111)晶面的原子呈密集六角形排列,(100)晶面的原子为正方形排列,(110)晶面顶层的原子排列成矩形。可见,不同密勒指数的晶面具有不同的原子排列结构。

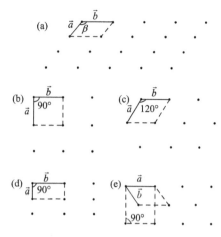

图 2.2　五种二维布拉维单胞类型

表 2-1　五种二维布拉维单胞的参数

序号	晶系	基矢长度与夹角	布拉维晶胞类型
(a)	斜方	$a \neq b,\ \beta \neq \pi/2$	简单斜方
(b)	正方	$a = b,\ \beta = \pi/2$	简单正方
(c)	六角	$a = b,\ \beta = 2\pi/3$	简单六角
(d)	长方	$a \neq b,\ \beta = \pi/2$	简单长方
(e)	长方	$a \neq b,\ \beta = \pi/2$	带心长方

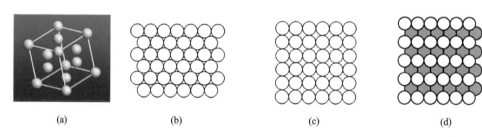

图 2.3　面心立方晶体单胞原子点阵结构 (a)，和其 (111) 晶面 (b)、(100) 晶面 (c)、(110) 晶面 (d) 原子排列结构

　　对于体心立方 (bcc) 晶体 (图 2.4)，立方体单胞除每个顶点一个原子外，还有一个原子位于单胞的中心。(111) 晶面顶层的原子为平行四边形排列，(100) 晶面顶层原子排列成正方形，而 (110) 晶面的原子呈密集六角形排列。由此可知，对于不同晶系，相同密勒指数的晶面具有完全不同的原子排列结构。

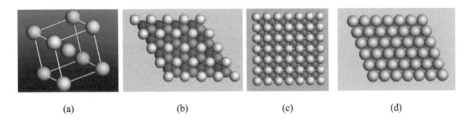

図 2.4　体心立方晶体单胞原子点阵结构(a)，和其(111)晶面(b)、(100)晶面(c)、(110)晶面(d)
原子排列结构

2.1.2　基础晶面和高指数晶面

基础晶面即单晶面的密勒指数不大于 1 的低指数晶面，它们的原子排列结构
是二维有序表面的基本对称结构，如图 2.3 和图 2.4 中的(111)、(100)和(110)晶
面。这三个基础晶面不仅具有不同的对称结构，还具有不同的表面位点。面心立
方晶体的三个基础晶面上不同结构的表面位如图 2.5 所示。

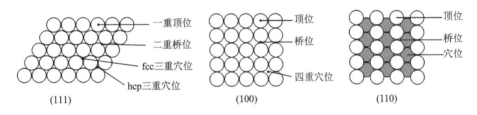

图 2.5　面心立方晶体(111)、(100)和(110)晶面上各种表面位[5]

虽然在三个基础晶面上都存在顶位(top site)、桥位(bridge site)和穴位
(hollow site)，但这些表面位因其所在晶面结构不同而具有不同的环境和对称
性。如在(111)面上存在 fcc 三重穴位和密堆积六方(hcp)三重穴位，在(100)
面上是正方形四重穴位，而在(110)上则为矩形四重穴位。由于原子排列结构
不同，对于同一种金属(如电催化中常用的 Pt)的三个基础晶面的反应性能有显
著差别[6]。

按照 TLK(Terrace，Ledge，Kink)模型(图 2.6)[7]，阶梯晶面即金属单晶的高
指数晶面是由不同对称结构、不同宽度平台和不同对称结构、不同高度台阶组成，
其晶面结构可用 LJS(Lang，Joyner，Somorjai)标记(LJS notation)描述[8]：

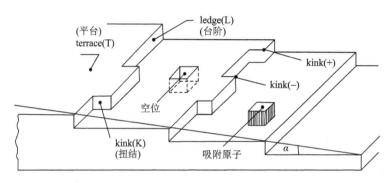

图 2.6　TLK 模型示意图

$$M(S)-m(hkl)\times n(h'k'l') \qquad (2.3)$$

M 为金属的符号，S 代表阶梯晶面（step surfaces），$m(hkl)$ 表示 m 行原子宽、密勒指数为 (hkl) 的晶面结构平台，$n(h'k'l')$ 则指示 n 行原子高的 $(h'k'l')$ 晶面结构的台阶。例如，图 2.7 所示的 Pt 单晶（331）晶面原子排列结构模型，由三行原子宽的（111）平台和单原子高的（111）台阶组成，其表面结构表示为 Pt(331)(S)−3(111)×(111)。注意到在平台和台阶的交界处实际上形成了（110）对称结构单元。在阶梯晶面上，这种（110）表面位比较稳定，使阶梯晶面具有更高的电催化活性[9]。

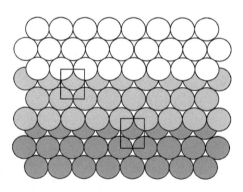

图 2.7　Pt(331)晶面原子排列结构模型，图中矩形为一个(110)对称结构单元

在表面结晶学中，常借用单晶的球极平面射影图来描述各个晶面之间的角度关系[10]，不同密勒指数晶面之间的夹角都可以从单位三角形中的相对位置给出，如图 2.8 中以（111）晶面为中心的单位三角形[11]所示。（111），（100）和（110）三个基础晶面分别位于三角形的三个顶点，即 $[01\bar{1}]$，$[1\bar{1}0]$ 和 [001] 三条晶带轴的交点。位于三个晶带轴上的阶梯晶面仅含平台和台阶，位于三角形内部的晶面通常除平台和台阶外，还含有扭结，因此具有手性对称结构。

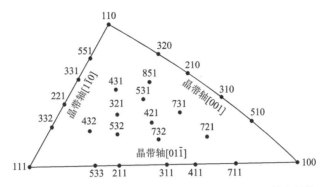

图 2.8　以 (111) 晶面为中心的面心立方金属单晶体球极平面射影单位三角形[11]

2.1.3　表面结构重建和吸附层结构

固|液界面环境中，大多数条件下金属单晶电极表面的原子排列与晶体中相平行晶面的原子排列不一致，即发生了表面结构重建。此外，当异种原子或分子吸附在单晶表面形成有序周期排列的亚单层吸附时，吸附层的结构也不同于单晶表面。对于未发生重建的单晶面，其表面结构以 (1×1) 表示，如 Pt(100)-(1×1)、Pt(111)-(1×1)、Pt(110)-(1×1) 等。当金属单晶面在一定条件下发生重建，则根据重建后的结构特征命名。图 2.9 给出 Pt 或 Au 单晶的三个基础晶面在超高真空

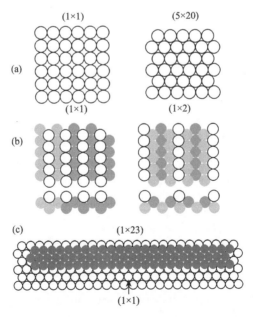

图 2.9　fcc 金属单晶 (100) 基础晶面 (a)，(110) 基础晶面 (b)，(111) 基础晶面 (c) 的 (1×1) 和重建结构模型

条件下由低能电子衍射(low energy electron diffraction，LEED)探测到的重建表面结构。洁净的(100)面重建形成了(5×20)的结构使表面能量最低[12]；(110)面通常为(1×2)重建结构，也即"缺行"(missing-row)结构[13]；Pt(111)通常不发生重建，而 Au(111)表面原子倾向于排列成更密集的(1×23)重建结构[14]。

有两种方法命名吸附层的表面结构。其一是 Wood 法，即选一个与表面平行的基底晶面作参考，在此晶面上格点有下列平移群

$$\vec{T} = n\vec{a} + m\vec{b} \tag{2.4}$$

而表面上格点的平移群可写成类似的形式

$$\vec{T}s = n'\vec{a}_s + m'\vec{b}_s \tag{2.5}$$

式中，n，m 和 n'，m' 均为整数，$\vec{a}$，$\vec{b}$ 和 $\vec{a}_s$，$\vec{b}_s$ 分别为基底和表面格点的基矢。在一般情况下，存在以下关系

$$\left.\begin{array}{l} \vec{a}_s = p_1\vec{a} + q_1\vec{b} \\ \vec{b}_s = p_2\vec{a} + q_2\vec{b} \end{array}\right\} \tag{2.6}$$

如果 $\vec{a}_s$ 和 $\vec{b}_s$ 之间的夹角与 $\vec{a}$ 和 $\vec{b}$ 之间的夹角相等，则表面结构可写成

$$M(hkl)\text{-}\left(\frac{|\vec{a}_s|}{|\vec{a}|} \times \frac{|\vec{b}_s|}{|\vec{b}|}\right)\varPhi\text{-}D \tag{2.7}$$

式中，$M(hkl)$ 为金属 M 单晶的 (hkl) 晶面，即基底晶面，$\varPhi$ 是表面格点基矢对于基底格点基矢的旋转角，D 是吸附层的化学符号。如图 2.10 中的 $Pt(111)\text{-}c(2\times2)\text{-}O$ 和 $Pt(100)\text{-}c(2\times2)\text{-}O$(也可写成 $Pt(100)\text{-}p(\sqrt{2}\times\sqrt{2})45°\text{-}O$)氧吸附层的表面结构，这里 c(centered)表示晶胞中带"芯"，而 p(primitive)指示表面晶胞中无吸附原子。

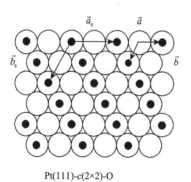
Pt(111)-c(2×2)-O

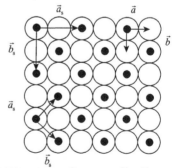
Pt(100)-c(2×2)-O或Pt(100)-$p(\sqrt{2}\times\sqrt{2})$45°-O

图 2.10　Pt(111)-c(2×2)-O 和 Pt(100)-c(2×2)-O(或可写成 Pt(100)-$p(\sqrt{2}\times\sqrt{2})$45°-O)氧吸附层的表面结构(图中空心圆圈代表 Pt 原子，实心圆代表氧原子)

另一种方法是矩阵法，它是基于构成表面晶胞面积 A_s 的基矢 $\vec{a}_s$，$\vec{b}_s$ 与构成基底晶胞面积 A 的基矢 $\vec{a}$，$\vec{b}$ 之间的关系，可用一般变换矩阵 M 来表示，即对于表面结构

$$\left.\begin{array}{l} \vec{a}_s = m_{11}\vec{a} + m_{12}\vec{b} \\ \vec{b}_s = m_{21}\vec{a} + m_{22}\vec{b} \end{array}\right\} \tag{2.8}$$

矩阵表示为

$$\begin{bmatrix} \vec{a}_s \\ \vec{b}_s \end{bmatrix} = \begin{bmatrix} m_{11} & m_{12} \\ m_{21} & m_{22} \end{bmatrix} \begin{bmatrix} \vec{a} \\ \vec{b} \end{bmatrix} = M \begin{bmatrix} \vec{a} \\ \vec{b} \end{bmatrix} \tag{2.9}$$

其中，
$$M = \begin{bmatrix} m_{11} & m_{12} \\ m_{21} & m_{22} \end{bmatrix} \tag{2.10}$$

对于图 2.10 中 Pt(111)-$c(2\times2)$-O 表面结构的矩阵为 $\begin{bmatrix} 2 & 0 \\ 0 & 2 \end{bmatrix}$，而 Pt(100)-$p(\sqrt{2} \times \sqrt{2})$ 45°-O 表面结构的矩阵为 $\begin{bmatrix} 1 & 1 \\ -1 & 1 \end{bmatrix}$。

2.2　表面二维成核动力学理论

N. A. Pangarov 在 20 世纪 60 年代基于电沉积织构现象的研究，发展了表面成核动力学理论[15-18]。对于生长具有密勒指数 (hkl) 二维有序结构，如图 2.11 所示，当一个原子接近 (hkl) 二维有序结构成核时，其生长速率 v 由下式决定

$$v_{hkl} \propto \exp\left(-\frac{W_{hkl}}{kT}\right) \tag{2.11}$$

式中，W_{hkl} 是"生成功"，即生成 (hkl) 结构二维晶核所需的能量，k 为玻尔兹曼(Boltzmann)常数，T 为热力学温度。根据这一理论，各种类型 (hkl) 结构表面晶格的生成功可以定义为

$$W_{hkl} = \frac{B_{hkl}}{\frac{1}{mN}(\mu - \mu_0) - A_{hkl}} \tag{2.12}$$

式中，μ 是位于二维晶核上方气相原子的化学势，μ_0 为平衡状态下无限延展三维晶体的化学势，m 为气体分子的原子数，N 为阿伏伽德罗(Avogadro)常数，A_{hkl} 和 B_{hkl} 是相对于形成 (hkl) 二维晶核的常数。

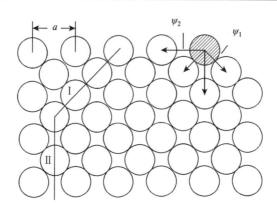

图 2.11 表面(100)结构二维成核模型[15]

对于电化学沉积金属单层有序表面结构，化学势 μ 可由电化学势 μ^* 取代，由此可得

$$W_{hkl} = \frac{B_{hkl}}{\frac{zF}{N}(\mu^* - \mu^{*0}) - A_{hkl}} = \frac{B_{hkl}}{\frac{zF}{N}\eta - A_{hkl}} \tag{2.13}$$

从式（2.13）可知，二维晶核生成功 W_{hkl} 取决于过电势 η。根据这一表达式，如果电极电势控制在对应于具有最低生成功的 (hkl) 二维晶核的 W_{hkl} 的数值，相应的 (hkl) 二维晶核在晶体表面将以最快的速率生长，最终形成的晶体将是由 (hkl) 晶面围成的多面体。

根据热力学最低总表面能的规则，在晶体生长过程中只有那些具有最低总表面能的晶体能够稳定并长成，也即这些晶体的表面原子呈最密集排列。对于面心立方金属(Pt，Pd，Rh，Ir，Au，Ag，Cu 等)，具有最紧密原子排列结构的表面是 (111) 晶面。由此，最低总表面能的 fcc 晶体是由 {111} 晶面围成的八面体和四面体形状。而对于体心立方 bcc 金属(Fe，Cr，V，Mo，W 等)，具有最紧密原子排列结构的表面是 (110) 晶面，相应的最低总表面能的晶体为菱形十二面体和四方双锥体形状。图 2.12 给出理论计算预测的 fcc 金属不同晶面结构二维晶核生成功 W_{hkl} 随过饱和度(或过电势)的变化，其顺序为(111)＜(100)＜(110)＜(311)＜(210)；但是对于 bcc 金属，这一变化顺序改变为(110)＜(211)＜(100)＜(310)＜(111)。这一理论计算结果指出，应用电化学沉积方法制备 fcc 金属晶体，当电极电位控制在最低过电势时，将生长出由 {111} 晶面围成的八面体或四面体形状晶体；而对于 bcc 金属，相同的情况则获得由 {110} 晶面围成的菱形十二面体和四方双锥体形状晶体。

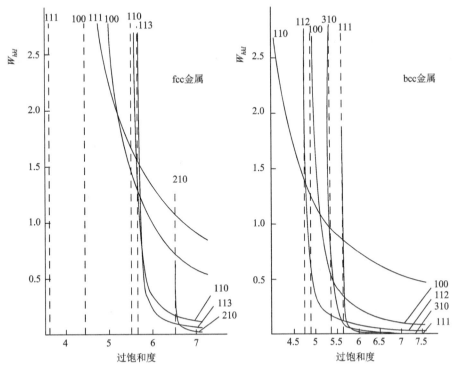

图 2.12　不同(hkl)结构生成功(W_{hkl})的相对值随过饱和度(supersaturation)的变化曲线[16]

2.3　金属单晶模型催化剂的制备

　　金属单晶模型催化剂是表面原子排列结构明确的研究样品。其制备包括金属单晶的拉制、晶面定向、切割、研磨、回火和表面处理等步骤。

　　金属单晶的拉制可采用高频感应熔化结晶法和直接火焰熔区移动结晶法。高频感应熔化结晶法是把多晶金属或合金放到石英管中，置于螺旋形高频感应线圈的中心，控制施加到螺旋形高频感应线圈的电场强度和频率，在金属或合金内部感应产生局域强电流加热熔化，然后逐步减小电场强度和频率，使熔化的金属或合金形成一个晶种并逐步长成完美的单晶体。这种方法适用于几乎所有的金属或合金。直接火焰熔区移动结晶法所需设备极为简单[11]，但仅可用于 Pt、Pd、Au 等高熔点且不易氧化的金属单晶的拉制。如图 2.13(a)所示，将金属丝置于火焰枪(可使用氢气、丙烷或其他可燃气体)发出的火焰中，使之熔化并在表面张力作用下在金属丝底端形成球状晶体，通过一个透镜放大投影到屏幕上。上下移动火焰，可在屏幕的投影中观察到熔化与结晶之间形成的明确界面，也即是熔区。细心调整火焰与金属球的相对高度，将熔区移动到球体与金属丝的交界处，然后缓慢向下移动火焰使之形成一个晶种并逐步长成完美的球形单晶体。如前所述,对于 Pt、Pd、Au 等 fcc 金属,(111)和(100)晶面的表面能最低,因此在球形单晶的生长中,这两个晶面法线方向的生长速率最慢,在最后形成球形单晶体上可以明显观察到这两个晶面,如图 2.13(b)所示。

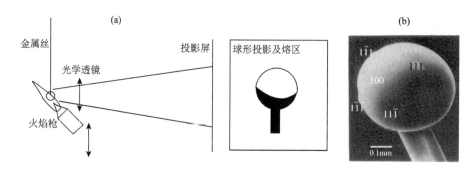

图 2.13　(a)直接火焰熔区移动结晶法示意图;(b)直接火焰熔区移动结晶法制备的球形单晶

单晶体拉制后,需要确定所需要的晶面的法线方向(晶面定向)。某一指定晶面可借助于 X 射线劳埃背反射法[19]或激光衍射法[11, 20]确定。在晶面定向中,常选取某一参照晶面,通常是具有较强和明确 X 射线衍射或激光反射强度的晶面,如(111)和(100)晶面,然后参照图 2.8 中的以(111)晶面为中心的面心立方晶体球极平面射影单位三角形,通过下式计算任意两个晶面的夹角

$$\cos\theta = \frac{h_1 \cdot h_2 + k_1 \cdot k_2 + l_1 \cdot l_2}{\sqrt{h_1^2 + k_1^2 + l_1^2} + \sqrt{h_2^2 + k_2^2 + l_2^2}} \tag{2.14}$$

$(h_1k_1l_1)$ 和 $(h_2k_2l_2)$ 是两个晶面的密勒指数,θ是两者之间的夹角。确定了待取向晶面与参照晶面的夹角后,利用单晶定向装置,将所确定的特定晶面调整到与切割平面相平行,然后用电火花加工技术或机械技术切割。进一步用不同粒度的研磨剂配合相应的研磨布,研磨剂粒度从粗到细逐步研磨、抛光。为消除单晶面经过机械切割和研磨后的应力,还需在不同条件下回火处理,通常是将金属单晶加热到其 2/3 熔点的温度,并保持适当的时间。最后,为了消除制备过程中产生的表面缺陷,获得原子级平整、表面原子排列结构明确的单晶样品,还必须进行表面处理。根据金属的不同性质,有不同的处理程序和方法,如在酸性溶液中结合电化学循环伏安扫描与火焰灼烧高温表面重建相结合处理 Pt 单晶电极[11, 21],化学与电化学抛光相结合处理 Au 单晶[22, 23]和 Ag 单晶[24],等等。

2.4 金属单晶模型催化剂的表征

制备出金属单晶研究样品后，对其表面的定向可用 X 射线劳埃背反射法或低能电子衍射(LEED)确认，其表面原子排列结构则可借助于 LEED，反射高能电子衍射(reflection high energy electron diffraction，RHEED)获取的倒易空间点阵，或扫描探针显微镜(scanning probe microscope，SPM)得到的实空间图像进行表征。

金属单晶研究样品作为模型催化剂，其关键需要在催化环境和不同条件下对其表面结构及其变化进行表征，这需要发展各种原位、工况条件下的表面处理技术及样品在不同环境之间无污染转移和表征技术。

电催化过程主要发生在电极|电解质溶液界面，如何表征金属单晶模型电催化剂(或单晶电极)在固|液界面环境的结构及其变化，获得表面结构明确的构效关系和动态信息是开展深入研究的基础。由于固|液界面的复杂性，获得洁净表面的单晶电极这一关键问题成为研究工作的瓶颈，导致 20 世纪 70 年代金属单晶模型电催化在固|液界面的研究滞后于固|气界面。随着 20 世纪 80 年代初金属单晶表面处理及无污染转移技术的发明，以及各种物理和光谱技术的进步并应用于固|液界面原位检测，单晶电极在电化学研究的各个领域得到广泛应用，推动了在原子分子水平上对电化学表界面科学和电催化的发展。

20 世纪 70 年代，由于缺乏用于原位研究的表面结构敏感技术，只能采用超高真空(UHV)技术，如：LEED[25-27]，俄歇电子能谱(AES)[26, 27]，电子能量损失谱(EELS)[27]，X 射线光电子能谱(XPS)[28]等非原位电子能谱方法来观察电化学过程前后电极状态和结构的变化，以及表面组成和价态的鉴别。这些测量一般在超高真空($< 10^{-8}$ torr，1 torr = 1 mmHg = $1.333\,22 \times 10^2$Pa)环境中进行，因此必须借助于电化学—超高真空双向转移技术[29, 30]才能实现。进入 20 世纪 80 年代，扫描隧道显微镜的发明并被用于电化学界面原位研究[31, 32]，以及各种原位谱学方法，如基于同步辐射光源的扩展 X 射线吸收谱精细结构(EXAFS)[33-35]、掠射 X 射线散射(GIXS)[33, 36]和非线性光学光谱如二次谐波发射谱(SHG)[37, 38]、合频谱(SFG)[39]等的相继出现，为获得有关固|液界面更完整的信息提供了可能。

2.4.1 Pt 族金属单晶电极的表面结构表征

铂族金属在现代工业中得到了广泛的应用。其中 Pt 金属具有最好的催化性能，不仅活性高而且稳定性好，成为石油催化重整、燃料电池等领域不可替代

的催化剂。对固|液界面环境中 Pt 单晶电极表面结构和过程的表征,氢吸附是最方便的探针反应(H-探针)。一方面,氢原子在 Pt 电极表面为单位点吸附(即一个 Pt 表面位吸附一个氢原子),可以根据不同晶面的原子排列结构准确计算单层吸附氢原子的量,即 $H^+ + [Pt] + e^- \longrightarrow [Pt]H_{ad}$,可以根据不同结构 Pt 单晶的表面原子密度计算出氢吸附电量密度,并与电化学实验测定的吸附电量密度相比较来检验实验结果的准确性。另一方面,氢在 Pt 电极上的吸脱附对表面结构非常敏感,特别是不同原子排列结构的 Pt 单晶电极在同一电解质溶液中的循环伏安曲线给出不同的吸脱附特征电流峰,可以原位检测单晶电极的表面结构并跟踪其变化。因此,氢电化学吸脱附的这一结构敏感特性常作为 H-探针探测 Pt 单晶电极的表面结构及其变化。

　　Pt 单晶电极表面十分活泼,极易吸附其他物质而被污染。当 Pt 单晶电极处于电化学环境中时,溶液中的物种就不可避免地会在界面上发生吸附、脱附、解离和电子转移等复杂过程,并可能诱导产生单晶表面的原子排列结构重建和表面相变,同时各种表面吸附层的形成也会改变基底的组成和结构而影响其电催化性能。因此,如何制备洁净、原子排列结构明确的 Pt 单晶电极并无污染转移到电解池中成为 Pt 单晶电极研究极为关键的实验技术。

　　20 世纪 70 年代,电化学家将电化学研究装置(EC 腔体,常压)与超高真空(UHV,10^{-10} torr)系统连接起来,在 UHV 腔体中利用 LEED 表征 Pt 单晶电极的表面结构,然后转移到与 UHV 腔体直接相连的电化学装置腔体中运用 H-探针探测固|液界面环境中电化学条件下的特征。E. Yeager 等首先开展了这一研究[40]。他们首先把 Pt 单晶样品置于 UHV 中,用 350 eV 能量的 Ar 离子溅射样品表面清除杂质,并在 900℃下高温处理,得到 Pt 单晶面清晰的 LEED 衍射点阵。然后在与外界隔绝的条件下转移到与 UHV 系统连接的 EC 腔体中,获得的 Pt(111)和 Pt(100)单晶电极在 0.05 mol/L H_2SO_4 中的电化学循环伏安(CV)曲线,如图 2.14(a)所示。可以观察到氢在两个 Pt 单晶电极上的吸脱附过程,即

$$H^+ + Pt + e^- \rightleftharpoons PtH_{ad} \qquad (2.15)$$

　　图 2.14(a)给出不同的吸脱附特征。值得注意的是,氢吸脱附峰电流值明显偏小(Pt(111)的氢脱附峰仅 15 μA/cm²,Pt(100)上仅 38 μA/cm² 左右)。D. M. Kolb 等利用相似的实验装置、优化了实验条件后,获得的 CV 曲线中如图 2.14(b)。虽然相同 Pt 单晶电极上具有类似的氢吸脱附特征峰,但峰电流值显著增大[41]。

　　电化学实验的优势之一是可以准确测量电化学反应过程中转移的电子数。通过对 CV 曲线积分,

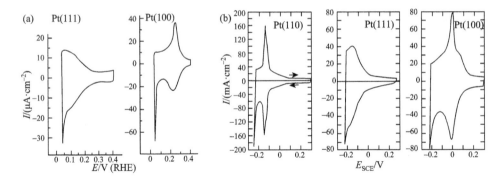

图 2.14　在 UHV 中表征的 Pt 单晶电极转移到电 EC 腔体中记录的电流密度(*I*)随电压(*E*)变化的循环伏安(CV)曲线。(a) 0.05 mol/L H$_2$SO$_4$ 溶液[40]，Pt(111)，电位扫描速率 ν = 50 mV/s；Pt(100)，ν = 100 mV/s；(b) 0.5 mol/L H$_2$SO$_4$ 溶液[41]，ν = 50 mV/s

$$dQ = jdt = jdt\frac{dE}{dE} = \frac{1}{\nu}jdE \tag{2.16}$$

$$Q = \frac{1}{\nu}\int_{E_1}^{E_2}(j - j_{dl})dE \tag{2.17}$$

式中，Q 为氢吸附电量，j 为电流，j_{dl} 为双电层充电电流(设为固定值)，E 为电极电位，ν 为电极电位扫描速率。积分电位区间从氢吸附的起始电位 E_1 到终止电位 E_2。根据 Pt 单晶(111)、(100) 和 (110) 三个基础晶面的原子排列结构，可以计算出满单层氢吸附电量分别为 208 μC/cm^2、243 μC/cm^2 和 147 μC/cm^2。

　　法国科学家 J. Clavilier 发现，无论从图 2.14(a) 或图 2.14(b) 的 CV 曲线按式(2.16)积分的 Q 都远小于上述理论值。由此他认为可能源于 Pt 单晶电极在从 UVH 腔体到电化学腔体转移过程中受到了污染，导致部分 Pt 表面位上不能吸附氢。为此，他与其合作者同样运用电化学研究装置与超高真空能谱(UHV)连接体系[42]，但首先在 EC 腔体中用氢氧火焰清洁和高温处理 Pt(100) 单晶电极 [图 2.15(a)]，然后在 0.5 mol/L H$_2$SO$_4$ 溶液中记录氢吸脱附 CV 曲线 [图 2.15(b)]，再转移到 UHV 中用 LEED 表征 Pt(100) 的表面结构 [图 2.15(c)]。从图 2.15(b) 的 CV 曲线积分得到的氢吸附电量为 205 μC/cm^2，与理论值十分吻合，而图 2.15(c) 中的 LEED 图像[4]清楚地说明经过氢氧火焰处理并在 0.5 mol/L H$_2$SO$_4$ 溶液中完成 CV 表征后，Pt(100) 电极仍然具有明确的 (100) 结构。这一研究结果不仅证实了之前的实验结果是由于 Pt(100) 电极在从 UVH 腔体向电化学腔体转移过程中受到了污染，还指出经过氢氧火焰处理的 Pt 单晶电极具有洁净和完美的晶面结构。进一步，他发明了至今广泛应用的金属单晶电极表面处理和无污染转移的 "Clavilier 方法"[21]，如图 2.16 所示。这一方法用简单的实验室装置取代了之前用于金属单晶电化学研究的超高真空电子能谱系统昂贵的设备，极大地普及了金属单晶电化学的研究，并推动了电化学表界面科学的发展。

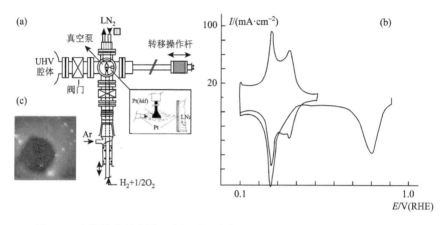

图 2.15　(a) UHV-电化学实验装置；(b) Pt(100) 在 0.5 mol/L H$_2$SO$_4$ 溶液中的 CV 曲线，电位扫描速率 ν = 50 mV/s；(c) Pt(100) 经过电化学循环伏安实验后转移到 UHV 中的 LEED 图像[42, 4]

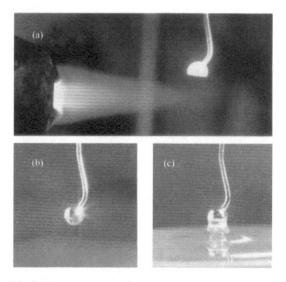

图 2.16　金属单晶电极表面处理和无污染转移的 Clavilier 方法：(a) 火焰清洁和高温处理；(b) 一滴超纯水保护晶面转移；(c) 与电解液形成悬挂接触

　　按照 Clavilier 方法处理 Pt 单晶三个基础晶面电极，在 0.1 mol/L H$_2$SO$_4$ 溶液中的循环伏安曲线如图 2.17 所示[43]。可以观察到，当循环伏安的电位扫描上限 (E_U) 低于 0.75 V ($vs.$ SCE) 时，氢的吸脱附在这三个晶面给出完全不同的特征电流峰：在 Pt(111) 上主要为低于 0.06 V 的平台电流和高于 0.06 V 的蝴蝶形峰，后者归因于溶液中阴离子（SO_4^{2-}、HSO_4^-）参与的吸脱附过程；在 Pt(100)上可观察到位于 –0.02 V 对应氢在短程有序(100)位上吸附的电流尖峰和在 0.01 V 附近对应氢在长程有序(100)位上吸附的电流宽峰；在 Pt(110)上仅出现位于–0.15 V 附近的电流尖峰。上述 CV 特征反映了氢在原子排列结构明确（well-defined）的三个基础晶面上吸脱附行为，已成为在固∣液界面原位检测三个晶面结构的经典判据[44]。进一步对 Pt(111)，Pt(100)和 Pt(110)三个电极的 CV 曲线中氢吸脱附电流按式(2.17)进行积分得到氢的吸(脱)附电量，分别为 240 $\mu C/cm^2$、205 $\mu C/cm^2$ 和 220 $\mu C/cm^2$。在 Pt(111)和 Pt(100)上 Q 的数值与一个氢原子吸附在一个表面 Pt 位的理论值相近，说明这两个晶面在实验条件下保持了(1×1)的原子排列结构。但 Pt(110)的数值比理论值(147 $\mu C/cm^2$)大了约 1.5 倍，对应(1×2)的重组结构［图 2.9(b)］。

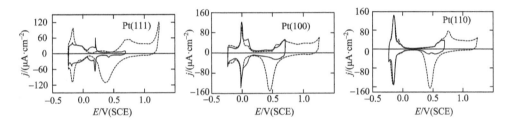

图 2.17　0.1 mol/L H_2SO_4 溶液中 Pt 单晶三个基础晶面在不同电位区间的电流密度(j)随电压(E)变化的循环伏安(CV)曲线，电位扫描速率 50 mV/s[43]

从图 2.17 的实线 CV 中还可观察到当电极电位高于 0.46 V 后在 Pt(100)和 Pt(110)上还出现了氧的吸附电流，在此 E_U(0.75 V)下通常为 OH 物种，其吸脱附不会引起三个晶面结构发生重组，即在此区间电位循环扫描的 CV 特征如图中所示的稳定曲线所示。但是，如果进一步升高 E_U 到 1.25 V，三个 Pt 单晶基础晶面电极的 CV 中都出现明显的氧吸附电流和位于 0.48 V 附近的吸附氧的还原电流峰。更显著的变化是氢吸脱附特征都发生了显著变化。从 E_U = 1.25 V 的稳定的 CV 曲线(图 2.17 中虚线)，可观察到 Pt(111)电极的蝴蝶峰完全消失，在–0.18 V 附近出现一电流尖峰；Pt(100)上对应短程和长程有序的峰电流减小，但在低于–0.1 V 电位区间的对应氢在缺陷位上吸附的电流增大；在 Pt(110)主要表现为–0.08 V 附近出现十分明显的电流尖峰。上述 CV 特征的变化指出氧吸附导致三个晶面发生了不同程度的表面结构重建。

Pt(111)晶面的原子排列为最密集排列，也最平整。E_U 升高到 1.25 V 的氧吸脱附过程导致低于 0.06 V 的平台电流和高于 0.06 V 的蝴蝶峰消失，代之出现与 Pt(110)电极类似的位于–0.15 V 附近的电流尖峰。这一变化暗示 Pt(111)平整的晶面发生了重构，出现了类似 Pt(110)晶面类似的阶梯状缺陷。从 Pt 单晶阶梯晶面的研究得知[45]，在高 E_U 电位循环伏安电位扫描条件下，氧的反复吸脱附导致 Pt(111) 平整的表面结构重整,形成了规则的高指数晶面,氢吸脱附 CV 与如图 2.18 中给出的 Pt(320) 电极的 CV 特征相似,Pt(320) 晶面由 3 行原子宽(110)平台和一列原子高(100)台阶二维周期性延展而成(如图 2.18 中的插图所示)。

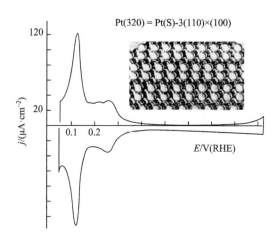

图 2.18　0.1 mol/L H_2SO_4 溶液中 Pt(320) 电极的 CV 曲线，电位扫描速率 50 mV/s[45]

　　值得进一步指出的是，氢的吸脱附不仅对晶面原子排列对称结构十分敏感，而且还可用来探测单晶电极表面对称结构有序范围(二维晶畴)。如图 2.19(a)所示，Pt(100) 晶面经火焰处理后在含氧气氛(空气)中冷却，给出短程有序(一维晶畴)为主的 Pt(100)-(1×1) 结构，CV 曲线中主要为位于–0.02 V 的电流峰。但在惰性(Ar)或还原性(H_2)气氛中冷却，则产生以长程有序(二维晶畴)为主的结构，CV 曲线中位于–0.02 V 的电流峰基本消失，代之以 0.01 V 附近为主的电流峰[11]。D.M. Kolb 等对经火焰处理后在不同气氛冷却的 Pt(111) 和 Pt(100) 电极，运用 CV 和 STM 研究其 CV 特征和 STM 结构，如图 2.19(b)。证实了氧化气氛和惰性或还原性气氛中冷却分别产生短程有序(一维晶畴)和长程有序(二维晶畴结构)[46]。S.G. Sun 等进一步的研究指出[47]，从短程有序 Pt(100)-(1×1) 结构出发，通过施加电位快速电位扫描循环伏安处理，可获得长程和短程有序结构任意比例的表面。如图 2.19(c)，对经 Clavilier 方法处理(空气中冷却)并转移到 0.5 mol/L H_2SO_4 溶液中的 Pt(100) 电极，在–0.2～0.8 V 区间用快速电位扫描(200 mV/s)处理不同时间(τ)，然后以 100 mV/s 纪录 CV 曲线。图中清楚显示随 τ 逐渐增加，CV 曲线中氢在二维短程有序(100)结构的脱附峰 j_a 逐渐减小，而氢在长程有序(100)结构的脱附峰 j_b 逐渐增大，也即制备出一系列从一维短程有序结构向二维长程有序结构连续变化的(100)表面结构，从而可以研究不同尺度二维(100)晶畴的电催化性能。S. G. Sun 等研究了 CO_2

在图 2.19(c)中 CV 对应 Pt(100)不同表面结构电催化还原，测得 CO_2 还原的速率在 Pt(100) 表面一维短程有序结构上最大，并随表面 Pt(100) 表面二维长程有序结构增加而减小，也即一维短程有序(100)结构对 CO_2 电催化还原的活性更高[47]。

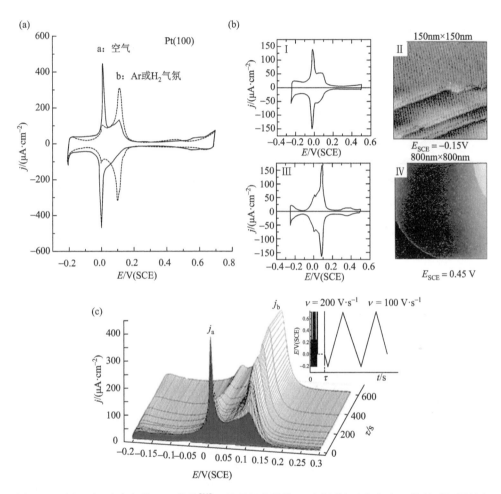

图 2.19　(a) Pt(100) 电极的 CV 曲线[11]，晶面经火焰处理后分别在含氧气氛、惰性或还原性气氛中冷却，0.5 mol/L H_2SO_4 溶液，电位扫描速率 50 mV/s；(b) 0.1 mol/L H_2SO_4 溶液中 Pt(100) 电极的 CV 曲线和 STM 图像[46]，晶面经火焰处理后在空气(Ⅰ、Ⅱ)、CO + N_2 混合气氛(Ⅲ、Ⅳ)中冷却；(c) Pt(100) 电极的 CV 特征随电化学处理(插图中的快速电位扫描)时间 τ 的变化，0.5 mol/L H_2SO_4 溶液[47]

　　如上所述，Pt 金属表面十分活泼，极易吸附其他物质引起结构变化。在长期的研究中，主要在 UHV 环境由电子衍射的倒易空间点阵表征单晶面的原子排列结构(如 LEED，RHEED)。20 世纪 80 年代初发展的扫描探针显微镜可在实空

间和原子分辨层次表征表面结构，虽然成功用于表征 Pt 单晶电极表面二维结构
［如图 2.19(b)］，但迄今为止对 Pt 单晶电极原子分辨结构的表征仍然存在挑战。
K. Itaya 等报道了 Pt(111) 单晶电极在 0.01 mol/L KClO$_4$ 溶液中的高分辨 STM 图
像［图 2.20(a)］，可以观察到相对"清晰"的 (1×1) 原子排列结构。在较大范围
(20 nm×20 nm) 的 STM 图像中［图 2.20(b)］则可以看到长程有序 (111) 结构和台阶[48]。

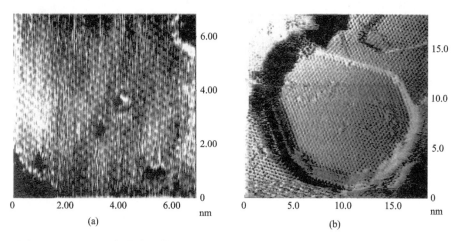

图 2.20　Pt(111) 电极的高分辨 (a) 和大范围 (b) STM 图像，0.01 mol/L KClO$_4$ 溶液，
0.1 V(RHE)[48]

　　相对于原位 SPM，Clavilier 方法结合 H-探针 CV 不仅对 Pt 单晶表面结构极为
敏感，而且操作起来十分方便和简单。在不同条件下的 CV 曲线具有各种精细结
构和"指纹"特征，因此被认为是一种原位表征固 | 液界面环境中铂单晶电极的表
面结构及其变化的 CV 图谱[49, 50]。S.G. Sun 等研究了 0.1 mol/L HClO$_4$ 和 0.5 mol/L
H$_2$SO$_4$ 溶液中 Pt(100)、Pt(111)、Pt(110) 3 个基础晶面和 Pt(310)、Pt(511)、Pt(610)、
Pt(211)、Pt(331)、Pt(332)、Pt(320)、Pt(210) 一系列高指数晶面电极的 H-探针
CV 特征，及其对甲酸和甲醇解离吸附毒性物种的电催化氧化性能[51]，发现随 Pt
单晶电极表面原子排列结构不同，CV 曲线中氢吸脱附电流峰的起峰电位、峰电
位、峰形状 (单峰或多重峰) 和半峰宽等特征出现规律性的变化；对甲酸和甲醇解
离吸附毒性物种 (原位红外光谱结果指认为吸附态 CO) 氧化的定量分析结果给出，
Pt 单晶电极上每个表面位点转移的平均电子数 n 随晶面结构不同而变化，范围在
1～2 个。在无阴离子特性吸附的 0.1 mol/L HClO$_4$ 溶液中，Pt(111)，Pt(100) 晶面
和 (100) 平台的阶梯晶面上 n 接近 2，说明 CO 在这些晶面上主要为线式吸附 (即
一个 CO 吸附到一个 Pt 表面位上)；而在 Pt(110) 和 (111) 或 (110) 平台的阶梯晶面
上 n 接近 1.5［Pt(210)(S)-2(110)×(100) 除外，$n = 1.92$］，即在这些晶面上，除
线式吸附外还有部分桥式吸附态 CO (即 1 个 CO 分子吸附到 2 个 Pt 表面位上)；

而在存在阴离子特性吸附的 0.5 mol/L H_2SO_4 溶液中，仅在 Pt(100) 电极上 $n = 2$，在其他电极上 n 都接近 1.5。

N. Furuya 等研究了酸性和碱性溶液中 Pt 单晶 3 个基础晶面和一系列高指数阶梯晶面电极的 CV 特征[52]。所研究的 Pt 单晶电极分别在 0.1 mol/L H_2SO_4 和 0.1 mol/L NaOH 溶液中以 50 mV/s 的电位扫描速率在 0.05～1.5 V(RHE) 区间循环扫描 500 周的 CV 曲线如图 2.21 所示。虽然在 0.05～1.5 V(RHE) 电位区间循环扫描 500 周以后，所有的单晶电极表面都处于稳定的重建结构，但仍然可以看到随晶面结构(平台宽度，平台和台阶的原子排列结构)变化，其 CV 特征发生了规律性的变化，特别是低电位区的氢吸脱附电流峰，也即每个晶面都对应一个特征的 CV，类似光谱中的指纹信息。因此，可以应用这种 H-探针的 CV 指纹特征来表征 Pt 单晶电极的表面结构，以及跟踪其变化。氢的吸脱附反应也可用于检测其他铂族金属单晶电极的结构及其变化，如 Ir[53, 54]，Rh[55, 57]，Ru[58] 等可以吸附氢的金属。但是，钯金属可以大量吸收氢，钯电极的 CV 曲线中主要为氢的还原吸收和氧化脱出电流，表面吸脱附电流被掩埋。因此常以氧的吸脱附反应为探针来检测固|液界面 Pd 单晶电极的结构[59, 60]。

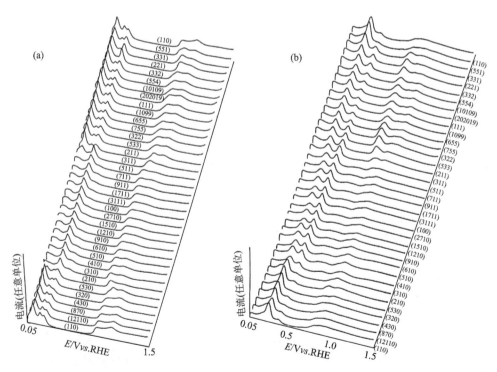

图 2.21　Pt 单晶基础晶面和一系列高指数阶梯晶面电极的 CV 图谱，电位扫描速率 50 mV/s[52]

(a) 0.1 mol/L H_2SO_4 溶液；(b) 0.1 mol/L NaOH 溶液

2.4.2　币族金属单晶电极的表面结构表征

　　币族金属包括 Au、Ag、Cu，在电化学领域中应用广泛，特别是作为基础研究的模型金属电极得到了深入的研究。与大多数铂族金属不同，币族金属电极的 CV 曲线中没有明显的氢吸脱附电流，因此不能用 H-探针 CV 谱来表征单晶电极表面结构及其变化，但可以用离子吸附或氧吸附来原位检测固|液界面中的结构及其重建过程。A. Hamelin 等研究了 Au 单晶 3 个基础晶面[61]和一系列高指数阶梯晶面[62]在酸性和中性溶液中的循环伏安特征。如图 2.22 所示，0.09 mol/L NaClO₄ + 0.01 mol/L HClO₄ 溶液中 Au(111)、Au(100)和 Au(110)三个基础晶面电极上氧的吸脱附电流峰具有明显不同的特征。正向电位扫描中，Au(111)电极上氧吸附给出 1 个较小的肩峰、两个十分明显较宽的主峰；Au(100)电极上，出现一个尖锐的前峰、一个十分尖锐的主峰，一个相对明显的电流峰跟随一个较宽的肩峰；而在 Au(110)电极 CV 中，观察到一个肩峰，一个尖锐的主峰跟随一个较宽的肩峰。在负向显微扫描中，高电位产生的吸附态氧物种还原在 Au 单晶 3 个基础晶面电极上都在相同电位给出一个电流主峰，但在更低电位下的还原电流在 3 个电极上具有完全不同的特征。显然这些特征可以用于表征这三个基础晶面电极的表面结构。图 2.22 中的高指数阶梯晶面分属 3 个晶带，分别为[0 0 1]晶带：Pt(910)(S)-9(100)×(110)，Pt(410)(S)-4(100)×(110)，Pt(310)(S)-3(100)×(110)，Pt(210)(S)-[2(100)×(110)，2(110)×(100)]；[1 1̄ 0]晶带：Pt(771)(S)-4(110)×(1111)，Pt(551)(S)-3(110)×(111)，Pt(331)(S)-[2(110)×(111)，2(111)×(111)]，Pt(221)(S)-4(111)×(111)，Pt(332)(S)-6(111)×(111)，Pt(554)(S)-10(111)×(111)；[0 1 1̄]晶带：Pt(755)(S)-6(111)×(100)，Pt(533)(S)-4(111)×(100)，Pt(211)(S)-3(111)×(100)，Pt(311)(S)-[2(111)×(100)，2(100)×(100)]。即这些晶面分别由不同宽度的(100)、(110)或(111)平台和单原子高的不同结构台阶组成。它们的 CV 曲线中的氧吸脱附并不是 3 个基础晶面电极 CV 特征的简单组合，而是各具明显不同的特征，与 Pt 单晶电极的 H-探针 CV 谱图类似可用于表征 Au 单晶电极的结构。注意到在图 2.22 中的低电位区间并不出现在 Pt 电极 CV 曲线中观察到的氢吸脱附电流，这是由于 Au 等币族金属特性导致，事实上在低电位区间主要是双电层的充放电电流，与氧吸脱附电流相比较太小而不能被观察到。由于不同晶面结构的 Au 电极具有不同的双电层结构，其充放电的电流变化也具有不同的特征，因此可以通过测定 Au 单晶电极的双层电容及其随电极电位的变化曲线来表征其表面结构及其变化，将在下面进一步讨论。

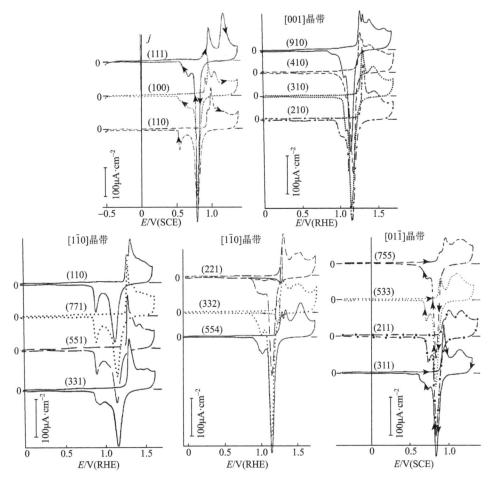

图 2.22　Au 单晶基础晶面[61]（0.09 mol/L NaClO₄ + 0.01 mol/L HClO₄ 溶液）和高指数阶梯晶面[62]（0.01 mol/L HClO₄ 溶液）电极的 CV 曲线，电位扫描速率 50 mV/s

电化学循环伏安图谱还可以跟踪 Au 单晶电极表面结构重建过程[63]。Au(100) 单晶电极在 0.1 mol/L H₂SO₄ 中，电位扫描区间−0.2～0.8 V 的 CV 曲线如图 2.23(a) 所示。经 Clavilier 方法处理的 Au(100) 电极在电位正向扫描中于 0.36 V 出现一个十分尖锐的电流峰，峰电流密度仅 40 μA/cm² 左右，显著小于图 2.22 中氧吸附峰电流密度（200～300 μA/cm²），而且在电位负向扫描中并未出现相应的还原电流峰。这一明显的特征可以归结为表面相变过程。经高分辨 STM 表征，从−0.2 V(SCE) 的图像 [图 2.23(b)] 可观察到明显的六角形原子排列结构 (hexagonal arrangement) 和垂直于表面的条形重建结构，说明由于与次表层原子排列不再紧密联系的表层六角形原子排列结构发生了弯曲变形。当升高电极电位超过表面相变峰电位（>0.36 V）时，可以从 STU 图像中观察到表面原子转变为 (1×1) 排列结构，如图 2.23(c) 所示。

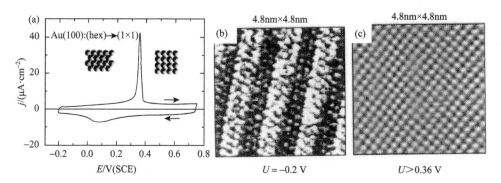

图 2.23　Au(100)电极在 0.1 mol/L H_2SO_4 溶液中的 CV 曲线，电位扫描速率 50 mV/s(a)和高分
辨 STM 图像(b)，STU 图像(c)[63]

　　研究表明，在低电位区间 Au 单晶电极的 CV 曲线中出现的电流峰所对应的
电量取决于溶液中阴离子种类[64]。如图 2.24(a)所示，一个重建的 Au(111)晶面在
负电位浸入 0.1 mol/L H_2SO_4 中，随电位正向扫描在 0.32 V 出现一显著的尖峰。此
外，在 0.78 V 还观察到一对非常尖锐的对称的氧化和还原电流峰，指认为硫酸根吸
附层的结构转变所引起[65]。与 Au(111) 和 Au(100) 电极截然不同，从 Au(110) 电极
的 CV 曲线［图 2.24(b)］中可在 0.05 V 观察到一较宽的电流峰，归结为(1×2)到
(1×1)结构转变。

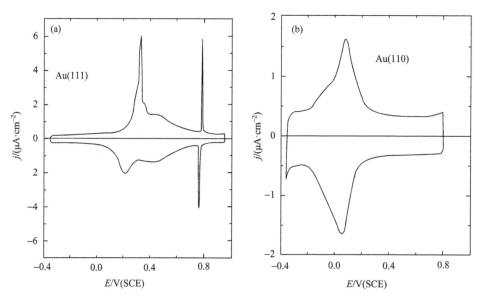

图 2.24　Au(111)和 Au(110)电极的 CV 曲线，0.1 mol/L H_2SO_4 溶液，电位扫描速率 50 mV/s[64]

如上所述，币族金属电极在较低电位区间仅可发生表面结构或离子吸附层相变和双电层充电过程，不发生与 Pt、Ir 等铂族金属电极类似的氢吸脱附过程，因此，通常被作为理想极化电极(即无法拉第电流，仅产生双电层电流)，也即可将电极|溶液界面当作电容性元件处理。当微小的电量 $d\sigma^M$ 引到电极上，则溶液一侧必然出现与电量绝对值相等的异号电量($-d\sigma^M$)，假设由此引起的电极电位变化为 dE，则可定义界面双电层的微分电容 C_d 为[66]

$$C_d = \frac{d\sigma^M}{dE} \tag{2.18}$$

C_d 随电极电位 E 的变化可通过实验获得。对于理想极化电极，一个重要的物理量是零电荷电位，即金属电极表面过剩电量为零时的电极电位，$E_{\sigma=0}$。在 $E_{\sigma=0}$ 时，C_d 达到最小值。因此，可以从 C_d-E 曲线中最小值对应的电极电位获得 $E_{\sigma=0}$ 的数值。确定了 $E_{\sigma=0}$ 以后，就可以方便地通过对 C_d-E 曲线积分获得任何电位金属电极表面的过剩电量 $\sigma^M(E)$。

$$\sigma^M(E) = \int_{E_{\sigma=0}}^{E} C_d(u)du \tag{2.19}$$

从 2.4.1 节对 Pt 单晶电极表面结构表征的讨论中可知，电极表面吸附电量即币族金属电极的表面过剩电量与电极的表面结构紧密关联。可以预期，对同一种币族金属单晶的不同晶面，$\sigma^M(E)$ 将随晶面原子排列结构不同而变化。从(2.19)式可知，$\sigma^M(E)$ 直接对应微分电容 C_d 的变化，也即表征了固|液界面双电层的结构。对于金属单晶来说，不同原子排列结构的晶面与相同溶液组成的固|液界面，其结构将不同。因此，也可以用微分电容曲线来表征晶面结构。如图 2.25 给出 Ag 单晶 3 个基础晶面电极在 0.01 mol/L NaF 溶液中的微分电容 C_d 与电极电位的变化[67]，清楚地显示出由于 Ag(111)，Ag(100)和 Ag(110)的表面原子排列结构不同，导致 C_d-E 曲线发生位移。虽然 3 个 Ag 单晶基础晶面电极的微分电容曲线形状相似，但 C_d 最小值的电极电位显著位移，其大小次序为 $E_{\sigma=0}(111) > E_{\sigma=0}(100) >$

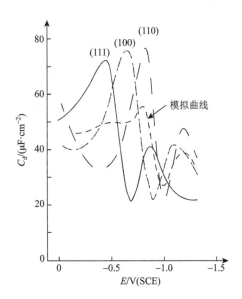

图 2.25　Ag(111)、Ag(100)和 Ag(110)电极的微分电容曲线和模型多晶 Ag 电极的模拟曲线，0.01 mol/L NaF 溶液，电位扫描速率 26 mV/s[67]

$E_{\sigma=0}(110)$，分别为-0.69 V[Ag(111)]、-0.91 V[Ag(100)]和-1.01 V[Ag(110)]，$E_{\sigma=0}$数值的大小与 Ag 单晶表面结构的物理化学性质密切关联。

针对币族金属单晶的电化学行为，A. Hamelin 开展了长期、深入和系统的研究，并对币族金属单晶不同晶面的电化学微分电容研究结果作了详细的总结。类似 H-探针 CV 对铂族金属(除 Os 外)单晶电极的表面结构及其变化十分敏感，电化学微分电容随电极电位的变化也反应出币族金属电极|电解质溶液界面的结构特征，如图 2.26 所示[68]。特别是从电化学微分电容曲线上测定的 Au 单晶各个晶面的零电荷电位与相同原子排列结构的表面自由能相对应[69]。图 2.26 中给出的 0.01 mol/L NaF 溶液中 Au 单晶电极的零电荷电位 $E_{\sigma=0}$ 随晶面取向(以晶面指数表示)的变化与以 Au(210)晶面为参照的相对表面自由能($\gamma_{(hkl)}/\gamma_{(210)}$)的变化具有相似的规律[70]。从中可以看到，对于 Au 单晶 3 个基础晶面，Au(111)的 $E_{\sigma=0}$ 最高，Au(100)次之，Au(110)最低。在所有晶面中，Au(210)的表面原子排列结构最为开放，其 $E_{\sigma=0}$ 为极小值。但 $\gamma_{(hkl)}/\gamma_{(210)}$ 的变化则相反，Au(210)最大(=1)，其次是 Au(110)、Au(100)，原子排列最紧密的 Au(111)晶面最小。这说明 $E_{\sigma=0}$ 的大小直接表征了币族金属单晶电极表面原子排列的紧密程度，而表面自由能 $\gamma_{(hkl)}$ 则是与币族金属单晶电极表面原子排列紧密程度相反的参量。从图 2.26 还可以看到，处于 3 个基础晶面之间的高指数阶梯晶面 Au(hkl)的 $E_{\sigma=0}$ 和 $\gamma_{(hkl)}/\gamma_{(210)}$ 也处于相邻两个基础晶面数值之间或低于相邻两个基础晶面的数值。

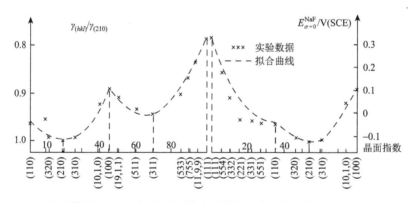

图 2.26　Au(hkl)单晶面以 Au(210)晶面为参照的相对表面自由能($\gamma_{(hkl)}/\gamma_{(210)}$)，和室温下 0.01 mol/L NaF 溶液中的零电极电位($E_{\sigma=0}$)随晶面指数的变化规律[68]

对金属单晶模型催化剂在固|液界面环境中和各种电化学条件下表面结构的表征是电化学表界面科学的重要内容，也是深入研究电催化过程、获取原子排列层次的表面结构-电催化性能构效规律的基础。本章较为系统地阐述了金属单晶模型催化剂的制备、表面处理和电化学条件下的原位表征方法，特别是 Clavilier 方

法可在简单的实验设备上处理金属单晶电极并无污染转移到电解池中进行表征和研究。应用 H-探针 CV 表征铂族金属单晶电极的表面结构和运用微分电容曲线表征币族金属单晶电极的表面结构十分便利，极大地推动了金属单晶电化学的发展。

参 考 文 献

[1]　Langmuir I. Chemical reactions on surfaces[J]. Trans Faraday Soc，1022，17：607-620.

[2]　Bozso F，Ertl G，Grunze M，Weiss M. Interaction of nitrogen with iron surfaces. I. Fe(100)and Fe(111)[J]. J Catal，1977，49：18-41.

[3]　Somorjai G A. Surface science. Science[J]. 1978，201：489-497.

[4]　Clavilier J，Faure R，Guinet G，Durand R. Preparation of monocrystalline Pt microelectrodes and electrochemical study of the plane surfaces cut in the direction of the {111} and {110} planes[J]. J Electroanal Chem，1980，107：205-209.

[5]　Lipkowski J，Ross P N. Structure of Electrified Interfaces[M]. New York：VCH Publishers，Inc，1993.

[6]　Sun S G，Clavilier J. Electrochemical study on the poisoning intermediate formed from methanol dissociation at low index and stepped platinum surfaces[J]. J Electroanal Chem，1987，236：95-112.

[7]　Nicholas J F. An Atlas of Models of Crystal Surfaces[M]. New York：Science Publishers，Inc，1965.

[8]　Lang B，Joyner R W，Somorjai G A. Low energy electron diffraction studies of high index crystal surfaces of platinum[J]. Surf Sci，1972，30：440-453.

[9]　Sun S G，Chen A C，Huang T S，Li J B，Tian Z W. Electrocatalytic properties of Pt(111)，Pt(332)，Pt(331)and Pt(100)single crystal electrodes towards ethylene glycol oxidation in sulphuric acid solutions[J]. J Electroanal Chem，1992，340：213-226.

[10]　Wood E A. Crystal Orientation Manual[M]. New York，London：Columbia University Press，1963.

[11]　Sun S G. Effect de la Structure Crystalline Superficielle du Platine dans la mécanisme de l'Oxydation Electrocatalytique de l'Acide Formique et du Méthanol en Milieu Acide[D]. Thèse de Doctorat d'Etat，Université Pierre et Marie Curie(Paris 6)，1986.

[12]　Vanhove M A，Koestner R J，Stair P C，Kesmodel L L，Bartoš L，Somorjai G A. The surface reconstructions of the(100)crystal faces of iridium，platinum and gold：1. Experimental-observations and possible structural models[J]. Surf Sci，1981，103：189-217.

[13]　Binnig G，Rohrer H，Gerber Ch，Weibel E.(111)facets as the origin of reconstructed Au(110)surfaces[J]. Surf Sci，1983，131(1)：L379-L384.

[14]　Harten U，Lahee A M，Toennies J P，Wöll Ch. Observation of a soliton reconstruction of Au(111)by high-resolution helium-atom diffraction[J]. Phys Rev Lett，1985，54：2619-2622.

[15]　Pangarov N A. The crystal orientation of electrodepositeld metals[J]. Electrochemim Acta，1962，7：139-146.

[16]　Pangarov N A. On the crystal orientation of electrodeposited metals[J]. Electrochim Acta，1964，9：721-726.

[17]　Pangarov N A. Preferred orientations in electro-deposited metals[J]. J Electroanal Chem，1965，9：70-85.

[18]　Pangarov N A，Vitkova S D. Preferred orientation of electrodeposited iron crystallites[J]. Electrochim Acta，1966，11：1719-1733.

[19]　Cheng A S，Laird C. A quick and simple method for orienting cubic single-crystals from Laue back-reflection photographs[J]. J Appl Crystallography，1982，15：137-138.

[20]　孙世刚，陈爱成，黄泰山，李竞白. 一种固体金属电极制备方法的建立和 Cu^{2+} 在铂单晶(100)、(111)、(110)

晶面上 UPD 过程研究[J]. 高等学校化学学报，1992，13：390-391.

[21] Clavilier J，Armand D，Sun S G，Petit M. Electrochemical adsorption behaviour of platinum stepped surfaces in sulphuric solutions[J]. J Electroanal Chem，1986，199：267-277.

[22] Peck W F，Nakahara S. Preparation and electropolishing of thin gold disk specimens for transmission-electron-microscope examinations[J]. Metallography，1978，11：347-354.

[23] Engelsmann K，Lorenz W J. Underpotential deposition of lead on polycrystalline and single-crystal gold surfaces.1. Thermodynamics[J]. J Electroanal Chem，1980，114：1-10.

[24] Hamelin A，Wagner D，Schimer H，Schirmer H. A modification of the last step of surface preparation for gold and silver single-crystal faces[J]. J Electroanal Chem，1987，220：155-160.

[25] Felter T E，Hubbard A T. LEED and electrochemistry of iodine on Pt(100) and Pt(111) single-crystal surfaces[J]. J Electroanal Chem，1979，100：473-491.

[26] Harrington D A，Wieckowski A，Rosasco S D，Salaita G N，Hubbard A T. Films formed on well-defined stainless-steel single-crystal surfaces in borate，sulfate，perchlorate，and chloride solutions-studies of the (111) plane by LEED，auger-spectroscopy，and electrochemistry[J]. Langmuir，1985，1：232-239.

[27] Gui J Y，Stern D A，Lin C H，Gao P，Hubbard A T. Potential-dependent surface-chemistry of hydroxypyridines adsorbed at a Pt(111) electrode studied by electron-energy loss spectroscopy，low-energy electron-diffraction，auger-electron spectroscopy，and electrochemistry[J]. Langmuir，1991，7：3183-3189.

[28] Hamm U W，Kramer D，Zhai R S，Kolb D M. On the valence state of bismuth adsorbed on a Pt(111) electrode：An electrochemistry，LEED and XPS study[J]. Electrochim Acta，1998，43：2969-2978.

[29] Adzic R，Yeager E，Cahan B D. Optical and electrochemical studies of underpotential deposition of lead on gold evaporated and single crystal electrodes[J]. J Electrochem Soc，1974，121：474-484.

[30] 孙世刚，陈声培，陈宝珠，徐富春，薛国庆，林文锋，葛福云. 固/液界面电化学体系与超高真空电子能谱双向转移及研究体系的建立及其对 Pt/Bi$_{ad}$ 电催化表面的研究[J]. 高等学校化学学报，1995，16：952-954.

[31] 白春礼. 扫描隧道显微术及其应用[M]. 上海：上海科学技术出版社. 1992.

[32] Gewirth A A，Niece B K. Electrochemical application of in situ scanning probe microscopy[J]. Chem Rev，1997，97：1129-1162.

[33] Ross P N. Surface crystallography at the metal-solution interface//Lipkowski J，Ross Philip N. Structure of Electrified Interfaces[M]. Chapter 2. New York：VCH Publishers，Inc. 1993.

[34] Contini G，Carravetta V，Parent Ph，Laffon C，Polzonetti G. Orientation and interaction changes as a function of layer thickness：A NEXAFS study of 2-mercaptobenzoxazole on Pt(111)[J]. Surf Sci，2000，457：109-120.

[35] Contini G，Ciccioli A，Laffon C，Parent P，Polzonetti G. NEXAFS study of 2-mercaptobenzoxazole adsorbed on Pt(111)：Multilayer and monolayer[J]. Surf Sci，1998，412-413：158-165.

[36] Renaud G. Oxide surfaces and metal/oxide interfaces studied by grazing incidence X-ray scattering[J]. Surf Sci Rep，1998，32：5-90.

[37] Yagi I，Nakabayashi S，Uosaki K. Real time monitoring of electrochemical deposition of tellurium on Au(111) electrode by optical second harmonic generation technique[J]. Surf Sci，1998，406：1-8.

[38] Santos E，Schurrer C，Brunetti A，Schmickler W. Second harmonic generation from Ag(111) electrodes covered by various organosulfur compounds[J]. Langmuir，2002，18：2771-2779.

[39] Härle H，Lehnert A，Metka U，Volpp H R，Willms L，Wolfrum J. *In-situ* detection of chemisorbed CO on a polycrystalline platinum foil using infrared-visible sum-frequency generation[J]. Chem Phys Lett，1998，293：26-32.

[40] Yeager E，O'Grady W E，Woo M Y C，Hagans P. Hydrogen Adsorption on Single Crystal Platinum[J]. J Electrochem Soc，1978，125：348-349.

[41] Yamamoto K，Kolb D M，Kotz R，Lehmpfuhl G. Hydrogen Adsorption and Oxide Formation on Platinum Single Crystal Electrodes[J]. J Electroanal Chem，1979，96：233-239.

[42] Clavilier J，Durand R，Guinet G，Faure R. Electrochemical adsorption behaviour of Pt(100)in sulphuric acid solution[J]. J Electroanal Chem，1981，127：281-287.

[43] 卢国强. C1 分子电化学吸附和反应的表面过程研究——铂单晶表面到纳米薄层过渡金属表面[D]. 理学博士学位论文. 厦门大学，1997.

[44] Clavilier J. Flame-annealing and cleaning technique//Wieckowski A. Interfacial Electrochemistry，Theory，Experiment and Applications[M]. Chapter 14. New York：Marcel Dekker，Inc. 1999.

[45] Armand D. Etude Du Rôle Des Structures Cristallines Superficielles Intrinsèques Et Induite Du Plane Sur L'Electrosorption De De L'Hydrogène Et D L'oxygène En Milieu Acide. Thèse de Doctorat d'Etat，Université Pierre et Marie Curie(Paris 6)，France，1986.

[46] Kibler L A，Cuesta A，Kleinert M，Kolb D M. In-situ STM characterisation of the surface morphology of platinum single crystal electrodes as a function of their preparation[J]. J Electroanal Chem，2000，484：73-82.

[47] Sun S G，Zhou Z Y. Surface processes and kinetics of CO_2 reduction on Pt(100)electrodes of different surface structure in sulfuric acid solutions[J]. Phys Chem Chem Phys，2001，3：3277-3283.

[48] Tanaka S，Yua S L，Itaya K. In-situ scanning-tunneling-microscopy of bromine adlayers on Pt(111)[J]. J Electroanal Chem，1995，396：125-130.

[49] Mooto S，Furuya N. Effect of terraces and steps in the electrocatalysis for formic-acid oxidation on platinum[J]. Ber Bewsenges Phys Chem，1987，9：457-461.

[50] Clavilier J，Achi K El，Rodes A. In-situ probing of step and terrace sites on Pt(S)-[n(111)×(111)]electrodes[J]. Chem Phys，1990，141：1-14.

[51] Sun S G，Clavilier J. Electrochemical study on the poisoning intermediate formed from methanol dissociation at low index and stepped platinum surfaces[J]. J Electroanal Chem，1987，236：95-112.

[52] Furuya N，Shibata M. Structural changes at various Pt single crystal surfaces with potential cycles in acidic and alkaline solutions[J]. J Electroanal Chem，1999，467：85-91.

[53] Furuya N，Koide S. Hydrogen adsorption on iridium single-crystal surfaces[J]. Surf Sci，1990，226：221-225.

[54] Gomez R，Weaver M J. Electrochemical infrared studies of monocrystalline iridium surfaces.1. Electrooxidation of formic acid and methanol[J]. J Electroanal Chem，1997，435：205-215.

[55] Clavilier J，Wasberg M，Petit M，Klein L H. Detailed analysis of the voltammetry of Rh(111)in perchloric acid solution[J]. J Electroanal Chem，1994，374：123-131.

[56] Wasberg M，Hourani M，Wieckowski A. Comparison of voltammetry of vacuum-prepared Rh(100)and Rh(111)electrodes[J]. J Electroanal Chem，1990，278：425-432.

[57] Hoshi N，Uchida T，Mizumura T，Hori Y. Atomic arrangement dependence of reduction rates of carbon dioxide on iridium single crystal electrodes[J]. J Electroanal Chem，1995，381：261-264.

[58] Lin W F，Zei M S，Kim Y D，Over H，Ertl G. Electrochemical versus gas-phase oxidation of Ru single-crystal surfaces[J]. J Phys Chem B，2000，104：6040-6048.

[59] Sashikata K，Matsui Y，Itaya K，Soriaga M P. Adsorbed-iodine-catalyzed dissolution of Pd single-crystal electrodes：Studies by electrochemical scanning tunneling microscopy[J]. J Phys Chem，1996，100：20027-20034.

[60] Soto J E，Kim Y G，Soriaga M P. UHV-EC and EC-STM studies of molecular chemisorption at well-defined

surfaces: Hydroquinone and benzoquinone on Pd(hkl)[J]. Electrochem Commun, 1999, 1: 135-138.

[61]　Hamelin A. Cyclic voltammetry at gold single-crystal surfaces.1. Behaviour at low-index faces[J]. J Elecroanal Chem, 1996, 407: 1-11.

[62]　Hamelin A, Martins A M. Cyclic voltammetry at gold single-crystal surfaces .2. Behaviour of high-index faces[J]. J Electroanal Chem, 1996, 407: 13-21.

[63]　Dakkouri A S, Kolb D M. Reconstruction of gold surfaces//Wieckowski A . Interfacial Electrochemistry, Theory, Experimental and Applications[M]. Chapter 10. New York: Marcel Marcel Dekker, Inc, 1999.

[64]　Kolb D M, Schneider J. Surface reconstruction in electrochemistry: Au(100)-(5×20), Au(111)-(1×23) and Au(110)-(1×2)[J]. Electrochim Acta, 1986, 31: 929-936.

[65]　Magnussen O M, Hagebock J, Hotlos J, Behm R J. *In situ* scanning tunnelling microscopy observations of a disorder-order phase transition in hydrogensulfate adlayers on Au(lll)[J]. Faraday Disc, 1992, 94: 329-338.

[66]　查全性. 电极过程动力学导论(第二版)[M]. 北京: 科学出版社, 1987.

[67]　Valette G, Hamelin A. Structure et Propriétés de la Couche Double Électrochimique à L'interphase Argent/ Solutions Aqueuses de Fluorure de Sodium[J]. Electroanalytical Chemistry and Interfacial Electrochemistry, 1973, 45: 301-319.

[68]　Hamelin A. Double-layer properties at sp and sd metal single-crystal electrode//Conway B E, White R E, Bockris J O'M. Modern Aspects of Electrochemistry[M]. Vol. 16. New York: Plenum Press, 1985.

[69]　Mackenzie J K, Moore A J W, Nicholas J. Bonds broken at atomically flat crystal surfaces-I face-centred and body-centred cubic crystals[J]. J Phys Chem Solids, 1962, 23: 185-196.

[70]　Lecoeur J, Ardro J, Parsons R. The behaviour of water at stepped surfaces of single crystal gold electrodes[J]. Surf Sci, 1982, 114: 320-330.

第3章 电催化反应动力学

3.1 电催化基础

电化学催化(简称电催化)是电化学能量转化和存储、绿色电合成、电化学环境监测和污染物降解、电化学工业(合成工业、氯碱工业、冶金工业等)的核心科学基础。在电化学能量转换中,无论是燃料制取,如电催化分解水制氢气燃料、电催化还原二氧化碳制甲酸、甲醇等或电催化还原氮气制氨等液体燃料,还是通过各类燃料电池(氢氧燃料电池、直接有机燃料电池、直接氨燃料电池等)把燃料分子中的化学能转化为电能输出,电催化都发挥着决定性的作用。对于电化学能量储存中金属离子电池的转化型电极反应,锂硫、锂空气等下一代高比能量电池的正极反应,电催化是提高电能储存和释放效率的关键过程。

与热催化(或异相催化)通过改变反应温度和压力调控催化体系的活化能垒相比较,电催化的优势十分明显:不仅可在常温、常压下调控固|液界面电催化体系的活化能垒,还可以方便地通过改变电极电位有效地控制反应方向和速率。电催化反应发生在催化剂表界面,涉及表面吸附、成键、解离、转化、电荷转移、反应物(到达)和产物(离开)的传输、反应中间体生成与转化等过程。对于一个仅涉及氧化还原的反应, $O+ne^- \underset{k_b}{\overset{k_f}{\rightleftharpoons}} R$,电催化反应的速率(用电流 j 表征)由 Butler-Volmer 方程描述

$$j = nFCk = nFC(k_f - k_b) \tag{3.1}$$

式中, n 为电化学反应转移的电子数、 F 为法拉第(Faraday)常数、 C 为反应物浓度, k_f 和 k_b 分别为正向和负向速率常数。假定仅发生正向反应($k_b = 0$)

$$k_f = A\exp\left(-\frac{\Delta G^{\neq}}{RT}\right) = A\exp\left(-\frac{\Delta G^{\neq 0}+nFE}{RT}\right) = k_f^0 \exp\left(\frac{\alpha nFE}{RT}\right) \tag{3.2}$$

式中, $k_f^0 = A\exp\left[-\frac{\Delta G^{\neq 0}}{RT}\right]$, A 是与反应活化熵有关的指前因子, $\Delta G^{\neq}$ 是反应体系的表观活化能,由本征活化能 $\Delta G^{\neq 0}$ 和电化学能量 nFE 两部分组成, $\Delta G^{\neq} = \Delta G^{\neq 0} \pm nFE$, α 为电荷传输系数, R 是气体常数, T 为热力学温度。Butler-Volmer 方程简化为

$$j = nFC_Ok_f = nFC_OA\exp\left[-\frac{\Delta G^{\neq}}{RT}\right] = nFC_Ok_f^0\exp\left(-\frac{\alpha nFE}{RT}\right) \tag{3.3}$$

电催化主要调控 $\Delta G^{\neq}$，一方面通过催化剂的作用降低能垒 $(\Delta G^{\neq 0} - \Delta G^{\neq \prime})$，另一方面改变电极电位 E。如图 3.1 所示，$\Delta G^{\neq} = \Delta G^{\neq 0} - \Delta G^{\neq \prime} \pm nFE$。显然，$\Delta G^{\neq \prime}$ 反映了催化剂作用的本质，其大小表征了催化剂的效能。$\Delta G^{\neq \prime}$ 越大，催化剂的效率越高。影响 $\Delta G^{\neq \prime}$ 的因素包括：①反应物与催化剂表面的相互作用和反应机理；②催化剂的结构，包括化学结构(化学组成)、表面(原子排列)结构，电子结构等。由此可见，从分子水平揭示电催化反应机理和在原子排列结构层次认识电催化剂结构与性能之间的构效规律，是理性设计电催化剂的结构、改变反应途径和达到最大 $\Delta G^{\neq \prime}$ 的理论基础。

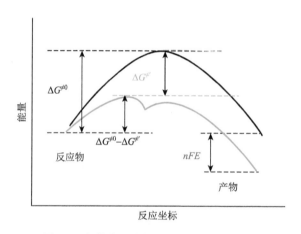

图 3.1　电催化反应能量随反应坐标的变化

电催化反应在催化剂表面发生，因此表面结构与电催化性能之间的构效关系是电催化首要的、最重要的研究内容。运用金属单晶模型催化剂是获得原子排列结构层次表面结构与电催化性能构效规律最有效的途径，从 20 世纪 80 年代末以来得到了深入研究[1, 2]。铂族金属、币族金属单晶电极已被广泛用于 HCOOH，HCHO，CH_3OH 和 CO 等 C1 分子的氧化[1-10]，乙醇、乙二醇、丙三醇等有机小分子醇的氧化[11-14]，氧还原[15, 16]，二氧化碳[17-19]和氮气(硝酸盐)的还原[20, 21]等。本章主要阐述铂单晶模型催化剂上有机小分子的解离吸附和氧化反应动力学。

3.2　电催化双途径反应机理

有机小分子，特别是常温呈液态的分子，如甲酸、甲醇、乙醇等，不仅具有较高的能量密度，而且输运方便，是理想的直接液体燃料电池的燃料。一方面，铂族金属及其合金是有机小分子燃料阳极氧化的高效电催化剂；另一方面，有机小分子在电极表面吸附是电催化的首要和重要步骤，决定了电催化反应的走向。

多数有机小分子在过渡金属催化剂表面吸附，通常发生很强的相互作用，导致分子内化学键断裂形成各种"碎片"，吸附在电极表面，影响后续电催化过程。

对于多数有机小分子燃料在 Pt 电极上的氧化过程，其解离吸附通常可以自发进行，生成的解离吸附产物毒化 Pt 表面，从而抑制有机小分子氧化的进行，这即是所谓的"自毒化现象"。针对这一现象，R. Parsons 等对甲酸的氧化最早建议用双途径反应机理予以解释，并做了进一步详细的描述[22, 23]。S. G. Sun 等运用电位调制红外反射吸收光谱 (electromodulated infrared spectroscopy，EMIRS) 结合 Pt(100) 和 Pt(111) 单晶电极，首次从分子水平诠释了这一双途径反应机理[24]。如图 3.2(a) 所示的甲酸在 Pt(100) 上氧化的 CV 曲线（Ⅰ）中可以观察到，正向电位扫描至 0.75 V 之前不出现任何氧化电流。当电位继续正向扫描，在 0.9 V 附近给出一个微弱的电流宽峰。但在随后的负向电位扫描中，0.4 V 附近出现一个高达 14 mA/cm^2 的氧化电流峰。显然，Pt(100) 表面在正向电位扫描中被毒化了。当把 Pt(100) 与甲酸溶液预先接触一定时间，然后转移到仅含 0.5 mol/L H$_2$SO$_4$ 电解液的电解池中，记录的 CV 曲线（Ⅱ）中给出 0.8 V 附近十分尖锐的氧化电流峰。因溶液中不含 HOOH，CV 曲线（Ⅱ）中的电流峰应该完全来自甲酸在 Pt(100) 表面解离吸附产物的氧化。调制下限电位固定为 0.13 V，逐步升高调制上限电位获得电位调制红外反射吸收光谱［如图 3.2(b)］，从中可以观察到，当上限电位低于 0.73 V 时，在 2050 cm^{-1} 和 1850 cm^{-1} 附近出现两个红外吸收谱峰，分别指认为线式吸附态 CO(CO$_L$) 和桥式吸附态 CO(CO$_B$) 的红外吸收[25]；进一步升高电位，吸附态 CO(CO$_{ad}$) 的红外吸收谱峰强度减小，并在电位高于 0.8 V 后消失。电化学原位红外光谱的研究结果明确指出，甲酸在 Pt(100) 表面解离吸附生成了 CO$_{ad}$，即"自毒化现象"的本质是反应分子与 Pt 催化剂表面相互作用、解离吸附产生的 CO$_{ad}$ 毒性物种在低电位占据 Pt 表面位，抑制了反应分子的氧化。在高电位下 CO$_{ad}$ 被氧化除去，释放 Pt 表面位，从而使 Pt(100) 表面恢复电催化活性。电化学原位红外光谱研究结果指出，其他 C1 分子(甲醛、甲醇)在 Pt 单晶电极其他晶面上都会自发地解离吸附，产生 CO$_{ad}$ 毒性物种[26-28]。

当调制上限电位升高到 1.03 V，即 CO$_{ad}$ 和 HCOOH 都能氧化的电位，图 3.3(a) 的 EMIRS 光谱中出现 2345 cm^{-1} 的正向谱峰，指认为 CO$_2$ 的红外吸收，对应 CO$_{ad}$ 和 HCOOH 在 1.03 V 的氧化产物。而 EMIRS 光谱中位于 1726 cm^{-1}、1398 cm^{-1}、1234 cm^{-1} 的负向谱峰为 0.13 V 的红外吸收，可分别归属为羰基伸缩振动（$\nu_{C=O}$）、O—H 弯曲振动（δ_{OH}）和 C—O 伸缩振动（ν_{C-O}）的红外吸收[30]。这一结果指出，当 EMIRS 实验开始之前 Pt(100) 表面累积的 CO$_{ad}$ 在 1.03 V 被氧化除去后，HCOOH 可直接氧化，并形成 COOH 中间体。根据电化学 CV 和原位红外光谱的结果，S.G. Sun 等提出了分子水平甲酸电催化氧化的双途径反应机理，如图 3.3(b) 所示，各个步骤具体如下：

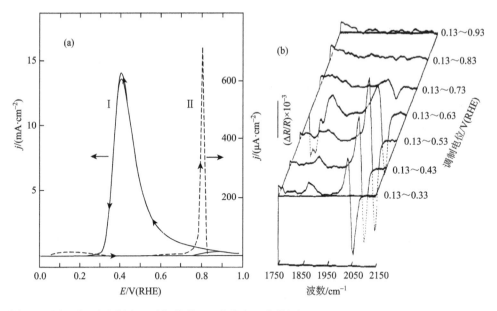

图 3.2 (a) Pt(100) 电极上甲酸氧化的 CV 曲线（Ⅰ：实线）(0.25 mol/L HCOOH + 0.5 mol/L H₂SO₄ 溶液）和 Pt(100) 在开路电位与甲酸溶液接触一定时间、然后转移到 0.5 mol/L H₂SO₄ 溶液中的 CV 曲线（Ⅱ：虚线）；(b) EMIRS（相对红外吸收 $\Delta R/R$ 随波数 Wavenumber 的变化），0.25 mol/L HCOOH + 0.5 mol/L H₂SO₄ 溶液[24]

(1) 甲酸在电极表面吸附（用 [Pt] 表示表面 Pt 位）

$$HCOOH + z[Pt] \rightleftharpoons [Pt]_z HCOOH \qquad (3.4)$$

(2) 在低电位吸附态甲酸发生解离吸收，生成 CO_{ad} 物种占据表面位，毒化 Pt 表面

$$[Pt]_z HCOOH \longrightarrow [Pt]_x CO + (z{-}x)[Pt] + H_2O \qquad (3.5)$$

(3) 当 Pt 表面无 CO_{ad} 物种，HCOOH 氧化生成活性中间体

$$[Pt]_z HCOOH \longrightarrow [Pt]_y COOH + (z{-}y)[Pt] + H^+ + e^- \qquad (3.6)$$

(4) $[Pt]_y COOH$ 进一步氧化成 CO_2

$$[Pt]_z HCOOH \longrightarrow CO_2 + z[Pt] + H^+ + e^- \qquad (3.7)$$

(5) 在低电位区，氢可吸附到 Pt 表面

$$[Pt] + H^+ + e^- \longrightarrow [Pt]H \qquad (3.8)$$

(6) 导致 $[Pt]_y COOH$ 转化为 CO_{ad} 物种

$$[Pt]_y COOH + [Pt]H \longrightarrow [Pt]_x CO + (1 + y - x)[Pt] + H_2O \qquad (3.9)$$

(7) 在高电位区，可发生 OH 吸附到 Pt 表面

$$[Pt] + H_2O \rightleftharpoons [Pt]OH + H^+ + e^- \qquad (3.10)$$

(8) $[Pt]OH$ 是活性物种[31]，可氧化 CO_{ad} 到 CO_2

$$[Pt]_xCO + [Pt]OH \longrightarrow CO_2 + (1+x)[Pt] + H^+ + e^- \tag{3.11}$$

(9) 进一步升高电位，[Pt]OH 亦被进一步氧化

$$[Pt]OH \longrightarrow [Pt]O + H^+ + e^- \tag{3.12}$$

（10）由于 [Pt]O 也是活性物种[31]，可以参与 CO_{ad} 的氧化

$$[Pt]_xCO + [Pt]O \longrightarrow CO_2 + (1+x)[Pt] \tag{3.13}$$

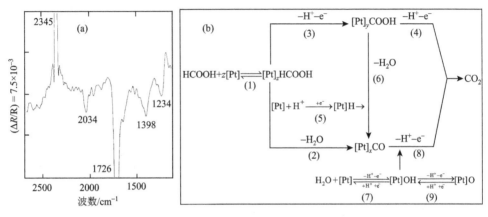

图 3.3　(a) EMIRS 光谱，Pt(100) 电极，调制电位 0.13～1.03 V (RHE)，0.25 mol/L
HCOOH + 0.5 mol/L H_2SO_4 溶液[29]；(b) 甲酸氧化双途径反应机理[24]

从图 3.3 (b) 的双途径反应机理可以看到，HCOOH 的解离吸附实际上并不需要涉及电荷转移，也即为 HCOOH 与 Pt(100) 表面相互作用的化学自发过程。正是由于解离吸附导致出现了"自毒化现象"。事实上不仅甲酸、甲醇、甲醛等 C1 分子[24, 28, 32]，C2 分子（如乙醇[33]，乙二醇[34, 35]等），C3 分子（正丙醇[36]，1, 2-丙二醇[37]，丙三醇[38]等），C4 分子（正丁醇[39]，1, 3-丁二醇[40]等），以及更大分子量的分子［丙酮酸乙酯[41]、戊五醇 (xylitol)[42]等］与 Pt 电极表面相互作用都导致发生解离吸附生成 CO_{ad} 和其他吸附物种，这些有机小分子的电催化氧化也经历双途径反应机理。研究发现，有机小分子在过渡金属电催化剂表面发生的解离吸附是一类典型的表面过程，包含吸附、表面成键、分子内化学键断裂、形成新的吸附物种等步骤。S. G. Sun 研究和比较了一系列有机小分子的分子结构及其解离吸附特性后得出结论[43]：吸附分子的解离首先发生在氢与连接含氧基团（—OH，＝O）的碳原子之间化学键的断裂，然后进一步裂解分子内其他化学键，形成稳定的吸附态 CO 物种。因此，能够发生解离吸附的分子，其结构必须具备两个条件：①与含氧基团相连的碳原子上至少带有一个氢原子；②该碳原子位于碳链端部，无空间位阻。

3.3　有机小分子解离吸附反应动力学

3.3.1　C1 分子解离吸附反应动力学

　　如 3.2 节中所述,解离吸附可以自发进行,是反应分子与表面强烈相互作用的表面反应,其动力学既取决于电催化剂表面(原子排列)结构,又取决于反应分子的结构。基于这一认识,孙世刚等发展了程序电位阶跃及其数据解析方法,研究甲酸在 Pt(100) 单晶电极上解离吸附反应动力学,并定量解析动力学参数[44, 45]。阶跃电位的程序如图 3.4(a) 中插图所示。用 Clavilier 方法处理 Pt(100) 单晶电极,转移到含有低浓度(5×10^{-4} mol/L)的 HCOOH 溶液中。首先,把极化电位设置到 0.7 V(SCE)并保持 2 s,氧化除去电极表面可能的吸附物质;然后,将电极电位阶跃到吸附电位 E_{ad},使 HCOOH 在 Pt(100) 表面发生解离吸附,同时精确控制吸附时间 t_{ad};最后将电极电位阶跃到氧化电位 E_{ox},氧化解离吸附物种并记录暂态电流-时间曲线(j-t 曲线)。图 3.4(a) 中给出 E_{ad}= −0.03 V(SCE),t_{ad} 分别为 0 s、10 s、50 s、100 s 和 400 s 时的 j-t 曲线。其中 t_{ad} = 0 s 是背景电流,包含双电层充电电流、E_{ox} 电位下氧吸附电流和本体溶液中 HCOOH 的氧化电流。当 t_{ad}>0 s,j-t 曲线中都出现一个特征氧化电流峰,其峰电流的密度随着 t_{ad} 增加正移,半峰宽增加。

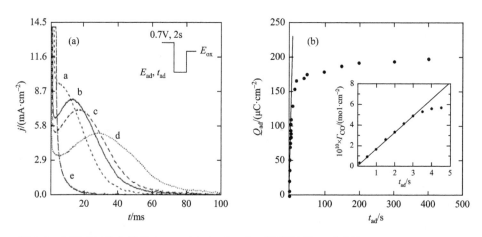

图 3.4　(a) Pt(100) 电极在 E_{ad} = −0.03 V(SCE),吸附时间 t_{ad} 分别为 a: 10 s,b: 50 s,c: 100 s,d: 400 s 和 e: 0 s 时 HCOOH 解离吸附产物氧化的暂态 j-t 曲线,插图为极化电位程序;(b) E_{ad} = −0.03 V(SCE)时 HCOOH 解离吸附物种氧化电量 Q_{ad} 随 t_{ad} 的变化,插图给出 HCOOH 解离吸附物种的量 Γ_{CO} 随 t_{ad} 的变化(5×10^{-4} mol/L HCOOH + 0.1 mol/L HClO$_4$ 溶液)[44, 45]

这是典型的 CO_{ad} 在 Pt(100)电极上的暂态氧化电流特征[29]。显然，随 t_{ad} 增加，HCOOH 在 E_{ad} 解离吸附产生的 CO_{ad} 也增多。通过对 $j\text{-}t$ 曲线积分得到 E_{ad} 和 t_{ad} 条件下产生的 CO_{ad} 的氧化电量 $Q_{ad}(E_{ad}, t_{ad})$，即

$$Q_{ad}(E_{ad}, t_{ad}) = \int_0^{t_e} [j(E_{ad}, t_{ad}) - j(E_{ad}, t_{ad} = 0)]\mathrm{d}t \qquad (3.14)$$

式中，t_e 是氧化电流减小到 0 的时间，$j(E_{ad}, t_{ad} = 0)$ 为背景电流。

已知 Pt(100)上 HCOOH 的解离吸附反应如式(3.5)所示，解离吸附产物 CO_{ad} 的氧化反应为

$$PtCO_{ad} + H_2O \longrightarrow Pt + CO_2 + 2H^+ + 2e^- \qquad (3.15)$$

即一个 CO_{ad} 氧化给出 2 个电子，由此可以计算 CO_{ad} 的量

$$\Gamma_{CO}(E_{ad}, t_{ad}) = \frac{Q(E_{ad}, t_{ad})}{2F}(\mathrm{mol/cm^2}) \qquad (3.16)$$

从 Γ_{CO} 随 E_{ad} 和 t_{ad} 的变化，可以从两个方面定量解析 HCOOH 解离吸附反应的动力学数据。

(1) 固定 E_{ad}，改变 t_{ad}，得到 Q_{ad} 随 t_{ad} 的变化，如图 3.4(b)。可以清楚地观察到，当 $E_{ad} = -0.03$ V(SCE)，随 t_{ad} 增加的初始阶段，Q_{ad} 快速增加，$t_{ad} > 20$ s 后逐渐趋于饱和值 198 μC/cm²(假定 CO 都以线形顶位吸附，相当于 Pt(100)上约 0.48 吸附单层，即 0.48 ML)。当 $t_{ad} < 3$ s 时，Γ_{CO} 随 t_{ad} 的变化呈线性关系，如图 3.4(b) 中的插图。从 $t_{ad} = 3$ s 时 Γ_{CO} 的值($\sim 5 \times 10^{-10}$ mol/cm²)可知 HCOOH 在 Pt(100)表面解离吸附产生的 CO 小于 0.1 单层(ML)。因此，可近似认为在 $t_{ad} < 3$ s 的时间内 HCOOH 的解离吸附是在"清洁"的 Pt(100)上进行，从而由线性变化的斜率计算得到 HCOOH 在 Pt(100)表面解离吸附反应的初始速率

$$v_{dis,i}(E_{ad}) = \frac{\mathrm{d}\Gamma_{CO}(E_{ad}, t_{ad})}{\mathrm{d}t_{ad}}[\mathrm{mol/(cm^2 \cdot s)}] \qquad (3.17)$$

从 3.4(b) 中插图的线性变化，得到 $v_{dis,i}(E_{ad}) = 1.24 \times 10^{-10}$ mol/(cm² · s)。

(2) 固定 t_{ad}，改变 E_{ad}，得到 HCOOH 在 Pt(100)表面解离吸附反应的平均速率

$$\bar{v}_{dis}(E_{ad}) = \frac{\Gamma_{CO}(E_{ad}, t_{ad})}{t_{ad}}[\mathrm{mol/(cm^2 \cdot min)}] \qquad (3.18)$$

$v_{dis,i}(E_{ad})$ 和 $\bar{v}_{dis}(E_{ad})$ 都是 E_{ad} 的函数。Pt(100)电极在 5×10^{-4} mol/L HCOOH + 0.1 mol/L HClO₄ 溶液中，$t_{ad} = 1$ min 时 HCOOH 解离吸附的平均速率 $\bar{v}_{dis}(E_{ad})$ 随吸附电位 E_{ad} 的变化如图 3.5(a)所示[44,45]。可以看到，随 E_{ad} 从 -0.25 V 增加到 0.25 V(SCE)，$\bar{v}_{dis}(E_{ad})$ 呈现火山形分布的规律。当 $E_{ad} = 0.01$ V 时，$\bar{v}_{dis}(E_{ad})$ 给出极大值 9.4×10^{-10} mol/(cm²·min)；当 E_{ad} 小于和大于 0.04 V，$\bar{v}_{dis}(E_{ad})$ 都逐渐减小

直至趋近于零。为了进一步理解这一火山形变化，图中还给出 Pt(100) 电极在
0.1 mol/L HClO₄ 溶液中正向电位扫描中的 j-E 曲线，也即是吸附氢的脱附电流。
由吸附氢的脱附电流对电极电位积分得到氢在 Pt(100) 表面覆盖度 θ_H 的变化可
知，θ_H 在 0.01 V 等于 0.5，此时 $\bar{v}_{dis}(E_{ad})$ 达到最大值；电极电位低于 0.01 V，θ_H
不断增大，而 $\bar{v}_{dis}(E_{ad})$ 则不断减小；当电极电位低于−0.25 V，θ_H 趋近于 1，$\bar{v}_{dis}(E_{ad})$
也趋近于 0。这说明 HCOOH 解离吸附与氢吸附是相互竞争的表面过程。电极
电位高于 0.01 V，虽然 θ_H 逐渐减小，但在高电位下 Pt(100) 表面会发生其他吸
附过程，如溶液中阴离子[46]、氧物种[31]等的竞争吸附，同样导致 θ_H 逐渐减小
并趋于 0。

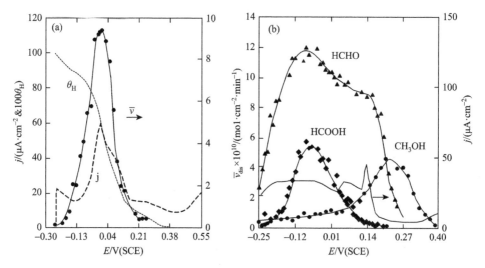

图 3.5　(a) 5x10⁻⁴ mol/L HCOOH + 0.1 mol/L HClO₄ 溶液中，t_{ad} = 1 min 时 HCOOH 在 Pt(100)
电极表面解离吸附的平均速率 $\bar{v}_{dis}$，吸附氢脱附电流 j 和吸附氢覆盖度 θ_H 随吸附电位 E_{ad} 的变化
曲线[49]；(b) 0.1 mol/L H₂SO₄ 电解质中，HCHO (10⁻³ mol/L)，HCOOH (10⁻³ mol/L) 和 CH₃OH
(5×10⁻³ mol/L) 分别在 Pt(111) 电极表面解离吸附的平均速率 $\bar{v}_{dis}$ 随吸附电位 E_{ad} 的变化[47]

　　在同一晶面电极上，分子结构不同，$\bar{v}_{dis}(E_{ad})$ 随电位变化也不相同[47-49]。如
图 3.5（b），虽然 HCOOH，HCHO 和 CH₃OH 在 Pt(111) 电极上解离吸附的平均
速率随 E_{ad} 变化都呈火山形分布，但是 HCOOH 和 CH₃OH 的 $\bar{v}_{dis}(E_{ad})$ 只有一个极
大值，分别位于−0.04 V 和 0.21 V，而 HCHO 的 $\bar{v}_{dis}(E_{ad})$ 有两个极大值，分别位
于−0.06 V 和 0.15 V。这三个分子在 Pt(111) 电极表面解离吸附平均速率的最大值
$\bar{v}_{dis}^{max}(E_{ad})$ 的次序为 HCHO〔11.96×10⁻¹⁰ mol/(cm²·min)〕>HCOOH〔5.74×
10⁻¹⁰ mol/(cm²·min)〕>CH₃OH〔4.60×10⁻¹⁰ mol/(cm²·min)〕。这三个 C1 分子
$\bar{v}_{dis}(E_{ad})$ 随 E_{ad} 变化可以从其解离吸附机理理解。如式 (3.5) 所示，甲酸是脱水反应，

主要受到不同 E_{ad} 下氢和其他物种竞争吸附的影响，给出对称的火山形变化，$\bar{v}_{dis}^{max}(E_{ad})$ 位于 $\theta_H = 0.5$ 的电位。对于甲醛分子的解离吸附可以按如下两种方式进行，第一种方式为

$$HCOH + [Pt] \longrightarrow [Pt]CO + H_2 \tag{3.19}$$

Pt(111)表面在低电位存在较高覆盖度的吸附氢，H_2 不能吸附并氧化，因此直接进入本体溶液。这与 HCOOH 的解离吸附类似，由此在–0.04 V 给出第一个极大值。当升高电极电位，Pt(111)表面的 θ_H 逐渐减小，HCOH 的解离吸附可按如下第二种方式进行

$$HCHO + 2[Pt] \longrightarrow [Pt]CHO + [Pt]H \tag{3.20}$$

$$[Pt]H \longrightarrow [Pt] + H^+ + e^- \tag{3.21}$$

[Pt]H 在高电位氧化，释放出[Pt]进一步参与 HCOH 解离吸附

$$[Pt]CHO + [Pt] \longrightarrow [Pt]CO + [Pt]H \tag{3.22}$$

[Pt]H 则按式（3.21）氧化。显然，按照式(3.20)～式(3.22)发生的解离吸收更容易在高电位进行，从而在 0.15 V 附近出现 $\bar{v}_{dis}^{max}(E_{ad})$。对于甲醇分子的解离吸附，可按如下方式进行

$$CH_3OH + [Pt] \longrightarrow [Pt]CH_3O + [Pt]H \tag{3.23}$$

[Pt]H 在高电位氧化，释放出[Pt]进一步参与[Pt]CH₃OH 的解离。[Pt]CH₃O 在高电位按下式发生氧化脱氢

$$[Pt]CH_3O \longrightarrow [Pt]CH_2O + H^+ + e^- \tag{3.24}$$

[Pt]CH₂O 按式(3.24)进一步氧化脱氢生成[Pt]CHO，最后完成解离吸附

$$[Pt]CHO \longrightarrow [Pt]CO + H^+ + e^- \tag{3.25}$$

显然，甲醇按照式(3.23)～式(3.25)的解离吸附伴随氧化脱氢过程，从而在高电位 0.21 V 给出 $\bar{v}_{dis}^{max}(E_{ad})$。

与 $\bar{v}_{dis}^{max}(E_{ad})$ 的次序相对应，在 $\bar{v}_{dis}^{max}(E_{ad})$ 的电位测得这三个 C1 分子在 Pt(111)上解离吸附的最大初始速率 $\bar{v}_{dis,i}^{max}(E_{ad})$ 的大小次序为：HCHO [4.59×10^{-11} mol/(cm²·min)，–0.06 V(SCE)] > HCOOH [1.69×10^{-11} mol/(cm²·min)，–0.04 V(SCE)] ≈ CH₃OH [1.66×10^{-11} mol/(cm²·min)，0.23 V(SCE)] [47]。

在 Pt 单晶其他晶面上，有机小分子解离吸附的 $\bar{v}_{dis}(E_{ad})$ 随 E_{ad} 变化也具有类似的火山形分布规律[45-49]。如 HCOOH 在不同 Pt 单晶面上解离吸附平均速率的极大值 $\bar{v}_{dis}^{max}(E_{ad})$ 及其对应的 E_{dis}^{max} 随晶面结构不同而变化。表 3-1 列出 10^{-3} mol/L HCOOH + 0.1 mol/L H₂SO₄ 溶液中获得的 HCOOH 在 Pt 单晶一系列晶面上解离吸附的 $\bar{v}_{dis}^{max}(E_{ad})$ 和对应的 E_{dis}^{max} [45, 48]。可以看到三个基础晶面对甲酸解离吸附 $\bar{v}_{dis}^{max}(E_{ad})$ 的大小次序为 Pt(110) > Pt(100) > Pt(111)。在(110)和(100)对称结构为主的晶面上 $\bar{v}_{dis}^{max}(E_{ad})$ 明显大于以(111)对称结构为主晶面的 $\bar{v}_{dis}^{max}(E_{ad})$。

表 3-1　HCOOH 在 Pt 单晶电极上解离吸附的 $\bar{v}_{dis}^{max}(E_{ad})$ 和 E_{dis}^{max} （10^{-3} mol/L HCOOH + 0.1 mol/L H_2SO_4 溶液）[48]

Pt(*hkl*)	(111)	(211)	(511)	(911)	(100)	(510)	(320)	(110)
$\bar{v}_{dis}^{max}(E_{ad}) \times 10^{10}$ /(mol·cm^{-2}·min^{-1})	5.36	5.44	9.93	10.87	10.51	11.70	11.16	11.58
E_{dis}^{max} / V(SCE)	−0.07	−0.01	0.03	0.03	0.03	0.01	−0.07	−0.05

3.3.2　乙二醇解离吸附反应动力学

　　如上所述，凡是满足下列条件"与含氧基团相连的碳原子上至少连接一个氢原子"和"该碳原子位于碳链端部，无空间位阻"分子结构的有机小分子，都能够在铂族金属表面发生解离吸附，生成 CO_{ad} 和其他吸附物种。由于 C2 及更长碳链的有机小分子解离吸附导致分子内化学键断裂产生 CO 和其他"碎片"吸附在电极表面，对解离动力学研究带来一定的难度。樊友军等系统地研究了乙二醇（EG: ethylene glycol）在 Pt 单晶电极上的解离吸附反应动力学[50-55]。Pt(100)单晶电极上 EG 解离吸附产物的电化学氧化特性和产物的化学组成红外光谱表征如图 3.6 所示。在 3.6(a)中，Pt(100)电极置于 2×10^{-3} mol/L EG + 0.5 mol/L H_2SO_4 溶液中，先在 0.10 V 极化 2 min 使 EG 解离吸附产生一定的解离吸附物种（DA：dissociative adsorbates），然后电位正向线性扫描，记录 j-E 曲线 a。从中可在 0.52 V 附近观察到一个十分尖锐的氧化电流峰。在对图 3.2(a)的讨论中可知，这是典型的吸附态 CO 的氧化电流特征。与连续循环扫描至稳定的 CV 曲线 b 相比较，可以看到当 Pt(100)电极表面没有 DA 积累时，CV 中的氧化电流峰强度大幅度减小，同时起始氧化电位负移了 50 mV 左右，说明 CV 中的电流来源于以 50 mV/s 速率电位循环扫描时在低电位区间 EG 解离吸附产生的 DA 和 EG 的氧化。Pt(100)电极在纯电解质溶液 0.5 mol/L H_2SO_4 溶液中的 CV 曲线（曲线 c）中的氢吸脱附电流与 Pt(100)表面累积 DA 的曲线（曲线 a）比较，可以清楚地看到在 0.10 V 极化 2 min 产生的 DA 显著抑制了氢的吸脱附过程，使氢吸脱附电流大幅度减小。

　　Pt(100)电极在 0.1 mol/L EG + 0.1 mol/L H_2SO_4 溶液中，当参考电位 $E_1 = -0.22$ V、研究电位 $E_2 = 0.10$ V 时采集的时间分辨傅里叶变换红外反射（TRFTIR）光谱如图 3.6(b)所示。5 s 以后的谱图于 2050 cm^{-1} 附近观察到一个负向谱峰，对应于吸附态 CO（CO_L）的红外吸收，也即 EG 在 Pt(100)表面解离吸附产物主要是 CO_L[56-58]。随着反应时间（t）的推移，CO_L 谱峰强度逐渐增加，当 t>100 s 以后谱峰强度逐渐趋于稳定。图中的负向单极谱峰特征指出，EG 在 Pt(100) 单晶电极上于 −0.22 V 不发生解离吸附（否则将出现双极谱峰），CO_L 均在 0.10 V 解离产生。随着 t 增加，谱峰强度增加，指示 CO_L 的量不断增加并累积于 Pt(100) 表面，当 t 达到一定值后表面 CO_L 的量趋于饱和。此外，观察到谱峰中心在反应初始阶段随着 t 的增加发生蓝移，从 7.8 s 的 2042 cm^{-1} 蓝移到 257.4 s 时的 2054 cm^{-1}。显然，这是由于 CO_L 的覆盖度增加所引起，说明解离吸附产生的 CO_L 并未聚集成岛，在 Pt(100) 表面的吸附呈均匀分布。还可观察到，谱图中除了 CO_L 的谱峰外，在 $t>70$ s 以后于 2342 cm^{-1} 附近还出现一个较小的负向谱峰，对应于 EG 直接氧化产物 CO_2 的红外吸收[57-59]，其强度随着 t 的增加逐渐增强。这一结果说明在 0.10 V 的电位下，EG 也能在被直接氧化，是解离吸附的竞争反应。

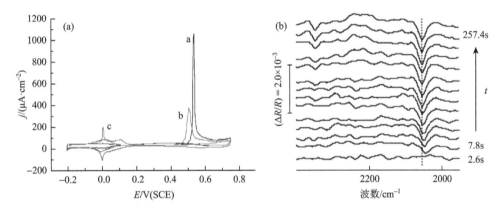

图 3.6　Pt(100) 单晶电极。(a) 电化学极化曲线[51]：0.10 V 极化 2 min 后正向电位扫描（曲线 a）和电位连续循环扫描稳定（曲线 b），$2×10^{-3}$ mol/L EG + 0.5 mol/L H_2SO_4 溶液和 0.5 mol/L H_2SO_4 溶液中电位循环扫描（曲线 c），电位扫描速率 50 mV/s；(b) EG 解离吸附的时间分辨 FTIR 光谱[53]，0.1 mol/L EG + 0.1 mol/L H_2SO_4，$E_1 = -0.22$ V，$E_2 = 0.10$ V

樊友军等系统研究了 EG 在 Pt 单晶基础晶面和一系列阶梯晶面以及扭结晶面电极上的解离吸附反应[52,55]。所研究的 Pt 单晶阶梯晶面和扭结晶面的原子排列结构模型见图 3.7，表面结构分别为：Pt(311)(S)-2(100)×(111)，Pt(511)(S)-3(100)×(111)，Pt(711)(S)-4(100)×(111)，Pt(911)(S)-5(100)×(111)，Pt(751)(S)-4(110)×(111)×2(100)。其中，Pt(2n−1, 1, 1) 晶面由 n(n = 2, 3, 4, 5) 行原子宽 (100) 平台和 1 行原子高 (111) 台阶组成，Pt(751) 晶面则由 4 行原子宽 (110) 平台、1 行原子高 (111) 台阶，并在台阶上形成了相隔 2 行原子的 (100) 结构扭结[60]。由于晶面存在扭结位点，Pt(751) 是一种手性晶面[61]。按照 G. A. Attard 提出的手性晶面的命名规则[62]，Pt(751) 是一种左旋手性晶面，即 S-Pt(751)。运用如图 3.4(a) 中的程序电位阶跃方法，研究了 2×10^{-3} mol/L EG + 0.5 mol/L H_2SO_4 溶液中乙二醇在 Pt 单晶三个基础晶面和上述阶梯和扭结晶面上解离吸附反应动力学，从暂态实验 $j\text{-}t$ 数据定量解析得到的动力学参数随 Pt 单晶的晶面结构的变化显示在图 3.8 中。其变化特点和 Pt 单晶电极的晶面结构效应可归纳如下：

（1）EG 解离吸附平均速率 $\bar{v}_{dis}(E_{ad})$ 随吸附电位 E_{ad} 的变化 [图 3.8(a)，(b)]。总的来说，EG 在所研究的 Pt 单晶电极上解离吸附的 $\bar{v}_{dis}(E_{ad})$ 随 E_{ad} 的变化在 $-0.22\sim0.45$ V 区间都呈现出火山形分布的特征。但火山形曲线的最大值 ($\bar{v}_{dis}^{max}$) 和半峰宽度随晶面结构不同而变化。$\bar{v}_{dis}^{max}$ 的大小次序为：Pt(100) (8.8×10^{-12}) > Pt(911) (7.8×10^{-12}) > Pt(751) (6.4×10^{-12}) > Pt(711) (6.1×10^{-12}) > Pt(511) (5.9×10^{-12}) > Pt(110) (4.1×10^{-12}) > Pt(311) (3.2×10^{-12}) > Pt(111) (2.1×10^{-12})（数据单位：$mol/(cm^2\cdot min)$）。Pt(100) 和 Pt(S)-n(100)$\times$(111) 阶梯晶面，(100) 平台的宽度越宽，$\bar{v}_{dis}^{max}$ 越大，Pt(100) 对 ED 解离吸附的活性最高。Pt(110) 对 EG 解离吸附的活性低于 Pt(100)，但高于 Pt(311)，说明 Pt(110) 也具有较高的活性。Pt(751) 扭结晶面上不仅含有 4 行原子宽(110)结构平台，还存在 2 行(100)结构扭结，其对 EG 解离吸附的活性不仅显著高于 Pt(110)，还略高于 Pt(711)。在所有晶面中 Pt(111) 的 $\bar{v}_{dis}^{max}$ 最小。EG 解离吸附的晶面结构效应与表 3-1 中列出的 HCOOH 的晶面结构效应略有不同。对于 HCOOH 解离吸附，三个基础晶面中 Pt(110) 晶面活性最高，Pt(100) 次之。具有(110)结构平台的阶梯晶面的活性高于以(100)结构平台的阶梯晶面的活性。但是，无论是 HCOOH 还是 EG 的解离吸附，Pt(111) 晶面的活性都最低。除 Pt(110) 外，Pt(100) 及 Pt(911) 和 Pt(711) 两个具有较宽(100)平台($n>3$)的阶梯晶面上，EG 解离吸附都给出两个较明显的极大值。

（2）在所研究的 Pt 单晶面上，对应 $\bar{v}_{dis}^{max}$ 的电位 E_{ad}^{max} 在三个基础晶面上都最低，均为 0.10 V 左右 [图 3.8(c)]。高指数晶面的 E_{ad}^{max} 都高于 0.15 V。(100)平台的阶梯晶面，平台越宽，E_{ad}^{max} 越正。Pt(711) 和 Pt(911) 上的 E_{ad}^{max} 达到 0.20 V。扭结晶面 Pt(751) 上的 E_{ad}^{max} 为 0.18 V。

（3）EG 在各个晶面的 E_{ad}^{max} 电位解吸附最大初始速率 $\bar{v}_{dis,i}^{max}$ 随晶面的变化如图 3.8(d) 所示。可以看到 Pt(111) 电极的 $\bar{v}_{dis,i}^{max}$ 最小，Pt(751) 电极的 $\bar{v}_{dis,i}^{max}$ 最大。(100)平台的阶梯晶面，平台越宽，$\bar{v}_{dis,i}^{max}$ 越大，但都小于 Pt(751) 电极的 $\bar{v}_{dis,i}^{max}$。由于 EG 解离吸附生成 CO_L 物种可按下式进行

$$HOCH_2CH_2OH + 2[Pt] \longrightarrow 2[Pt]CO_L + 6H^+ + 6e^- \tag{3.26}$$

即一个 EG 分子解离吸附生成 2 个 CO_L，同时给出 6 个 H 氧化成 H^+，与甲醇的解离吸附反应相类似，高电位有利于 EG 的解离吸附反应。

EG 在 Pt 电极上解离吸附反应动力学参数的变化给出 Pt 单晶电极表面结构效

应。同时注意到分子结构不同，EG 解离吸附的 $\overline{v}_{dis}^{max}$ 比 HCOOH 解离吸附的 $\overline{v}_{dis}^{max}$ 小一个数量级，并且具有不同的晶面结构效应。

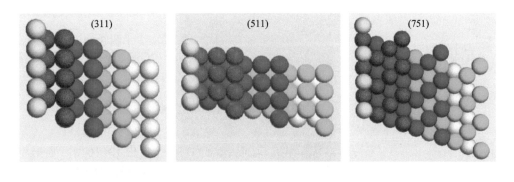

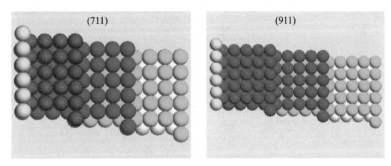

图 3.7　Pt 单晶阶梯晶面 (311)、(511)、(711)、(911) 和扭结晶面 (751) 原子排列结构模型[55, 60]

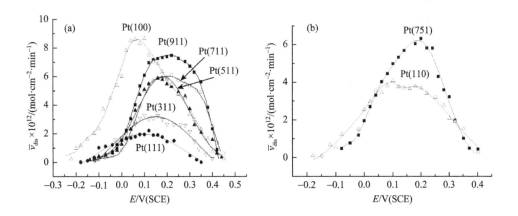

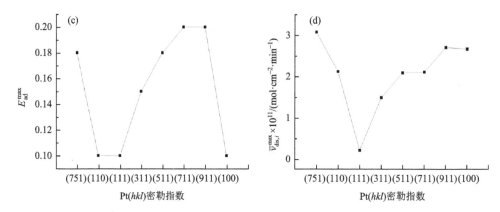

图 3.8　EG 在各种密勒指数 Pt 单晶电极上解离吸附反应动力学参数随吸附电位和晶面的变化。(a)，(b) 为吸附 1 min 的平均解离吸附速率 $\overline{v}_{dis}(E_{ad})$ ；(c) 为最大平均解离吸附速率对应的电位 E_{ad}^{max} ；(d) 为在 E_{ad}^{max} 获得的最大初始解离吸附速率 $v_{dis,i}^{max}$ (2×10^{-3} mol/L EG + 0.5 mol/L H₂SO₄ 溶液)[52, 55]

3.4　有机小分子直接氧化反应动力学

电极过程动力学是电化学研究的核心内容之一。对有机小分子在 Pt 单晶面上电催化氧化反应动力学的研究不仅对发展和丰富电催化的基础理论具有重要意义，而且对电催化的重要应用(直接燃料电池，电有机合成等)也十分关键，由此得到了大量的研究。一方面，以金属(合金)纳米粒子和多晶电极研究有机小分子氧化反应动力学[63-71]，运用红外光谱[72-77]、拉曼光谱[78]、微分质谱[79]、和频光谱[80]等各种电化学原位谱学方法揭示分子水平反应机理，以及从有机小分子电催化氧化中的振荡现象解析动力学参数[81, 82]；另一方面，运用金属单晶电极研究有机小分子电催化氧化反应的表面结构效应[73, 76, 80, 82, 83, 84]。W. Sriamulu 等[85]、A.W. Tripkovic 等[86]分别用电化学方法研究了甲醇在 Pt 单晶基础晶面上的电催化氧化反应动力学，T. J. Schmidt 等则报道了吸附原子 (Bi) 修饰的 Pt 单晶电极上 HCOOH 氧化反应的动力学[87]。下面以甲酸直接氧化和异丙醇氧化为例，阐述发展电化学反应动力学参数定量解析方法和分子水平动力学研究。

3.4.1　甲酸直接氧化反应动力学

大多数有机小分子的氧化都遵从双途径反应机理，对于其经过活性中间体途径的直接氧化反应动力学的研究势必首先采取措施克服自毒化效应。如图 3.3 (b) 所示的双途径反应机理，甲酸在 Pt 电极表面很容易发生解离吸附，生成 CO_ad 毒化表面,抑制 HCOOH 经活性中间体的直接氧化途径。根据甲酸解离吸附反应的速率随电极电位呈火山形分布的规律,可以设计程序电位有效避免甲酸解离吸附,研究甲酸在 Pt 单晶电极上直接氧化反应的动力学,从而获得表面结构效应的规律。为此,孙世刚课题组发展了电催化反应动力学参数定量解析的方法,深入研究了甲酸直接氧化反应动力学[88-93]。

如图 3.9(a) 中甲酸氧化的 CV 曲线,由于自毒化效应,只有当 Pt(100) 表面的 CO_{ad} 毒性物质在高电位氧化除去后,甲酸在电极上直接氧化才能在负向电位扫描中进行。图中还给出甲酸解离吸附平均速率随电极电位的分布,可知其最大值位于 0.01 V 附近,当电位小于 –0.2 V 或大于 0.2 V 都趋近于 0。因此,可以设计如图 3.9(b) 中的极化电位程序,研究甲酸直接氧化反应动力学。Pt(100)单晶电极经 Clavilier 方法处理并转移到电解池中,首先将电极电位设置到清洁电位 (E_{clean}) 0.75 V,从 CV 曲线可知在此电位 Pt(100) 表面的 CO_{ad} 物种被完全氧化除去,然后电位再负向阶跃到静止电位 (E_{rest}) –0.20 V 并保持 1 s。在此电位下,甲酸解离吸附平均速率接近于零,可能产生的 CO_{ad} 可以忽略,同时把在 0.75 V 产生的 Pt(100) 表面氧化物进行还原,获得"洁净"的 Pt(100) 表面。最后,电位阶跃到氧化电位 (E_{ox}),同步记录甲酸在 Pt(100) 电极上直接氧化的暂态 $j\text{-}t$ 曲线。从图 3.9(c) 中 j 随 t 和 E_{ox} 的变化看到,在同一 t,j 随 E_{ox} 给出抛物线形变化,其最大值位于 0.14 V 附近。对比在 CV 曲线中,电位正向扫描 0.0~0.4 V 区间的氧化电流接近于零,但在程序电位极化的 $j\text{-}t$ 曲线中 0.14 V 附近给出最大氧化电流。这充分证实运用图 3.9(b) 的极化电位程序有效避免了甲酸解离吸附,所记录的暂态电流来源于甲酸在洁净的 Pt(100) 电极表面上直接氧化[92, 93]。

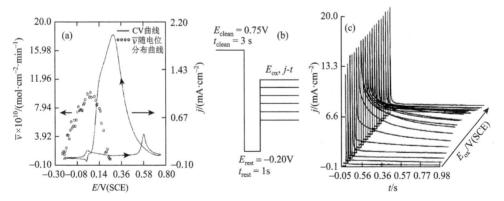

图 3.9　(a) 甲酸氧化 CV 曲线和解离吸附平均速率 $\bar{v}$ 随电位 E 分布[93];(b) 极化电位程序;
(c) 甲酸直接氧化的 $j\text{-}t$ 暂态曲线,E_{ox} 从 0.00 到 0.40 V (间隔 0.02 V)[92]

[Pt(100) 电极,0.01mol/L HCOOH + 0.5 mol/L H_2SO_4 溶液]

图 3.9(c)中的暂态 j-t 电流对应甲酸在 Pt(100)表面经两电子转移直接氧化为 CO_2 的不可逆反应，即

$$HCOOH \xrightarrow{\ k_f\ } CO_2 + 2H^+ + 2e^-$$ (3.27)

已知在电位阶跃条件下的电流-时间关系可表示为[94-96]

$$j = 2FCk_f \exp\left(\frac{k_f^2 t}{D}\right)\mathrm{erfc}\left[k_f\left(\frac{t}{D}\right)^{1/2}\right]$$ (3.28)

式中，C 为 HCOOH 的本体浓度，k_f 为反应的速率常数，D 为 HCOOH 的扩散系数。对于图 3.9(c)中的 j-t 曲线从式(3.28)解析 k_f、D 等动力学参数是十分困难的，因为 j 是指数函数和余误差函数的组合函数，通常仅在极端的条件下(如非常短的时间窗口内，$j_{t\to 0}$)进行近似解析[94-96]。在非常短的时间窗口解析动力学参数存在两个问题：①当 $t\to 0$ 时，双电层充电电流对氧化电流有较大影响；②当 $t\to 0$ 时，能够用于解析的实验数据点十分有限，必定给解析的动力学参数带来较大误差。为了从电化学暂态 j-t 数据中准确解析动力学参数，孙世刚等发展了暂态 j-t 数据积分变换方法[88-93]如下

$$设：\quad \lambda = k_f / D^{1/2}；\quad j_0 = 2FCk_f$$ (3.29)

并对式(3.28)两端从 t_s 到 t 积分

$$\int_{t_s}^{t} j\mathrm{d}\tau = j_0 \int_{t_s}^{t} \exp(\lambda^2 \tau)\mathrm{erfc}(\lambda \tau^{1/2})\mathrm{d}\tau$$

$$= (j_0 / \lambda^2)\int_{t_s}^{t} \mathrm{erfc}(\lambda \tau^{1/2})\,\mathrm{d}\exp(\lambda^2 \tau)$$

$$= (j_0 / \lambda^2)[\exp(\lambda^2 \tau)\mathrm{erfc}(\lambda \tau^{1/2})]_{t_s}^{t} - (j_0 / \lambda^2)\int_{t_s}^{t} \exp(\lambda^2 \tau)\,\mathrm{d}\,\mathrm{erfc}(\lambda \tau^2)$$

即

$$\int_{t_s}^{t} j\mathrm{d}\tau = \frac{1}{\lambda^2}\int_{t_s}^{t} j\mathrm{d}\tau - \frac{j_0}{\lambda^2}\int_{t_s}^{t} \exp(\lambda^2 \tau)\,\mathrm{d}\,\mathrm{erfc}(\lambda \tau^2)$$ (3.30)

余误差函数 $\mathrm{erfc}(x) = \dfrac{2}{\sqrt{\pi}}\int_{x}^{\infty} \exp(-z^2)\mathrm{d}z$ 的微分形式为

$$\mathrm{d}\,\mathrm{erfc}(x) = -\frac{2\lambda}{\sqrt{\pi}}\exp(-\lambda^2 \tau)\mathrm{d}(\tau^2)$$ (3.31)

代入式(3.30)，得

$$\int_{t_s}^{t} j\mathrm{d}\tau = \frac{1}{\lambda^2}\int_{t_s}^{t} \mathrm{d}j + \frac{2j_0}{\lambda\sqrt{\pi}}\int_{t_s}^{t} \mathrm{d}\tau^{1/2}$$ (3.32)

整理式(3.32)，有

$$\frac{\int_{t_s}^{t} \mathrm{d}j}{\int_{t_s}^{t} \mathrm{d}\tau^{1/2}} = \lambda^2 \frac{\int_{t_s}^{t} j\mathrm{d}\tau}{\int_{t_s}^{t} \mathrm{d}\tau^{1/2}} - \frac{2\lambda j_0}{\sqrt{\pi}} \tag{3.33}$$

定义积分变换：
$$\mathrm{JT}(t) = \frac{\int_{t_s}^{t} \mathrm{d}j}{\int_{t_s}^{t} \mathrm{d}\tau^{1/2}} = \frac{j(t) - j(t_s)}{\sqrt{t} - \sqrt{t_s}} \tag{3.34}$$

$$\mathrm{QT}(t) = \frac{\int_{t_s}^{t} j\mathrm{d}\tau}{\int_{t_s}^{t} \mathrm{d}\tau^{1/2}} = \frac{\sum_{i_s}^{i} j(i)\Delta t}{\sqrt{t} - \sqrt{t_s}} \tag{3.35}$$

$\mathrm{JT}(t)$ 和 $\mathrm{QT}(t)$ 是与电流和电量相关的时间函数。t_s 和 t 分别为积分变换的起始时刻和积分变量。图 3.9(c) 中的 j-t 数据都是通过计算机控制恒电位仪直接记录的数字化数据，因此通过编制相应的软件可方便实现式(3.34)和式(3.35)的积分变换[90-92]，将式(3.34)和式(3.35)代入式(3.33)得到

$$\mathrm{JT}(t) = \lambda^2 \mathrm{QT}(t) - \frac{2\lambda j_0}{\sqrt{\pi}} \tag{3.36}$$

按式(3.36)对 j-t 暂态实验数据进行线性回归，可得到 λ 和 j_0，进一步解析出 k_f 和 D。

根据上面提出的原理，对 j-t 暂态实验数据定量解析动力学参数的步骤如下：

(1)确定动力学和浓差扩散混合控制的时间窗口 (t_s, t_e)。对图 3.9(c) 中的 j-t 数据，以 $j\sqrt{t}$ 对 $\sqrt{t}$ 作图，如图 3.10(a) 所示。根据柯泰尔(Cottrell)方程，$j = nFAC\sqrt{D} / \sqrt{\pi t}$，若反应完全受浓差扩散控制，$j\sqrt{t}$ 与 $\sqrt{t}$ 无关，给出平行于 x 轴的直线；当反应同时受动力学与浓差扩散控制时，j 随 $1/\sqrt{t}$ 增加线性变化[图 3.10(b)]。因此，从图 3.10(a) 中取 $j\sqrt{t}$ 从线性增加到转变为平行于 x 轴的直线变化之间的 t 时刻作为 t_e。选取当双电层充电完成的时刻作为 t_s。

(2)将步骤(1)中初步确定的 t_s 和 t_e 代入式(3.34)和式(3.35)中进行积分变换，获得 $\mathrm{JT}(t)$ 和 $\mathrm{QT}(t)$。根据式(3.36)进行线性回归，并在 t 空间进行一维寻查，获得 j_0 和 λ 值，从而得到 k_f 和 D。t_s 和 t_e 的正确选取十分关键，当 t_s 太小，受双电层充电电流干扰，或 t_e 太大进入反应完全受浓差扩散控制时间区间，这两种情况下都不能满足式(3.36)的线性关系，如图 3.10(c) 中的曲线 b 和 c 所示。从合适的 t_s 和 t_e 出发，由式(3.36)线性回归，得到线性变化[图 3.10(c) 中的

a]，从其 $QT(t)$ 趋于零的截距 $2\lambda j_0/\sqrt{\pi}=|JT(t)|$ 和 $JT(t)$ 线性变化的斜率 $\lambda^2=\Delta JT(t)/\Delta QT(t)$，结合式（3.29）关于 j_0 和 λ 的定义，定量解析出 k_f 和 D 两个动力学参数。值得一提的是，图 3.10（c）中 $JT(t)$ 随 $QT(t)$ 的线性变化 c 的 $E_{ox}=0.12$ V，对应的 t_s 和 t_e 分别为 8 ms 和 1052 ms，一共含有 850 个数据点。如此大量的 j-t 实验数据用于解析，显著提高了 k_f 和 D 动力学参数的精确度[92]。

　　上述的电化学催化反应动力学研究的数据采集、积分变化和动力学参数解析都由计算机程序自动完成[89-91]。

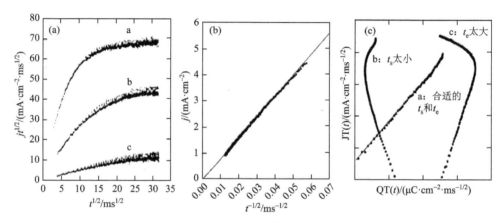

图 3.10　(a) 图 3.9 (c) 中的暂态 j-t 数据的 $j\sqrt{t}$ 随 $\sqrt{t}$ 变化；(b) 完全受浓差扩散控制时的 j 随 $1/\sqrt{t}$ 线性变化[89]；(c) $JT(t)$ 随 $QT(t)$ 变化[92]

　　当各个氧化电位 E_{ox} 的 k_f 都得到后，还可进一步解析得到传递系数 β 和 HCOOH 直接氧化的表观活化能 $\Delta G^{\neq 0}$[89-92]。已知 k_f 可表示为

$$k_f=k_f^0\exp(\beta nFE/RT) \tag{3.37}$$

式中，
$$k_f^0=A\exp(-\Delta G^{\neq 0}/RT) \tag{3.38}$$

从而有

$$\ln(k_f)=\ln(k_f^0)+\beta nFE/RT \tag{3.39}$$

$$\ln(k_f^0)=\ln(A)-\frac{\Delta G^{\neq 0}}{R}\frac{1}{T} \tag{3.40}$$

　　从而可以改变一系列温度，解析出 $\Delta G^{\neq 0}$。首先在某一给定温度下进行程序电位阶跃实验，得到不同 E_{ox} 的 j-t 数据，解析出每个 E_{ox} 的 k_f，由式 (3.39) 线性回归，获得该温度的 $\ln(k_f^0)$。进一步改变实验温度，得到一系列温度的 $\ln(k_f^0)$ [图 3.11 (a)]，再根据式 (3.40)，由 $\ln(k_f^0)$ 对 $1/T$ 线性回归获得 $\Delta G^{\neq 0}$，如图 3.11 (b) 所示。

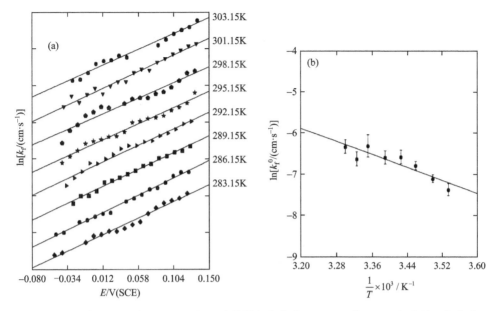

图 3.11　(a) 在不同温度下 $\ln(k_f)$ 对 E_{ox} 的线性变化曲线；(b) $\ln(k_f^0)$ 对 1/T 的线性回归曲线
　　　　(Pt(100) 电极，5×10^{-3} mol/L HCOOH + 0.5 mol/L H_2SO_4 溶液)[92]

　　进一步运用程序电位阶跃实验研究甲酸在一系列 Pt 单晶电极上直接氧化反应，解析出不同晶面的 $\Delta G^{\neq 0}$，从而获得对 HCOOH 氧化的表面结构效应的深入认识。S. G. Sun 等研究了 HCOOH 在 Pt(100)、Pt(111) 和 Pt(110) 三个基础晶面，Pt(510) 和 Pt(911) 两个高指数晶面上直接氧化反应动力学[92]，定量解析出 $\Delta G^{\neq 0}$ 和 β，列于表 3-2 中。表观活化能 $\Delta G^{\neq 0}$ 表征 Pt 单晶面的电催化活性，$\Delta G^{\neq 0}$ 越小，活性越高，而 $\Delta G^{\neq 0}$ 越大，活性越低。从表 3-2 中数据可看到，五个 Pt 单晶面的 $\Delta G^{\neq 0}$ 都在几十 kJ/mol 数量级。从 $\Delta G^{\neq 0}$ 的变化可知三个基础晶面对甲酸直接氧化的电催化活性次序为 Pt(110)＞Pt(111)＞Pt(100)，与对甲酸解离吸附活性的次序 Pt(110)＞Pt(100)＞Pt(111) 略有不同。但无论是甲酸解离吸附还是甲酸直接氧化，Pt(110) 在三个晶面中都具有最高的催化活性。两个阶梯晶面都是由五行原子宽的 (100) 平台和单原子高的 (111) 或 (110) 台阶组成，其活性与 Pt(100) 相近，但因 Pt(510) 面上为 (110) 阶梯而 Pt(911) 面上为 (111) 阶梯，故两者的电催化活性次序为 Pt(510)＞Pt(911)，这与对甲酸解离吸附的活性一致。此外，注意到在五个晶面上获得的 β 值为 0.1~0.25，明显小于可逆电荷传递反应中的 0.5。如此小的 β 值证实在洁净的 Pt 电极表面上甲酸的氧化经历由式 (3.27) 描述的完全不可逆反应，对表面结构十分敏感，即 HCOOH 与 Pt 单晶面较强的相互作用，同时暗示甲酸氧化的两个电子是分步传递的[91, 92]。

表 3-2　HCOOH 在 Pt(110)，Pt(510)，Pt(100)，Pt(911) 和 Pt(111)
电极上氧化的 $\Delta G^{\neq 0}$ 和 β 值[92]

电极	表面构型	$\Delta G^{\neq 0}/(\text{kJ·mol}^{-1})$	β
Pt(110)	(110)	10.1±0.1	0.102±0.004
Pt(510)	5(100)-(110)	29.7±0.1	0.246±0.005
Pt(100)	(100)	32.2±0.5	0.251±0.008
Pt(911)	5(100)-(111)	32.7±0.2	0.221±0.011
Pt(111)	(111)	25.8±0.2	0.162±0.010

Y. Y. Yang 等进一步应用电位阶跃实验和暂态 j-E 数据定量解析动力学数据的方法，研究了甲酸在 Sb 吸附原子修饰的一系列 Pt 单晶表面 [Pt(100)/Sb，Pt(320)/Sb，Pt(110)/Sb，Pt(111)/Sb，Pt(331)/Sb，Pt(100)/Sb] 上氧化反应动力学[93]，发现 Sb 吸附原子对甲酸直接氧化反应能垒产生影响，可用 $\gamma \theta_{Sb}$ 表达，其中 γ 为能垒矫正因子，θ_{Sb} 为 Pt 单晶表面 Sb 的覆盖度，也即反应的表观活化能为 $\Delta H^{\neq 0} + \gamma \theta_{Sb}$。由此，甲酸在 Pt($hkl$)/Sb 表面直接氧化的速率常数可表示为

$$k_f = A \exp\left(-\frac{\Delta H^{\neq 0} + \gamma \theta_{Sb}}{RT}\right) \exp\left(\frac{\beta nFE}{RT}\right) \tag{3.41}$$

$$k_f = k^{0\prime} \exp\left(\frac{\beta nFE}{RT}\right), \quad \text{或} \ln k_f = \ln k^{0\prime} + \frac{\beta nF}{RT}E \tag{3.42}$$

$$k^{0\prime} = A \exp\left(-\frac{\Delta H^{\neq 0} + \gamma \theta_{Sb}}{RT}\right), \quad \text{或} RT \ln k^{0\prime} = (RT \ln A - \Delta H^{\neq 0}) - \gamma \theta_{Sb} \tag{3.43}$$

电化学原位红外光谱研究结果显示，Sb 吸附原子修饰的 Pt 单晶表面抑制了甲酸的解离吸附反应。因此可以应用简单的电位阶跃程序，即首先将电位设置到 -0.2 V，然后直接阶跃到氧化电位，并记录甲酸直接氧化的暂态 j-E 数据。对其积分变换，解析得到 k_f。固定实验温度 T，改变 E，从式(3.42)求得 $\ln k^{0\prime}$；进一步改变 θ_{Sb}，最终从式(3.43)解析得到 γ。实验结果列于表 3-3。

表 3-3　甲酸在 Pt(hkl)/Sb 上直接氧化反应动力学参数及其影响[93]

Pt(hkl)/Sb	$\gamma/(\text{kJ·mol}^{-1})$	结果	
		$\Delta H^{\neq 0} + \gamma \theta_{Sb}$	j
Pt(100)	12.80±0.32	↑	$j_p^{Sb, max} < j_p^{max}$
Pt(320)(S)-3(110)×(100)	16.80±0.35	↑	$j_p^{Sb, max} < j_p^{max}$
Pt(110)	18.74±0.39	↑	$j_p^{Sb, max} < j_p^{max}$
Pt(111)	-7.89±0.29	↓	$j_p^{Sb, max} > j_p^{max}$
Pt(311)(S)-2(111)×(100)	-11.69±0.24	↓	$j_p^{Sb, max} > j_p^{max}$

表 3-3 中的数据显示，在 Pt(100)、Pt(110) 和 Pt(320) 三个晶面 [表面主要为 (100) 和 (110) 结构位]，γ 为正值，Sb 吸附原子修饰升高了甲酸氧化的表观活化能，也即使 Pt(hkl)/Sb 的活性降低，实验上观察到 Pt 单晶表面上 Sb 吸附原子修饰后甲酸的氧化峰电流密度小于修饰前的甲酸的氧化峰电流密度；但在 Pt(111) 和 Pt(311) 两个晶面 [表面主要为 (111) 结构位]，γ 为负值，Sb 吸附原子修饰降低了甲酸氧化的表观活化能，从而提升了 Pt(hkl)/Sb 的催化活性，实验测得 Pt 单晶表面上 Sb 吸附原子修饰后甲酸氧化峰电流密度大于修饰前的甲酸氧化峰电流密度。

3.4.2 异丙醇直接氧化反应动力学

相对于其他有机小分子燃料，如甲醇、乙醇等，异丙醇在直接液体燃料电池 (DLFCs：direct liquide fuel cells) 应用中具有明显的优势。在 DLFCs 中，液体燃料阳极氧化的电位越低，越有利于增大燃料电池的输出功率。在使用铂基催化剂的酸性 DLFCs 中，甲酸、甲醇、乙醇等具有自毒化效应的液体燃料在较低电位产生 CO_{ad} 毒性物种毒化催化剂表面，而异丙醇在 Pt 基催化剂上不发生解离吸附，不存在自毒化现象。在不需使用 Pt 等贵金属催化剂的碱性 DLFCs 中，其他有机小分子液体燃料的氧化产物 CO_2 会与 OH^- 反应 [$CO_2 + OH^- \longrightarrow HCO_3^-$，$CO_3^=$]，生成碳酸盐沉积到电极表面使其失活，同时消耗碱性电解质，需要在 DLFCs 运行中不断添加电解液和去除碳酸盐沉淀。异丙醇在较低电位下氧化的主要产物丙酮，不存在碱性电解质消耗和碳酸盐沉淀的问题。因此，直接异丙醇燃料电池 (DIPAFCs) 得到了较多关注和研究[97-99]。

异丙醇的分子结构 ($CH_3CHOHCH_3$) 不满足解离吸附的条件 (见 3.2 节末，即 ①与含氧基团相连的碳原子上至少连接一个氢原子；②该碳原子位于碳链端部，无空间位阻)。因此，与金属催化剂相互作用不产生 CO_{ad} 毒性物种。这一结论由电化学循环伏安和原位红外光谱实验结果证实[100]。如图 3.12(a)，从异丙醇在 Pt 电极上氧化的 CV 曲线中可观察到，正向和负向电位扫描中在 0.0~0.7 V 都出现氧化电流，在 0.3 V 附近给出电流峰，峰电流密度 $0.4 mA/cm^2$ 左右，说明异丙醇没有自毒化效应。但在正丙醇氧化的 CV 曲线中，0.0~0.4 V 正向电位扫描的氧化电流几乎为零，而在这个电位区间的负向电位扫描中出现峰值电流密度 $0.5 mA/m^2$ 左右的氧化电流峰。显然，这是正丙醇在 Pt 电极表面解离吸附，产生毒性物种毒化表面的结果。进一步升高电位，在 0.6 V 附近观察到 CO_{ad} 物种和正丙醇共同氧化的电流峰。更高电位 (~0.9 V) 下，在图 3.12(a) 和 3.12(b) 的 CV 中都观察到异丙醇和正丙醇的氧化电流峰。图 3.12(c) 中的电化学原位 FTIR 反射光谱实验结果进一步从分子水平揭示了这一差别的本质。在正丙醇的红外谱图 3.12(c) 和 (b) 中，可以清楚地看到位于 2050 cm^{-1} 附近的双极谱峰，指认为线性吸附态 CO(CO$_L$)在 E_1(−0.25 V, 2040 cm^{-1} 的正向峰)和在 E_2(0.3 V, 2060 cm^{-1} 的负向峰)的红外吸收，说明在两个电位 Pt 下 Pt 电极表面上都存在正丙醇解离吸附产生的 CO$_L$。但在异丙醇的谱图 3.12(c)的 c 中，并不出现 CO$_L$ 的谱峰，主要观察到位于 1360 cm^{-1}、1425 cm^{-1}、1700 cm^{-1} 附近的负向谱峰，指认为丙酮在 E_2 的红外吸收。作为进一步的验证，对于 1, 2-丙二醇和丙三醇两种 C3 醇，其分子结构都满足解离吸附的条件。电化学原位 FTIR 反射光谱的研究结果显示，1, 2-丙二醇[101]和丙三醇[102]两种 C3 醇的红外谱图中都明显观察到位于 2050 cm^{-1} 附近的双极谱峰，对应两种 C3 醇在 Pt 电极表面解离吸附产生的 CO$_L$ 物种的红外吸收。

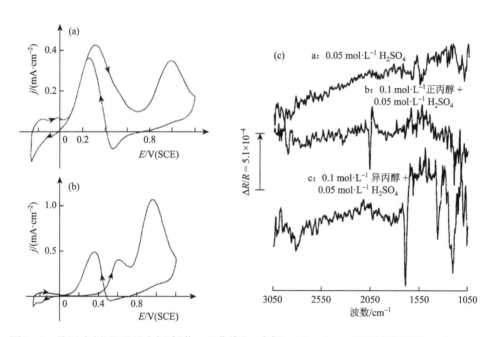

图 3.12　异丙醇(a)和正丙醇(b)氧化 CV 曲线(Pt 电极，0.1 mol/L 正丙醇(异丙醇)+ 0.05 mol/L H$_2$SO$_4$ 溶液，电位扫描速率 50 mV/s)；(c)电化学原位 FTIR 反射光谱(Pt 电极，E_1 = −0.25 V, E_2 = 0.3 V)[97]

　　为了进一步从分子水平深入认识异丙醇在 Pt 电极上吸附和氧化反应的机理，S. G. Sun 等运用电化学原位 FTIR 反射光谱研究了异丙醇在 Pt(111)、Pt(110)和 Pt(100)三个基础单晶面上的吸附和氧化过程[103]。原位红外光谱中出现的吸收谱峰及其指认，以及其随施加电极电位的变化列于表 3-4 中。根据电化学原位红外光谱的结果提出了异丙醇的氧化机理如下：

　　(1)当电极电位 $E < 0.20$ V(SCE)，异丙醇主要发生脱水反应，

$$CH_3CHOHCH_3 \xrightarrow[\text{脱水}]{H^+} CH_3CH = CH_2 + H_2O \tag{3.44}$$

(2) 电极电位 $E > 0.2\,V$，开始发生异丙醇氧化脱氢生成丙酮，伴随酮与烯醇同质异构互变转化，

$$CH_3CHOHCH_3 \xrightarrow{\text{脱氢}} CH_3COCH_3 + 2H^+ + 2e^- \tag{3.45}$$

$$CH_3COCH_3 \xrightleftharpoons{\text{互变异构}} CH_3COH = CH_2 \tag{3.46}$$

(3) 当电位高于 $0.5\,V$ 后，异丙醇和丙酮进一步氧化生成各种中间体，并在 Pt 表面吸附氧物种的促进下完全氧化到物 CO_2。

依据表 3-3 中对电化学原位红外光谱特征谱峰的指认，结合电化学 CV 研究结果，S. G. Sun 等提出异丙醇在 Pt 电极上吸附和氧化的反应机理如图 3.13 所示。虽然异丙醇在 Pt 单晶三个基础晶面上的氧化遵循同一反应机理，但三个晶面具有不同的电催化活性。循环伏安法研究结果显示，在 $-0.25 \sim 0.70\,V$ (SCE)，即 Pt 单晶电极表面不被深度氧化导致结构重建，经 Clavilier 方法处理的结构明确的单晶电极对异丙醇氧化的电催化初始活性次序为 Pt(110) ($10.11\,mA/cm^2$) > Pt(111) ($3.63\,mA/cm^2$) > Pt(100) ($1.97\,mA/cm^2$)，但经过 10 周电位循环扫描后其活性次序变化为 Pt(111) ($2.61\,mA/cm^2$) > Pt(100) ($1.89\,mA/cm^2$) ≫ Pt(110) ($0.63\,mA/cm^2$)。可见经过 10 周电位循环扫描后，Pt(110) 的活性下降了 93.8%，Pt(111) 下降了 28.1%，Pt(100) 仅下降了 4.1%，即 Pt 单晶三个基础晶面电极的稳定性次序为 Pt(100) > Pt(111) ≫ Pt(110)。

表 3-4 电极电位 E_2 升高过程中红外谱峰及其指认 [参考电位 $E_1 = 0.0\,V$ (SCE)] [103]

E_2/V (SCE)	红外谱峰/cm⁻¹	官能团指认	备注
<0.2	~1600 (broad, m) ~3010 (m)	$v_{C=C}$ v_{C-H}	—CH = CH₂, —COH = CH₂ —CH₃, —CH₂
0.2~0.5	~3010 (s) ~1700 (s) ~1640 (broad, m) ~1430 (s) ~1368 (s) ~1236 (s) ~1195 (s) ~1100 (m) ~1050 (s)	v_{C-H} $v_{C=O}$ $v_{C=C}$ $\delta_{asy}CH_3$ $\delta_{sy}CH_3$ $(v + \delta)C-CO-C$ $v_{asy}\,HSO_4^-$ $v_{asy}\,HSO_4^-$ $v_{sy}\,HSO_4^-$	—CH₃, —CH₂ >C = O >C = C —CH₃ —CH₃ CH₃—CO—CH₃ HSO_4^- HSO_4^- HSO_4^-
>0.5	~2345 (s) 除~2345 (s) 外，加上所有上述谱峰	$v_{asy}CO_2$	CO₂

注：m-中等强度谱峰；s-强谱峰；broad-宽谱峰。

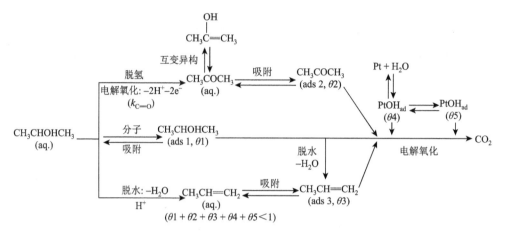

图 3.13　异丙醇在 Pt 电极表面吸附和氧化反应机理[103]

　　以上研究指出，低电位区间异丙醇可以直接在 Pt 电极上氧化到丙酮，具有很强的红外吸收。根据这一反应特点，S. G. Sun 等运用电化学原位时间分辨 FTIR 光谱研究了异丙醇在 Pt 多晶[104]、Pt 单晶三个基础晶面和 Pt(610)、Pt(211) 两个高指数阶梯晶面[105]电极上氧化反应动力学。其中 Pt(610) 属于[001]晶带，表面结构由 6 行原子宽(100)平台和 1 行原子高(110)台阶组成，Pt(211) 属于[0 1 $\bar{1}$]晶带，表面结构由 3 行原子宽(111)平台和 1 行原子高(100)台阶组成。异丙醇在 5 个 Pt 单晶电极上氧化的原位 FTIR 光谱及其随电位变化如图 3.14(a) 和图 3.14(b) 所示。在氧化电位 $E_2 = 0.4$ V［即接近异丙醇氧化峰电流的电位，见图 3.12(a)］，所有 Pt 单晶电极的红外光谱在都给出位于 3012 cm^{-1}、1698 cm^{-1}、1430 cm^{-1}、1368 cm^{-1}、1238 cm^{-1} 和 1157 cm^{-1} 附近的负向谱峰，分别对应 C—H 伸缩振动(ν_{C-H})、C＝O 伸缩振动($\nu_{C=O}$)、C—H 反对称伸缩振动(ν_{asyC-H})、C—H 伸缩振动(ν_{C-H})、C—CO—C 弯曲振动(δ_{C-CO-C})和 C—CO—C 伸缩振动(ν_{C-CO-C})红外吸收，都来源于丙酮的红外特征谱峰，进一步证实了异丙醇不仅在 Pt 多晶和 Pt 单晶三个基础晶面电极上，而且在 Pt 单晶高指数晶面电极上，0.4 V 仅发生氧化脱氢反应，生成丙酮产物。虽然 5 个 Pt 单晶电极的红外光谱中都出现相同的红外吸附峰，但谱峰强度随 Pt 单晶的晶面结构不同而变化。由于对于每个 Pt 单晶电极在 E_2 采集红外光谱的时间一致，也即异丙醇氧化脱氢反应的时间一致，红外谱峰的强度与生成的丙酮量直接关联，反映了各个 Pt 单晶电极不同的电催化活性。当氧化电位升高到 1.0 V，也即接近异丙醇在高电位的氧化电流峰［见图 3.12(a)］，所获得的原位红外光谱如图 3.14(b)。从 5 个 Pt 单晶电极的谱图中，不仅观察到异丙醇氧化脱氢产物丙酮的吸附峰，还在 2345 cm^{-1} 附近观察到一个负向红外吸收谱峰，指认为异丙醇完全氧化产物 CO$_2$ 的红外吸收，其强度也随 Pt 单晶电极的表面结构变化。

　　为了比较所研究的 5 个 Pt 单晶电极的电催化活性，在图 3.14(c) 和 3.14(d) 中分别比较异丙醇氧化脱氢产物丙酮的特征红外吸收 C＝O 伸缩振动谱峰的强度和完全氧化产物 CO_2 谱峰的强度随氧化电位的变化。从图 3.14(c) 中可知，在低电位区间 (0.2～0.8 V)，Pt(100) 具有最高的氧化异丙醇到丙酮的活性，5 个 Pt 单晶电极的电催化活性次序为 Pt(100)＞Pt(610)＞Pt(111)＞Pt(211)＞Pt(110)。由于采集电化学原位红外光谱需要一定的时间，相当于各个单晶电极都达到了稳定的活性，即 Pt(100) 最高，Pt(111) 次之，Pt(110) 最低，与上述电位循环扫描 10 周的活性次序[103]不完全一致。以 (100) 平台结构为主的 Pt(610) 电极也具有相当高的电催化活性。对于以 (111) 平台为主的 Pt(211) 电极，由于含有 1 行原子高(110) 台阶，其电催化活性介于 Pt(111) 和 Pt(110) 之间。但在高电位区间 (0.8～1.2 V)，

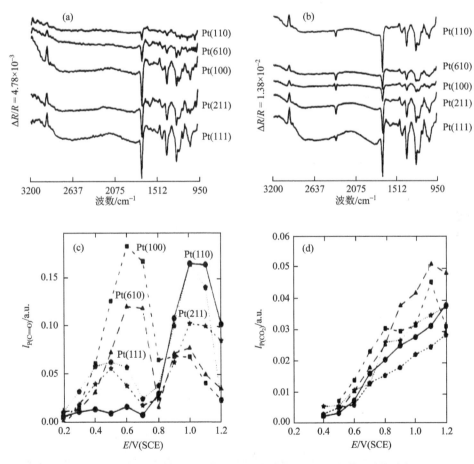

图 3.14　异丙醇在一系列 Pt 单晶电极上氧化的电化学原位 FTIR 光谱，参考电位 $E_1 = 0.0$ V，氧化电位 $E_2 = 0.4$ V(a)、1.0 V(b)；羰基 (C＝O) (c) 和 CO_2(d) 红外谱峰强度 I 随氧化电位 E 的变化 (0.2 mol/L $CH_3CHOHCH_3$ + 0.1 mol/L H_2SO_4 溶液)[105]

这一电催化活性次序发生了变化，Pt(110)＞Pt(111)＞Pt(210)＞Pt(610)＞Pt(100)。对于异丙醇完全氧化到 CO_2 的反应，从 CO_2 谱峰强度的变化［图 3.14(d)］中可知，在所研究的氧化电位区间(0.2～1.2 V)，5 个 Pt 单晶电极的催化活性次序都基本保持为 Pt(610)＞Pt(100)＞Pt(211)＞Pt(110)＞Pt(111)，即不随氧化电位改变，说明对于异丙醇完全氧化到 CO_2 的反应，三个基础晶面电极中 Pt(100)仍然具有最高的活性，Pt(110)次之，Pt(111)最低。而高指数晶面 Pt(610)和 Pt(211)的活性分别高于 Pt(100)和于 Pt(111)。

　　电化学原位时间分辨 FTIR 反射光谱研究进一步从分子水平给出异丙醇在 Pt(111)，Pt(100)，Pt(110)，Pt(610)和 Pt(211)晶面电极上氧化反应的动力学[105]。从时间分辨红外光谱中可获得异丙醇氧化脱氢产物丙酮和完全氧化产物 CO_2 的生成速率 $k_{C=O}$ 和 k_{CO_2}，以及它们随晶面取向和氧化电位的分布规律。如图 3.15(a)所示的异丙醇在 Pt(110)电极上于 1.0 V 氧化的时间分辨光谱，可以清晰地观察到位于 1698 cm^{-1} 附近的丙酮羰基峰和 2345 cm^{-1} 附近的 CO_2 红外吸收峰，随反应时间增加谱峰强度增强。将两个谱峰的强度对反应时间作图［图 3.15(b)］，在 $t<11$ s 的时间内，两个谱峰的强度都线性增长，由此可以定义丙酮和 CO_2 的生成速率

$$k_{C=O} = \frac{1}{A}\frac{dI_{C=O}}{dt} \tag{3.47}$$

$$k_{CO_2} = \frac{1}{A}\frac{dI_{CO_2}}{dt} \tag{3.48}$$

式中，$I_{C=O}$ 和 I_{CO_2} 分别是丙酮和 CO_2 的谱峰强度，A 是 Pt 单晶电极的几何面积。

　　如前所述，异丙醇在 DLFCs 中具有重要意义。$k_{C=O}$ 越大，催化异丙醇氧化脱氢反应的速率越快，就越能提高 DIPAFCs 的输出功率。图 3.15(c)给出 $k_{C=O}$ 随异丙醇氧化电位和 Pt 单晶电极晶面指数的变化，可以看到，Pt(100)和 Pt(610)两

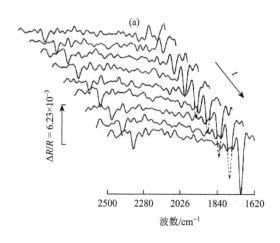

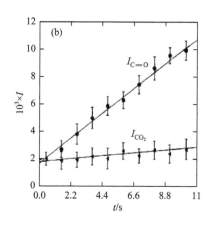

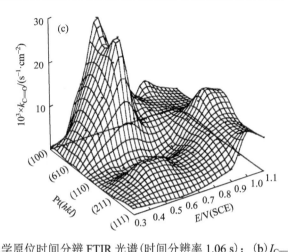

图 3.15　(a) 电化学原位时间分辨 FTIR 光谱 (时间分辨率 1.06 s)；(b) $I_{C=O}$ 和 I_{CO_2} 随 t 变化；

$[Pt(110)$，$E_1 = 0.0\,V$，$E_2 = 1.0\,V$，$0.2\,mol/L\ CH_3CHOHCH_3 + 0.1\,mol/L\ H_2SO_4]$

(c) $k_{C=O}$ 随 E 和 Pt 单晶电极结构的变化[105]

个电极在低电位区给出最大的 $k_{C=O}$。在 DIPAFCs 中，异丙醇氧化为阳极反应，因此电位越低越有利。这一研究结果对设计和制备高效电催化剂有重要的指导价值，即应该考虑优先选择以 (100) 原子排列结构为主 (基础晶面和阶梯晶面) 的表面结构。

参 考 文 献

[1]　Clavilier J. Parsons R，Durand R，Lamy C，Leger J M. Formic acid oxidation on single crystal platinum electrodes. Comparison with polycrystalline platinum [J]. J Electroanal Chem and Interf Electrochem，1981，124：321-326.

[2]　Adzic R R，Tripkovic A V. Structural effects in electrocatalysis[J]. Nature，1982，296：137-138.

[3]　Herrero E，Feliu J. Understanding formic acid oxidation mechanism on platinum single crystal electrodes[J]. Curr Opin Electrochem，2018，9：145-150.

[4]　Olivi P，Bulhoes L O S，Leger J M，Hahn F，Beden B，Lamy C. The electrooxidation of formaldehyde on Pt(100) and Pt(110) electrodes in perchloric acid solutions[J]. Electrochim Acta，1996，41：927-932.

[5]　孙世刚，Clavilier J. 铂单晶 (210)，(310) 和 (610) 阶梯晶面在甲酸氧化中的电催化特性[J]. 高等学校化学学报，1990，11：998-1002.

[6]　Spendelow J S，Goodpaster J D，Kenis P J A，Wieckowski A. Methanol dehydrogenation and oxidation on Pt(111) in alkaline solutions[J]. Langmuir，2006，22：10457-10464 .

[7]　Edens G J，Hamelin A，Weaver M J. Mechanism of carbon monoxide electrooxidation on monocrystalline gold surfaces：Identification of a hydroxycarbonyl intermediate[J]. J Phys Chem，1996，100：2322-2329.

[8]　Elnabawy A O，Herron J A，Scaranto J，Mavrikakis M. Structure sensitivity of formic acid electrooxidation on transition metal surfaces：A first-principles study[J]. J Electrochem Soc，2018，165：J3109-J3121.

[9]　Hoshi N，Nakamura M，Haneishi H. Structural effects on methanol oxidation on single crystal electrodes of palladium[J]. Electrochemistry，2017，85：634-636.

[10]　Lin W F，Jin J M，Christensen P A. Scott K. Structure and reactivity of the Ru(001)electrode towards fuel cell electrocatalysis[J]. Electrochim Acta，2003，48：3815-3822.

[11]　Abd-El-Latif A A，Mostafa E，Huxter S，Attard G，Baltruschat H. Electrooxidation of ethanol at polycrystalline and platinum stepped single crystals A study by differential electrochemical mass spectrometry[J]. Electrochim Acta. 2010，55：7951-7960.

[12]　Fan Y J，Zhou Z Y，Zhen C H，Chen S P，Sun S G. Kinetics of dissociative adsorption of ethylene glycol on Pt(S)-[n(100)×(111)] electrodes in acid solutions[J]. Electrochem Commun，2011，13：506-508.

[13]　Markovic N N，Avramovivic M L，Marinkovic N S，Adzic R R. Structural effects in electrocatalysis-ethylene-glycol oxidation on platinum single-crystal surfaces[J]. J Electroanal Chem，1991，312：115-130.

[14]　Sandrini R M L M，Sempionatto J R，Tremiliosi G，Herrero E，Feliu J M，Souza-Garcia J，Angelucci C A. Electrocatalytic oxidation of glycerol on platinum single crystals in alkaline media[J]，Chem Electro Chem，2019，6：4238-4245.

[15]　He Q G，Yang X F，Chen W，Mukerjee S，Koel B，Chen S W. Influence of phosphate anion adsorption on the kinetics of oxygen electroreduction on low index Pt(hkl) single crystals[J]. Phys Chem Chem Phys，2010，12：12544-12555.

[16]　Gomez-Marin A M，Rizo R，Feliu J M. Oxygen reduction reaction at Pt single crystals：A critical overview[J]. Catal Sci Technol，2014，4：1685-1698.

[17]　洪双进，周志有，孙世刚，邵国强，区泽堂. Rh，Rh(100)和Rh(111)电极上 CO 吸附和 CO_2 还原的原位红外反射光谱研究[J]. 光谱学与光谱分析，1998，18：21-22.

[18]　Hoshi N，Noma M，Suzuki T，Hori Y. Significant difference of the reduction rates of carbon-dioxide between Pt(111)and Pt(110)single-crystal electrodes[J]. Electrochim Acta，1995，40：883-887.

[19]　Todoroki N，Yokota N，Nakahata S，Nakamura H，Wadayama T. Electrochemical reduction of CO_2 on Ni-and Pt-epitaxially grown Cu(111)surfaces[J]. Electrocatalysis，2016，7：97-103.

[20]　Attard G A，Souza-Garcia J，Martinez-Hincapie R，Feliu J M. Nitrate anion reduction in aqueous perchloric acid as an electrochemical probe of Pt{110}-(1×1)terrace sites[J]. J Catal，2019，378：238-247.

[21]　Katsounaros I，Figueiredo M C，Chen X T，Calle-Vallejo F，Koper M T M. Interconversions of nitrogen-containing species on Pt(100)and Pt(111)electrodes in acidic solutions containing nitrate[J]. Electrochim Acta，2018，271：77-83.

[22]　Capon A，Parson R. The oxidation of formic acid at noble metal electrodes：I. Review of previous work[J]. J Electroanal Chem，1973，44：1-7.

[23]　Capon A，Parsons R. The oxidation of formic acid at noble metal electrodes. Part Ⅲ. Intermediates and mechanism on platinum electrodes[J]. J Electroanal Chem，1973，45：205-231.

[24]　Sun S G，Clavilier J，Bewick A. The mechanism of electrocatalytic oxidation of formic acid on Pt(100)and Pt(111)in sulphuric acid solution，an EMIRS study[J]. J Electroanal Chem Inter Electrochem. 1988，240：147-159.

[25]　Beden B，Bewick A，Kunimatsu K，Lamy C. Infrared study of adsorbed species on electrodes：Adsorption of carbon monoxide on Pt，Rh and Au[J]. J Electroanal Chem，1981，121(1-2)：343-356.

[26]　Beden B，Bewick A，Lamy C. A study by electrochemically modulated infrared reflectance spectroscopy of the electrosorption of formic acid at a platinum electrode[J]. J Electroanal Chem，1983，148：147-160.

[27]　Beden B，Lamy C，Bewick A，Kunimatsu K. Electrosorption of methanol on a platinum electrode. IR spectroscopic evidence for adsorbed co species[J]. J Electroanal Chem，1981，121：343-347.

[28]　Sun S G，Lu G Q，Tian Z W. Kinetics of dissociative adsorption of formaldehyde on Pt(111)electrode in sulphuric

acid solutions studied by programmed potential step technique and time resolved FTIR spectroscopy[J]. J Electroanal Chem，1995，393：97-104.

[29]　Sun S G. Effet de la Structure Cristalline Superficielle du Platine dans le Mecanisme de l'Oxydation Electrocatalytique de l'Acide Formique et du Methanol en Milieu Acid. Thèse de doctorat d'Etat，Université Paris VI（France），1986.

[30]　中西香爾，索罗曼 P H. 红外光谱分析 100 例. 王绪明译[M]. 北京：科学出版社，1984.

[31]　Li N H，Sun S G，Chen S P. Studies on the role of oxidation states of platinum surface in electrocatalytic oxidation of small primary alcohols[J]. J Electroanal Chem，1997，430：57-67.

[32]　Rigsby M A，Zhou W P，Lewera A，Duong H T，Bagus P S，Jaegermann W，Hunger R，Wieckowski A. Experiment and theory of fuel cell catalysis：Methanol and formic acid decomposition on nanoparticle Pt/Ru[J]. J Phys Chem C，2008，112：15595-15601.

[33]　Beden B，Morin M C，Hahn F，Lamy C. "In situ" analysis by infrared reflectance spectroscopy of the adsorbed species resulting from the electrosorption of ethanol on platinum in acid medium[J]. J Electroanal Chem，1987，229：353-366.

[34]　Hahn F，Beden B，Kadirgan F，Lamy C. Electrocatalytic oxidation of ethylene glycol.3. In situ infrared reflectance spectroscopic study of the strongly bound species resulting from its chemisorption at a platium electrode in aqueous medium[J]. J Electroanal Chem，1987，216：169-180.

[35]　樊友军，甄春花，陈声培，孙世刚. 阴离子特性吸附和 Pt（111）电极表面结构对乙二醇解离吸附动力学的影响[J]. 物理化学学报，2009，25：999-1003.

[36]　Sun S G，Yang D F，Tian Z W. In situ FTIR studies on the adsorption and oxidation of n-propanol and isopropanol at a platinum electrode[J]. J Electroanal Chem，1990，289：177-189.

[37]　Sun S G，Yang D F，Tian Z W. In situ FTIR reflection spectroscopic studies on the electrocatalytic processes——oxidation of n-propanol on Pt electrode. Progress in Natural Sciences[J]. Communication of State Key Laboratories of China，1991，1：48-54.

[38]　Sun S G，Yang D F，Tian Z W. Adsorption and oxidation of glycerol on platinum electrodes investigated by in situ FTIR spectroscopy[J]. Chimica Acta Sinica，1992，50：533-538.

[39]　Li N H，Sun S G. In situ FTIR spectroscopic studies of the electrooxidation of C4 alcohol on a platinum electrode in acid solutions Part I. Reaction mechanism of 1-butanol oxidation[J]. J Electroanal Chem，1997，436：65-72.

[40]　Li N H，Sun S G. In situ FTIR spectroscopic studies of electrooxidation of C4 alcohols on platinum electrodes in acid solutions Part Ⅱ. Reaction mechanism of 1, 3-butanediol oxidation[J]. J Electroanal Chem，1998，448：5-15.

[41]　Hazzazi O A，Huxter S E，Taylor R，Palmer B，Gilbert L，Attard G A. Electrochemical studies of irreversibly adsorbed ethyl pyruvate on Pt{h k l} and epitaxial Pd/Pt{h k l} adlayers[J]. J Electroanal Chem，2010，640：8-16.

[42]　Matos J P F，Proenca L F A，Lopes M I S，Fonseca I T E，Rodes A，Aldaz A. Electrooxidation of xylitol on platinum single crystal electrodes：A voltammetric and in situ FTIRS study[J]. J Electroanal Chem，2007，609：42-50.

[43]　Sun S G. Studying electrocatalytic oxidation of small organic molecules with in-situ infrared spectroscopy// Lipkowski J，Ross P N. Electrocatalysis[M]. Chapter 6 New York：Wiley-VCH，In，1998，243-290.

[44]　孙世刚，王津建，穆纪千. 甲酸在 Pt（100）单晶电极表面解离吸附过程的动力学[J]. 物理化学学报，1992，8（6）：732-735.

[45]　Sun S G，Lin Y，Li N H，Mu J Q. Kinetics of dissociative adsorption of formic acid on Pt（100），Pt（610），Pt（210）and Pt（110）single crystal electrodes in perchloric acid solutions[J]. J Electroanal Chem，1994，370：

273-280.

[46] Drnec J, Harrington D A, Magnussen O M. Electrooxidation of Pt(111) in acid solution[J]. Current Opinion in Electrochemistry, 2017, 4, 69-75.

[47] Sun S G, Lu G Q, Tian Z W. Kinetics of dissociative adsorption of formaldehyde on Pt(111) electrode in sulphuric acid solutions studied by programmed potential step technique and time resolved FTIR spectroscopy[J]. J Electroanal Chem, 1995, 393: 97-104.

[48] 卢国强. C_1 分子电化学吸附和反应的表面过程研究——铂单晶表面到纳米薄层过渡度金属表面[D]. 理学博士学位论文, 厦门大学, 1997.

[49] Sun S G, Lu G Q, Li N H. Kinetics of dissociative adsorption of small organic molecules on platinum single crystal electrodes[C]. Extended Abstracts of 45th ISE Meeting, IV-85. Porto, Portugal, 1994.

[50] 樊友军, 范纯洁, 甄春花, 陈声培, 孙世刚. Pt(111) 单晶电极上乙二醇解离吸附反应动力学[J]. 物理化学学报, 2004, 20: 382-385.

[51] Fan Y J, Zhou Z Y, Zhen C H, Fan C J, Sun S G. Kinetics of dissociative adsorption of ethylene glycol on Pt(100) electrode surface in sulfuric acid solutions[J]. Electrochim Acta, 2004, 49: 4659-4666.

[52] Fan Y J, Zhou Z Y, Zhen C H, Chen S P, Sun S G. Kinetics of dissociative adsorption of ethylene glycol on Pt(s)-[n(100) × (111)] electrodes in acid solutions[J]. Electrochem Commun, 2011, 13: 506-508.

[53] 樊友军, 周志有, 范纯洁, 甄春花, 陈声培, 孙世刚. Pt(100) 电极上乙二醇吸附和氧化的原位时间分辨 FTIRS 研究[J]. 科学通报, 2005, 50(11): 1073-1076.

[54] 樊友军, 范纯洁, 甄春花, 陈声培, 孙世刚. Pt(111) 单晶电极上乙二醇解离吸附反应动力学[J]. 物理化学学报, 2004, 20(4): 382-385.

[55] 樊友军. 乙二醇解离吸附反应动力学和电催化氧化中的表面结构效应研究[D]. 理学博士学位论文, 厦门大学, 2005.

[56] Hahn F, Beden B, Kadirgan F, Lamy C. Electrocatalytic oxidation of ethylene glycol: Part III. *In-situ* infrared reflectance spectroscopic study of the strongly bound species resulting from its chemisorption at a platinum electrode in aqueous medium[J]. J Electroanal Chem, 1987, 216: 169-180.

[57] Christensen P A, Hamnett A. The oxidation of ethylene glycol at a platinum electrode in acid and base: An in situ FTIR study[J]. J Electroanal Chem, 1989, 260: 347-359.

[58] 陈爱成, 孙世刚. 乙二醇在铂电极上吸附和氧化过程的现场 FTIR 反射光谱研究（I）—酸性介质[J]. 高等学校化学学报, 1994, 15(3): 401-405.

[59] Wieland B, Lancaster J P, Hoaglund C S, Holota P, Tornquist W J. Electrochemical and infrared spectroscopic quantitative determination of the Platinum-catalyzed ethylene glycol oxidation mechanism at CO adsorption potentials[J]. Langmuir, 1996, 12: 2594-2601.

[60] Fan Y J, Fan C J, Zhen C H, Chen S P, Sun S G. Electrochemical characterization of kinked Pt(751) surface in acidic media[J]. Electrochim Acta, 2006, 52: 945-950.

[61] McFadden C F, Cremer P S, Gellman A J. Adsorption of chiral alcohols on "Chiral" metal surfaces[J]. Langmuir, 1996, 12: 2483-2487.

[62] Attard G A. Electrochemical studies of enantioselectivity at chiral metal surfaces[J]. J Phys Chem B, 2001, 105: 3158-3167.

[63] Metikos-Hukovic M, Babic R, Pijac Y. Kinetics and electrocatalysis of methanol oxidation on electrodeposited Pt and $Pt_{70}Ru_{30}$ catalysts[J]. J New Mater Electrochem Systems, 2004, 7: 179-190.

[64] Lovic J D, Tripkovic A V, Gojkovic S Lj, Popovic K D, Tripkovic D V, Olszewski P, Kowal A. Kinetic study

of formic acid oxidation on carbon-supported platinum electrocatalyst[J]. J Electroanal Chem, 2005, 581: 294-302.

[65] Tripkovic A V, Gojkovic S L J, Popovic K D, Lovic J D, Kowal A. Study of the kinetics and the influence of Bi-irr, on formic acid oxidation at Pt₂Ru₃/C[J]. Electrochim Acta, 2007, 53: 887-893.

[66] Maillard F, Bonnefont A, Chatenet M, Guetaz L, Doisneati-Cottignies B, Roussel H, Stimming U. Effect of the structure of Pt-Ru/C particles on CO_{ad} monolayer vibrational properties and electrooxidation kinetics[J]. Electrochim Acta, 2007, 53: 811-822.

[67] Fuller T, Uchida H, Strasser P, Shirvanian P, Lamy C, Hartnig C, Gasteiger H A, Zawodzinski T, Jarvi T, Bele P, Ramani V, Cleghorn S, Jones D, Zelenay P. Surface species and product distribution in the electrooxidation of small organic molecules[J]. ECS Transactions, 2009, 25: 259-269.

[68] Maxakato N W, Ozoemena K I, Arendse C J. Dynamics of electrocatalytic oxidation of ethylene glycol, methanol and formic acid at MWCNT platform electrochemically modified with Pt/Ru nanoparticles[J]. Electroanalysis, 2010, 22: 519-529.

[69] Beltowska-Brzezinska M, Luczak T, Stelmach J, Holze R. The electrooxidation mechanism of formic acid on platinum and on lead ad-atoms modified platinum studied with the kinetic isotope effect[J]. J Power Sources, 2014, 251: 30-37.

[70] Machado E G, Varela H. Complex dynamics in the electro-oxidation of formic acid assisted by hydrazine in acidic[J]. J Electrochem Soc, 2016, 163: H186-H191.

[71] Tian Q F, Zhu Z W, Fu B, Li Y. Kinetic study of formic acid electrochemical oxidation on supported Pd based electrocatalysts[J]. J Electrochem Soc, 2018, 165: F1075-F1083.

[72] Leung L W H, Weaver M J. Real-time FTIR spectroscopy as a quantitative kinetic probe of competing electrooxidation pathways for small organic-molecules[J]. J Phys Chem, 1998, 92: 4019-4022.

[73] Jin J M, Lin W F, Christensen P A. In situ FTIR spectroscopic studies of the oxidation of CO adsorbates on Ru(0001) electrodes under open circuit conditions[J]. J Electroanal Chem, 2004, 563: 71-80.

[74] Miki A, Ye S, Senzaki T, Osawa M. Surface-enhanced infrared study of catalytic electrooxidation of formaldehyde, methyl formate, and dimethoxymethane on platinum electrodes in acidic solution[J]. J Electroanal Chem, 2004, 563: 23-31.

[75] Samjeske G, Miki A, Ye S, Osawa M. Mechanistic study of electrocatalytic oxidation of formic acid at platinum in acidic solution by time-resolved surface-enhanced infrared absorption spectroscopy[J]. J Phys Chem B, 2006, 110, 16559-16566.

[76] Matos J P F, Proenca L F A, Lopes M I S, Fonseca I T E, Rodes A, Aldaz A. Electrooxidation of xylitol on platinum single crystal electrodes: A voltammetric and in situ FTIRS study[J]. J Electroanal Chem, 2007, 609: 42-50.

[77] Liao L W, Liu S X, Tao Q A, Geng B, Zhang P, Wang C M, Chen Y X, Ye S. A method for kinetic study of methanol oxidation at Pt electrodes by electrochemical in situ infrared spectroscopy[J]. J Electroanal Chem, 2011, 650: 233-240.

[78] Yang H Z, Yang Y Q, Zou S. Surface-enhanced Raman spectroscopic evidence of methanol oxidation on ruthenium electrodes[J]. J Phys Chem B, 2006, 110: 17296-17301.

[79] Jusys Z, Behm R J. DEMS analysis of small organic molecule electrooxidation: A high-temperature high-pressure DEMS study[J]. ECS Transactions, 2008, 16: 1243-1251.

[80] Gomes J F, Busson B, Tadjeddine A. SFG study of the ethanol in an acidic medium-Pt(110) interface: Effects of the alcohol concentration[J]. J Phys Chem B, 2006, 110: 5508-5514.

[81] Sallum L F，Gonzalez E R，Feliu J M. Potential oscillations during electro-oxidation of ethanol on platinum in alkaline media：The role of surface sites[J]. Electrochem Commun，2016，72：83-86.

[82] Previdello B A F，Fernandez P S，Tremiliosi G，Varela H. Probing the surface fine structure through electrochemical oscillations[J]. Phys Chem Chem Phys，2018，20：5674-5682.

[83] Gasteiger H A，Markovic N，Ross P N，Cairns E J. Electrooxidation of small organic-molecules on well-characterized Pt-Ru alloys[J]. Electroch Acta，1994，39：1825-1832.

[84] Qi Y Y，Li J J，Zhang D J，Liu C B. Reexamination of formic acid decomposition on the Pt(111)surface both in the absence and in the presence of water，from periodic DFT calculations[J]. Catal Sci Technol，2015，5：3322-3332.

[85] Chrzanowski W，Wieckowski A. Surface structure effects in platinum/ruthenium methanol oxidation electrocatalysis[J]. Langmuir，1998，14：1967-1970.

[86] Tripković A V，Popović K Dj，Momčilović J DDraić D M. Kinetic and mechanistic study of methanol oxidation on a Pt(111)surface in alkaline media[J]. J Electroanal Chem，1996，418：9-20.

[87] Schmidt T J，Stamenkovic V R，Lucas C A，Markovic N M，Ross Jr P N. Surface processes and electrocatalysis on the Pt(hkl)/Bi-solution interface[J]. Phys Chem Chem Phys，2001，3：3879-3890.

[88] 杨毅芸，孙世刚. 铂单晶电极表面不可逆反应动力学 I. Pt(100)单晶电极上甲酸氧化的现场红外反射光谱研究[J]. 物理化学学报，1997，13(7)：632-636.

[89] 孙世刚，杨毅芸. 铂单晶表面不可逆反应动力学 II. Pt(100)单晶电极上甲酸氧化反应动力学参数解析[J]. 物理化学学报. 1997，13(8)，673-679.

[90] 杨毅芸，孙世刚. 铂单晶电极表面不可逆反应动力学(III)[J]. 物理化学学报. 1997，14(10)：919-926.

[91] 杨毅芸. Pt单晶电极表面 Sb 的不可逆吸附及性能与甲酸电催化氧化反应动力学[D]. 理学博士学位论文，厦门大学，2000.

[92] Sun S G，Yang Y Y. Studies of kinetics of HCOOH oxidation on Pt(100)，Pt(110)，Pt(111)，Pt(510)and Pt(911)single crystal electrodes[J]. J Electroanal Chem，1999，467：121-131.

[93] Yang Y Y，Sun S G. Effects of Sb adatoms on kinetics of electrocatalytic oxidation of HCOOH at Sb-modified Pt(100)，Pt(111)，Pt(110)，Pt(320)，and Pt(331)surfacess An energetic modeling and quantitative analysis[J]. J Phys Chem B，2002，106：12499-12507.

[94] Herrero E，Franaszczuk K，Wieckowski A. Electrochemistry of methanol at low-index crystal planes of platinum——an integrated voltammetric and chronoamperometric study[J]. J Phys Chem，1994，98：5074-5083.

[95] Bard A J，Faulkner L R. Electrochemical Methods：Fundamentals and Applications. Chapter 52nd edition[M]. New York：John Wiley & Sons，Inc. 2001.

[96] 田昭武. 电化学研究方法[M]. 北京：科学出版社，1984.

[97] Yu X，Cheng L，Liu Y，Manthiram A. A membraneless direct isopropanol fuel cell(DIPAFC)operated with a catalyst-selective principle[J]. J Phys Chem C，2018，122：13558-13563.

[98] Yi Q，Chen Q，Yang Z. A novel membrane-less direct alcohol fuel cell[J]. J Power Sources，2015，298：171-176.

[99] Gojković1 S L J，Tripković A V，Stevanović R M. Mixtures of methanol and 2-propanol as a potential fuel for direct alcohol fuel cells[J]. J Serb Chem Soc，2007，72：1419-1425 .

[100] Sun S G，Yang D F，Tian Z W. In situ FTIR studies on the adsorption and oxidation of n-opropanol and isopropanol at a plaint electrode in sulphuric acid solutions[J]. J Electroanal Chem，1990，289：177-187.

[101] 孙世刚，杨东方，田昭武. 酸性介质中 1,2-丙二醇在铂电极上吸附和氧化过程的原位 FTIR 反射光谱研究[J]. 物理化学学报，1992，8：59-63.

[102] 孙世刚，杨东方，田昭武. 丙三醇在铂电极上吸附和氧化过程的原位 FTIR 反射光谱研究[J]. 化学学报，1992，

50：33-538.

[103] Sun S G，Lin Y. *In situ* FTIR spectroscopic investigations of reaction mechanism of electro-oxidation of isopropanol on platinum single crystal electrodes[J]. Electrochim Acta，1996，41：693-700.

[104] Sun S G，Lin Y. Kinetics aspects of oxidation of isopropanol on Pt electrode investigated by *in situ* time-resolved FTIR spectroscopy[J]. J Electroanal Chem，1994，375：401-404.

[105] Sun S G，Lin Y. Kinetics of isopropanol oxidation on Pt(111)，Pt(110)，Pt(100)，Pt(610) and Pt(211) single crystal electrodes——studies of *in situ* time-resolved FTIR spectroscopy[J]. Electrochim Acta，1998，44：1153-1162.

第4章　电催化剂表面结构效应

从第 3 章知道，Pt 基催化剂的表面结构对其性能有决定性的作用。在直接液体燃料电池中，有机分子燃料阳极氧化过程中常发生解离吸附导致 Pt 基催化剂表面毒化。3.3 节指出，Pt 基催化剂表面结构的催化活性越高，有机分子就越容易发生解离吸附产生自毒化效应。从这一点出发，在设计催化剂时应该考虑对有机分子燃料解离吸附活性低的那些表面结构。但是，这些表面结构是否同时具有高催化活性呢？也即对各种电催化反应，其表面结构与催化性能之间的构效规律又是如何变化的呢？这是设计和制备高活性、高选择性和高稳定性催化剂的理论基础。本章基于 Pt 单晶模型催化剂并针对一些重要的能源电化学反应，阐述表面原子排列结构层次的电催化剂表面结构效应。

4.1　C1 分子电催化氧化

4.1.1　一氧化碳

在直接液体燃料电池(DLFCs)中，大多数有机小分子燃料在 Pt 基阳极催化剂上氧化中存在"自毒化"现象，影响其功率输出。如前所述，其原因在于有机小分子在催化剂表面发生解离吸附产生吸附态 $CO(CO_{ad})$ 毒性物种。因此，CO_{ad} 的吸附和电催化氧化不仅具有重要的基础理论价值，而且在 DLFCs 等应用方面受到关注，特别是 CO 在 Pt 基催化剂上的吸附和电催化氧化[1-3]。此外，CO 也可以作为熔融碳酸盐燃料电池(molten carbonate fuel cells，MCFCs)的燃料。以 CO 氧化为阳极反应，氧还原为阴极反应的 MCFC，电池反应为 $CO + 1/2\ O_2 \longrightarrow CO_2$，开路(平衡)电压 1.07 V，理论转化效率 90.9%，能量密度可达 2.55 kW·h/kg。CO 还是一种明星分子，在表面科学、催化化学乃至理论化学等领域得到了广泛的研究[4-6]。研究结果指出，CO 吸附和电催化氧化对电极的表面结构十分敏感。H. Kita 等研究了 pH 为 3 的磷酸缓冲溶液中 CO 在 Pt 单晶三个基础晶面电极上的吸附和氧化过程，观察到 CO_{ad} 在三个电极氧化的峰电流密度的大小次序为 Pt(111)＞Pt(100)＞Pt(110)，并解析了 CO_{ad} 氧化的动力学数据[7]。CO_{ad} 在 Pt 单晶三个基础晶面电极上的氧化还与电解质的酸度和反应温度密切相关[8-12]。T. J. Schmidt 等在 0.1 mol/L KOH 碱性溶液中的研究结果指出，在低温(273 K)下 CO_{ad} 氧化的起始电位增大的次序为 Pt(111)<Pt(100)<Pt(110)，反映出的电催化活性次序与磷酸缓冲溶液中一致；但在较高的温度(333 K)下，CO_{ad} 氧化的起始电位对 Pt 单晶电极的晶面结构不太敏感，其大小次序转变为 Pt(110)≈Pt(100)<Pt(111)[10]。E. Herrero 等比较了不同酸性溶液中 CO_{ad} 在 Pt 单晶三个基础晶面电极上的氧化行为，通过改变实验温度测得表观活化能 $\Delta H^{\neq}$ [11]。他们发现 $\Delta H^{\neq}$ 在 0.5 mol/L H_2SO_4 溶液中要比在 0.1 mol/L $HClO_4$ 溶液中增大 15～25 kJ/mol，归结为阴离子特性吸附的影响，并进一步定量解析出 0.1 mol/L $HClO_4$ 和 0.5 mol/L H_2SO_4 溶液中 CO_{ad} 在 Pt(111) 电极上氧化的表观活化能分别为(111±5)kJ/mol 和(131±2)kJ/mol，而在 Pt(100) 电极上氧化的表观活化能分别为(122±5)kJ/mol 和(139±4)kJ/mol。由于 CO_{ad} 在 Pt(110) 电极上的氧化特征比较复杂，难以定量解析出 $\Delta H^{\neq}$，Pt(111) 和 Pt(100) 两个电极的 $\Delta H^{\neq}$ 数值也进一步证实 Pt(111) 对 CO_{ad} 氧化的电催化活化活性高于 Pt(100)。

对 CO 在 Pt 单晶高指数晶面电极上吸附和氧化的研究进一步揭示了 Pt 电催化剂的表面结构效应，包括运用电化学原位红外光谱从分子水平认识 CO 在不同结构表面位的吸附成键模式和排布密度[13, 14]，Monte Carno 等理论模拟[15-17]，氧化机理和动力学研究[18-20]等。更多的研究在于探究 Pt 单晶高指数晶面上不同结构位点对 CO 的吸附和氧化的电催化活性[21-30]。N. P. Lebedeva 等研究了 0.5 mol/L H_2SO_4 中 CO_{ad} 在一系列 Pt 单晶高指数晶面 Pt(S)-n(111)×(111)(n = 30，10，5) 和 Pt(110)、Pt(111) 电极上的氧化[18]，结果显示 CO 饱和吸附层及 CO 亚单层氧化的过电位随 Pt(111)<Pt(554)(n = 10)<Pt(553)(n = 5)顺序而增加，测得表观速率常数与 Pt 单晶面上(110)台阶的比例呈正比，其大小次序为 Pt(111)<Pt(15, 1, 4)<Pt(554)<Pt(553)<Pt(110)。G. Garcia 等观察到 0.1 mol/L NaOH 碱性溶液中 CO_{ad} 在上述 Pt 单晶电极上氧化的循环伏安曲线中出现多个氧化电流峰[24]，通过比较和分析峰电位，得出 CO_{ad} 氧化的活性顺序为：扭结位>台阶位>平台位。K. Mikita 等研究了 CO_{ad} 在另一系列阶梯晶面 Pt(S)-n(100)×(110) [n = 2，5，9，即 Pt(210)，Pt(510)，Pt(910)] 电极上的氧化[14]，发现 Pt(210) 的催化活性最高，Pt(210) 上的起始氧化电位为 0.20 V(RHE)，低于 Pt(510) 和 Pt(910)，归因于 Pt(210) 具有最高密度的扭结位。

J. M. Feliu 课题组系统研究了本体溶液中 CO 在 Pt(S)-n(111)×(111) [n = 10，9，7，5，3，即 Pt(10, 10, 9)，Pt(997)，Pt(775)，Pt(553)，Pt(331)] 高指数晶面和 Pt(111)、Pt(110) 两个基础晶面上的氧化[23]，和饱和吸附层 CO 在 Pt(S)-(n-1)(100)×(110) [n = 21，11，8，6，4，3，即 Pt(20, 1, 0)，Pt(10, 1, 0)，Pt(710)，Pt(510)，Pt(310)，Pt(210)] 和 Pt(100) 电极上的氧化[25]，主要研究结果如图 4.1 所示。对于 Pt(S)-n(111)×(111) 系列高指数晶面，由于(111)平台与(111)台阶形成了(110)结构台阶位，因此，也可表示为 Pt(S)-(n-1)(111)×(110)，晶

面上(110)台阶位密度的理论值可由下式计算,

$$N_{(111)\times(111)} = \frac{2}{\sqrt{3}d\left(n-\frac{2}{3}\right)}$$
(4.1)

对 Pt(S)-$(n-1)$(100)×(110) 系列高指数晶面(110)台阶位密度的理论值计算公式为

$$N_{(100)\times(110)} = \frac{\sqrt{2}}{dn}$$
(4.2)

式(4.1)和式(4.2)中,d 为 Pt 原子直径,等于 0.278 nm。使用旋转圆盘 Pt 单晶电极(600 rpm)和饱和 CO 的 0.1 mol/L H$_2$SO$_4$ 溶液的条件,溶液中 CO 的传质影响可忽略。不同晶面 Pt 单晶电极氧化的 CV 曲线形状都比较类似 [图 4.1(a)],即在正向电位扫描中出现一个尖锐的氧化电流峰,归属于在低电位形成的吸附态 CO$_{ad}$ 的氧化电流、表面形成氧物种的电流和液相 CO 在 CO$_{ad}$ 氧化后释放出的表面位上氧化电流的叠加;在负向电位扫描中出现一个液相 CO 氧化极限电流平台。虽然各个 Pt 单晶电极的 CV 曲线形状类似,但液相 CO 在不同晶面 Pt 电极上氧化的电位发生显著的移动,也即具有不同的过电位。以正向电位扫描中的氧化电流峰电位(E_{ip})对(110)台阶位密度作图 [图 4.1(b)],可以看到 E_{ip} 随(110)台阶位密度增大几乎线性减小,也即(110)台阶位密度越大,液相 CO 的氧化过电位越小,Pt 晶面的电催化活性越高。在碱性溶液中,这一研究结论也得到证实[24],并且电化学原位红外光谱的结果指出线型 CO 物种(CO$_L$)倾向于在(110)阶梯和短程(111)台阶上附,而桥式 CO(CO$_B$)则更容易在被(100)台阶间隔的短程(111)平台表面上形成[30]。

饱和吸附层 CO(CO$_{ML}$)在 Pt(S)-$(n-1)$(100)×(110)和 Pt(100)电极上氧化的 CV 曲线如图 4.1(d)。可以观察到 CO$_{ML}$ 在 Pt(210)和 Pt(310)两个电极上氧化都在较低电位给出两个电流峰,而在其他电极在相对较高电位出现一个尖锐的电流峰。显然,从 CV 结果比较难以给出各种表面结构电催化活性的比较。从 CO$_{ML}$ 氧化的暂态 j-t 变化中,可以定量解析 CO$_{ML}$ 氧化反应的速度常数 k[31]。CO$_{ML}$ 在 Pt(510)电极氧化的暂态 j-t 变化如图 4.1(e),可以看到在不同的氧化电位,j-t 的变化都给出两个电流峰,其中短时间的第一个峰电流密度远小于长时间出现的第二个峰电流的密度。在其他晶面上 j-t 的变化都只给出一个电流峰。说明在这个晶面上,其平台宽度介于短程[Pt(310),Pt(210)]和长程[Pt(20,1,0),Pt(10,1,0),Pt(710)]之间,CO$_{ML}$ 的氧化反映了这一结构特征。图 4.1(c)给出 lg(k)随(110)台阶密度的变化,随着(100)平台宽度减小,lg(k)首先减小,在 Pt(510)形成转折点,然后再升高。在所研究的 Pt 单晶电极中,Pt(210)具有最大的(110)台阶密度和 lg(k),也即具有最高的电催化活性。

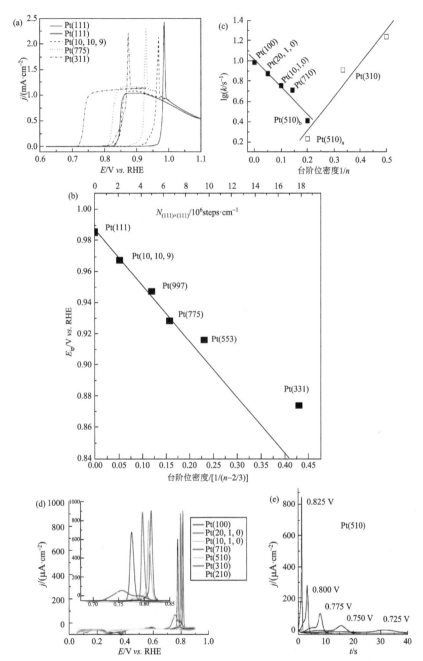

图 4.1　(a) 本体溶液中 CO 在旋转圆盘 Pt 单晶电极上氧化 CV 曲线；(b) 正向电位扫描中 CO 氧化峰电位随晶面上 (110) 台阶位密度变化 (CO 饱和的 0.1 mol/L H_2SO_4 溶液, 20 mV/s, 600 rpm)[23]；(c) 0.725 V 时满单层吸附 CO(CO_{ML}) 在 Pt 单晶电极上氧化的反应速率常数随晶面上 (110) 台阶位密度变化；(d) CO_{ML} 氧化的 CV 曲线 (20 mV/s)；(e) CO_{ML} 在 Pt(540) 上氧化的暂态 j-t 曲线 (0.5 mol/L H_2SO_4 溶液)[25]

4.1.2　甲醇

甲醇(CH_3OH)来源十分丰富，可以从石油、天然气、煤和生物质等原料制取。甲醇的质量密度 0.793 kg/L，熔点 –97℃，沸点 64.5℃，闪点 12℃。作为液体燃料其储存、运输和处理十分方便，且并可以很容易通过现存的燃料输运系统配送。以甲醇氧化作为阳极反应的直接甲醇燃料电池(direct methanol fuel cells，DMFCs)的反应如下

$$阳极(负极)：CH_3OH + H_2O \longrightarrow 6H^+ + 6e^- + CO_2 \quad E_-^0 = 0.02 \text{ V}(SHE) \quad (4.3)$$

$$阴极(正极)：3/2O_2 + 6e^- + 6H^+ \longrightarrow 3H_2O \quad E_+^0 = 1.23 \text{ V}(SHE) \quad (4.4)$$

$$总反应：CH_3OH + 3/2O_2 \longrightarrow 2H_2O + CO_2 \quad E_{cell}^0 = E_+^0 - E_-^0 = 1.21 \text{ V}(SHE) \quad (4.5)$$

E_{cell}^0 即是 DMFCs 的可逆电压 E_r^0。反应(4.5)的 $\Delta H^0 = -726.6$ kJ/mol，$\Delta G^0 = -702.5$ kJ/mol，按燃料电池的能量转换效率计算公式(1.4)得到 DMFCs 的理论转化效率 $\eta_{Theo} = 96.7\%$。

直接液体燃料电池的理论能量密度可由下式计算

$$质量能量密度(kW·h/kg)：w = -\Delta G^0/(3600 \times M_m) \quad (4.6)$$

$$体积能量密度(kW·h/L)：w = -\Delta G^0 \times \rho/(3600 \times M_m) \quad (4.7)$$

式中，M_m 为液体燃料的摩尔质量(甲醇为 0.032 kg/mol)，ρ 为液体燃料的密度。计算得到 DMFCs 的质量能量密度 6.1 kW·h/kg，体积能量密度 4.84 kW·h/L。

若甲醇储存的能量密度用电池常用的 A·h 表示，则可按下式计算

$$质量能量密度(A·h/kg)：w = nF/(3600 \times M_m) \quad (4.8)$$

$$体积能量密度(A·h/L)：w = nF \times \rho/(3600 \times M_m) \quad (4.9)$$

式中，n 为甲醇氧化转移的电子数，F 为法拉第常数(9.64853×10^4 C/mol)，从式(4.3)可知 $n = 6$，从而得到质量能量密度和体积能量密度分别为 5025.3 A·h/kg 和 3985.1 A·h/L。

也可用公式 $E_r^0 = -\Delta G^0/nF$ 计算燃料电池的可逆电压。应该指出，燃料电池运行中的转换效率由理论效率(η_{Theo})，电压效率($\eta_E = E(I)/E_r^0$，即燃料电池在工作电流 I 下的实际电压，由于电荷转移极化、欧姆极化和传质极化，$E(I)$ 随 I 增加不断减小)和法拉第效率(或电流效率，$\eta_F = n(real)/n$，即燃料电池反应实际转移的电子数，也即反应(4.5)是否能够完全进行)三者决定

$$\eta = \eta_{Theo} \times \eta_E \times \eta_F \quad (4.10)$$

对于 DMFCs，若 $\eta_E = 0.80$，$\eta_F = 0.90$，则实际转化效率为 69.6%。

20 世纪 50 年代就提出了直接甲醇燃料电池的概念。60 年代，由于军事应用的

需求，壳牌(Shell)石油公司开发了 300 W 的 DMFCs 原型系统。90 年代，自从发现杜邦(DuPoint)公司生产的 Nafion 质子交换膜(PEM)性能比之前使用的硫酸介质的性能远胜一筹以来，基于 PEM 的 DMFCs 得到了较快的发展，许多著名的燃料电池公司(DMFC Corp.，DTI energy，INI Power，MTI MicroFuel Cells，Energy Visions Inc.，Plug power，Smart Fuel Cell)，通信和电力公司(NTT，Toshiba，Motorola，Fujitsu，Sanyo，Samsung，IBM)相继开发出各种 DMFCs 用于移动装置，以及机载的 DMFCs 原型系统[32]。直接甲醇燃料电池的规模可大可小，目前已经报道了针对不同应用场景的几十到上百毫瓦功率的微型直接甲醇燃料电池(μDMFCs)[33]和几百到几千瓦功率、可长时间运行(2 万小时)的 DMFCs 系统[34, 35, 36]。DMFCs 的优势包括甲醇燃料的能量密度高、便于储藏、无噪声运行等。相对于气体(H_2 等)燃料电池，DMFCs 不需要气化和辅助热源和控制装置，避免了复杂的加湿和热管理系统，同时 CH_3OH/H_2O 混合液体既是燃料又是有效的电堆冷却剂，因此可显著降低尺寸、重量和运行温度[37]。不仅如此，直接甲醇燃料电池方便、灵活，在移动电子装置[38, 39]和电动车[40]等领域具有广阔的应用前景。

目前，实际应用的 DMFCs 都使用 Pt 基催化剂[41]。虽然各种非 Pt 基催化剂(Pd 基、Ir 基、Ru 基催化剂及其合金)[42]、或非贵金属催化剂(如 WC/rGO，CoCu 合金，$NiCo_2O_4$/rGO，ZnO@C 等)[43]也受到较多关注，但其性能都远不如 Pt/C(阴极)和 PtRu/C(阳极)催化剂[41]。因此，Pt 基催化剂对甲醇氧化的表面结构效应得到了深入的研究。甲醇电催化氧化的机理比较复杂，已有较多的工作运用各种电化学原位谱学方法，包括电化学原位红外光谱[44, 45, 46, 47]、电化学在线质谱(on-line electrochemical mass spectrometry，OEMS)[48]、合频光谱(sum-frequency generation，SFG)[49]，以及结合电化学实验和 DFT 从头计算模拟[50]研究甲醇在 Pt 单晶三个基础晶面电极和 Pt(335)[45]、Pt(554)、Pt(553)[48]等少数高指数晶面电极上的解离吸附和氧化反应过程。T. H. M. Housmans 等运用电化学在线质谱研究 0.5 mol/L H_2SO_4 酸性溶液中甲醇氧化过程，通过检测和分析甲醇氧化产生的 CO_2 和甲基甲酸酯等物种的比例及其变化，给出 Pt 单晶三个基础晶面电极的催化活性次序为 Pt(111)＜Pt(110)＜Pt(100)[48]。M. Nakamura 等设计流动红外光谱池，原位检测 0.1 mol/L $HClO_4$ 中甲醇氧化中的吸附态中间体物种，获得吸附态甲酸根在 Pt 单晶三个基础晶面电极上的红外吸收谱峰强度次序为 Pt(111)＞Pt(100)＞Pt(110)[47]，这一结果说明在 Pt(111)表面甲酸根中间体的氧化较在 Pt(110)和 Pt(100)表面慢，从而可以更多滞留在表面，导致甲醇在 Pt(111)上氧化的活性降低。按照电化学原位流动红外光谱池的研究结果，酸性溶液中 Pt 单晶三个基础晶面对甲醇氧化的催化活性应该为 Pt(111)＜Pt(100)＜Pt(110)。E. Herrero 等[51]，E.M. Stuve 等[52, 53]和 A. V. Tripkovic 等[54]运用电化学循环伏安法及计时电流法研究酸性溶液中甲醇在 Pt 单晶三个基础晶面电极上氧化的结果也支持这一结论。A.V. Tripkovic 等比较了不同

pH 的碱性介质中甲醇在 Pt 单晶三个基础晶面电极上氧化结果[55-57]。实验结果给出，Pt 单晶电极的电催化活性随 pH 增加而增大，CV 曲线中甲醇氧化的电流峰值随碱性电解质的变化次序为 0.1 mol/L NaHCO₃＜0.1 mol/L Na₂CO₃＜0.1 mol/L NaOH；在相同的电解质溶液中(如 0.1 mol/L NaOH)，三个基础晶面的电催化活性次序为 Pt(111)＞Pt(110)＞Pt(100)，这显著不同于上述酸性溶液中 Pt 单晶三个基础晶面的电催化活性次序，说明溶液的 pH(以及电解质的吸附行为)显著影响 Pt 单晶电极的电催化活性。

对于甲醇在 Pt 单晶阶梯晶面电极上的氧化，T. H. M. Housmans 等比较了 Pt(111)，Pt(554)(S)-9(111)×(110) 和 Pt(553)(S)-4(111)×(110) 电极在 0.5 mol/L H₂SO₄ 酸性溶液中对甲醇氧化的电催化活性。通过比较计时电流曲线中甲醇稳态氧化电流的大小，得出活性顺序为 Pt(111)＜Pt(554)＜Pt(553)[58]，说明(110)台阶位有助于甲醇的氧化。A.V. Tripkovic 等比较了 0.1 mol/L HClO₄ 和 0.05 mol/L H₂SO₄ 两种酸性溶液中 Pt(755)、Pt(211) 和 Pt(311) 三个阶梯晶面和 Pt(111) 晶面对甲醇氧化的电催化活性[59]。这三个阶梯晶面的表面结构分别为 6、3 和 2 行原子宽的(111)平台和单原子高的(100)结构台阶，即 Pt(755)(S)-6(111)×(100)、Pt(211)(S)-3(111)×(100) 和 Pt(311)(S)-2(111)×(100)。循环伏安法研究结果指出，在无阴离子特性吸附的 0.1 mol/L HClO₄ 溶液中，若以第一周负向电位扫描中甲醇氧化峰电流密度值衡量电催化活性，则 Pt(111) 的电催化活性最高，Pt(311) 最低，活性次序为 Pt(111)＞Pt(755)＞Pt(211)＞Pt(311)，即(100)台阶密度越大，就越容易受甲醇解离物种的毒化。在 0.05 mol/L H₂SO₄ 溶液中由于 HSO₄⁻ 阴离子的特性吸附，上述晶面的电催化活性次序变化为 Pt(311)＞Pt(755)＞Pt(211)＞Pt(111)，反映出 HSO₄⁻ 阴离子的特性吸附的显著影响。J. M. Feliu 课题组系统研究了 0.1 mol/L HClO₄ 溶液中甲醇在一系列 Pt 单晶电极上氧化反应[60]，包含 Pt(n, n, n-2)、Pt(n+1, n-1, n-1) 和 Pt(2n-1, 1, 1) 等晶面，各个晶面结构列于表 4-1 中。

表 4-1　阶梯晶面的表面结构标记[60]

晶带	ljs 标记	密勒指数	所研究的梯晶面
[1Ī0]	Pt(S)-n(111)×(111) ≡Pt(S)-(n-1)(111)×(110)	Pt(n, n, n-2)	(13, 13, 12), (554), (553), (221), (331)
	Pt(S)-n(110)×(111)	Pt(2n-1, 2n-1, 1)	(331)
[01Ī]	Pt(S)-n(111)×(100)	Pt(n+1, n-1, n-1)	(17, 15, 15), (11, 10, 10), (544), (755), (322), (311)
	Pt(S)-n(100)×(111)	Pt(2n-1, 1, 1)	(39, 1, 1), (29, 1, 1), (15, 1, 1), (13, 1, 1), (11, 1, 1), (711), (511), (311)

在 Pt(S)–n(111)×(111)晶面上，(111)平台与(111)台阶结合形成(110)结构台阶，因此也可标记为 Pt(S)–(n–1)(111)×(110)，这一标记更好地反映了电化学性能，因为这种由(111)平台与(111)台阶结合形成的(110)结构台阶表现出 Pt(110)电极的特征[61]。甲醇在表 4-1 中列出的 Pt 单晶电极上氧化的 CV 曲线示于图 4.2 中。从所有的 CV 曲线都观察到，相对于负向电位扫描，正向电位扫描的电流密度偏小和曲线向高电位的移动滞后。这一滞后现象是由于在甲醇在低电位解离吸附产生 CO_{ad} 所致，当 Pt 单晶表面台阶密度增大时更显著。甲醇在 Pt(S)–(n–1)(111)×(110) 系列电极上氧化的 CV 曲线［图 4.2(a)］显示，随着表面(110)台阶位密度增加(也即随 n 减小)出现两个趋势：①正向和负向电位扫描中的氧化电流密度增大，说明(110)台阶位的活性高于(111)平台位；②正、负向电流曲线滞后现象增加，说明低电位下甲醇的解离吸附速率增大。这两个趋势都对应于(110)台阶密度大的表面具有更高的催化活性，不仅表现在甲醇解离吸附生成 CO_{ad} 的反应，也表现在对甲醇直接氧化到 CO_2。从图 4.2(a)中还可以看到，所有的阶梯晶面的活性都高于 Pt(111)，在所研究的 Pt 单晶电极中 Pt(221)(也即表面结构为 4(111)×(111) 或 3(111)×(110))具有最高的催化活性，不仅氧化电流密度最大，而且起始氧化电位也最负(～0.5 V)。

Pt(S)–n(111)×(100)的晶面同样具有(111)平台，但却为(100)台阶。从图 4.2(b)中的 CV 曲线可以观察到与图 4.2(a)中不同的特征。首先，随着表面上(100)台阶密度增加(即随 n 减小)，正、负向电位扫描中甲醇氧化电流密度都减小，也即在这个系列的晶面中 Pt(111)的催化活性最高。其次，除 Pt(311)外，在所有其他晶面上正、负向电位扫描中的甲醇氧化电流密度都十分接近，同时正向电位扫描的曲线向高电位移动的滞后现象十分微小。这说明 n(111)×(100)表面结构对于甲醇直接氧化到 CO_2 和在低电位解离吸附产生 CO_{ad} 的催化活性都比 (n–1)(111)×(110)表面低。Pt(311)晶面是[0 1 $\bar{1}$]晶带上的转折点，其表面结构为 2(111)×(100)，也可标记为 2(111)×(100)，其特性更接近于 Pt($2n$–1, 1, 1)晶面电极。

对于表面结构为不同宽度(100)平台、单原子高(111)台阶的 Pt(S)–n(100)×(111)晶面，在所有的 Pt 单晶电极的 CV 中［图 4.2(c)］，正向电位扫描中的电流密度略微小于负向电位扫描中的电流密度。特别显著的是起始氧化电位比图 4.2(a)和图 4.2(b)中正移了 200 mV 左右，位于 0.7 V 附近。这些特征说明低电位下甲醇在(100)平台上的解离吸附很快，产生并累计了较多的 CO_{ad}，导致其氧化在较高电位下进行，这与图 4.1(d)中吸附态 CO 的氧化特征类似，即 CO_{ad} 在 Pt(100)上的起始氧化电位最正。由于在正向电位扫描中 CO_{ad} 的起始氧化电位较高，而其氧化释放出的 Pt 表面位在如此高的电位下可立即被氧化，吸附氧物种毒化表面[62]，使甲醇氧化电流快速下降(与图 4.2(a)和图 4.2(b)中正向电位扫描甲醇氧化电流在电位高于 0.75 V 后快速下降相类似)。因此，可以用负向电位扫描中的峰电流密度来比较各个晶面对甲醇直接氧化到 CO_2 的电催化活性。可以看到，除 Pt(29, 1, 1)［表面结构为 15(100)×(111)］和 Pt(13, 1, 1)［表面结构为 7(100)×(111)］两个具有较宽(100)平台的晶面外，其余晶面的活性都低于 Pt(100) 电极。(100)平台宽度越窄［或(111)台阶密度越高］，对甲醇的催化活性越低。Pt(311) 在这个系列晶面中对甲醇直接氧化到 CO_2 的电催化活性仍然最低。

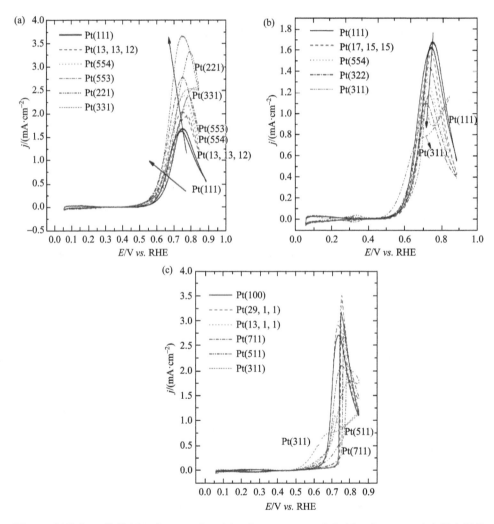

图 4.2　甲醇在 Pt 单晶(a)Pt(n, n, n−2)，(b)Pt(n + 1, n−1, n−1)和(c)Pt(2n−1, 1, 1)电极上氧化的 CV 曲线(电位扫描速率 50 mV/s，0.1 mol/L $HClO_4$ + 0.1 mol/L CH_3OH 溶液)[60]

　　甲醇在 Pt 单晶电极上氧化反应动力学也得到了较多的研究[55-59, 63]，但由于甲醇的氧化机理比较复杂，基于甲醇电催化氧化电流-电位或电流-时间的宏观变化难以给出反应动力学的细节。如 3.2 节中所述，甲醇在 Pt 基催化剂上发生解离吸附，其氧化遵从双途径反应机理。可以由下列反应式表示[60, 64]

$$CH_3OH \xrightarrow{k_{ads}} CO_{ad} + 4H^+ + 4e^- \tag{4.11}$$

当 Pt 电极表面发生 $H_2O \rightleftharpoons OH_{ad} + H^+ + e^-$，即反应式 (3.10)，产生 OH 吸附物种时，CO_{ad} 被氧化，

$$CO_{ad} + OH_{ad} \xrightarrow{k_{ox}} CO_2 + H^+ + 2e^- \tag{4.12}$$

当 Pt 电极表面的 CO_{ad} 被氧化除去后，CH_3OH 可被直接氧化到 CO_2，

$$\begin{array}{c} CH_3OH \rightarrow 中间体 \rightarrow CO_2 \\ \downarrow \\ 扩散离开 \end{array} \tag{4.13}$$

针对这一机理，J. M. Feliu 课题组建议可以用如下的方程来描述甲醇在 Pt 单晶表面氧化的宏观电流随反应时间的变化[60]，

$$\begin{aligned} j(t) &= j_{dir}(t) + j_{ads}(t) + j_{ox}(t) \\ &= j_{dir, ini}[1-\theta_{CO}(t)] + 4eN_{Pt}k_{ads}[1-\theta_{CO}(t)]^2 + 4eN_{Pt}k_{ox}[1-\theta_{CO}(t)] \end{aligned} \tag{4.14}$$

式中，j_{dir} 为甲醇直接氧化电流，$j_{dir, ini}$ 为甲醇在未被 CO_{ad} 占据的 Pt 表面位上的氧化电流，j_{ox} 为 CO_{ad} 氧化电流，j_{ads} 为甲醇解离吸附电流，k_{ads} 和 k_{ox} 分别为式 (4.11) 和式 (4.12) 反应的速度常数，N_{Pt} 是表面 Pt 原子密度，对于 Pt(111) 为 1.5×10^{15} Pt 原子/cm^2，Pt(100) 为 1.37×10^{15} Pt 原子/cm^2，e 代表单位电量 (1.6022×10^{19}C)，4 和 2 则分别对应式 (4.11) 和式 (4.12) 的反应中分别有 4 和 2 个电子参与。为了获得 CO_{ad} 覆盖度随时间的变化 ($\theta_{CO}(t)$)，假定甲醇的解离吸附至少在两个相邻的 Pt 表面位进行 [反应式 (4.11)]，因此是 Pt 表面位的 2 级动力学反应，而酸性溶液中 CO_{ad} 的氧化 (4.12) 通常遵循 Langmuir-Hinselwood 动力学，也即为 Pt 表面位的 1 级动力学反应，如此可得表面上 CO 生成和氧化的反应动力学方程

$$\frac{d\theta_{CO}(t)}{dt} = k_{ads}[1-\theta_{CO}(t)]^2 - k_{ox}[1-\theta_{CO}(t)] \tag{4.15}$$

解上式可得到 θ_{CO} 随 t 变化的函数

$$\theta_{CO}(t) = \frac{1-\exp(k_{ox}t)}{1-(1+X)\exp(k_{ox}t)}, \quad X = \frac{k_{ox}}{k_{ads}} \tag{4.16}$$

将式 (4.16) 代入式 (4.14) 则得到 $j(t)$ 的完整表达式。式 (4.14) 描述的电流是甲醇在没有 CO_{ad} 的"洁净"Pt 单晶表面上氧化，因此需要获得"洁净"Pt 单晶表面上甲醇氧化的暂态电流-时间曲线，才能进行动力学参数解析。为此，V. Grozovski 等首先将电极电位阶跃到 0.85 V (RHE) 除去可能存在的 CO_{ad}，然后阶跃到氧化电位 E_{ox}，作为 $t = 0$ s 时刻开始记录 $j(t)$。对甲醇在 Pt 单晶不同晶面电极上氧化的 j-t 暂态实验曲线，用式 (4.14) 拟合，可解析出动力学参数 $j_{dir, ini}$、k_{ads}

和 k_{ox}。获得的各个动力学参数的变化如图4.3所示[60]。

首先观察 $j_{dir, ini}$ [图4.3(a)，(b)，(c)中的A]。在三个系列的Pt单晶电极上，$j_{dir, ini}$ 的变化趋势与图4.2中的CV曲线的氧化电流变化一致。由于CV曲线中的电流来源于式(4.10)、式(3.10)、式(4.12)和式(4.13)等反应电流的集成，因此是一种平均特征。而 $j_{dir, ini}$ 是甲醇在"洁净"的Pt单晶表面上直接氧化到 CO_2 的电流，因此更能确切表征各个晶面的电催化活性。可以看到，在 Pt(S)-$(n-1)$(111)×(110) 系列晶面中，Pt(221)的 $j_{dir, ini}$ 最大，甲醇起始氧化电位也最低（~0.58 V）；而具有很宽(111)平台的Pt(13, 13, 12)晶面 [表面结构为25(111)×(110)] 的 $j_{dir, ini}$ 甚至小于 Pt(111)，甲醇起始氧化电位也最高（~0.64 V）。在 Pt(S)-n(111)×(100) 系列晶面中，Pt(111)的 $j_{dir, ini}$ 最大，但甲醇的起始氧化电位也高（~0.64 V）；Pt(311)的 $j_{dir, ini}$ 最小，甲醇的起始氧化电位最高，达到 0.75 V。Pt(11, 1, 1)的 $j_{dir, ini}$ 是 Pt(S)-n(100)×(111) 系列晶面中最大的，Pt(311)的 $j_{dir, ini}$ 同样最小。在这个系列晶面上，甲醇的起始氧化电位较高，甲醇在 Pt(39, 1, 1)电极的起始氧化电位在这个系列晶面电极中是最低的，但也高达 0.65 V，高于 Pt(S)-$(n-1)$(111)×(110) 系列晶面上甲醇氧化最高的起始电位。比较这三个系列Pt单晶电极，可知 $(n-1)$(111)×(110)表面结构对甲醇氧化具有最高的电催化活性，Pt(211)的 $j_{dir, ini}$ 是 Pt(111)或 Pt(100)的 $j_{dir, ini}$ 的2倍以上。

其次看 k_{ads}。Pt(S)-$(n-1)$(111)×(110) 系列单晶面上生成 CO_{ad} 的起始电位（$E_{ads, ini}$）在 0.3 V 左右，最大的 k_{ads} 位于 0.65 V 附近。从图4.3(a)的B中可知，甲醇在这个系列晶面上生成 CO_{ad} 的解离吸附反应对(111)平台上(110)阶梯密度的依赖性不大，因为 k_{ads} 和 $E_{ads, ini}$ 的值及其变化在所有的晶面都类似。注意到Pt(331)具有最大的 k_{ads}，其极大值位于 0.64 V 附近。由于Pt(331)是[1 $\bar{1}$ 0]晶带的转折点，其表面结构为 2(110)×(111)或 2(111)×(110)，具有最高的(110)表面位密度。从3.3节中知道，在Pt单晶3个基础晶面中，Pt(110)具有最高的解离有机小分子（HCOOH，CH_2OHCH_2OH 等）的催化活性，这也解释了Pt(331)的 k_{ads} 在这个系列Pt单晶电极中最大。图4.3(b)的B中给出Pt(S)-n(111)×(100) 系列晶面上 k_{ads}，其变化趋势与Pt(S)-$(n-1)$(111)×(110) 系列单晶面的 k_{ads} 变化趋势类似，但 k_{ads} 的值较小，说明 n(111)×(100)表面结构具有较低的甲醇解离吸附的催化活性。此外，3个(111)平台较窄的晶面，Pt(775) [表面结构6(111)×(100)]、Pt(332) [表面结构5(111)×(100)]、Pt(311) [为[0 1 $\bar{1}$]晶带的转折点，表面结构为 2(111)×(100)或 2(100)×(111)]，在低电位区间(0.3~0.5 V)给出较大的 k_{ads} 的值，而且(111)平台越窄、k_{ads} 的值越大 [(100)台阶密度越大]，反映出(100)台阶位对甲醇解离吸附到 CO_{ad} 有很高的活性。这一结论为Pt(S)-n(100)×(111) 系列晶面的 k_{ads} 的值及其变化进一步证实 [图4.3(c)中的C]。可以看到，除两个(100)台阶较窄的晶面，Pt(511) [表面结构3(100)×(111)] 和 Pt(311) [表面结构 2(100)×(111)]，其他晶面 k_{ads} 的极大值(0.58 V 附近)比 Pt(S)-$(n-1)$(111)×(110)和 Pt(S)-n(111)×(100)两个系列晶面的 k_{ads} 增大了一个数量级。图 4.3 中还显示，甲醇在几乎所有的 Pt 单晶电极上解离吸附的 k_{ads} 几乎都随吸附电位 E 的变化呈火山形分布，与 3.3 节中甲酸、甲醇、乙二醇解离吸附平均速率随吸附电位变化的火山形分布类似。

最后讨论 k_{ox}。在 Pt(S)-$(n-1)$(111)×(110)系列单晶面电极上［图 4.3(a)中 C］，CO_{ad} 的起始氧化电位($E_{CO, ini}$)随表面(110)台阶密度增加而负移，在 Pt(553)电极上为 0.5 V，比 Pt(111)和 Pt(13, 13, 12)的 0.6 V 负移了 100 mV。与甲醇在"洁净"的 Pt(553)上直接氧化起始电位(0.58 V)相比较［图 4.3(a)中 A］，可知 CO_{ad} 的氧化电位要更低一些。在这个系列单晶面电极上，Pt(331)具有最大的 k_{ox}，Pt(111)的 k_{ox} 最小，显示(110)台阶的高催化活性。CO_{ad} 在 Pt(S)-[n(111)×(100)]系列晶面电极上氧化［图 4.3(b)中 C］，k_{ox} 和 $E_{CO, ini}$ 都随表面上(100)台阶密度增大而增加。Pt(311)和 Pt(332)具有最负的 $E_{CO, ini}$(0.51 V)和最大的 k_{ox}，Pt(11, 10, 10)的 $E_{CO, ini}$ 最正，达到 0.7 V 左右。在 Pt(S)-n(100)×(111)系列单晶面中［图 4.3(c)中 C］，Pt(311)具有最负的 $E_{CO, ini}$(0.51 V)和低电位区间最大的 k_{ox}，而 Pt(100)电极的 $E_{CO, ini}$ 最正(0.64 V)。注意到在这三个系列晶面中，位于 [$\bar{1}$–10] 和 [0$\bar{1}$–1] 两

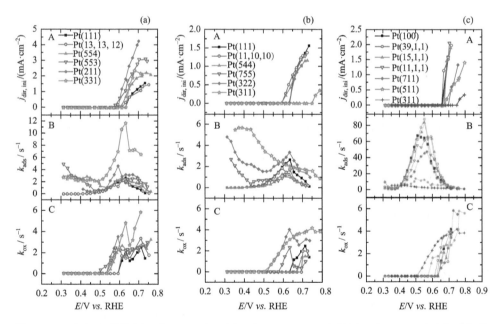

图 4.3　甲醇在 Pt 单晶(a)Pt($n, n, n-2$)，(b)Pt($n+1, n-1, n-1$)和(c)Pt($2n-1, 1, 1$)电极上氧化的动力学参数随电位变化(0.1mol/L HClO₄ + 0.1mol/L CH₃OH 溶液)[60]

A. $j_{dir, ini}$，B. k_{ads}，C. k_{ox}

个晶带转折点的晶面 Pt(331) 和 Pt(311) 两个电极虽然对甲醇直接氧化的活性不高，但对 CO_{ad} 的氧化具有最高的催化活性。显然，这不能仅仅从 (110)、(100) 或 (111) 平台密度予以解释。由于这两个晶面的结构分别为 $2(111) \times (110)$ (或 $2(110) \times (111)$)，$2(111) \times (100)$ (或 $2(100) \times (111)$)，即平台宽度和台阶高度相一致，这必然导致较强的相互作用，形成高活性表面结构。这一点将在后续深入讨论。

4.1.3　甲酸

甲酸 (HCOOH) 是基本有机化工原料之一，广泛用于农药、皮革、染料、医药和橡胶等工业。工业化生产甲酸主要以 CO 为原料，通过合成酸化法或高压催化法制备。甲酸的熔点 8℃、沸点 100.5℃，密度 1.22 kg/L，作为液体燃料具有明显的优势，方便运输和储存，其闪点高达 68.9℃，显著高于其他有机小分子燃料如甲醇 (12℃) 或乙醇 (13℃)，并且体积储氢密度是 350 个大气压 (1 个大气压 = 1.013 $\times 10^5$ Pa) 下氢气的 3.6 倍[65]。与甲醇相比，甲酸的毒性小、对质子交换膜的穿透率低[66]。直接甲酸燃料电池 (direct formic acid fuel cells，DFAFCs) 的反应为

阳极：　　　　　　　$HCOOH \longrightarrow CO_2 + 2H^+ + 2e^-$ 　　　　　　(4.17)

阴极：　　　　　　$1/2O_2 + 2H^+ + 2e^- \longrightarrow H_2O$ 　　　　　　(4.18)

电池反应：　　　　$HCOOH + 1/2O_2 \longrightarrow CO_2 + H_2O$ 　　　　　(4.19)

反应 4.19 的 $\Delta H^0 = -254.6$ kJ/mol，$\Delta G^0 = -270.1$ kJ/mol。计算得到 DFAFCs 的理论转化效率 $\eta_{Theo} = 106.1\%$，开路电压 $E_r^0 = 1.40$ V，质量能量密度和体积能量密度分别 1.63 kW·h/kg 和 1.99 kW·h/L，甲酸储存的能量密度为 1165.3 A·h/kg 或 1421.6 A·h/L。

虽然直接甲酸燃料电池的能量密度比直接甲醇燃料电池的低，但该电池特别适用于高山或海岛等市电不易到达的地区，因此得到了广泛的关注和研究[67, 68]。DFAFCs 的规模可大可小、方便灵活。例如，几十瓦的直接甲酸燃料电池电堆[69, 70]，可作为移动电源驱动手提电脑等移动电子器件；百瓦[71]到千瓦[72]级的直接甲酸燃料电池电堆可用于小型发电设备。

直接甲酸燃料电池离不开铂族金属催化剂，因此深入理解铂族金属催化剂的构效规律是理性设计和制备高性能催化剂的基础。在过去十多年间，有多篇文章总结了甲酸在铂族金属电催化剂上的氧化研究的进展[73-77]。大部分运用金属单晶模型催化剂研究甲酸电催化氧化构效规律的工作都集中在铂族金属单晶电极，包括 20 世纪 80 年代 J. Clavilier 等[78, 79]，S. Motoo 等[80-82]，R. R. Adzic[83, 84]等课题组先驱开拓性的研究和 90 年代以来代表性的工作[85-96]。这些研究从不同的角度在表面原子排列结构层次上揭示了甲酸电催化氧化反应的表面结构效应，特别是获

得电催化活性位结构的认识。

　　S. Mooto 等[81, 82]和 R. R. Adzic 等[83, 84]系统研究了 HCOOH 在铂单晶基础和一系列阶梯晶面电极上的氧化。研究结果指出，HCOOH 在三个基础晶面上氧化的活性次序为 Pt(110)＞Pt(100)＞Pt(111)；阶梯晶面的电催化性能不仅取决于其表面含有的基本对称结构 [(100)，(111)，(110)] 表面位的比例，还与这些处于平台和阶梯之间的表面位的组合方式密切相关。对[0 1 $\bar{1}$]及[1 $\bar{1}$ 0]晶带上的 Pt 单晶阶梯晶面，向 Pt(100)和 Pt(110)引入台阶原子，随台阶原子密度的增大，甲酸的氧化电流增大；但向 Pt(111)表面引入台阶原子，甲酸氧化电流随台阶原子密度的增大而减小。

　　在有机小分子电催化氧化中，含(100)平台和(110)阶梯的 Pt 单晶高指数晶面结构不稳定[60]，随反应进行表面结构发生变化，导致其活性衰减。因此对这类表面结构 Pt 单晶电极的研究需要进行细致的分析。孙世刚等研究了甲酸在 Pt(S)-n(100)×(110)系列单晶面电极上氧化的结构效应[97-99]，提出了立体结构活性位结构模型。如图 4.4 所示，位于[001]晶带上的 Pt(610)，Pt(310)和 Pt(210)三个阶梯晶面都含有(100)结构平台和 1 行原子高的(110)结构台阶，它们的晶面结构为，

$$\text{Pt(210)(S)-2(100)}\times\text{(110)}$$
$$\text{Pt(310)(S)-3(100)}\times\text{(110)}$$
$$\text{Pt(610)(S)-6(100)}\times\text{(110)}$$

即这三个晶面上(100)平台的宽度分别为 2、3 和 6 行原子宽。

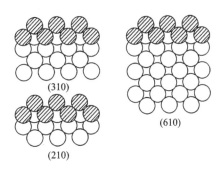

图 4.4　Pt 单晶三个阶梯晶面的原子排列结构模型

　　图4.5给出甲酸在这3个Pt单晶电极和同属于[001]晶带上的Pt(110)和Pt(110)两个基础晶面电极上氧化的 CV 曲线。如图 2.17 中的 Pt 单晶三个基础晶面的 H-探针 CV 曲线所示，Pt 单晶电极经 Clavilier 方法处理后，当 CV 扫描电位上限高于 0.75 V(SCE)(或 1.0 V(RHE))，氧的吸、脱附将导致晶面结构重建。因此，固定 CV 电位扫描上限 1.0 V(RHE)，使 HCOOH 在明确晶面结构的 Pt 单晶电极上

进行。从图中所有电极 CV 的正向电位扫描曲线中，0.7 V 之前的电流几乎为零，说明电极表面被 HCOOH 解离吸附产生的 CO_{ad} 毒化。当 CO_{ad} 在高电位被氧化除去后，HCOOH 才能氧化。在电位正向扫描中，Pt(100) 电极的 CV 曲线中出现位于 0.9 V、电流密度约 0.3 mA/cm^2 的电流峰，主要归属于 CO_{ad} 的氧化。以(100)结构为主的 Pt(610) 电极的 CV 中也观察到类似的主要为 CO_{ad} 氧化的电流峰。但在 Pt(110) 电极的 CV 中，在 0.82 V 出现一个峰值电流密度高达 28 mA/cm^2 的氧化电流峰，显然是 CO_{ad} 氧化的同时主要发生了 HCOOH 经活性中间体直接氧化的过程。增加晶面上(110)结构的比例，如在 Pt(210) 和 Pt(310) 的 CV 中也观察到类似的特征。这一结果说明，较高电位下 HCOOH 在(110)结构表面位发生了经活性中间体的氧化，而在(100)结构表面位上 HCOOH 经活性中间体氧化则可在相对较低的电位进行[100]。这一结果从负向电位扫描的 CV 中得到进一步的验证。可以看

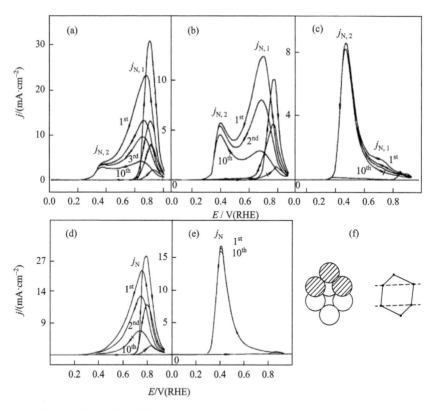

图 4.5　甲酸在不同电极上氧化的第 1、第 2(3) 和第 10 周 CV 曲线(0.1 mol/L EG + 0.5 mol/L H$_2$SO$_4$ 溶液，电位扫描速率 50 mV/s)[97]

(a) Pt(210)，(b) Pt(310)，(c) Pt(610)，(d) Pt(110)，(e) Pt(100)，(f) 阶梯晶面上由(100)平台和(110)台阶原子组成的椅式六角形电催化活性位结构模型

到，Pt(100) 电极的 CV 曲线中，0.4 V($E_{N,2}$) 出现电流密度 16.8 mA/cm^2 的氧化电流峰($j_{N,2}$)，Pt(110) 电极的 CV 曲线中 HCOOH 氧化峰电位正移到 0.79 V($E_{N,1}$)，电流峰密度 24.1 mA/cm^2($j_{N,1}$)。特别注意的是，负向电位扫描中 HCOOH 在 3 个高指数晶面直接氧化都给出两个氧化电流，其中一个位于 0.77 V，与在 Pt(110) 电极上的 E_N 相近，另一个则位于 0.4 V，与在 Pt(100) 电极上的 E_N 吻合。也即 Pt(210)，Pt(310) 和 Pt(610) 三个阶梯晶面上 HCOOH 的直接氧化类似于在 (100) 和 (110) 两种结构表面位上氧化特征的组合。为了进一步深入分析这一现象，表 4-2 列出各个晶面上负向电位扫描的 CV 特征参数。

从表 4-2 中的数据可以得到下列结论：

(1) 由于所研究的阶梯晶面同时含有 (110) 和 (100) 两种结构表面位，分析可知 Pt(610)，Pt(310) 和 Pt(210) 三个晶面上 (100) 和 (110) 两种结构表面位的比例 [$R = N(110)/N(100)$] 分别为 1:5，1:2 和 1:1。如果 HCOOH 在这 3 个阶梯晶面的 (110) 和 (100) 两种结构表面位上氧化的活性与在 Pt(110) 和 Pt(100) 上保持一致，则可预测相应的氧化电流峰值 [$j(est) = j_N \times R$]。表 4-2 的数据指出，在三个阶梯晶面上，甲酸在 (100) 结构表面位氧化的实验值 $j_{N,2}^1$ 都比预测值 $j_{N,2}^1$ (est) 小。这三个阶梯晶面上 (100) 结构位处于短程有序环境，也即短程有序 (100) 结构的电催化活性小于长程有序 (100) 结构。随着 (100) 平台宽度增加，短程有序 (100) 结构的电催化活性逐渐增大，并趋近于 Pt(100) 的活性。在 Pt(310) 和 Pt(210) 晶面上，甲酸在 (110) 结构表面位氧化的实验值 $j_{N,1}^1$ 都比预测值 $j_{N,1}^1$ (est) 大，分别是它的 1.5 和 2 倍。并且 (110) 结构表面位的比例越大，$E_{N,1}$ 越接近在 Pt(110) 电极的值。虽然在这 3 个阶梯晶面上 (110) 结构位都处于台阶上，但是 (100) 结构平台宽度不同导致阶梯与平台相互作用程度不同。Pt(610) 的平台较宽，与 (110) 作用较弱，电催化特性更接近 Pt(100)，由此解释了 Pt(610) 的 $j_{N,1}^1$ 小于 $j_{N,1}^1$ (est)。

(2) 在所有晶面上，HCOOH 直接氧化电流都随电位扫描周数(n) 增加而减小，也即各个晶面的电催化活性随 n 增加而下降。若用参数 $dec = j^{10}/j^1$ 定义晶面的稳定性，即 dec 越大，j 衰减越小，稳定性就越高，可以看到虽然 Pt(110) 的初始活性高于 Pt(100)，但稳定性($dec = 27.8\%$) 显著低于 Pt(100) ($dec = 94.6\%$)。注意到 Pt(310) 和 Pt(210) 晶面的 (110) 结构表面位($j_{N,1}^1$) 的稳定性小于 Pt(110)，与此类似三个高指数晶面的 (100) 结构表面位($j_{N,2}^1$) 的稳定性都小于 Pt(100)。Pt(610) 晶面的 (100) 平台较宽，受其影响，该晶面上 (110) 结构表面位的稳定性高于 Pt(110)。

上述结果明确指出在阶梯晶面上，(110) 和 (100) 结构表面位的性能都不同于 Pt(110) 和 Pt(100)，也即阶梯晶面上由 (100) 平台和 (110) 台阶相互作用形成了新的表面位，具有更高的催化活性和稳定性。在 [001] 晶带的所有晶面都由 (110) 和 (100) 两种结构表面位组成，其催化活性位为图 4.5(f) 所示的椅式六角形结构[97]。

表 4-2 负向电位扫描中甲酸氧化的 CV 特征参数[97]

Pt(hkl)	Pt(100)	Pt(610)	Pt(310)	Pt(210)	Pt(110)
$R = N(110)/N(100)$	—	1:5	1:2	1:1	—
$E_{N,1}$/V	—	0.73	0.75	0.77	0.79
$j_{N,1}^1$ /(mA·cm^{-2})	—	1.2	12.4	23.2	24.1
$j_{N,1}^1$(est)	—	4.0	8.0	12.1	
$j_{N,1}^{10}$ /(mA·cm^{-2})	—	0.4	2.9	3.8	6.7
$dec = j^{10}/j^1$	—	33.3%	23.4%	16.4%	27.8%
$E_{N,2}$/V	0.40	0.40	0.41	0.42	—
$j_{N,2}^1$ /(mA·cm^{-2})	16.8	8.6	5.7	3.6	
$j_{N,2}^1$(est)	—	14.0	11.2	8.4	
$j_{N,2}^{10}$ /(mA·cm^{-2})	15.9	8.1	4.6	2.8	
$dec = j^{10}/j^1$	94.6%	94.2%	80.7%	77.7%	—

4.2 C2 分子电催化氧化

4.2.1 乙醇

乙醇(CH_3CH_2OH)可以从生物质和木质素发酵，或由石油裂解气乙烯直接水化反应大量生产。乙醇的熔点-115℃，沸点78.3℃，闪点13℃，质量密度0.789 kg/L，与甲醇相当，作为液体燃料储存、运输和配送都十分方便。基于乙醇燃料的直接乙醇燃料电池(direct ethanol fuel cells，DEFCs)的反应为

阳极反应： $C_2H_5OH + 3H_2O \longrightarrow 2CO_2 + 12H^+ + 12e^-$ (4.20)

阴极反应： $3O_2 + 12H^+ + 12e^- \longrightarrow 6H_2O$ (4.21)

电池反应： $CH_3CH_2OH + 3O_2 \longrightarrow 3H_2O + 2CO_2$ (4.22)

反应(4.22)涉及 12 个电子转移，$E_{cell}^0 = 1.14$ V(SHE)，$\Delta H^0 = -1366.8$ kJ/mol，$\Delta G^0 = -1325.3$ kJ/mol，DEFCs 的理论转化效率$\eta_{Theo} = 97.0\%$。按式(4.6)和式(4.7)计算得到直接乙醇燃料电池的理论质量能量密度和体积能量密度分别为 8.0 kW·h/kg和6.3 kW·h/L。按式(4.8)和式(4.9)，计算得到乙醇储存的质量能量密度6991.7 A·h/kg，体积能量密度 5516.4 A·h/L。

在通常的 Pt 基电催化剂上，乙醇主要氧化到乙酸，给出 4 个电子，$C_2H_5OH + H_2O \longrightarrow CH_3COOH + 4H^+ + 4e^-$，DEFCs 电池的反应相应为

$$C_2H_5OH + H_2O \longrightarrow CH_3COOH + 2H_2 \qquad (4.23)$$

可以计算得到反应式(4.23)的 $\Delta H^0 = 79.02$ kJ/mol，$\Delta G^0 = 22.01$ kJ/mol，$\eta_{Theo} = 27.9\%$，$E^0_r = -0.057$ V。可见在这种情况，常温下 DEFCs 不能放电对外做功，反而式(4.23)的逆反应可以把乙酸转化为乙醇。从(4.23)和(4.22)两个反应式可知，DEFCs 的法拉第效率 η_F 可在 33%(传递 4 个电子)到 100%之间变化(传递 12 个电子)。显然，提高催化剂的性能，特别是断裂乙醇中 C—C 键的活性，是提升 DEFCs 的法拉第效率的关键。

直接乙醇燃料电池的功率可以从 mW 到 kW 级[101-104]，在便携式电子设备、电动交通和固定式发电等领域具有广阔的应用前景[104-106]。催化剂的性能是决定 DEFCs 效率的关键；迄今报道的酸性 DEFCs 的最高功率密度为 96 mW/cm^2[107]，阳极使用为 Pt$_3$Sn/C(顶层)和 PtRu/C(底层，接触 Nafion 115 质子交换膜)双层催化剂，阴极为常用的 Pt/C 催化剂；碱性 DEFCs 的最高功率密度可达到 360 mW/cm^2[108]，分别使用 PdNi/C 和 Pt/C 作为阳极和阴极催化剂。

乙醇的分子结构符合发生解离吸附的条件，C—C 键可在 Pt 基催化剂表面发生断裂，生成 CO 和 CH 等吸附物种[109-113]，这一解离吸附反应对 Pt 催化剂表面结构十分敏感[109, 110, 114]。乙醇电催化氧化有两条途径，一条途径经历 C—C 键断裂，完全氧化成 CO$_2$，释放 12 个电子；另一条途径不涉及 C—C 键断裂，氧化生成乙酸，仅给出 4 个电子，如式(4.22)和式(4.23)所示。显然，C—C 键的断裂是高效利用乙醇的关键。J. M. Feliu 课题组研究了乙醇在 Pt 单晶三个基础晶面上的氧化过程[115, 116]。酸性溶液中的结果指出[115]，从 CV 曲线中得到乙酸在三个电极上的氧化峰电流密度的大小次序为 Pt(100)＞Pt(110)＞Pt(111)。电化学原位红外光谱检测到乙醇在 Pt(111)电极上氧化的主要产物为乙酸，几乎不能断裂 C—C 键解离乙酸生成 CO；但在 Pt(100)和 Pt(110)电极上乙醇在低电位区间即发生解离吸附生成 CO$_{ad}$ 毒化表面，并在高电位下氧化到 CO$_2$。Pt 单晶三个晶面断裂 C—C 键的催化活性秩序为 Pt(110)＞Pt(100)＞Pt(111)。在碱性溶液中[116]，乙醇氧化电流的大小秩序与酸性溶液中相反，即 Pt(111)＞Pt(110)＞Pt(110)，乙醇氧化电流随 CV 中电位扫描周数增加而衰减，其衰减程度与氧化电流的大小秩序一致。电化学原位红外光谱主要检测到乙醇氧化产物乙酸盐，检测到的 CO$_{ad}$ 和碳酸盐(即 CO$_{ad}$ 氧化产物)几乎可以忽略不计，说明碱性溶液不利于断裂 C—C 键。

D. J. Tarnowski 等[117]比较了 Pt(533)(S)-4(111)×(100)、Pt(755)(S)-6(111)×(100)和 Pt(111)对乙醇电氧化的选择性，通过在线离子色谱检测到乙醇在 Pt(111)晶面倾向于氧化到乙酸产物；而在 Pt(533)和 Pt(755)两个阶梯晶面上，乙酸的生成量明显降低。乙醇在三个 Pt 单晶电极上氧化到乙酸的电流效率大小次序为 Pt(111)＞Pt(755)＞Pt(533)，即表面的(100)台阶密度越大，乙酸的电流效率越低，说明台阶原子有利于断裂 C—C 键，促进乙醇完全氧化到 CO$_2$。

　　H. Baltruschat 课题组运用微分电化学质谱(differential electrochemical mass spectrometry，DEMS)研究了 Pt 多晶、Pt(111)和一系列阶梯晶面上乙醇的氧化反应[118]，包括 Pt(331)(S)-3(111)×(111)［或 2(111)×(110)］，Pt(332)(S)-6(111)×(111)［或 5(111)×(110)］和 Pt(19, 1, 1)(S)-10(100)×(111)。DEMS 定量检测到 $CH_3CHO + CO_2$ ($m/z = 44$)、乙醛($m/z = 29$)，以及以氘代乙醇(CD_3CD_2OD)作为反应物时的氧化物种 $C_2D_2O + CO_2$ ($m/z = 44$)和 CDO ($m/z = 30$，源于 CD_3CDO)随电极电位的变化。结果指出，在阶梯晶面上，乙醇发生解离吸附导致 C—C 键断裂形成 CO_{ad} 和 CH_x 物种，它们在高电位氧化到 CO_2，当电位高于 0.8 V(RHE)时检测到乙醛产物，但在低电位(0.6 V)就可检测乙酸，说明乙醇可以直接氧化到乙酸。基于电化学 CV 特征和对 DEMS 数据的仔细分析，提出了乙醇在 Pt(111)和阶梯晶面电极上氧化的反应途径如图 4.6 所示。

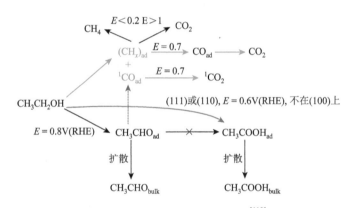

图 4.6　Pt 电极上乙醇氧化途径[118]

　　Pt 单晶电极对乙醇电催化氧化的表面结构效应表现在：①Pt(111)晶面对乙醇解离吸附的活性非常低，主要将乙醇氧化到乙酸，这与前述的合频光谱和红外光谱和[114, 115]以及在线色谱[117]的研究结果一致。②(111)平台的阶梯晶面的电催化活性很大程度取决于(111)台阶的密度。这些晶面上乙醇可在 0.60 V(RHE)氧化到乙酸，但电位高于 0.8 V 时乙醇则氧化到乙醛并扩散到溶液中。显然，乙醇主要在(111)和(111)阶梯［或(110)阶梯］位上氧化到乙酸，因为在 Pt 多晶和(100)平台的 Pt(19, 1, 1)电极上检测不到这一反应通道。③Pt(19, 1, 1)对乙醇解离吸附活性高，在低电位区间基本被 CO 和 CH_x 物种毒化，乙醇的氧化直到电位高于 0.7 V 才开始进行。

　　F. Colmati 等运用电化学循环伏安和原位红外光谱研究了乙醇在一系列 Pt 单晶电极上的氧化，包括 Pt(111)、(111)平台与(100)台阶的 Pt($n+1$, $n-1$, $n-1$)［表面结构 Pt(S)-n(111)×(100)，$n = 2$，3，4，5，16］阶梯晶面，和(111)平台与(100)台阶的 Pt(n，n，n–2)［表面结构 Pt(S)-(n-1)(111)×(110)，n=3，5，6，8，10，17］阶梯晶面[119]。研究结果给出，乙醇氧化的 CV 特征在硫酸和高氯酸溶液中相似，即受硫酸根氢离子特性吸附的影响较小，电化学原位红外光谱检测到乙醇氧化的主要产物为乙酸。在无阴离子特性吸附的 0.1 mol/L HClO$_4$ 电解质中，乙醇在上述单晶电极上氧化的 CV 曲线如图 4.7(a)所示。在 Pt(n+1，n–1，n–1)系列单晶上，(100)台阶并不增加 0.4 到 0.9 V(RHE)电位区间对乙醇氧化的电催化活性。在 16 行原子宽(111)平台的 Pt(17，15，15)电极上，乙醇氧化电流接近 Pt(111)电极。乙醇在 Pt(553)和 Pt(211)电极氧化电流显著小于 Pt(111)电极，归因于乙醇解离吸附产生 CO$_{ad}$ 和 CH$_x$ 物种毒化表面。随表面(100)台阶的密度增加，解离吸附加快，乙醇氧化电流随之减小。对于 Pt(n，n，n–2)系列单晶，Pt(554)［表面结构 9(111)×(110)］具有最高的电催化活性，在 0.4～0.9 V 区间，不仅正向和负向电位扫描中的峰电流密度最大，而且乙醇的起始氧化电位也最低。这个系列晶面上(110)阶梯密度增加也没有增加乙醇的氧化电流密度，反而减小。在(110)阶梯密度最大的 Pt(331)电极，氧化电流随电极电位正向移动而增大，并不出现其他电极类似的电流峰。显然，这与乙醇在不同结构电极上氧化途径有关(图 4.6)。图 4.7(b)给出参考电位 0.1 V、氧化电位 0.4 V(即乙醇起始氧化电位附近)的电化

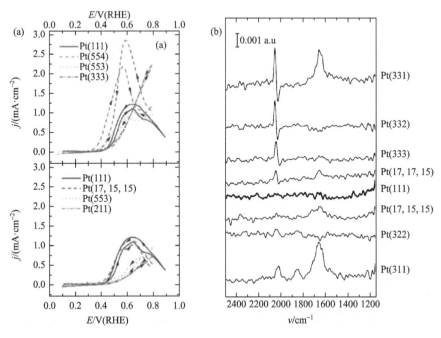

图 4.7　(a)乙醇氧化 CV 曲线(50 mV/s)，电压扫描速率 50 mV/s；(b) 0.4 V 的电化学原位红外光谱(参考电位 0.1 V) (0.2 mol/L CH$_3$CH$_2$OH + 0.1 mol/L HClO$_4$ 溶液)[119]

学原位红外光谱。在 Pt(111)、Pt(17，15，15)和 Pt(332)的红外谱图中不出现 2030 cm^{-1} 附近的线型吸附态 CO(CO$_L$)的红外吸收谱峰，说明乙醇在这几个晶面基本不发生解离吸附，没有被毒化，所以可以把乙醇氧化到乙酸。在具有最大(100)阶梯位密度晶面 Pt(311)的谱图中，可观察到位于 2030 cm^{-1} 和 1800 cm^{-1} 附近的两个正向谱峰，对应 CO$_L$ 和桥式吸附态 CO(CO$_B$)在 0.4 V 的红外吸收。即在 0.4 V 乙醇可以在(100)阶梯上发生解离吸附，(100)阶梯密度越大，乙醇解离吸附越快，累积的 CO 物种越多，导致表面被毒化。所有(110)阶梯晶面的谱图中都出现位于 2030 cm^{-1} 和附近的双极谱峰，对应乙醇在 0.1 V 和 0.4 V 的红外吸收。说明在这些晶面上乙醇可在更低电位下发生解离，因此在相同的条件下电极表面累积了更多的 CO，从而毒化表面抑制了乙醇氧化到乙酸。还可观察到，随(110)阶梯密度增加 CO$_L$ 谱峰强度增加，也即乙醇的解离吸附速率增大。逐渐升高氧化电位，红外谱图中则逐渐出现位于 2340 cm^{-1} 附近的 CO$_2$ 谱峰和 1713 cm^{-1} 附近的羰基(C＝O，源于乙酸)谱峰，对应 CO$_{ad}$ 和乙醇的氧化。

S. C. S. Lai 等也研究了乙醇在 Pt(111)，Pt(15，15，14)，Pt(554)，Pt(553)和 Pt(110)晶面上的氧化[120, 121]，得到了与上述类似的电催化活性随(110)台阶密度变化的规律，即在所研究 Pt 单晶电极中，乙醇在 0.0～0.9 V 电位区间的氧化峰电流密度大小次序为 Pt(554)＞Pt(553)＞Pt(110)＞Pt(15，15，14)＞Pt(111)。还测得 0.5 mol/L 乙醇 + 0.5 mol/L H$_2$SO$_4$ 中乙醇氧化电流比在 0.5 mol/L 乙醇 + 0.5 mol/L HClO$_4$ 中的电流显著减小，对应在较高浓度电解质溶液中硫酸氢根离子特性吸附与乙醇吸附竞争的效应。在 0.5 mol/L 乙醇 + 0.1 mol/L NaOH 碱性溶液中[122]，相同电位区间乙醇氧化峰电流密度是 0.5 mol/L 乙醇 + 0.1 mol/L HClO$_4$ 酸性中的 3 倍以上，但 Pt 电极的表面结构效应与酸性溶液中类似。拉曼光谱在 Pt(110)电极上检测到 CO$_{ad}$，但 CH$_x$ 物种仅在阶梯晶面的(111)台阶位上产生。C. Bus-Rogero 等也研究了碱性溶液中一系列 Pt 单晶阶梯晶面上乙醇氧化过程[116]，包括 Pt(S)-(n−1)(111)×(110)［Pt(n，n，n−2)］和 Pt(S)-n(111)×(100)［Pt(n+1，n−1，n−1)］系列晶面，也获得类似的表面结构效应。电化学原位红外光谱检测到与酸性溶液中相比可忽略不计的 CO$_{ad}$，说明在碱性溶液中这些 Pt 单晶电极断裂 C—C 键的能力显著降低。

4.2.2　乙二醇

乙二醇(EG)是最简单的二元醇，分子式 HOCH$_2$CH$_2$OH，可以从多种原料合成制备，如工业化规模生产的环氧乙烷水合法和以煤为原料制乙二醇等路线。乙二醇的熔点−12.9℃，沸点 197.3℃，闪点 111.1℃，密度 1.113 kg/L，作为液体燃料储存、运输和配送都十分方便。基于乙二醇燃料的直接乙二醇燃料电池(direct ethylene glycol fuel cells，DEGFCs)的反应为

阳极反应：　　　　　$HOCH_2CH_2OH + 2H_2O \longrightarrow 2CO_2 + 10H^+ + 10e^-$　　　(4.24)

阴极反应：　　　　　$5/2O_2 + 10H^+ + 10e^- \longrightarrow 5H_2O$　　　(4.25)

电池反应：　　　　　$HOCH_2CH_2OH + 5/2O_2 \longrightarrow 3H_2O + 2CO_2$　　　(4.26)

反应(4.26)涉及 10 个电子转移，$E_{cell}^0 = 1.22\ V$(SHE)，$\Delta H^0 = -1219.8\ kJ/mol$，$\Delta G^0 = -1176.9\ kJ/mol$，由此计算得到 DEGFCs 的理论转化效率 $\eta_{Theo} = 96.4\%$。按式(4.6)和式(4.7)，计算得到直接乙二醇燃料电池的理论质量能量密度和体积能量密度分别为 5.23 kW·h/kg 和 5.86 kW·h/L。按式(4.8)和式(4.9)，计算得到乙二醇储存的质量能量密度 4322.8 A·h/kg，体积能量密度 4811.3 A·h/L。

　　作为二元醇，如果催化剂不能断裂 C—C 键，则乙二醇主要氧化到草酸，给出 4 个电子，$HOCH_2CH_2OH + O_2 \longrightarrow HOOCCOOH + 4H^+ + 4e^-$，DEGFCs 电池的反应相应为

　　　　　　$HOCH_2CH_2OH + 2O_2 \longrightarrow HOOCCOOH + 2H_2O$　　　(4.27)

可以计算得到反应式(4.27)的 $\Delta H^0 = -822.81\ kJ/mol$，$\Delta G^0 = -802.41\ kJ/mol$，由此得到 $\eta_{Theo} = 97.5\%$，$E_r^0 = 2.08\ V$，DEGFCs 的理论质量能量密度和体积能量密度分别为 3.60 kW·h/kg 和 4.0 kW·h/L。可见在这种情况，DEGFCs 的能量密度减小了 31%。从式(4.26)和式(4.27)两个反应式可知，DEGFCs 的法拉第效率 η_F 可在 40%(传递 4 个电子)到 100%之间变化(传递 10 个电子)。与直接乙醇燃料电池相类似，提高催化剂的性能，特别是断裂乙二醇中 C—C 键的活性，是提升 DEGFCs 的能量密度和法拉第效率(η_F)的关键。

　　乙二醇燃料储存的体积能量密度(4811.3 A·h/L)比直接甲醇燃料储存的体积能量密度(3895.1 A·h/L)高 23.5%左右，并且沸点和闪点都是以上讨论的液体燃料(甲醇、甲酸、乙醇)中最高的。因此，直接乙二醇燃料电池更安全、并特别适合作为移动电子器件的电源[123, 124]，以及在空间和水下应用[125]。已经报道从几十瓦到更大功率的 DEGFCs 电堆，根据所使用的催化剂和不同 pH 的电解液，膜电极的峰值功率密度可从几十 mW/cm²[124, 126]到上百 mW/cm²[127-129]。上述 DEGFCs 的阳极和阴极都无一例外使用 Pt 基催化剂，其性能取决于催化剂的组成和表面结构。从 3.3.2 节中可知，酸性溶液中乙二醇在 Pt 单晶电极表面都可以发生解离吸附，测得三个基础晶面上乙二醇的解离吸附速率大小次序为 Pt(100) > Pt(110) > Pt(111)。电化学原位红外光谱证实，酸性溶液中乙二醇在 Pt 表面都可以断裂 C—C 键生成 CO_{ad} 物种[130-132]。虽然乙二醇在 Pt(111)表面的解离吸附速率最小，但通过电化学原位红外光谱仍然可以在低电位就检测到其解离吸附 CO_{ad} 产物[133]。由此可知，Pt 单晶表面上乙二醇的解离吸附反应越快，就越容易催化乙二醇氧化到 CO_2，即实现电池反应式(4.26)的完全氧化途径；反之，Pt 单晶表面上乙二醇的解

离吸附反应越慢，则催化乙二醇氧化到草酸 [电池反应式(4.27)] 的比例就越大。电化学原位红外光谱清楚地检测到乙二醇在 Pt(111) 电极上氧化的 CO_2 和草酸两种产物[133]，以及乙醇醛(HOCH2CHO)和乙醇酸(HOCH2COOH)等中间产物[134]。

J. M. Orts 等[135]和 N. M. Marković 等[136]的研究结果显示，酸性溶液中 Pt 单晶三个基础晶面对乙二醇氧化的电催化活性大小次序为 Pt(100)＞Pt(110)＞Pt(111)，与乙二醇在三个基础晶面上解离吸附速率次序一致。乙二醇在高指数晶面电极上的氧化也得到了较多研究[133,134,136,137]。A. Dailey 等比较了乙二醇在 Pt(111) 和 Pt((335)(S)–4(111)×(100) 两个电极上的氧化结果，指出电极表面的(100)台阶原子显著增强了断裂 C—C 键的能力[134]。

R. M. Arán-Ais 等[133]研究了一系列表面结构为(111)平台和(100)台阶的阶梯晶面 Pt(S)-n(111)×(100) [(n=6，16，21，晶面密勒指数为 Pt(n+1，n-1，n-1)] 和表面结构为(111)平台和(110)台阶的阶梯晶面 Pt(S)-(n-1)(111)×(110) [n=7，14，26，晶面密勒指数为 Pt(n，n，n-2)] 对乙二醇氧化的电催化活性，循环伏安曲线如图 4.8(a)所示。可以看到，正向电位扫描中的氧化电流都小于负向电位扫描中的氧化电流，即乙二醇在这些晶面上都可以发生解离吸附，产生 CO_{ad} 毒化表面。CO_{ad} 在电位高于 0.4 V(RHE)以后被氧化除去，因此负向电位扫描中的氧化电流可以表征 Pt 单晶电极的催化活性。无论是(100)或是(110)台阶，这两个系列的 Pt 单晶表面上台阶密度越大(n 越小)，其催化活性越高。图中的 CV 数据给出，Pt(S)-n(111)×(100) 系列晶面对乙二醇氧化的电催化活性大小次序为 Pt(755)＞Pt(17,15,15)≈Pt(11,10,10)≈Pt(111)，即(111)平台宽度较宽的阶梯晶面的电催化活性基本与 Pt(111)相当。但 Pt(S)-(n-1)(111)×(110) 系列晶面对乙二醇氧化的电催化活性都显著更高(乙二醇氧化峰电流密度更大)，其大小次序为 Pt(775)＞Pt(776)＞Pt(13,13,12)＞Pt(111)，说明(110)台阶的催化活性高于(100)台阶，并且对阶梯晶面电催化性能的影响更明显。

S. G. Sun 等研究了 Pt(S)-(n-1)(111)×(110) 系列晶面中(110)平台宽度较窄的晶面对乙二醇氧化的电催化活性，Pt(332)(n=6)和 Pt(332)(n=3)，并与同属于[1$\bar{1}$0]晶带的 Pt(110)和 Pt(111)晶面进行比较[137]。由于 Pt(110)晶面的表面结构在电化学条件下通常发生重建[138]，其催化性能也不稳定，因此，他们跟踪研究了乙二醇在经过 Clavilier 方法处理的初始表面的活性和经电化学 CV 扫描后的稳定活性，如图 4.8(b)所示。4.8(b)的 A 中负向电位扫描 CV 曲线里，乙二醇氧化峰电流密度随 Pt 单晶的表面结构不同发生显著变化。从表 4-3 中列出的第 1 周负向电位扫描中乙二醇在 4 个电极上氧化峰电流密度数据可得到 4 个电极的初始电催化活性次序为 Pt(331)＞Pt(110)＞Pt(332)＞Pt(111)。但当电位连续循环扫描10 周后，乙二醇在所有电极上的氧化电流都不同程度减小，反映出各个电极电催化活性的不同的稳定性。从图 4.8(b)的 B 中的负向电位扫描测得的乙二醇氧

化峰电流密列于表 4-3 中。从第 10 周的乙二醇氧化峰电流密度数据可知，4 个
电极的电催化活性次序改变为 Pt(331)＞Pt(332)＞Pt(110)＞Pt(111)，即 Pt(331)
仍然保持最高的活性。但 4 个电极的电催化活性的稳定性呈现出十分显著的差
别，若定义电催化活性的衰减度 $S=(j_{1st}-j_{10th})/j_{1st}$，从表 4-3 中的数据看到，Pt(110)
最不稳定，衰减了 61.1%，4 个电极的稳定性次序为 Pt(331)＞Pt(111)＞Pt(332)
＞Pt(110)。Pt(111)相对比较稳定，衰减了 15.3%。但 Pt(332)衰减了 22.0%，因
存在(110)台阶，其稳定性比 Pt(111)差。在 4 个 Pt 单晶电极中，Pt(331)是最稳
定的，仅衰减了 9.7%，而在这个晶面上(110)台阶密度最大，而且无论是初始催
化活性和稳定的催化活性都是最高的。显然，这一结果不能仅仅由 Pt(331)的表面
结构为(111)平台和单原子高(110)台阶来解释。基于对表面结构的仔细分析，作
者认为在这个表面上(111)平台和(110)台阶形成了高活性和高稳定性的催化中

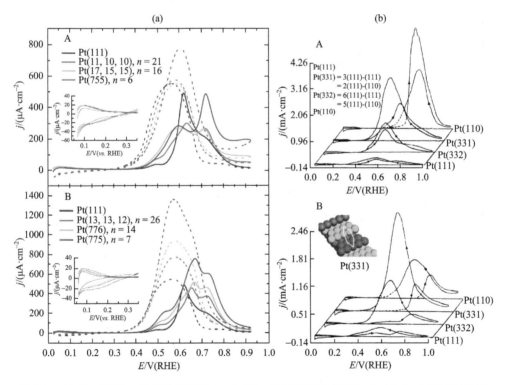

图 4.8　(a)乙二醇在 Pt 单晶阶梯晶面 A：Pt(s)-n(111)×(100)和 B：Pt(s)-($n-1$)(111)×(110)
电极上氧化的 CV 曲线，实线：正向电位扫描，虚线：负向电位扫描，0.1 mol/L EG + 0.1 mol/L
HClO$_4$，电压扫描速率 50 mV/s[133]；(b)乙二醇在 Pt(111)，Pt(332)，Pt(331)，Pt(110)单晶电
极上氧化的 CV 曲线，A：用 Clavilier 方法处理 Pt 单晶电极后的第 1 周 CV 曲线，B：第 10 周
CV 曲线，0.2 mol/L EG + 0.5 mol/L H$_2$SO$_4$，电压扫描速率 50 mV/s[137]

心，如图 4.8(b) 的 B 中插图所示的椅式六边形结构。由于在 Pt(331) 晶面上，表面结构既可以表示为 3(111)×(111)，也可以看作 2(111)×(110) 或 2(110)×(111)，即在这个晶面上 (110) 和 (111) 位点的比例为 1∶1。由此可知，Pt(331) 表面上都由这种高活性和高稳定性椅式六边形结构位催化活性中心点组成，表现出高活性和高稳定性。

表 4-3　负向电位扫描中乙二醇在 Pt 单晶电极上氧化峰电流密度及其比较

	Pt(111)	Pt(332)	Pt(331)	Pt(110)
$j_{1st}/(\text{mA·cm}^{-2})$	0.26	1.27	2.58	2.44
$j_{10th}/(\text{mA·cm}^{-2})$	0.22	0.99	2.33	0.95
$S=(j_{1st}-j_{10th})/j_{1st}$	15.3%	22.0%	9.7%	61.1%

在上述研究中，Pt 单晶高指数晶面都是 (111) 结构平台。樊友军则研究了一系列 (100) 平台和单原子高 (111) 阶梯的 Pt 单晶晶面，Pt(S)-n(100)×(111) [n = 2, 3, 4, 5，晶面密勒指数为 Pt(2n-1, 1, 1)]，对乙二醇氧化的电催化活性[139]。从 3.3.2 节中得知，这些晶面对乙二醇的初始解离吸附速率和平均解离吸附速率都是 Pt(111) 晶面的 2~4 倍，也即在含乙二醇的溶液中这些晶面基本都被解离吸附产生的 CO_{ad} 毒化。图 4.9(a)~图 4.9(d) 显示乙二醇在 Pt(S)-n(100)×(111) 单晶电极上氧化的 CV 曲线。这些单晶电极经火焰高温处理后在 Ar + H_2 气氛中冷却到室温，然后在一滴超纯水保护下转移到电解液中，CV 的电位扫描上限 0.75 V (SCE)，以确保晶面结构长程有序，避免发生重建。从乙二醇氧化的 CV 曲线可以观察到以下特征：

(1) 图 4.9(b)~图 4.9(d) 的 CV 中，-0.2~0.4 V 区间正向电位扫描的电流几乎为零，证实了乙二醇在 (100) 平台快速解离成 CO_{ad} 毒化表面，完全抑制了乙二醇的氧化。虽然在 Pt(331) 的 CV 中可以观察到一定的氧化电流，但远小于负向电位扫描中的电流，说明其表面也被毒化，但 CO_{ad} 的覆盖度小于其他晶面；

(2) 正向电位扫描中，图 4.9(b)~图 4.9(d) 的 CV 中，0.5~0.6 V 中都出现一个尖锐的氧化电流峰，主要归属于 CO_{ad} 的氧化，其峰电流密度在第 10 周都不同程度减小（减小了 28%~48%），对应在连续电位循环扫描中，电极表面在低电位区间累积的 CO_{ad} 减少。但在 Pt(311) 电极的 CV 中，位于 0.49 V (j_1) 和 0.58 V (j_2) 附近出现两个氧化电流峰，对应 CO_{ad} 和乙二醇同时氧化。检测到第 10 周的峰电流密度 j_1 减小约 30%（成为一个肩峰），j_2 略微增大 (~8%)；

(3) 负向电位扫描中，从图 4.9(a) 的 CV 中测量到 Pt(311) 电极上第 10 周的氧化电流比第 1 周的电流略微增大 (~7%)。但在其余 Pt 单晶电极上，第 10 周的电流仅比第 1 周的电流略微减小 (S≈2%~5%)，远小于图 4.8(b) 中 (111) 平台晶面的衰减度 S。说明 (100) 平台晶面具有更高的稳定性。

由于正向电位扫描中电极表面被 CO_{ad} 毒化，因此通过对负向电位扫描中第 10 周氧化电流曲线积分得到乙二醇的氧化电量来表征相同条件（无 CO_{ad} 毒化、氧化电位区间和氧化时间相同)下各个电极的电催化活性，如图 4.9(f)所示。可以看到，这个系列阶梯晶面的活性都显著高于 Pt(111)和 Pt(100)两个基础晶面［Pt(100) > Pt(111)］，其中 Pt(311)和 Pt(911)的电催化活性最高。在 Pt(311)晶面上，(111)台阶密度最大，显然其高催化活性不能归因于高的(111)台阶位密度。这个晶面的表面结构为 2(100)×(111)或 2(111)×(100)，即(100)与(111)位点的比例为 1∶1。这个晶面上的(100)平台与(111)阶梯形成了如图 4.9(a)中插图所示的五边形立体结构位，形成催化活性中心。Pt(311)表面都由这种五边形立体结构位点组成，

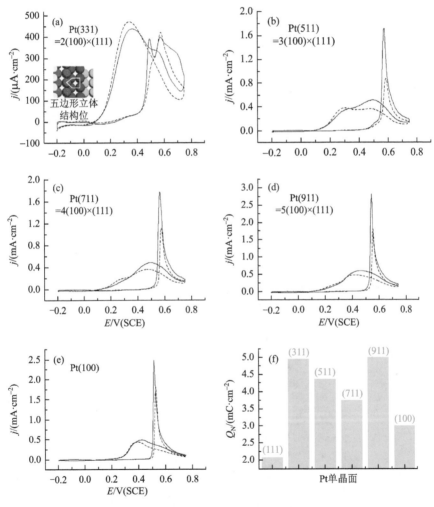

图 4.9　(a)～(e)乙二醇在 Pt 单晶电极上氧化的第 1 周(实线)和稳定(虚线)的 CV 曲线，电压扫描速率 50 mV/s；(f)稳定 CV 负向电位扫描中乙二醇氧化电量随晶面结构的变化(0.1 mol/L EG + 0.5 mol/L H₂SO₄，Pt 单晶电极经火焰高温处理后在 Ar + H₂ 气氛中冷却)[139]

从而具有最高的电催化活性。随着(100)平台宽度增加，Pt(511)、Pt(711)的催化活性递减，但 Pt(911) 也具有高于 Pt(511) 和 Pt(711) 的活性，这可能是该晶面上较宽平台的(100)位点和五边形立体结构位点协同作用的结果。

4.3　其他重要能源电化学反应

4.1 节和 4.2 节分别讨论了 C1 和 C2 分子直接液体燃料电池铂基阳极催化剂的表面结构效应。本节阐述其他重要的能源电化学反应，包括氢气氧化、氧气还原和二氧化碳还原等反应中电催化剂的表面结构效应。

4.3.1　氢气电催化氧化

氢气是燃料电池的主要燃料。目前商品化的低温燃料电池如质子交换膜燃料电池(PEMFCs)，磷酸燃料电池(PAFCs)，碱性燃料电池(AFCs)无一例外使用氢气作为燃料。在高温下工作的燃料电池，如熔融碳酸盐燃料电池(MCFCs)和固体氧化物燃料电池(SOFCs)，既可使用氢气燃料，也可使用其他气体燃料(CO，CH_4 等)及生物质燃料。

在自然界中，氢元素都与其他元素结合形成化合物。因此自然界并不存在纯氢气。氢气只能从其他化学物质中分解、分离得到，如水电解制氢、煤制氢、天然气制氢、生物质制氢、太阳能制氢、核能制氢、等离子化学法制氢，等等。因此，氢气是一种二次能源，是一次能源(煤、石油、天然气等化石能源，太阳能、风能等可再生能源)的转换形式。以氢气氧化作为阳极反应的燃料电池的反应为

阳极反应：　　　　　　　　$H_2 \longrightarrow 2H^+ + 2e^-$ 　　　　　　　　(4.28)

阴极反应：　　　　　　$1/2O_2 + 2H^+ + 2e^- \longrightarrow H_2O$ 　　　　　(4.29)

电池反应：　　　　　　　$H_2 + 1/2O_2 \longrightarrow H_2O$ 　　　　　　(4.30)

从电池反应式(4.30)可知，以氢气为燃料的燃料电池的产物是纯水，可实现真正意义上的"零排放"。反应式（4.30）的 $\Delta H^0 = -285.83$ kJ/mol，$\Delta G^0 = -237.13$ kJ/mol，由此得到 $\eta_{Theo} = 83.0\%$，$E_r^0 = 1.23$ V，质量能量密度 32.93 kW·h/kg，体积能量密度 2.93 W·h/L(氢气的密度为 0.089 g/L)。氢气储存的质量能量密度高达 26801.5 A·h/kg，但体积能量密度仅为 2.385 A·h/L。可见，虽然氢燃料电池的质量密度是所有燃料电池中最高的，但体积能量密度却非常低，因此在实际应用中需要通过高压氢气提高其体积能量密度。例如，氢燃料电池电动汽车通常携带高压储氢罐储存氢气燃料，以保证足够的巡航里程，如日本丰田汽车公司生产的第二代 Miri 氢燃料电

池车载有 60 L 和 62.4 L 两个 700 个大气压（1 个大气压 = 1.013×10^5Pa）的储氢罐，加注一次氢气 5 kg 巡航里程可达到 650 km。

铂基催化剂是商品化低温燃料电池应用中最广泛、性能最优的催化剂。氢气氧化对 Pt 催化剂的结构十分敏感。正如第 2 章中所述，氢在不同表面结构的 Pt 单晶电极上吸脱附具有不同的 CV 特征，可以通过 CV 曲线表征 Pt 单晶电极的表面结构及其变化。氢气氧化反应对铂基催化剂的表面结构同样十分敏感。氢气氧化反应过程只涉及 2 个电子转移，反应机理相对简单，作为模型反应，在 Pt 单晶基础晶面的反应得到了 DFT[140-142]、分子反应动力学[142-144]和动力学模拟[145, 146]等理论研究。J. K. Nørskov 课题组运用 DFT 计算了 Pt(111) 表面氢气氧化反应(hydrogen oxidation reaction，HOR)过程和逆向氢气析出反应(hydrogen evolution reaction，HER)过程[140]。比较了 Volmer($H^+ + e^- \longrightarrow H*$)、Heyrovsky($H* + H^+ + e^- \longrightarrow H_2$) 和 Tafel($2H* \longrightarrow H_2 + 2*$)三种基元反应，认为 Pt(111) 上 HOR 的速率控制反应是 Tafel-Volmer 反应，而 HER 则是 Volmer-Tafel 反应。通过计算一系列金属电极(Au，Ag，Cu，Pt，Pd，Ni，Ir，Rh，Co，Ru，Re，W，Mo 和 Nb 表面各种晶面和台阶结构)上氢气吸附自由能和 Tafel 反应的能垒，发现表征电极 HOR 或 HER 活性的重要参数是其与 H 的结合能。用实验测定的氢气在上述金属电极氧化的交换电流密度(j_0)的对数值对 DFT 计算得到的氢结合自由能作图，得到如图 4.10(a) 所示的火山形曲线。Pt 位于火山的顶点，具有最高的 HOR 活性。N. M. Markovic 等研究了氢在 Pt 单晶三个基础晶面上的氧化。为了消除溶液中溶解氢气的传质影响，他们使用旋转圆盘 Pt 单晶电极，测定 HOR 的交换电流密度 j_0，并通过系列改变实验温度解析 HOR 的活化能 $\Delta H^{\#}$[147-149]。结果显示，在 0.05 mol/L H_2SO_4 溶液中[147]，三个 Pt 单晶基础晶面上 j_0 按 (111) < (100) < (110) 次序增长，274 K 的 j_0 分别为 0.21 mA/cm², 0.36 mA/cm², 0.65 mA/cm²，即 Pt(110) 的 HOR 活性是 Pt(111) 的 3 倍。对应的 HOR 活化能减小次序为 $\Delta H_{111}^{\#} > \Delta H_{100}^{\#} > \Delta H_{110}^{\#}$，在 Pt(111)，Pt(100) 和 Pt(110) 三个基础晶面电极上测得 HOR 的活化能分别为 18 kJ/mol，12 kJ/mol，9.5 kJ/mol。在 0.1 mol/L KOH 碱性溶液中[148, 149]，同样以旋转圆盘 Pt 单晶(111)、(100) 和 (110) 电极测得 275 K 的 j_0 分别为 0.01 mA/cm², 0.05 mA/cm², 0.125 mA/cm²，即三个 Pt 单晶电极的 HOR 活性增长次序为 (111) < (100) < (110)，Pt(110) 同样具有最高的 HOR 活性，是 Pt(100) 的 2.5 倍，Pt(111) 的 12.5 倍。注意到 Pt 单晶电极在酸性溶液中的 HOR 活性显著高于碱性溶液中的 HOR 活性，酸性溶液中 Pt(111)、Pt(100) 和 Pt(110) 三个基础晶面电极的 HOR 活性分别是碱性溶液中的 21 倍、7.2 倍和 5.2 倍，显示出溶液的 pH 对 HOR 活性有显著的影响。J. M. Feliu 课题组进一步研究了离子液体溶液中氢在三个 Pt 单晶基础晶面上的氧化[150, 151]。在饱和 H_2 的[C_2mim][$EtSO_4$]离子液体溶液中，从循环伏安曲线中的 HOR 峰电流密度得到三个电极的 HOR 活性递增次序为 Pt(100) < Pt(110) < Pt(111)，但在饱

和 H_2 的[C_2mim][NTf$_2$]离子液体溶液中 Pt(100) 的 HOR 活性最高[150]。他们进一步研究了[Emmim][NTf$_2$]离子液体溶液中 Pt 单晶三个基础晶面和 Pt(210)、Pt(311)、Pt(331) 三个高指数晶面电极上氢气氧化还原(redox)反应的可逆性[151]。通过 CV 曲线中 HOR 和 HRR(氢还原反应)峰电位差值 ΔE 的大小判定可逆性，即 ΔE 越小可逆性越好。测定 Pt(111)，Pt(100) 和 Pt(110) 三个基础晶面的 ΔE 值分别为 0.183 V，0.198 V 和 0.199 V，即 redox 可逆性的大小次序为 Pt(111)>Pt(100)≈ Pt(110)。Pt(210)、Pt(311) 和 Pt(331) 三个高指数晶面的 ΔE 值分别为 0.155 V，0.191 V 和 0.244 V。N. Hoshi 等研究了氢在一系列 Pt 单晶高指数晶面电极上氧化[152, 153]，包括 $(n-1)(111)\times(110)$ [Pt($n,n,n-2$)，$n=2,5,9,20,\infty$]、$n(100)\times(111)$ [Pt($2n-1,1,1$)，$n=2,5,9,\infty$]、$n(100)\times(110)$ [Pt($n,1,0$)，$n=2,5,9,\infty$] 和 $n(111)\times(100)$ [Pt($n+1,n+1,n-1$)，$n=2,3,9,\infty$]。其中 $n=\infty$ 分别对应 Pt(111) 和 Pt(100) 两个基础晶面。在 283 K、氢气饱和的 0.1 mol/L HClO$_4$ 溶液中，氢在上述 Pt 单晶电极上氧化伏安曲线给出电流随电极电位(过电位 η)的变化。在微小极化的电位区间 $-0.02\sim0.02$ V(RHE)，HOR 的电流随电位接近线性变化，从而可以从 $j=j_0(2F/RT)E$，计算得到交换电 j_0。图 4.10(b)给出从上述 Pt 单晶电极测量的 j_0 随 Pt 单晶面上台阶位密度的变化。可以看到，当 $n=\infty$，两个基础晶面的 HOR 活性 Pt(100)>Pt(111)，相应(100)平台的阶梯晶面的 HOR 活性也高于(111)平台的阶梯晶面。除 $n(111)\times(100)$ 系列晶面的 HOR 活性随(100)台阶位密度增大而增加外，其他系列高指数晶面的 HOR 活性都在(111)或(110)台阶位密度为 1.54×10^{14} cm^2($n=9$)时达最大值，其后不再随台阶位密度增加而增大。这一结果说明高指数晶面具有更高的 HOR 活性，台阶位促进了氢气的氧化过程。

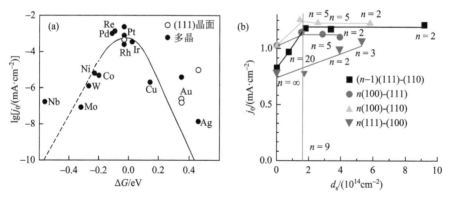

图 4.10　(a)HOR 交换电流密度(j_0)的对数值随 H 吸附自由能(ΔG,计算值)变化的火山形曲线，左边金属表面 H 的覆盖度为一个单层(1 ML)，右边金属表面 H 的覆盖度仅为 0.25 ML[140]；
(b)Pt 单晶电极的 HOR 交换电流密度 j_0 随高指数晶面台阶位密度的变化[153]

4.3.2　氧气电催化还原

氧气还原是所有类型燃料电池、金属空气电池、水电解工业的阴极反应[154]。氧还原反应(oxygen reduction reaction，ORR)的动力学迟缓，燃料电池即便使用高载量 Pt 催化剂，仍存在较高的过电位，因此 ORR 电催化剂是燃料电池发展的一个瓶颈问题。氧还原反应涉及氧分子在电极表面吸附、O—O 键断裂和生成表面含氧吸附物种等过程，对电催化剂的表面结构十分敏感，并受电解质溶液 pH 和溶液中阴离子吸附的影响[155, 156]。氧在 Pt 单晶三个基础晶面电极上还原得到了较多研究[157-162]。N. M. Marković 等的研究结果指出，Pt 电极三个基础晶面对 ORR 的活性在 0.1 mol/L KOH 碱性溶液中为 Pt(100)＜Pt(110)＜Pt(111)[157]；对于相近pH 的酸性溶液，在没有阴离子特性吸附的 0.1 mol/L HClO₄ 溶液中，Pt 单晶电极三个基础晶面的 ORR 活性次序变化为 Pt(110)＜Pt(111)＜Pt(100)[158]，但在0.05 mol/L H₂SO₄ 溶液中由于 HSO_4^- 阴离子的特性吸附影响，这一活性次序转变为Pt(111)≪Pt(100)＜Pt(110)[159]。这些结果说明 ORR 的速率不仅取决于电催化剂的表面结构，还取决于溶液中 OH⁻离子与其他阴离子的竞争吸附。

运用旋转圆(环)盘 Pt 单晶电极克服液相中氧传质的影响，可以进一步解析ORR 电催化剂的表面结构效应。由旋转圆盘电极的 Koutecky-Levich 理论[163]可知

$$\frac{1}{j(E,\omega)} = \frac{1}{j_K(E)} + \frac{1}{j_{lim}(\omega)} \tag{4.31}$$

式中，ω 为旋转圆盘电极的转速，j 为氧还原的总电流密度，j_K 为动力电流，j_{lim}为极限电流。从中可以得到 j_K 随电极电位变化的 Buttle-Volmer 方程

$$j_K(E) = j_0 \exp(-\alpha nF\eta / RT) \tag{4.32}$$

式中，η 为 ORR 的过电位($\eta = E-E^0$，E^0 是平衡电位，对于 O₂-H₂O 体系等于1.23 V(RHE))，α 为传递系数，n 为电化学转移的电子数，F 为法拉弟常数。用$\ln(j_K)$ 对 η 作图，由线性变化的 Tafel 直线外推到 $E = E^0$，从 $\ln(j_K)$ 的截距测得 ORR的交换电流 j_0。

N. Hoshi 课题组研究了 0.1 mol/L HClO₄ 溶液中 Pt 单晶一系列高指数晶面对ORR 的电催化活性[164-166]。研究结果给出，(111)结构平台的阶梯晶面，即 n(111)×(100)($n = 2, 3, 4, 5, 6, 9$)和 n(111)×(111)($n = 2, 3, 4, 5, 9$)构型的高指数晶面，台阶位密度越高，其 ORR 的活性越高。Pt(331)电极 [晶面结构 3(111)×(111)，也等同于 2(111)×(110)或 2(110)×(111)]具有最高的电催化活性；而对于(100)结构平台的阶梯晶面 n(100)×(111)($n = 2, 3, 5, 9$)和 n(100)×(110)($n = 2, 3, 5, 9$)构型的高指数晶面，其 ORR 活性则几乎不随台阶位的密度变化，所有阶梯晶面的

ORR 活性与 Pt(100) 相当。

　　基于对一系列旋转圆盘 Pt 单晶电极数据的深入分析，J. M. Feliu 课题组进一步揭示了 Pt 催化剂在氧还原反应中的表面结构效应[167-169]。图 4.11(a) 给出 ORR 交换电流 j_0 随位于[0 1 $\bar{1}$]晶带中的两个系列晶面，Pt(S)-n(111)×(100)［晶面指数为($n+1$，$n-1$，$n-1$)］和 Pt(S)-n(100)×(111)［晶面指数为($2n-1$，1，1)］的变化[167]。首先注意到，所有晶面在 0.1 mol/L 高氯酸溶液中的 ORR 交换电流都大于其在 0.5 mol/L 硫酸溶液中的 j_0，证实由于硫酸氢根离子与氧的竞争吸附导致 ORR 速度降低。高氯酸溶液中，Pt(S)-n(111)×(100) ($n = 3, 4, 6, 9, 14$) 系列晶面的 j_0 随(100)台阶密度变大(n 减小)而增加，而 Pt(S)-n(100)×(111) ($n = 2$，3, 4, 6, 20) 系列晶面的 j_0 随(111)台阶密度变大(n 减小)仅略微增加(或几乎不变，与上面提到的 N. Hoshi 等的研究结果接近)。但在硫酸溶液中，虽然每个晶面的 j_0 都小于在高氯酸中的值，但都随(100)或(111)台阶密度变大而增加。图 4.11(b) 给出 ORR 半波电位 $E_{1/2}$ 随位于[1 $\bar{1}$0]晶带中的两个系列晶面(Pt(S)-($n-1$)(111)×(110)，晶面指数为($n, n, n-2$)，和 Pt(S)-n(110)×(111)]，晶面指数为($2n-1, 2n-1, 1$)的变化[169]。由于水溶液中 ORR 的平衡电位 $E^0 = 1.23$ V(RHE)，$E_{1/2}$ 越正，Pt 单晶面的催化活性越高。可以看到在 0.5 mol/L 硫酸溶液中，所有晶面的 $E_{1/2}$ 都低于 0.1 mol/L 高氯酸溶液中的值，Pt(S)-n(110)×(111) ($n = 2, 3, 4$) 系列晶面

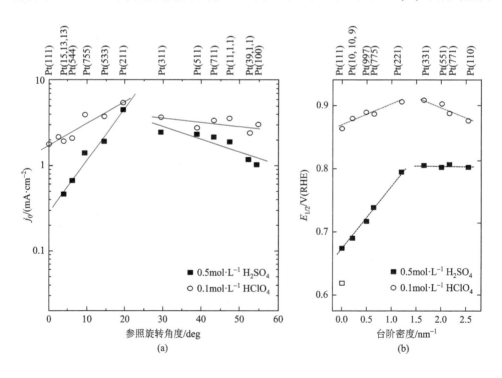

(a)　　　　　　　　　　　(b)

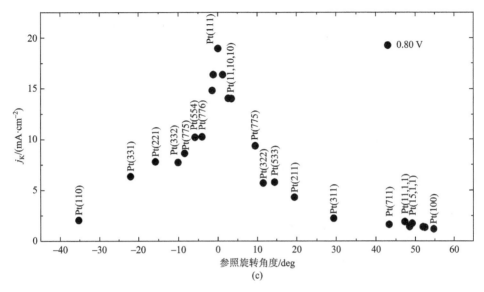

图 4.11　Pt 单晶电极的 ORR 活性。j_0[167](a) 和 $E_{1/2}$[168](b) 随晶面结构变化；
(c) 0.1 mol/L NaOH 碱性溶液中 j_K 随晶面结构变化[169]

(a) 和 (c) 图中的横坐标为各个晶面以 Pt(111) 为参照旋转的角度

的 $E_{1/2}$ 不随 (111) 台阶密度变化，但 Pt(S)-(n−1)(111)×(110)(n = 4, 7, 9, 20) 系列
晶面的 $E_{1/2}$ 随 (110) 台阶密度增加快速增大。在高氯酸溶液中，两个系列晶面的
$E_{1/2}$ 都随 (111) 或 (110) 台阶密度增加而增大。但是，在 0.1 mol/L NaOH 碱性溶液
中[169]，[01$\overline{1}$] 和 [1$\overline{1}$0] 和两个晶带中的所有晶面在 0.8 V(RHE) 的动力学电流密度
j_K 都小于 Pt(111) 电极，如图 4.11(c)。也即在碱性溶液中，Pt(111) 的 ORR 活性
最高，Pt(110) 次之，Pt(100) 最低，而所有高指数阶梯晶面的 ORR 活性都高于
Pt(100) 和 Pt(110)，介于它们与 Pt(111) 之间。

4.3.3　二氧化碳电催化还原

CO_2 是主要的温室效应气体。自工业革命以来，大气中 CO_2 浓度逐渐增高，
导致全球气候变化、环境污染。以可再生能源(太阳能、风能、水能等)或者峰谷
电力在温和条件下电化学还原 CO_2(carbon dioxide reduction reaction，CO_2RR)制备液
体燃料和高附加值化学品是碳资源循环利用的有效途径[170]，也是减排 CO_2 和减缓
温室效应的有效途径[171]，同时还是开发利用可再生能源的重要途径[172]。由于在
Pt 族金属(Pt，Rh，Pd，Ir 等)[173-178] 和大多数其他金属(Sn，Au，Ag，Ni 等)[179, 180]
电极上析氢过电位远小于 CO 加氢还原的过电位，电化学原位红外光谱从分子水
平检测到 CO_2 在这些金属电极上还原主要生成 CO 产物。CO_2 仅在具有较大析氢

过电位的金属电极，如 $Cu^{[181]}$，$Pb^{[182]}$ 等上可还原加氢生成碳氢化合物。CO_2 还原到 CO 的过程对 Pt 基催化剂的结构十分敏感。Pt 单晶三个基础晶面电极对 CO_2 的催化活性次序为 Pt(110)＞Pt(100)≫Pt(111)[183-186]。N. Hoshi 等[187-192]研究了一系列 Pt 单晶表面上的 CO_2 还原过程，通过程序电位阶跃方法测定 CO_2 还原到 CO 的初始反应速率 $v_{t=0}$，结果给出 $v_{t=0}$ 随 CO_2 还原电位 E_{red} 的变化：在相同 E_{red} 下，具有扭结台阶位的高指数晶面的 $v_{t=0}$ ＞(110)台阶位高指数晶面的 $v_{t=0}$ ＞(100)台阶位高指数晶面的 $v_{t=0}$ ＞(111)台阶位高指数晶面的 $v_{t=0}$。在所研究的高指数晶面电极中，台阶位密度越大，对 CO_2 还原的电催化活性越高。例如，对于具有扭结台阶位的高指数晶面，CO_2 还原的 $v_{t=0}$ 减小次序为 Pt(210)＞Pt(531)＞Pt(431)＞Pt(532)，即 Pt(210)具有最大的 $v_{t=0}$。

范纯洁等研究了位于[001]晶带的 Pt(100)，Pt(510)，Pt(310)，Pt(210)，Pt(110)一系列单晶电极还原 CO_2 的催化性能[192, 193]。其中 3 个高指数晶面的结构分别为 5(100)×(110)、3(100)×(110)和 2(100)×(110)。Pt 单晶电极经氢氧火焰高温处理后，在空气中冷却到室温，然后转移到电解池中。控制电位扫描上限为 0.75 V，避免高电位下氧吸附导致晶面结构重组。从图 4.12(a)中的 CV 曲线，可以得到 CO_2 在−0.20 V 还原 20 分钟产生的吸附物种(r-CO_2)的覆盖度($\theta_{r-CO_2} = (Q_a-Q_b)/Q_a$，$Q_a$ 和 Q_b 分别是图 4.12(a)中 CV 曲线 a 和 b 的积分电量)，其氧化的 j-E 曲线如图 4.12(b)所示。r-CO_2 在 Pt(210)和 Pt(310)两个电极上氧化给出两个部分重叠的氧化电流峰，而在其余 3 个电极上氧化仅给出一个电流单峰。对图 4.12(b)中 j-E 曲线进行积分，得到 r-CO_2 氧化电量 $Q_{r-CO_2}^{OX}$。由于 CO_2 在所有电极上还原电位和还原时间都为−0.2 V 和 20 分钟，$Q_{r-CO_2}^{OX}$ 可以表征上述单晶电极对 CO_2 还原的相对电催化活性。表 4-4 列出各个电极的 θ_{r-CO_2} 和 $Q_{r-CO_2}^{OX}$。

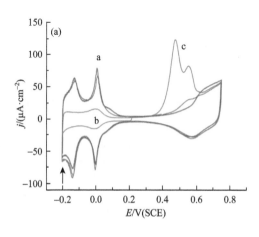
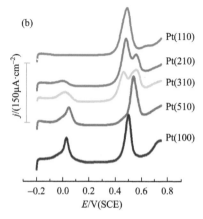

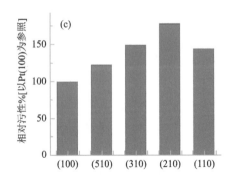
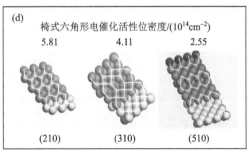

图 4.12 (a) Pt(210) 电极表征和 CO_2 还原研究：a，0.5 mol/L H_2SO_4 溶液中 CV 曲线；b，向溶液通入 CO_2 至饱和，在−0.2 V 还原 20 min 后记录的 CV 曲线；c，在 b 的条件下 CO_2 还原产生的吸附态物种 (r-CO_2) 氧化的 CV 曲线；(b) 不同 Pt 单晶电极上 r-CO_2 氧化的 CV 曲线；(c) 不同铂 Pt 单晶电极还原 CO_2 的相对活性；(d) Pt(210)，Pt(310) 和 Pt(510) 高指数晶面模型和椅式六角形电催化活性位密度[193, 194]

表 4-4 CO_2 在 Pt 单晶电极上还原的 $\theta_{\text{r-CO}_2}$ 和 $Q_{\text{r-CO}_2}^{\text{ox}}$ [193]

Pt(hkl)	(100)	(510)	(310)	(210)	(110)
$\theta_{\text{r-CO}_2}$	0.248	0.349	0.388	0.531	0.416
$Q_{\text{r-CO}_2}^{\text{ox}}$ /(μC·cm^{-2})	135.1	166.8	202.6	241.2	196.2

从表 4-4 中的数据可以看到在−0.2 V 还原 20 分钟产生的 r-CO_2 的量随晶面结构的变化。从 $\theta_{\text{r-CO}_2}$ 和 $Q_{\text{r-CO}_2}^{\text{ox}}$ 可知，两个基础晶面的催化活性次序为 Pt(110) > Pt(100)；三个高指数晶面则为 Pt(210) > Pt(310) > Pt(510)。以 Pt(100) 位参照的相对活性的比较示于图 4.12(c)，从中可以看到，虽然三个高指数晶面的平台都是 (100) 结构，但因含有 (110) 台阶，其催化活性显著高于 Pt(100)。随台阶位密度增加，活性增加。虽然 Pt(310) 和 Pt(210) 的 (110) 台阶位密度小于 Pt(110)，但它们的催化活性都高于 Pt(110)。显然，这不能用 (110) 台阶位的密度来解释。实际上，如 4.1.3 节所述，位于 [001] 晶带上的高指数晶面结构由 (100) 平台和 (110) 台阶组成 [或者 (110) 平台和 (100) 台阶，取决于高指数晶面是否靠近 [001] 晶带 (110) 端]，(100) 平台与 (110) 台阶协同形成了如图 4.5(f) 所示的椅式六角形活性位，其电催化活性既高于 (100) 也高于 (110) 结构位。可以计算得到 Pt(210)、Pt(310) 和 Pt(510) 三个阶梯晶面上椅式六角形活性位密度分别为 $5.81 \times 10^{14}/\text{cm}^2$，$4.11 \times 10^{14}/\text{cm}^2$ 和 $2.55 \times 10^{14}/\text{cm}^2$。显然，由于 Pt(210) 具有最大密度的椅式六角形活性位，其对 CO_2 还原的电催化活性也最高。

4.4　电催化活性位结构模型

催化活性位(或电化学活性中心)的结构是催化剂构效规律的核心,也是理性设计和制备高活性、高选择性和高稳定性催化剂的理论基础。从本章前面几节讨论的 Pt 单晶模型催化剂对各种能源化学分子氧化或还原过程的表面结构效应不难看出,虽然不同反应的催化剂活性中心的结构不尽相同,但是都有一个共同的结构特征,即这些催化活性位往往都由阶梯晶面的平台原子与台阶原子相结合而形成。为了进一步比较各种反应所对应的具有最高活性的催化剂活性位的结构,表 4-5 列出第 3 章和本章所讨论的对各种电催化反应具有最高催化活性的 Pt 单晶面。

表 4-5　对各种电催化反应具有最高催化活性的 Pt 单晶面

反应	单晶面	晶带	表面结构	活性中心	文献
$HCOOH \xrightarrow{解离吸附} CO_{ad}$	Pt(510)	[0 0 1]	$5(100) \times (110)$	$(100)_T + (110)_S$	第 3 章[47]
$CH_2OHCH_2OH \xrightarrow{解离吸附} CO_{ad}$	Pt(911)	[0 1 $\bar{1}$]	$5(100) \times (111)$	$(100)_T + (111)_S$	第 3 章 [52], [55]
$CH_3OHCH_3 \xrightarrow{氧化} CH_3OCH_3$	Pt(610)	[0 0 1]	$6(100) \times (110)$	$(100)_T + (110)_S$	第 3 章[105]
$CO_{ad} \xrightarrow{氧化} CO_2$	Pt(210)	[0 0 1]	$2(100) \times (110)$	$(100)_T + (110)_S$	[25]
$CH_3OH \xrightarrow{直接氧化} CO_2$	Pt(221)	[1 $\bar{1}$ 0]	$3(111) \times (110)$	$(111)_T + (110)_S$	[60]
	Pt(39, 1, 1)	[0 1 $\bar{1}$]	$20(100) \times (111)$	$(100)_T + (111)_S$	[60]
$HCOOH \xrightarrow{氧化} CO_2$	Pt(210)	[0 0 1]	$2(100) \times (110)$	$(100)_T + (110)_S$	[97]
$CH_3CH_2OH \xrightarrow{直接氧化} CH_3COOH$	Pt(554)	[1 $\bar{1}$ 0]	$9(111) \times (110)$	$(111)_T + (110)_S$	[119]
	Pt(17, 15, 15)	[0 1 $\bar{1}$]	$16(111) \times (100)$	$(111)_T + (100)_S$	[119]
$CH_2OHCH_2OH \xrightarrow{氧化} CO_2$	Pt(331)	[1 $\bar{1}$ 0]	$2(111) \times (110)$	$(111)_T + (110)_S$	[137]
	Pt(911)	[0 1 $\bar{1}$]	$5(100) \times (111)$	$(100)_T + (111)_S$	[139]
$H_2 \xrightarrow{氧化} 2H^+$	Pt(510)	[0 0 1]	$5(100) \times (110)$	$(100)_T + (110)_S$	[153]
	Pt(997)	[0 1 $\bar{1}$]	$8(111) \times (110)$	$(111)_T + (110)_S$	[153]
	Pt(554)	[1 $\bar{1}$ 0]	$9(111) \times (110)$	$(111)_T + (110)_S$	[153]
	Pt(211)	[0 1 $\bar{1}$]	$3(111) \times (100)$	$(111)_T + (100)_S$	[153]
$O_2 \xrightarrow{还原} H_2O(Acid)$	Pt(211)	[0 1 $\bar{1}$]	$3(111) \times (100)$	$(111)_T + (100)_S$	[167]
	Pt(311)	[0 1 $\bar{1}$]	$2(100) \times (111)$	$(100)_T + (111)_S$	[167]
$CO_2 \xrightarrow{还原} CO_{ad}$	Pt(210)	[0 0 1]	$2(100) \times (110)$	$(100)_T + (110)_S$	[193]

续表

反应	单晶面	晶带	表面结构	活性中心	文献
$CH_3OHCH_3 \xrightarrow{\text{氧化}} CO_2$		—	—	—	第 3 章[105]
$CH_2OHCH_2OH \xrightarrow{\text{氧化}} CO_2$	Pt(110)	—	—	—	[137]
$CO_2 \xrightarrow{\text{还原}} CO_{ad}$		—	—	—	[193]
$O_2 \xrightarrow{\text{还原}} HO^-(\text{Alkaline})$		—	—	—	[169]
$CH_3OH \xrightarrow{\text{直接氧化}} CO_2$	Pt(111)	—	—	—	[60]
$CH_3CH_2OH \xrightarrow{\text{直接氧化}} CH_3COOH$		—	—	—	[119]
$CH_2OHCH_2OH \xrightarrow{\text{解离吸附}} CO_{ad}$	Pt(100)	—	—	—	第 3 章 [52], [55]
$CH_3OHCH_3 \xrightarrow{\text{氧化}} CH_3OCH_3$		—	—	—	第 3 章[105]

注：活性中心一栏中的下标 T 和 S 分别代表平台 terrace 和台阶 step。

从表 4-5 中列出的数据可以看到，Pt 单晶 3 个基础晶面仅对少数反应具有较高的催化活性[例如碱性溶液中 Pt(111) 上氧还原、Pt(110) 上 CO_2 还原、Pt(100) 上乙二醇解离吸附等]，对于大多数电化学反应，具有高催化活性 Pt 单晶面都是高指数阶梯晶面，其表面结构具有一个共同的特征，即催化活性中心均由阶梯晶面上的平台位和台阶位结合而成。也即在电催化作用中，平台位和台阶位二者协同作用促进反应进行。在所讨论的 Pt 单晶面上，台阶位密度越大，其电催化活性亦越高。根据本章和第 3 章中关于电催化活性中心的讨论，图 4.13 示出在阶梯晶面上可能的催化活性中心的结构。若以台阶位的对称结构命名，可以分别为 $(100)_S$-$(110)_S$ 折叠五边形位，$(111)_S$-$(100)_T$ 折叠五边形位，$(100)_S$-$(111)_T$ 椅式六边形位，$(110)_S$-$(100)_T$ 椅式六边形位，$(110)_S$-$(111)_T$ 椅式六边形位，等等。这些电催化活性中心的特征可概括为：

(1) 它们均由位于平台和台阶的 5~6 个低配位原子构成，这些原子协同作用提高反应活性；

(2) 它们形成了折叠五边形或椅式六边形位的立体结构，增强稳定性；

(3) 具有高密度活性中心的表面相应具有高的电催化活性，如表 4-5 中列出的 Pt(210)，Pt(211)，Pt(311)，Pt(331) 等，这些晶面都是开放表面。也即在这些高活性的表面，表层原子排列并不紧密，因此暴露出部分内层原子，如图 4.13 的活性中心所示；

(4) 由于活性中心的开放结构，决定了高催化活性表面具有很高的表面能。

图 4.13 中的电催化活性中心由 5~6 个低配位原子组成的立体结构。实际上，类似的结构具有一定的普遍性，如异相催化催化剂的"B5"活性位[194-196]。应该指出，表 4-5 中列出的仅仅是从第 3 章和本章给出的实验数据中归纳的位于[0 0 1]、

$[1\bar{1}0]$和$[01\bar{1}]$三个晶带［即面心立方金属单晶体球极平面射影单位三角形(图2.8)的三个边］的部分高催化活性 Pt 单晶阶梯晶面及其对应的活性中心。N. Tian 等系统分析了位于这三个晶带的 Pt 单晶阶梯晶面的结构，总结出晶面上的台阶位密度计算公式和立体结构位(活性中心)的构型，列于表 4-6 中[197]。可以看到，在阶梯晶面上，台阶位密度与平台的宽度 n 成反比，也即平台越窄的阶梯晶面其台阶位密度越大。例如，$[0\ 0\ 1]$晶带的密勒指数为$(n，1，0)$的系列晶面中，最小的 $n=2\,(Pt(210)\,(S)\text{-}2\,(100)\times(110))$，其台阶位密度最大，为$5.81\times10^{14}/cm^2$。相应可以分别计算三个晶带上各个系列晶面中具有最大台阶密度的阶梯晶面为：$Pt(320)\,(S)\text{-}3\,(110)\times(100)\,(7.20\times10^{14}/cm^2)$，$Pt(331)\,(S)\text{-}2\,(110)\times(111)\,(5.96\times10^{14}/cm^2)$，$Pt(221)\,(S)\text{-}3\,(111)\times(110)\,(4.33\times10^{14}/cm^2)$，$Pt(311)\,(S)\text{-}2\,(100)\times(111)\,(7.83\times10^{14}/cm^2)$，$Pt(211)\,(S)\text{-}3\,(111)\times(100)\,(5.30\times10^{14}/cm^2)$。从表 4-5 中可以看到，这些晶面对于相应的电化学氧化或还原反应都具有最高的催化活性。显然，通过金属单晶模型催化剂的系统研究揭示催化活性位的结构，不仅仅是认识到催化剂的高活性来源于高密度的催化活性中心，更重要的是为设计和制备高活性的实际催化剂提供理论指导。

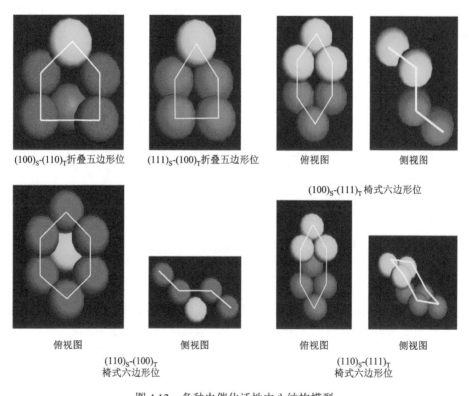

$(100)_S\text{-}(110)_T$折叠五边形位　　　$(111)_S\text{-}(100)_T$折叠五边形位　　　俯视图　　　侧视图

$(100)_S\text{-}(111)_T$椅式六边形位

俯视图　　　侧视图　　　　　　俯视图　　　侧视图

$(110)_S\text{-}(100)_T$
椅式六边形位　　　　　　　　　$(110)_S\text{-}(111)_T$
椅式六边形位

图4.13　各种电催化活性中心结构模型

　　应该指出，第 3 章和本章中所涉及的仅仅是位于[0 0 1]、[1 $\bar{1}$ 0]和[01 $\bar{1}$]三个晶带中 Pt 单晶的部分高指数阶梯晶面和 3 个基础晶面。实际上，位于单位三角形内部晶带上的晶面含有扭结位点，往往具有更高的催化活性。如第 3 章中讨论的 Pt(751)晶面，对乙二醇解离吸附的催化活性甚至高于表 4-5 中列出的 Pt(911)和 Pt(100)。由于含扭结位结构的单晶面具有手性[198, 199]，在手性分子的电催化中得到了较多的研究[200-203]。此外，目前的实际电催化剂都是负载到导电载体(碳等材料)上的纳米粒子，其表面上的大多数反应位点的原子排列结构可以用单晶模型催化剂模拟。但是，纳米粒子催化剂与金属单晶面在尺寸(纳米对比于毫米、厘米)、空间(三维对比于二维)和纳米粒子表面特殊的位点(如棱边、顶点等)存在巨大的差距，需要发展纳米尺度的模型催化剂来跨越这一鸿沟，获取纳米尺度的结构-催化性能的构效规律，从而指导理性设计、制备和筛选高活性、高选择性和高稳定性的实际催化剂。这方面的研究进展将在 6.1.4 进一步阐述。

表 4-6　面心立方金属单晶阶梯晶面上的台阶位密度和立体结构位构型[197]

晶带	密勒指数 $(n \geqslant 2)$	晶面结构	台阶位密度[†]	立体结构位构型[‡]	
[01 $\bar{1}$]	$(n+1, n-1, n-1)$	$n(111) \times (100)$	$\dfrac{4}{a^2 \sqrt{3(n-1)^2 + 4n}}$		
	$(2n-1, 1, 1)$	$n(100) \times (111)$	$\dfrac{4}{a^2 \sqrt{4n(n-1)+3}}$		
[1 $\bar{1}$ 0]	$(n+1, n+1, n-1)$	$n(111) \times (110)$	$\dfrac{4}{a^2 \sqrt{3(n-1)^2 + 8n}}$		
	$(2n-1, 2n-1, 1)$	$n(110) \times (111)$	$\dfrac{4(n-1)}{a^2 \sqrt{8n(n-1)+3}}$		
[0 0 1]	$(n, n-1, 0)$	$n(110) \times (100)$	$\dfrac{2(n-1)}{a^2 \sqrt{2n(n-1)+1}}$		
	$(n, 1, 0)$	$n(100) \times (110)$	$\dfrac{2}{a^2 \sqrt{n^2+1}}$		

注：† a 为晶格常数。对于 Pt 金属，$a = 0.3924$ nm。
　　‡ C_N 为原子的配位数。

参 考 文 献

[1]　Diebold U，Li S C，Schmid M. Oxide surface science[J]. Annu Rev Phys Chem，2010，61：129-148.

[2]　Somorjai G A，Li Y. Impact of surface chemistry[J]. PNAS，2011，108：917-924.

[3]　Somorjai G A，Park J Y. Molecular surface chemistry by metal single crystals and nanoparticles from vacuum to high pressure[J]. Chem Soc Rev，2008，37：2155-2162.

[4]　Ehteshami S M M，Chan S H. A review of electrocatalysts with enhanced CO tolerance and stability for polymer electrolyte membarane fuel cells[J]. Electrochima Acta，2013，93：334-345.

[5]　Cuesta A. Electrooxidation of C1 organic molecules on Pt electrodes[J]. Curr Opin Electro，2017，4：32-38.

[6]　Ciapina E G，Santos S F，Gonzalez E R. Electrochemical CO stripping on nanosized Pt surfaces in acid media：A review on the issue of peak multiplicity[J]. J Electroanal Chem，2018，815：47-60.

[7]　Kita H，Narumi H，Ye S，Naohara H. Analysis of irreversible oxidation wave of adsorbed CO at Pt(111)，Pt(100) and Pt(110) electrodes[J]. J Appl Electrochem，1993，23：589-596.

[8]　Sun S G，Chen A C. In situ FTIRS features during oxygen adsorption and carbon monoxide oxidation at a platinum electrode in dilute alkaline solutions[J]. J Electroanal Chem，1992，323：319-328.

[9]　Markovic N M，Schmidt T，Grgur B N，Gasteiger H A，Behm R J，Ross P N. Effect of temperature on surface processes at the Pt(111)-liquid interface：Hydrogen adsorption，oxide formation，and CO oxidation[J]. J Phys Chem B，1999，103：8568-8577.

[10]　Schmidt T J，Ross P N，Markovic N M. Temperature-dependent surface electrochemistry on Pt single crystals in alkaline electrolyte：Part 1：CO oxidation[J]. J Phys Chem B，2001，105：12082-12086.

[11]　Herrero E，Alvarez B，Feliu J M，Blais S，Radovic-Hrapovic Z，Jerkiewicz G. Temperature dependence of the COads oxidation process on Pt(111)，Pt(100)，and Pt(110) electrodes[J]. J Electroanal Chem，2004，567：139-149.

[12]　Gisbert R，García G，Koper M TM. Oxidation of carbon monoxide on poly-oriented and single-crystalline platinum electrodes over a wide range of pH[J]. Electrochim Acta，2011，56：2443-2449.

[13]　Shin J，Korzeniewski C. Infrared spectroscopic detection of CO formed at step and terrace sites on a corrugated electrode surface plane during methanol oxidation[J]. J Phys Chem，1995，99：3419-3422.

[14]　Mikita K，Nakamura M，Hoshi N. In situ infrared reflection absorption spectroscopy of carbon monoxide adsorbed on Pt(S)-[n(100)×(110)]electrodes[J]. Langmuir，2007，23：9092-9097.

[15]　Housmans T H M，Hermse C G M，Koper M T M. CO oxidation on stepped single crystal electrodes：A dynamic Monte Carlo study[J]. J Electroanal Chem，2007，607：69-82.

[16]　Zhdanov V P，Kasemo B. One of the scenarios of electrochemical oxidation of CO on single-crystal Pt surfaces[J]. Surf Sci，2003，545：109-121.

[17]　Buso-Rogero C，Herrero E，Bandlow J，Comas-Vives A，Jacob T. CO oxidation on stepped-Pt(111) under electrochemical conditions：Insights from theory and experiment[J]. Phys Chem Chem Phys，2013，15：18671.

[18]　Lebedeva N P，Koper M T M，Feliu J M，van Santen R A. Role of crystalline defects in electrocatalysis：Mechanism and kinetics of CO adlayer oxidation on stepped platinum electrodes [J]. J Phys Chem B，2002，106：12938-12947.

[19]　Garcia G，Koper M T M. Mechanism of electro-oxidation of carbon monoxide on stepped platinum electrodes in alkaline media：A chronoamperometric and kinetic modeling study[J]. Phys Chem Chem Phys，2009，11：11437-11446.

[20]　Chen Q S，Feliu J M，Berna A，Climent V，Sun S G. Kinetic study of CO oxidation on step decorated Pt(111) vicinal single crystal electrodes[J]. Electrochim Acta，2011，56：5993-6000.

[21]　Lebedeva N P，Koper M T M，Herrero E，Feliu J M，van Santen R A. CO oxidation on stepped Pt[n(111) × (111)] electrodes[J]. J Electroanal Chem，2000，487：37-44.

[22]　Hoshi N，Tanizaki M，Koga O，Hori Y. Configuration of adsorbed CO affected by the terrace width of Pt(S)-[n(111) × (111)]electrodes[J]. Chem Phys Lett，2001，336：13-18.

[23]　Angelucci C A，Herrero E，Feliu J M. Bulk CO oxidation on platinum electrodes vicinal to the Pt(111) surface[J]. J Solid State Electrochem，2007，11：1531-1539.

[24]　Garcia G，Koper M T M. Stripping voltammetry of carbon monoxide oxidation on stepped platinum single-crystal electrodes in alkaline solution[J]. Phys Chem Chem Phys，2008，10：3802-3811.

[25]　Vidal-Iglesias F J，Solla-Gullon J，Campina J M，Herrero E，Aldaz A，Feliu J M. CO monolayer oxidation on stepped Pt(S)[(n−1)(100) × (110)]surfaces[J]. Electrochim Acta，2009，54：4459-4466.

[26]　Chen Q S，Berna A，Climent V，Sun S G，Feliu J M. Specific reactivity of step sites towards CO adsorption and oxidation on platinum single crystals vicinal to Pt(111)[J]. Phys Chem Chem Phys，2010，12：11407-11416.

[27]　Garcia G，Koper M T M. Carbon monoxide oxidation on Pt single crystal electrodes：Understanding the catalysis for low temperature fuel cells[J]. ChemPhysChem，2011，12：2064-2072.

[28]　Farias M J S，Herrero E，Feliu J M. Site selectivity for CO adsorption and stripping on stepped and kinked platinum surfaces in alkaline medium[J]. J Phys Chem C，2013，117：2903-2913.

[29]　Farias M J S，Buso-Rogero C，Gisbert R，Herrero E，Feliu J M. Influence of the CO adsorption environment on its reactivity with (111) terrace sites in stepped Pt electrodes under alkaline media[J]. J Phys Chem C，2014，118：1925-1934.

[30]　Farias M J S，Buso-Rogero C，Tanaka A A，Herrero E，Feliu J M. Monitoring of CO binding sites on stepped Pt single crystal electrodes in alkaline solutions by *in situ* FTIR spectroscopy[J]. Langmuir，2020，36：704-714.

[31]　Bergelin M，Herrero E，Feliu J M，Wasberg M. Oxidation of CO adlayers on Pt(111) at low potentials：An impinging jet study in H_2SO_4 electrolyte with mathematical modeling of the current transients[J]. J Electroanall Chem，1999，467：74-84.

[32]　Wee J H. Which type of fuel cell is more competitive for portable application：Direct methanol fuel cells or direct borohydride fuel cells?[J]. J Power Sources，2006，161：1-10.

[33]　Lu G Q，Wang C Y. Development of micro direct methanol fuel cells for high power applications[J]. J Power Sources，2005，144：141-145.

[34]　Dohle H，Schmitz H，Bewer T，Mergel J，Stolten D. Development of a compact 500 W class direct methanol fuel cell stack[J]. J Power Sources，2002，106：313-322.

[35]　Kimiaie N，Wedlich K，Hehemann M，Lambertz R，Muller M，Kortea C，Stolten D. Results of a 20000h lifetime test of a 7kW direct methanol fuel cell(DMFC) hybrid system-degradation of the DMFC stack and the energy storage[J]. Energy Environ Sci，2014，7：3013-3025.

[36]　Andreas S L，Denise G，Michael H，Martin M，Detlef S. Extending the lifetime of direct methanol fuel cell systems to more than 20，000 h by applying ion exchange resins[J]. Int J hydrogen energy，2016，41：15325-15334.

[37]　Kumar P，Dutta K，Das S，Kundu P P. An overview of unsolved deficiencies of direct methanol fuel cell technology：Factors and parameters affecting its widespread use[J]. Int J Energy Res，2014，38：1367-1390.

[38]　Kamarudin S K，Achmad F，Daud W R W. Overview on the application of direct methanol fuel cell(DMFC) for portable electronic devices[J]. Int J hydrogen energy，2009，34：6902-6916.

[39] Wang L, Yuan Z, Wen F, Cheng Y, Zhang Y, Wang G. A bipolar passive DMFC stack for portable applications[J]. Energy, 2018, 144: 587-593.

[40] Moore R M. Indirect-methanol and direct-methanol fuel cell vehicles[C]. 35th Intersociety Energy Conversion Engineering Conference & Exhibit(Iecec), 2000, 1 and 2: 1306-1316.

[41] Kakati N, Maiti J, Lee S H, Jee S H, Viswanathan B, Yoon Y S. Anode catalysts for direct methanol fuel cells in acidic media: Do we have any alternative for Pt or Pt-Ru?[J]. Chem Rev, 2014, 114: 12397-12429.

[42] Das S, Dutta K, Shul Y G, Kundu P P. Progress in developments of inorganic nanocatalysts for application in direct methanol fuel cells[J]. Critical Rev Solid State Maters Sci, 2015, 40: 316-357.

[43] Gong L, Yang Z, Li K, Xing W, Liu C, Ge J. Recent development of methanol electrooxidation catalysts for direct methanol fuel cell[J]. J Energy Chem, 2018, 27: 1618-1628.

[44] Zhou Z Y, Tian N, Chen J J, Chen S P, Sun S G. *In situ* rapid-scan time-resolved microscope FTIR spectroelectrochemistry: study of the dynamic processes of methanol oxidation on a nanostructured Pt electrode[J]. J Electroanal Chem, 2004, 573: 1111-1119.

[45] Shin J, Korzeniewski C. Infrared spectroscopic detection of CO formed at step and terrace sites on a corrugated electrode surface plane during methanol oxidation[J]. J Phys Chem, 1995, 99: 3419-3422.

[46] Morallon E, Rodes A, Vazquez J L, Perez J M. Voltammetric and *in-situ* FTIR spectroscopic study of the oxidation of methanol on Pt(*hkl*)in alkaline media[J]. J Electroanal Chem, 1995, 391: 149-157.

[47] Nakamura M, Shibutani K, Hoshi N. *In-situ* flow-cell IRAS observation of intermediates during methanol oxidation on low-index platinum surfaces[J]. ChemPhysChem, 2007, 8: 1846-1849.

[48] Housmans T H M, Wonders A H, Koper M T M. Structure sensitivity of methanol electrooxidation pathways on platinum: An on-line electrochemical mass spectrometry study[J]. J Phys Chem B, 2006, 110: 10021-10031.

[49] Vidal F, Busson B, Six C, Tadjeddine A, Dreesen L, Humbert C, Peremans A, Thiry P. Methanol dissociative adsorption on Pt(100)as studied by nonlinear vibrational spectroscopy[J]. J Electroanal Chem, 2004, 563: 9-14.

[50] Cao D, Lu G Q, Wieckowski A, Wasileski S A, Neurock M. Mechanisms of methanol decomposition on platinum: A combined experimental and *ab initio* approach[J]. J Phys Chem B, 2005, 109: 11622-11633.

[51] Herrero E, Franaszczuk K, Wieckowski A. Electrochemistry of methanol at low index crystal planes of platinum: An integrated voltammetric and chronoamperometric study[J]. J Phys Chem, 1994, 98: 5074-5083.

[52] Jarvi T D, Sriramulu S, Stuve E M. Reactivity and extent of poisoning during methanol electrooxidation on platinum(100)and(111): A comparative study[J]. Coll Surf A: Physicoehem Eng Aspects, 2018, 134: 145-153.

[53] Sriramulu S, Jarvi T D, Stuve E M. Reaction mechanism and dynamics of methanol electrooxidation on platinum(111)[J]. J lectroanal Chem, 1999, 467: 132-142.

[54] Tripkovic A V, Gojkovic S Lj, Popovic K Dj, Lovic J D. Methanol oxidation at platinum electrodes in acid solution: Comparison between model and real catalysts[J]. J Serb Chem Soc, 2006, 71: 1333-1343.

[55] Tripkovic A V, Popovic K Dj, Momcilovic J D, Drazic D M. Kinetic and mechanistic study of methanol oxidation on a Pt(111)surface in alkaline media[J]. J Electroanal Chem, 1996, 418: 9-20.

[56] Tripkovic A V, Popovic K Dj, Momcilovic J D, Drazic D M. Kinetic and mechanistic study of methanol oxidation on a Pt(110)surface in alkaline media[J]. Electrochim Acta, 1998, 44: 1135-1145.

[57] Tripkovic A V, Popovic K Dj, Momcilovic J D, Drazic D M. Kinetic and mechanistic study of methanol oxidation on a Pt(100)surface in alkaline media[J]. J Electroanal Chem, 1998, 448: 173-181.

[58] Housmans T H M, Koper M T M. Methanol Oxidation on Stepped Pt[*n*(111) × (110)]Electrodes: A Chronoamperometric Study[J]. J Phys Chem B, 2003, 107: 8557-8567.

[59] Tripkovc A V，Popqvic K Dj. Oxidation of methanol on platinum single crystal stepped electrodes from [0 $\bar{1}$ 1] zone in acid solution[J]. Ekcrrochim Acta，1996，41：2385-2394.

[60] Grozovski V，Climent V，Herrero E，Feliu J M. The role of the surface structure in the oxidation mechanism of methanol[J]. J Electroanal Chem，2011，662：43-51.

[61] Clavilier J，El Achi K，Rodes A. In situ probing of step and terrace sites on Pt(S)-[n(111)$\times$(111)]electrodes[J]. Chem Phys，1990，141：1-14.

[62] Li N H，Sun S G，Chen S P. Studies on the role of oxidation states of the platinum surface in electrocatalytic oxidation of small primary alcohols[J]. J Electroanal Chem，1997，430(1-2)，57-67.

[63] Sriramulu S，Jarvi T D，Stuve E M. A kinetic analysis of distinct reaction pathways in methanol electrocatalysis on Pt(111)[J]. Electrochim Acta，1998，44：1127-1134.

[64] Franaszczuk K，Herrero E，Zelenay P，Wieckowski A，Wang J，Masel R I. A comparison of electrochemical and gas-phase decomposition of methanol on platinum surfaces[J]. J Phys Chem，1992，96：8509-8516.

[65] Eppinger J，Huang K W. Formic acid as a hydrogen energy carrier[J]. ACS Energy Lett，2017，2：188-195.

[66] Rejal S Z，Masdar M S，Kamarudin S K. A parametric study of the direct formic acid fuel cell(DFAFC) performance and fuel crossover[J]. Int J Hydrogen Energy，2014，39：10267-10274.

[67] Yu X，Pickup P G. Recent advances in direct formic acid fuel cells(DFAFC)[J]. J Power Sources，2008，182：124-132.

[68] Qian W，Wilkinson D P，Shen，Wang H，Zhang J. Architecture for portable direct liquid fuel cells[J]. J Power Sources，2006，154：202-213.

[69] Cai W，Yan L，Li C，Liang L，XingW，Liu C. Development of a 30 W class direct formic acid fuel cell stack with high stability and durability[J]. Int J Hydrogen Energy，2012，37：3425-3432.

[70] Miesse C M，Jung W S，Jeong K Jn，Lee J K，Lee J，Han J，Yoon S P，Nam S W，Lim T H，Hong S A. Direct formic acid fuel cell portable power system for the operation of a laptop computer[J]. J Power Sources，2006，162：532-540.

[71] Choia M，Ahn C Y，Lee H，Ki J K，Oh S H，Hwang W，Yang S，Kim J，Kim O H，Choig I，Sung Y E，Cho Y H，Rheeh C K，Shin W. Bi-modified Pt supported on carbon black as electro-oxidation catalyst for 300 W formic acid fuel cell stack[J]. Appl Catal B Environ，2019，253：187-195.

[72] Reis A，Mert S Orcun. Performance assessment of a direct formic acid fuel cell system through exergy analysis[J]. Int J Hydrogen Energy，2015，40：12776-12783.

[73] Markovic N M，Ross P N. Surface science studies of model fuel cell electrocatalysts[J]. Surf Sci Reports，2002，45：121-229.

[74] Antolini E. Palladium in fuel cell catalysis[J]. Energy Environ Sci，2009，2：915-931.

[75] Gomez J C C，Moliner R，Lazaro M J. Palladium-based catalysts as electrodes for direct methanol fuel cells：A last ten years review[J]. Catalysts，2016，6：130.

[76] Zhang B W，Yang H L，Wang Y X，Dou S X，Liu H K. A comprehensive review on controlling surface composition of Pt-based bimetallic electrocatalysts[J]. Adv Energy Mater，2018，8：1703597.

[77] Petrii O A. The progress in understanding the mechanisms of methanol and formic acid electrooxidation on platinum group metals(a review)[J]. Russ J Electrochem，2019，55：1-33.

[78] Clavilier J，Parsons R，Durand R，Lamy C，Leger J M. Formic-acid oxidation on single-crystal platinum-electrodes-comparison with polycrystalline platinum[J]. J Electroanaly Chem，1981，124：321-326.

[79] Lamy C，Leger J M，Clavilier J，Parsons R. Structural effects in electrocatalysis-A comparative-study of the

oxidation of CO, HCOOH and CH₃OH on single-crystal Pt electrodes[J]. J Electroanaly Chem, 1983, 150: 71-77.

[80] Motoo S, Furuya N. Electrochemistry of platinum single-crystal surfaces. 1. Structural effect on formic-acid oxidation and poison formation on Ir(111), Ir(100) and Ir(110)[J]. J Electroanaly Chem, 1986, 197: 209-218.

[81] Motoo S, Furuya N. Electrochemistry of platinum single-crystal surfaces. 2. Structural effect on formic-acid oxidation and poison formation on Pt(111), (100) and (110)[J]. J Electroanaly Chem, 1985, 184: 303-316.

[82] Motoo S, Furuya N. Effect of terraces and steps in the electrocatalysis for formic-acid oxidation on platinum[J]. Ber Bunsen Physi Chem, 1987, 91: 457-461.

[83] Adzic R R, Ograday W E, Srinivasan S. Oxidation of HCOOH on (100), (110) and (111) single-crystal platinum-electrodes[J]. Surf Sci, 1980, 94: L191-L194.

[84] Adzic R R, Tripkovic A V, Ograday W E. Structural effects in electrocatalysis[J]. Nature, 1982, 296: 137-138.

[85] Raspel F, Nichols R J, Kolb D M. Current oscillations during formic-acid oxidation on Pt(100)[J]. J Electroanal Chem, 1990, 286: 279-283.

[86] Kita H, Lei H W. Oxidation of formic-acid in acid-solution on Pt single-crystal electrodes[J]. J Electroanal Chem, 1995, 388: 167-177.

[87] Kizhakevariam N, Weaver M J. Structure and reactivity of bimetallic electrochemical interfaces-infrared spectroscopic studies of carbon-monoxide adsorption and formic-acid electrooxidation on antimony-modified Pt(100) and Pt(111)[J]. Surf Sci, 1994, 310: 183-197.

[88] Gomez R, Weaver M J. Electrochemical infrared studies of monocrystalline iridium surfaces .1. Electrooxidation of formic acid and methanol[J]. J Electroanal Chem, 1997, 435: 205-215.

[89] Sun S G, Yang Y Y. tudies of kinetics of HCOOH oxidation on Pt(100), Pt(110), Pt(111), Pt(510) and Pt(911) single crystal electrodes[J]. J Electroanal Chem, 1999, 467: 121-131.

[90] Schmidt T J, Behm R J, Grgur B N, Markovic N M, Ross P N. Formic acid oxidation on pure and Bi-modified Pt(111): Temperature effects[J]. Langmuir, 2000, 16: 8159-8166.

[91] Lei T, Lee J, Zei M S, Ertl G. Surface properties of Ru(001) electrodes interacting with formic acid[J]. J Electroanal Chem, 2003, 554: 41-48.

[92] Hoshi N, Kida K, Nakamura M, Nakada M, Osada K. Structural effects of electrochemical oxidation of formic acid on single crystal electrodes of palladium[J]. J Phys Chem B, 2006, 110: 12480-12484.

[93] Xu J, Lin C H, Mei D, Zhang Z B, Yuan D F, Chen Y X. Determination of isotherm for acetate and formate adsorption at Pt(111) electrode by fast scan voltammetry[J]. Chin J Chem Phys, 2013, 26: 191-197.

[94] Brimaud S, Solla-Gullon J, Weber I, Feliu J M, Behm R J. Formic acid electrooxidation on noble-metal electrodes: Role and mechanistic implications of pH, surface structure, and anion adsorption[J]. Chem Electro Chem, 2014, 6: 1075-1083.

[95] Herrero E, Feliu J M. Understanding formic acid oxidation mechanism on platinum single crystal electrodes[J]. Current Opinion in Electrochem, 2018, 9: 145-150.

[96] Elnabawy A O, Herron J A, Scaranto J, Mavrikakis M. Structure sensitivity of formic acid electrooxidation on transition metal surfaces: A first-principles study[J]. J Electrochem Soc, 2018, 165: J3109-J3121.

[97] 孙世刚, Clavilier J. 铂单晶(210), (310)和(610)阶梯晶面在甲酸氧化中的电催化特性[J]. 高等学校化学学报, 1990, 11: 998-1002.

[98] Sun S G, Clavilier J, Bewick A. The mechanism of electrocatalytic oxidation of formic acid on Pt(100) and Pt(111) in sulphuric acid solution, an EMIRS study[J]. J Electroanal Chem Inter Electrochem, 1988, 240: 147-159.

[99] Sun S G, Lin Y, Li N H, Mu J Q. Kinetics of dissociative adsorption of formic acid on Pt(100), Pt(610),

Pt(210) and Pt(110) single crystal electrodes in perchloric acid solutions[J]. J Electroanal Chem, 1994, 370: 273-280.

[100] Clavilier J. Pulsed linear sweep voltammetry with pulses of constant level in a potential scale, a polarization demanding condition in the study of platinum single-crystal electrodes[J]. J Electroanal Chem, 1987, 236: 87-94.

[101] Li Y S, Zhao T S. A passive anion-exchange membrane direct ethanol fuel cell stack and its applications[J]. Int J hydrogen energy, 2016, 41: 20336-20342.

[102] Azam A M I N, Lee S H, Masdar M S, Zainoodin A M, Kamarudin S K. Parametric study on direct ethanol fuel cell (DEFC) performance and fuel crossover[J]. Int J hydrogen energy, 2009, 44: 8566-8574.

[103] Norazuwana S, Siti K K, Zulfirdaus Z. Enhanced alkaline stability and performance of alkali-doped quaternized poly (vinyl alcohol) membranes for passive direct ethanol fuel cell[J]. Int J Energy Res, 2019, 43, 5252-5265.

[104] Badwal S P S, Giddey S, Kulkarni A, Goel J, Basu S. Direct ethanol fuel cells for transport and stationary applications-A comprehensive review[J]. Applied Energy, 2015, 145, 80-103.

[105] Saisirirat P, Joommancee B. Study on the performance of the micro direct ethanol fuel cell (micro-DEFC) for applying with the portable electronic devices[J]. Energy Procedia, 2017, 138: 187-192.

[106] An L, Zhao T S, Li Y S. Carbon-neutral sustainable energy technology: Direct ethanol fuel cells[J]. Renew Sustain Energy Rev, 2015, 50: 1462-1468.

[107] Wang Q, Sun G Q, Cao L, Jiang L H, Wang G X, Wang S L, Yang S H, Xin Q. High performance direct ethanol fuel cell with double-layered anode catalyst layer[J]. J Power Sources, 2008, 177: 142-147.

[108] An L, Zhao T S. Performance of an alkaline-acid direct ethanol fuel cell[J]. Int J Energy Res, 2011, 36: 9994-9999.

[109] Shin J, Tornquist W J, Korzeniewski C, Hoaglund C S. Elementary steps in the oxidation and dissociative chemisorption of ethanol on smooth and stepped surfa ce planes of platinum electrodes[J]. Surf Sci, 1996, 364: 122-130.

[110] Xia X H, Liess H D, Iwasita T. Early stages in the oxidation of ethanol at low index single crystal platinum electrodes[J]. J Electroanal Chem, 1997, 437: 233-240.

[111] Gupta S S, Datta J. A comparative study on ethanol oxidation behavior at Pt and PtRh electrodeposits[J]. J Electroanal Chem, 2006, 594: 65-72.

[112] Lai S C S, Kleyn S E F, Rosca V, Koper M T M. Mechanism of the dissociation and electrooxidation of ethanol and acetaldehyde on platinum as studied by SERS[J]. J Phys Chem C, 2008, 112: 19080-19087.

[113] Ferre-Vilaplana A, Buso-Rogero C, Feliu J M, Herrero E. Cleavage of the C—C bond in the ethanol oxidation reaction on platinum. Insight from experiments and calculations[J]. J Phys Chem C, 2016, 120: 11590-11597.

[114] Gomes J F, Busson B, Tadjeddine A, Tremiliosi-Filho G. Ethanol electro-oxidation over Pt(hkl): Comparative study on the reaction intermediates probed by FTIR and SFG spectroscopies[J]. Electrochim Acta, 2008, 53: 6899-6905.

[115] Colmati F, Tremiliosi-Filho G, Gonzalez E R, Berna A, Herrero E, Feliu J M. Surface structure effects on the electrochemical oxidation of ethanol on platinum single crystal electrodes[J]. Faraday Discuss, 2008, 140: 379-397.

[116] Bus-Rogero C, Herrero E, Feliu J M. Ethanol oxidation on Pt single-crystal electrodes: Surface-structure effects in alkaline medium[J]. ChemPhysChem, 2014, 15: 2019-2028.

[117] Tarnowski D J, Korzeniewski C. Effects of surface step density on the electrochemical oxidation of ethanol to acetic acid[J] J Phys Chem B, 1997, 101: 253-258.

[118] Abd-El-Latif A A, Mostafa E, Huxter S, Attard G, Baltruschat H. Electrooxidation of ethanol at polycrystalline

and platinum stepped single crystals: A study by differential electrochemical mass spectrometry[J]. Electrochim Acta, 2010, 55: 7951-7960.

[119] Colmati F, Tremiliosi-Filho G, Gonzalez E R, Berna A, Herrero E, Feliu J M. The role of the steps in the cleavage of the C—C bond during ethanol oxidation on platinum electrodes[J]. Phys Chem Chem Phys, 2009, 11: 9114-9123.

[120] Lai S C S, Koper M T M. Electro-oxidation of ethanol and acetaldehyde on platinum single-crystal electrodes[J]. Faraday Discuss, 2008, 140: 399-416.

[121] Lai S C S, Koper M T M. The influence of surface structure on selectivity in the ethanol electro-oxidation reaction on platinum[J]. J Phys Chem Lett, 2010, 1: 1122-1125.

[122] Lai S C S, Koper M T M. Ethanol electro-oxidation on platinum in alkaline media[J]. Phys Chem Chem Phys, 2009, 11: 10446-10456.

[123] Livshits V, Philosoph M, Peled E. Direct ethylene glycol fuel-cell stack—Study of oxidation intermediate products[J]. J Power Sources, 2008, 178: 687-691.

[124] Serov A, Kwak C. Recent achievements in direct ethylene glycol fuel cells (DEGFC) [J]. Appl Cataly B Environ, 2010, 97: 1-12.

[125] Pan Z F, Zhuang H R, Bi Y D, An L. A direct ethylene glycol fuel cell stack as air-independent power sources for underwater and outer space applications[J]. J Power Sources, 2019, 437: 226944.

[126] Pan Z F, Bi Y D, An L. Performance characteristics of a passive direct ethylene glycol fuel cell with hydrogen peroxide as oxidant[J]. Appl Energy, 2019, 250: 846-854.

[127] Pan Z F, Huang B, An L. Performance of a hybrid direct ethylene glycol fuel cell[J]. Int J Energy Res, 2019, 43: 2583-2591.

[128] An L, Zeng L, Zhao T S. An alkaline direct ethylene glycol fuel cell with an alkali-doped polybenzimidazole membrane[J]. Int J hydrogen energy, 2013, 38: 10602-10606.

[129] Dakshinamoorthy P, Vaithilingam S. Platinum-copper doped poly (sulfonyldiphenol/cyclophosphazene/benzidine) - graphene oxide composite as an electrode material for single stack direct alcohol alkaline fuel cells[J]. RSC Adv, 2017, 7: 34922.

[130] 陈爱成, 孙世刚. 乙二醇在铂电极上吸附和氧化过程的现场 FTIR 反射光谱研究(Ⅰ)—酸性介质[J]. 高等学校化学学报, 1994, 15: 401-405.

[131] Schnaidt J, Heinen M, Jusys Z, Behm R J. Electro-oxidation of ethylene glycol on a Pt-film electrode studied by combined *in situ* infrared spectroscopy and online mass spectrometry[J]. J Phys Chem C, 2012, 116: 2872-2883.

[132] Fan Y J, Zhou Z Y, Fan C J, Zhen C H, Chen S P, Sun S G. *In situ* time-resolved FTIRS study of adsorption and oxidation of ethylene glycol on Pt(100) electrode[J]. Chin Sci Bull, 2005, 50: 1995-1998.

[133] Arán-Ais R M, Herrero E, Feliu J M. The breaking of the C—C bond in ethylene glycol oxidation at the Pt(111) electrode and its vicinal surfaces[J]. Electrochem Commun, 2014, 45: 40-43.

[134] Dailey A, Shin J, Korzeniewski C. Ethylene glycol electrochemical oxidation at platinum probed by ion chromatography and infrared spectroscopy[J]. Electrochim Acta, 1998, 44: 1147-1152.

[135] Orts J M, Fernandez-Vega A, Feliu J M, Aldaz A, Clavilier J. Electrochemical oxidation of ethylene glycol on Pt single crystal electrodes with basal orientations in acidic medium[J]. J Electroanal Chem Inter Electrochem, 1990, 290: 119-133.

[136] Marković N M, Avramov-Ivić M L, Marinković N S, Adžić R R. Structural effects in electrocatalysis: Ethylene glycol oxidation on platinum single-crystal surfaces[J]. J Electroanal Chem Inter Electrochem, 1991, 312: 115-130.

[137] Sun S G，Chen A C，Huang T S，Li J B，Tian Z W. Electrocatalytic properties of Pt(111)，Pt(332)，Pt(331)and Pt(110)single crystal electrodes towards ethylene glycol oxidation in sulphuric acid solutions[J]. J Electroanal Chem，1992，340：213-226.

[138] 卢国强. C1 分子电化学吸附和反应的表面过程研究——铂单晶表面到纳米薄层过度金属表面.理学博士学位论文，厦门大学，1997.

[139] 樊友军. 乙二醇解离吸附反应动力学和电催化氧化中的表面结构效应研究.理学博士学位论文，厦门大学，2005.

[140] Skulason E，Tripkovic V，Bjorketun M E，Gudmundsdottir S，Karlberg G，Rossmeisl J，Bligaard T，Jonsson H，Nørskov J K. Modeling the electrochemical hydrogen oxidation and evolution reactions on the basis of density functional theory calculations[J]. J Phys Chem C，2010，114：18182-18197.

[141] Ishikawa Y，Mateo J J，Tryk D A，Cabrera C R. Direct molecular dynamics and density-functional theoretical study of the electrochemical hydrogen oxidation reaction and underpotential deposition of H on Pt(111)[J]. J Electroanal Chem，2007，607：37-46.

[142] Santana J A，Mateo J J，Ishikawa Y. Electrochemical hydrogen oxidation on Pt(110)：A combined direct molecular dynamics/density functional theory study[J]. J Phys Chem C，2010，114：4995-5002.

[143] Santana J A，Saavedra-Arias J J，Ishikawa Y. Electrochemical hydrogen oxidation on Pt(100)：A combined direct molecular dynamics/density functional theory study[J]. Electrocatalysis，2015，6：534-543.

[144] Santana J A，Mateo J J，Ishikawa Y. Electrochemical hydrogen oxidation on Pt(110)：A combined direct molecular dynamics/density functional theory Study[J]. J Phys Chem C，2010，114：4995-5002.

[145] Mann R F，Thurgood C P. Evaluation of tafel-volmer kinetic parameters for the hydrogen oxidation reaction on Pt(110)electrodes[J]. J Power Sources，2011，196：4705-4713.

[146] Wongbua-ngam P，Veerasai W，Wilairat P，Kheowan O U. Model interpretation of electrochemical behavior of Pt/H$_2$SO$_4$ interface over both the hydrogen oxidation and oxide formation regions[J]. Int J hydrogen energy，2019，44：12108-12117.

[147] Markovic N M，Grgur B N，Ross P N. Temperature-dependent hydrogen electrochemistry on platinum low-index single-crystal surfaces in acid solutions[J]. J Phys Chem B，1997，101：5405-5413.

[148] Markovic N M，Sarraf S T，Gasteigert H A，Ross P N. Hydrogen electrochemistry on platinum low-index single-crystal surfaces in alkaline solution[J]. J Chem SOC Faraday Trans，1996，92：3719-3725.

[149] Schmidt T J，Ross Jr. P N，Markovic N M. Temperature dependent surface electrochemistry on Pt single crystals in alkaline electrolytes Part 2. The hydrogen evolution/oxidation reaction[J]. J Electroanal Chem，2002，524-525，252-260.

[150] Navarro-Suarez A M，Hidalgo-Acosta J C，Fadini L，Feliu J M，Suarez-Herrer M F. Electrochemical oxidation of hydrogen on basal plane platinum electrodes in imidazolium ionic liquids[J]. J Phys Chem C，2011，115：11147-11155.

[151] Sandoval A P，Suárez-Herrera M F，Feliu J M. Hydrogen redox reactions in 1-ethyl-2，3-dimethylimidazolium bis(trifluoromethylsulfonyl)imide on platinum single crystal electrodes[J]. Electrochem Commun，2014，46：84-86.

[152] Hoshi N，Asaumi Y，Nakamura Mi，Mikita K，Kajiwara R. Structural effects on the hydrogen oxidation reaction on n(111)-(111)surfaces of platinum[J]. J Phys Chem C，2009，113：16843-16846.

[153] Kajiwara R，AsaumiY，Nakamura，Hoshi N. Active sites for the hydrogen oxidation and the hydrogen evolution reactions on the high index planes of Pt[J]. J Electroanal Chem，2011，657：61-65.

[154] Lee J, Jeong B, Ocon Jy D. Oxygen electrocatalysis in chemical energy conversion and storage technologies[J]. Current Appl Phys, 2013, 13: 309-321.

[155] Kadiri F E, Faure R, Durand R. Electrochemical reduction of molecular oxygen on platinum single crystals[J]. J Electroanal Chem Inter Electrochem, 1991, 301: 177-188.

[156] Kita H, Lei H W, Gao Y Z. Oxygen reduction on platinum single-crystal electrodes in acidic solutions[J]. J Electroanall Chem, 1994, 379: 407-414.

[157] Marković N M, Gasteiger H A, Ross P N. Oxygen reduction on platinum low-index single-crystal surfaces in alkaline solution: Rotating ring diskPt(hkl) studies[J]. J Phys Chem, 1996, 100: 6715-6721.

[158] Marković N M, Adžić R R, Cahan B D, Yeager E B. Structural effects in electrocatalysis: Oxygen reduction on platinum low index single-crystal surfaces in perchloric acid solutions[J]. J Electroanal Chem, 1994, 377: 249-259.

[159] Marković N M, Gasteiger H A, Ross P N. Kinetics of oxygen reduction on Pt(hkl) electrodes: Implications for the crystallite size effect with supported Pt electrocatalysts[J]. J Electrochem Soc, 1997, 144: 1591-1597.

[160] Attard G A, Brew A, Ye J Yu, Morgan D, Sun S G. Oxygen reduction reaction activity on Pt{111} surface alloys[J]. ChemPhysChem, 2014, 15: 2044-2051.

[161] Attard G A, Brew A. Cyclic voltammetry and oxygen reduction activity of the Pt{110}-(1×1) surface[J]. J Electroanal Chem, 2015, 747: 123-129.

[162] Tanaka H, Nagahara Y, Sugawara S, Shinohara K, Nakamura M, Hoshi N. The influence of Pt oxide film on the activity for the oxygen reduction reaction on Pt single crystal electrodes[J]. J Electrocatalysis, 2014, 5:, 354-360.

[163] Bard A J, Faulkner L R. Electrochemical Methods. Fundamentals and Applications [M]. New York: John Wiley & Sons, 1980.

[164] Hitotsuyanagi A, Nakamura M, Hoshi N. Structural effects on the activity for the oxygen reduction reaction on n(1 1 1)-(1 0 0) series of Pt: Correlation with the oxide film formation[J]. Electrochimica Acta, 2012, 82: 512-516.

[165] Hoshi N, Nakamura M, Hitotsuyanagi A. Active sites for the oxygen reduction reaction on the high indexplanes of Pt[J]. Electrochimica Acta, 2013, 112: 899-904.

[166] Hoshi N, Nakamura M. Elucidation of Activity Enhancement factors for the oxygen reduction reaction on platinum and palladium single crystal electrodes[J]. Electrochemistry, 2018, 86(5), 205-213.

[167] Macia M D, Campina J M, Herrero E, Feliu J M. On the kinetics of oxygen reduction on platinum stepped surfaces in acidic media[J]. J Electroanal Chem, 2004, 564: 141-150.

[168] Kuzume A, Herrero E, Feliu J M. Oxygen reduction on stepped platinum surfaces in acidic media[J]. J Electroanal Chem, 2007, 599: 333-343.

[169] Rizo R, Herrero E, Feliu J M. Oxygen reduction reaction on stepped platinum surfaces in alkaline media[J]. Phys Chem Chem Phys, 2013, 15: 15416-15425.

[170] Malkhandi S, Siang Yeo B. Electrochemical conversion of carbon dioxide to high value chemicals using gas-diffusion electrodes[J].Curr Opin Chem Eng, 2019, 26: 112-121.

[171] Zhao J, Xue S, Barber J, Zhou Y, Meng J, Ke X. An overview of Cu-based heterogeneous electrocatalysts for CO_2 reduction[J]. J Mater Chem A, 2020, 8: 4700-4734.

[172] Bevilacqua M, Filippi J, Mille H A R, Vizza F. Recent technological progress in CO_2 electroreduction to fuels and energy carriers in aqueous environments[J]. Energy Technol, 2015, 3: 197-210.

[173] Sun S G, Zhou Z Y. Surface processes and kinetics of CO_2 reduction on Pt(100) electrodes of different surface structure in sulfuric acid solutions[J]. Phys Chem Chem Phys, 2001, 3: 3277-3283.

[174] 洪双进, 周志有, 孙世刚, 邵国强, 区泽堂. Rh 多晶表面 CO_2 还原过程的电化学和原位 FTIR 反射光谱研

究[J]. 高等学校化学学报，1996，20：923-927.

[175] 洪双进，周志有，孙世刚，邵国强，区泽堂. Rh，Rh(100)和 Rh(111)电极上 CO 吸附和 CO₂ 还原的原位红外反射光谱研究[J]. 光谱学与光谱分析，1998，18：21-22.

[176] Hoshi N，Noma M，Suzuki T，Hori Y. Structural effect on the rate of CO_2 reduction on single crystal electrodes of palladium[J]. J Electroanal Chem，1997，42：15-18.

[177] Hoshi N，Uchida T，Mizumura T，Hori Y. Atomic arrangement dependence of reduction rates of carbon dioxide on iridium single crystal electrodes[J]. J Electroanal Chem，1995，381：261-264.

[178] Łukaszewski M，Siwek H，Czerwiński A. Electrosorption of carbon dioxide on platinum group metals and alloys—a review[J]. J Solid State Electrochem，2009，13：813-827.

[179] Ortiz R，Mfirquez O P，Mfirquez J，Gutierez C. FTIR spectroscopy study of the electrochemical reduction of CO_2 on various metal electrodes in methanol[J]. J Electroanal Chem，1995，390：99-107.

[180] Firet N J，Smith W A. Probing the reaction mechanism of CO_2 electroreduction over Ag films via operando infrared spectroscopy[J]. ACS Catal，2017，7：606-612.

[181] Hori Y，Takahashi I，Koga O，Hoshi N. Electrochemical reduction of carbon dioxide at various series of copper single crystal electrodes[J]. J Mol Catal A Chem，2003，199：39-47.

[182] Innocent B，Pasquier D，Ropital F，Hahn F，Leger J M，Kokoh K B. FTIR spectroscopy study of the reduction of carbon dioxide on lead electrode in aqueous medium[J]. Appl Catal B Environ，2010，94：219-224.

[183] Nikolic B Z，Huang H，Gervasio D，Lin A，Fierro C，Adzic R R，Yeager E. Electroreduction of carbon dioxide on platinum single crystal electrodes：Electrochemical and *in situ* FTIR studies[J]. J Electroanal Chem，1990，295：415-423.

[184] Rodes A，Pastor E，Iwasita T. Structural effects on CO_2 reduction at Pt single-crystal electrodes：Part 1. The Pt(110) surface[J]. J Electroanal Chem，1994，369：183-191.

[185] Rodes A，Pastor E，Iwasita T. Structural effects on CO_2 reduction at Pt single-crystal electrodes：Part 2. Pt(111) and vicinal surfaces in the [0 $\bar{1}$ 1] zone[J]. J Electroanal Chem，1994，373：167-175.

[186] Rodes A，Pastor E，Iwasita T. Structural effects on CO_2 reduction at Pt single-crystal electrodes：Part 3. Pt(100) and related surfaces[J]. J Electroanal Chem，1994，377183：215-225.

[187] Hoshi N，Kawatani S，Kudo M，Hori Y. Significant enhancement of the electrochemical reduction of CO_2 at the kink sites on Pt(S)-[n(110)×(100)]and Pt(S)-[n(100)×(110)][J]. J Electroanal Chem，1999，467：67-73.

[188] Hoshi N，Hori Y. Electrochemical reduction of carbon dioxide at a series of platinum single crystal electrodes[J]. Electrochim Acta，2000，45：4263-4270.

[189] Hoshi N，Suzuki T，Hori Y. Catalytic activity of CO_2 reduction on Pt single-crystal electrodes：Pt(S)-[n(111)×(111)]，Pt(S)-[n(111)×(100)]，and Pt(S)-[n(100)×(111)][J]. J Phys Chem B，1997，101：8520-8524.

[190] Hoshi N，Sato E，Hori Y. Electrochemical reduction of carbon dioxide on kinked stepped surfaces of platinum inside the stereographic triangle[J]. J Electroanal Chem，2003，540：105-110.

[191] Hoshi N，Uzuki T，Ori Y. Step Density Dependence of CO_2 Reduction Rate on Pt(S)-[n(111)×(111)] Single Crystal Electrodes[J]. Elecrrochim Acta，1996，41：1647-1653.

[192] Hoshi N，Suzuki T，Hori Y. CO_2 reduction on Pt(S)-[n(111)×(111)] single crystal electrodes affected by the adsorption of sulfuric acid anion[J]. J Electroanal Chem，1996，416：61-65.

[193] Fan C J，Fan Y J，Zhen C H，Zheng Q W，Sun S G. Studies of surface processes of electrocatalytic reduction of CO_2 on Pt(210)，Pt(310)and Pt(510)[J]. Sci China Ser B Chem，2007，50：593-598.

[194] 范纯洁，Pt 单晶及 Sb 修饰晶面上 CO_2 还原电催化的表面结构效应[D]. 博士学位论文，厦门大学，2008.

[195] Dahl S，Logadottir A，Egeberg R C，Larsen J H，Chorkendorff I，Törnqvist E，Nørskov J K. Role of steps in N_2 activation on Ru (0001) [J]. Phys Rev Lett，1999，83：1814-1817.

[196] Honkala K，Hellman A，Remediakis I N，Logadottir A，Carlsson A，Dahl S，Christensen C H，Nørskov J K. Ammonia synthesis from first-principles calculations[J]. Science，2005，307：555-558.

[197] Van Santen R A. Complementary structure sensitive and insensitive catalytic relationships[J]. Acc Chem Res，2009，42：57-66.

[198] Tian N，Zhou Z Y，Sun S G. Platinum metal catalysts of high-index surfaces：From single-crystal planes to electrochemically shape-controlled nanoparticles[J]. J Phys Chem C，2008，112：19801-19817.

[199] Ahmadi A，Attard G，Feliu J，Rodes A. Surface reactivity at "chiral" platinum surfaces[J]. Langmuir，1999，15：2420-2424.

[200] Stephenson M J，Lambert R M. Adsorption and stability of (R) - (+) - and (S) - (−) -1- (1-naphthyl) ethylamine on a series of platinum single crystal surfaces：Implications for heterogeneous chiral hydrogenation[J]. J Phys Chem B，2001，105：12832-12838.

[201] Attard G A. Electrochemical studies of enantioselectivity at chiral metal surface[J]. J Phys Chem B，2001，105：3158-3167.

[202] Attard Gary A，Harris C，Herrero E，Feliu J. The influence of anions and kink structure on the enantioselective electro-oxidation of glucose[J]. Faraday Discuss，2002，121：253-266.

[203] Farias M J S，Feliu J M. Determination of specific electrocatalytic sites in the oxidation of small molecules on crystalline metal surfaces[J]. Topics in Current Chem，2019，377：1-25.

第5章　高指数晶面结构纳米晶的形状控制合成

第3章和第4章阐述 Pt 金属单晶在各种电催化反应中的表面结构效应，得到了关于电催化活性位的结构模型。但是在实际应用中，催化剂都是由负载到导电基底的催化剂纳米粒子组成。因此，把模型催化剂研究中获得的活性位结构"转移"到实际催化剂表面，构建高活性、高选择性和高稳定性的催化剂，并应用于电化学能源和其他实际体系中将是十分重要的发展方向。但是，通常条件下生长出来的纳米粒子的表面结构十分复杂，而且纳米粒子从成核到生长都受到热力学和动力学规律的支配。因此，要控制合成表面结构均一、特别是具有高催化活性的高指数晶面(高表面能)结构的纳米粒子更是重大的挑战。本章首先简要介绍纳米晶体生长原理和规律，然后系统阐述各种控制合成高指数晶面结构纳米晶的方法和主要进展。

5.1　晶体生长原理及规律

5.1.1　晶体成核规律

了解晶体生长规律对于纳米粒子的表面结构(或形状)控制合成非常重要[1]。纳米晶体的生长可以分为成核和生长两个阶段。当溶液的过饱和度超过临界过饱和度时，便会有晶核形成。但晶核的生长与溶解一直是动态进行的。晶核要能够生长形成晶体，需要达到一定的临界尺寸，即形成稳定晶核，使得生长速率大于溶解速率。

形成半径为 r 的球形晶核所引起的吉布斯自由能的变化(ΔG)等于表面过剩吉布斯自由能 ΔG_s(即粒子表面和粒子本体之间的过剩吉布斯自由能)和体积过剩吉布斯自由能 ΔG_v(即非常大的粒子($r=\infty$)和溶液中溶质之间的过剩吉布斯自由能[2-4])之和，即

$$\Delta G = \Delta G_v + \Delta G_s = \frac{4}{3}\pi r^3 \Delta G_v + 4\pi r^2 \gamma \tag{5.1}$$

式中，第一项 ΔG_v 为体积过剩吉布斯自由能，与 r^3 成比例，ΔG_v 为单位体积过剩自由能。对于过饱和体系，ΔG_v 为负值；第二项 ΔG_s 是表面过剩吉布斯自由能，其大小与 r^2 成正比，为正值，γ 为界面张力。

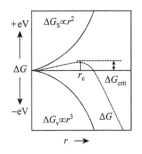

图 5.1　晶核生长体系自由能与
晶核半径的变化规律

ΔG 与晶核半径的变化曲线如图 5.1 所示，随 r 的增加有一个最大值。

对式 (5.1) 求导可得

$$\frac{\mathrm{d}\Delta G}{\mathrm{d}r} = 8\pi r\gamma + 4\pi r^2 \Delta G_{\mathrm{v}} \tag{5.2}$$

当 $\dfrac{\mathrm{d}\Delta G}{\mathrm{d}r} = 0$ 时，即溶解与生长达到平衡，可求得临界晶核的半径 r_{c} 为

$$r_{\mathrm{c}} = \frac{-2\gamma}{\Delta G_{\mathrm{v}}} \tag{5.3}$$

根据式 (5.1) 和式 (5.3)，可以得出临界吉布斯能变 ΔG_{crit} 为

$$\Delta G_{\mathrm{crit}} = \frac{16\pi\gamma^3}{3(\Delta G_{\mathrm{v}})^2} = \frac{4\pi\gamma r_{\mathrm{c}}^2}{3} \tag{5.4}$$

当半径 $r<r_{\mathrm{c}}$ 时，晶核趋向于溶解消失；当 $r>r_{\mathrm{c}}$ 时，晶核倾向于生长，形成晶体。通过提高溶液的饱和度和降低比表面自由能 γ，均能使 r_{c} 减小，有利于形成纳米粒子。

通常认为，成核速率 V_1 和晶核生长速率 V_2 均随溶液过饱和度的增加而增大，存在如下关系[5, 6]

$$V_1 = K_1 \left(\frac{c-s}{s} \right) \tag{5.5}$$

$$V_2 = K_2 D(c-s) \tag{5.6}$$

式中，K_1、K_2 分别为比例常数，c 为溶质的浓度，s 为饱和度，D 为溶质扩散系数，$(c-s)$ 为过饱和度，$(c-s)/s$ 为相对过饱和度。可以看出，成核速率 V_1 与相对过饱和度 $(c-s)/s$ 成正比，而晶核生长速率 V_2 则与过饱和度 $(c-s)$ 成正比。溶液中过饱和度的增加对成核与生长均有促进作用，但通常成核速率 V_1 增加得更快。这样通过增加过饱和度，有可能把成核期和生长期分开，使其在瞬间形成大量晶核（即 $V_1 \gg V_2$），而后基本不再形成新核，只存在生长过程 ($V_1 \ll V_2$)，这样可以得到尺寸均一的纳米粒子。

5.1.2　晶体生长热力学

从热力学的观点来看，晶体的平衡形状是由其能量上最有利的形式决定的。晶体形成的吉布斯自由能有两个分量。第一部分能量涉及构成晶体的 N 个原子从过饱和环境相转移到晶体相。这相当于

$$\Delta\mu = \mu_{\text{环境}} - \mu_{\text{晶体}} > 0 \tag{5.7}$$

式中，μ 为化学势。在金属电沉积的情况下，μ 可以用电化学电位代替[7]，即

$$\mu^* = \mu + zFE \tag{5.8}$$

z 为金属离子电荷，F 为法拉第常数，E 为电极电位。式(5.7)就相当于

$$\eta = \left| E - E^0_{\mathrm{Me/Me^{z+}}} \right| > 0 \tag{5.9}$$

其中，过电位 η 取决于给定电流密度下的电极电位 E 和金属电极的平衡电位 $E^0_{\mathrm{Me/Me^{z+}}}$。很明显，晶体形成的这一部分吉布斯自由能与转移的原子数成正比，也就是说，与晶体体积成正比。

晶体形成的第二部分吉布斯自由能主要与新晶体产生的表面能有关。在保持体积不变的情况下，晶体的形状可以发生变化，直到表面贡献部分达到最小。因此，晶体的平衡形状被定义为具有最低总表面能，在晶体体积 V 为定值时

$$\Phi = \sum_i \sigma_i A_i = \mathrm{Min.}, \quad V = 定值 \tag{5.10}$$

这里，σ_i 和 A_i 表示围成晶体的各个晶面 i 的比表面能和表面积。

为了解释晶体的择形生长，先后提出了布拉维(Bravais)法则、Gibbs-Wulff晶体生长定律、Frank 动力学理论等[8-10]。早在 1885 年，法国结晶学家布拉维(A. Bravais)从晶体的格子构造几何概念出发，论述了实际形成的晶面与空间格子中面网(点阵)之间的关系，即实际晶面平行于面网密度大的面网，这就是布拉维法则。同年，皮埃尔·居里(P. Curie)则提出：在晶体与母液处于平衡的条件下，对于给定的晶体体积而言，晶体所发育的形状应使其总表面自由能最低，即 $\sum\limits_{i=1}^{n} A_i \gamma_i \rightarrow \mathrm{Min.}$。1901 年乌尔夫(Wulff)进一步扩展了居里原理。他指出：对于平衡形态而言，从晶体中心到各晶面的距离与晶面的比表面能成正比，即居里–乌尔夫原理。

这样晶体的形状就决定于晶面表面能或者晶面生长速率。起初，晶体可能由不同点阵结构的多种晶面围成。不同晶面间的点阵密度及表面自由能存在差异，因此沿各自晶面垂直方向上的生长速率也互不相同。点阵密度越高的晶面表面能越低，生长速率就越慢。根据晶面角守恒定律[2, 11]，在生长过程中，各晶面的二面角保持不变，如图 5.2 (a)所示。假设晶面 A 的生长速率比晶面 B 慢，由于晶面 A 与晶面 B 组成的二面角在晶体生长过程中保持不变，因此生长较快的晶面 B 在晶体表面所占的比例会随着晶体的长大逐渐减小甚至消失；最后晶体表面将主要由生长速率较慢的晶面 A 构成。显然晶体形状主要由沿各晶面的相对生长速率决定，生长速率越慢，该晶面在最终产物的表面所占的比例就越大。如当沿{100}方向的生长速率与沿{111}方向的生长速率的比值，$G_{100}/G_{111} \leqslant 0.58$ 时，呈立方体；$G_{100}/G_{111} = 0.87$ 时，呈立方八面体；$G_{100}/G_{111} \geqslant 1.73$ 时，呈八面

体[12]。图 5.2(b)给出了由{111}和{100}晶面围成的晶体，随 G_{100}/G_{111} 比值的逐渐增大，晶体形状由立方体逐渐变为八面体。

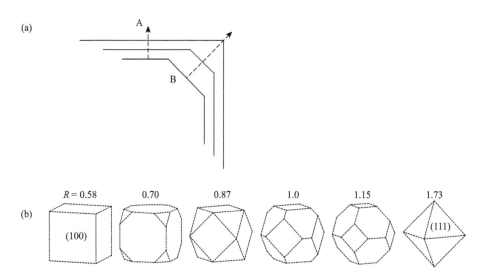

图 5.2　(a)晶体生长过程中不同晶面的生长速率对晶体形状的影响；(b)晶体形状随沿{100}方向的生长速率与{111}方向的生长速率的比值($R = G_{100}/G_{111}$)的变化从立方体到八面体

5.1.3　晶体与基底相互作用的吉布斯-乌尔夫理论[13]

对于电化学沉积(或化学气相沉积)生长纳米晶体，生长的晶体至少有一个面与基底接触，通过异相成核并生长为晶体[14]。假定该接触面 j^* 与晶面 j 平行，并且具有表面积 A_{j^*} 和比界面能 S_{j^*}，如图 5.3(a)所示。接触面 j^* 的表面能为 $A_{j^*} \times S_{j^*}$，接触面的界面能变化值为 $[A_{j^*} \times (S_{j^*} - S_{sub})$，$S_{sub}$ 为基底的比界面能。与基底接触的晶体的总表面能为

$$\Phi = \sum_{i \neq j^*} \sigma_i A_i + A_{j^*}(S_{j^*} - S_{sub}) \tag{5.11}$$

由此，包含晶体-基底相互作用的吉布斯-居里平衡条件可以写成

$$\delta\Phi = \sum_{i,j^*} \sigma_i \delta A_i = 0, \ \delta V = 0 \tag{5.12}$$

若定义 Φ_{det} 为晶体从单位面积基底剥离的能量，则晶体与基底的相互作用可以用比黏附能 β 来描述

$$\beta = \frac{\Phi_{det}}{A_{j^*}} = \sigma_j + S_{sub} - S_{j^*} \tag{5.13}$$

将其代入式(5.11)，得到晶体总表面能为

$$\Phi = \sum_{i \neq j*} \sigma_i A_i + A_{j*}(\sigma_j - \beta) \tag{5.14}$$

晶体的形状可以由密勒指数为 (hkl) 的晶面与晶体中心点 [如图 5.3(b) 和图 5.3(c) 中的乌尔夫点] 的距离 $h_{(hkl)}$ 来描述。通过使 (hkl) 晶面为底面的棱锥的公共锥顶都位于乌尔夫点，晶体的体积与所有 (hkl) 面的距离 h_i 和面积 A_i 相关

$$V = \frac{1}{3} \sum_i A_i h_i \tag{5.15}$$

一方面，对于 h_i 的微小变化 δh_i，面积 A_i 的变化可以忽略不计，按类似热力学的处理可得到 $\delta V = \sum_i A_i \delta h_i$；另一方面，式 (5.15) 的微分为 $\delta V = \frac{1}{3} \sum_i A_i \delta h_i + \frac{1}{3} \sum_i h_i \delta A_i$，从而有

$$\delta V = \frac{1}{2} \sum_i h_i \delta A_i \tag{5.16}$$

吉布斯-居里平衡条件 (5.12) 相应为

$$\delta \Phi = \sum_{i,j*} \sigma_i \delta A_i = 0, \quad \sum_i h_i \delta A_i = 0 \tag{5.17}$$

按照拉格朗日乘数法（将第一个方程乘以 λ，然后带入到第二个方程）δA_i 可以处理成与所有因素无关的量，使之为 0，由此 $\lambda \sigma_i = h_i$，或者

$$\frac{h_i}{\sigma_i} = \frac{h_{j*}}{(\sigma_j - \beta)} = \lambda \tag{5.18}$$

这便是关于晶体与基底相互作用的异相成核和生长的吉布斯-乌尔夫理论 (Gibbs-Wulff Theorem)。由式 (5.18) 可以构建晶体的平衡态形状，具体过程为：

(1) 画出 (hkl) 晶面的向量，其模正比于表面能 $\sigma_{(hkl)}$；

(2) 画出与向量垂直的平面；

(3) 由最里层的平面围成的多面体即为晶体的平衡形状。

上述过程的二维表达示于图 5.3(c) 中。图中显示晶体与基底的接触面，h_{j*} 正比于 $(\sigma_j - \beta)$。所有具有高 h 值且位于多面体之外的面都在平衡态之外。基底仅仅影响晶体的高度。高 β 值会使晶体更扁平，导致除 $j*$ 外的所有面的 h 保持不变。增加 β，接触面与乌尔夫点的距离减小，h_{j*} 由于 $\beta > \sigma_j$ 而成为负值。也即，高 β 值倾向于二维生长模式，有利于成膜，而低 β 值倾向于三维生长模式，有利于形成三维晶体。具体为：

若 $0 < \beta < \sigma_j$，$d = h_{(01)} + h_{(0\bar{1})*}$ 三维晶体；

若 $\sigma_j < \beta < 2\sigma_j$，$d = h_{(01)} - h_{(0\bar{1})*}$ 扁平晶体；

若 $\beta \to \sigma_j$，$d = h_{(01)} - h_{(0\bar{1})*}$ 二维表面膜。

按照吉布斯-乌尔夫理论，要三维生长形成出尽可能"完美"的晶体，β应该尽可能小。这是电化学控制合成纳米晶时选择基底材料的原则。

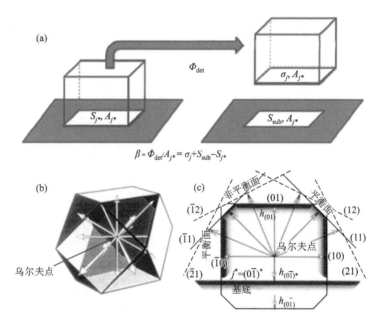

$$\beta = \Phi_{det}/A_{j*} = \sigma_j + S_{sub} - S_{j*}$$

图 5.3　(a) 晶体与基底剥离的过程；(b) 乌尔夫点和 $h_{(hkl)}$ 示意；(c) 构建晶体平衡形状的二维模型[13]

5.1.4　晶体的形状与表面原子排列结构

对于 fcc 金属，其不同晶面围成的多面体可以用 {hkl} 表示。同一晶面依据对称性可以围成不同形状的多面体，如 O_h 对称性的 {111} 多面体为八面体；T_d 对称性的 {111} 多面体为四面体。图 5.4 是由不同晶面围成的 O_h 对称性的单晶多面体[15]。图中小括号表示晶面，方括号表示晶棱或晶带轴，大括号表示晶面族，如 {100} 包含立方体的 (100)、(010)、(001)、(-1, 0, 0)、(0, -1, 0)、(0, 0, -1) 六个晶面。由基础晶面围成的多面体形状比较简单，{111} 晶面围成正八面体，{100} 晶面围成立方体，{110} 晶面围成菱形十二面体。由高指数晶面围成的多面体形状比较复杂，具体包括：{hk0}(h>k>0) 晶面围成的二十四面体(四六面体)，{hkk}(h>k>0) 晶面围成的偏方三八面体(四角三八面体)，{hhl}(h>l>0) 围成的三八面体(三角三八面体)，这三种形状都具有二十四个面；{hkl}(h>k>l>0) 晶面围成的六八面体，它有四十八个面。图 5.5 是由不同晶面围成的 T_d 对称性的单晶多面体。{hk0} 晶面围成的仍为四六面体，但 {111} 多面体的形状为四面体，{hkk} 为四角三四面体，{hhl} 为三角三四面体。

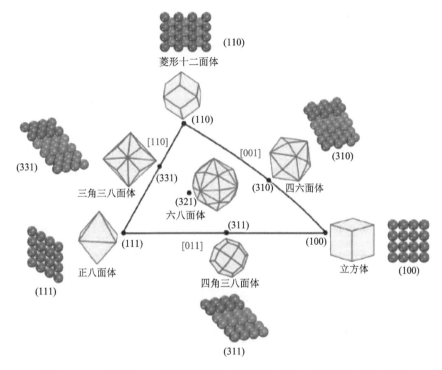

图 5.4　fcc 金属的 O_h 对称性的单晶多面体的形状与表面结构的关系[15]

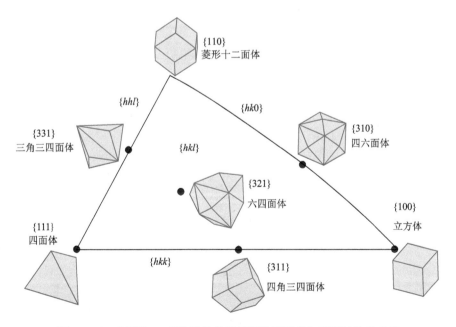

图 5.5　fcc 金属的 T_d 对称性的单晶多面体的形状与表面结构的关系

以上都是由单一晶面围成的多面体晶体，有时晶体的棱或者角会被另外一种晶面截取形成截角形状。例如立方八面体，它可以看成立方体的每个角被{111}晶面所截，形成六个正方形和八个正三角形；截角八面体可看成八面体的每个角被{100}晶面所截，形成六个正方形和八个正六边形［图 5.2(b)］。这两种形状的晶体都是由{100}和{111}晶面围成。

铂族金属广泛用于燃料电池、石油化工、汽车尾气净化等重要领域。催化反应发生在催化剂表面，通常对表面结构非常敏感。高指数晶面含高密度的低配位台阶原子，往往具有优异的催化性能。因此，控制制备高指数晶面结构的纳米催化剂得到了广泛的研究。合成方法可以分成三类：电化学法，湿化学法和固态化学法。使用电化学法制备过程中无须使用任何添加剂，可以获得表面清洁的多面体纳米晶，高指数晶面的形成主要是通过氧物种在金属表面的反复吸脱附来实现的。湿化学法又称溶液相化学还原法，是制备金属纳米粒子最常用的方法，按照合成过程中有无添加剂，可以进一步分为有添加剂和无添加剂的两类合成。基于添加剂的合成路线优点是容易调控，但部分添加剂会残留在催化剂表面，即使经过烦琐的洗涤过程，通常也难以完全除去，这些添加剂的存在会阻塞表面活性位点。下面对这三类合成方法及其控制合成出的各种金属高指数晶面结构纳米晶分别进行阐述。

5.2　电化学法制备高指数晶面结构纳米晶

电化学沉积的方法主要是将可溶性金属盐用循环伏安法、方波电位法、恒电位法和欠电势沉积法等电化学方法还原沉积到电极上。方波电位法是合成贵金属高指数晶面催化剂常用的方法。在这里，我们讨论方波电位法制备高指数晶面纳米晶。

电化学方波电位法合成高指数晶面纳米晶有两种方法：一种是先在工作电极表面制备出金属纳米粒子，再对其进行方波电位处理，得到高指数晶面纳米晶，如图 5.6(a)所示[16]。另一种是在含前驱体的溶液中，对工作电极施加方波电位，在工作电极上金属离子被还原、成核生长出高指数晶面纳米晶，如图 5.6(b)所示[17]。该方法更简单、直接，并且可以避免电极表面存在多晶纳米粒子，成为制备高指数晶面结构铂族金属纳米晶的通用方法。

下面按金属种类进行阐述。

5.2.1　Pt 纳米晶

N. Tian 等在 2007 年首次采用电化学方波电位法在玻碳电极上制备出高指数晶面结构的 Pt 二十四面体纳米晶[16]，其表面由{730}等高指数晶面围成。这一工作突破了晶体生长趋于最低表面能的限制，显著提高了 Pt 催化剂的活性。Pt 二十四面体的制备是通过对 Pt 纳米球进行方波电位处理得到的，如图 5.6(a) 所示。具体过程为：首先在 2 mmol/L K₂PtCl₆ + 0.5 mol/L H₂SO₄ 溶液中，在玻碳电极表面电沉积制备亚单层的 Pt 纳米球；然后在 0.1 mol/L H₂SO₄ + 30 mmol/L 抗坏血酸的溶液中，对 Pt 纳米球施加方波电位，方波电位的上限是 1.20 V(SCE)，下限电位为 −0.20∼−0.10 V(SCE)(若无特殊说明，电位均相对于 SCE)，频率 f = 10 Hz，t = 10∼60 min。随着方波电位时间的延长，Pt 纳米球逐渐溶解，溶解形成的 Pt 离子在玻碳电极表面被还原、生成晶核并长大为二十四面体形状的 Pt 纳米晶 [图 5.7(a)]。通过扫描电子显微镜(SEM)和透射电子显微镜(TEM)我们可以看到，合成的 Pt 二十四面体纳米晶是由 24 个 {hk0}(h>k>0) 高指数晶面围成的[15]，沿[001]方向的 TEM 图像的投影为八边形，通过测量这些晶面夹角，可以确定围成 Pt 二十四面体的晶面为 {730} 或 {520}。(730) 晶面由两个 (210) 和一个 (310) 周期性排列而成。

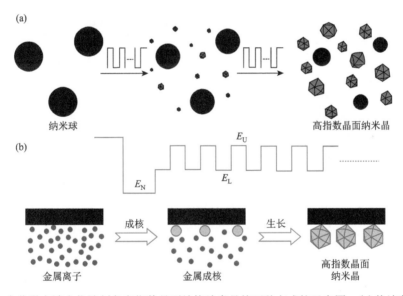

图 5.6　电化学方波电位法制备高指数晶面结构纳米晶的两种方式的示意图。(a)从纳米粒子制备高指数晶面纳米晶[16]；(b)从前驱体溶液制备高指数晶面纳米晶[17]

高指数晶面结构的 Pt 二十四面体纳米晶的形成与所施加的方波电位有关。方波电位的上限为 1.20 V，下限为 −0.20∼−0.10 V，在方波电位的施加过程中，Pt 表面会发生周期性的氧化还原，即氧在 Pt 表面反复吸脱附。氧的吸脱附行为主要与 Pt 表面原子的配位数有关[18, 19]，如图 5.8 所示，(111)排列的表面 Pt 原子的配位数较高(CN = 9)，氧与其作用较弱，更倾向于侵入表面，将内部的 Pt 原子挤出

（即位交换）；当氧脱附时，被挤出的 Pt 原子往往不能回到原来的位置，这样就扰乱了表面平整的有序结构，产生缺陷或台阶原子。而对于 (hk0) 高指数晶面，如 Pt(730)，表面原子的配位数很低（CN = 6），氧倾向在表面吸附，当低电位氧脱附时就不会扰乱表面，有序结构得以保持[19, 20]。因此，在施加方波电位条件下，生成 {hk0} 高指数晶面围成的 Pt 二十四面体。

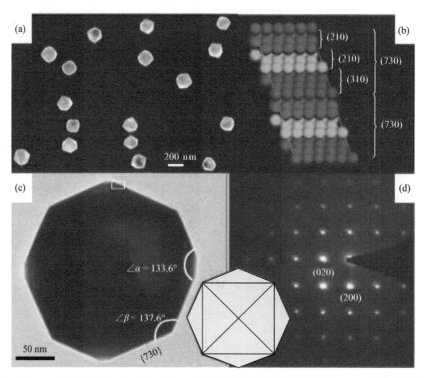

图 5.7　(a) Pt 二十四面体的 SEM 图；(b) Pt(730) 晶面的原子排列模型图；Pt 二十四面体沿 [001] 方向的 (c) TEM 图；(d) 选区电子衍射图[16]

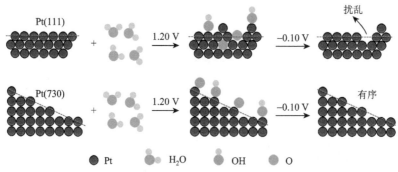

图 5.8　氧吸脱附对 Pt(111) 及 Pt(730) 晶面影响的示意图[19, 20]

虚线代表最外层原子

添加剂对所制备的 Pt 纳米晶的形貌也有一定的影响。当柠檬酸钠的浓度为 30 mmol/L 时，得到的是 Pt 二十四面体；将柠檬酸钠的浓度提高到 50 mmol/L 时，得到 Pt 凹六八面体，其表面为 {321} 高指数晶面[21]。

Z. Y. Zhou 等通过方波电位法制备了其他形貌的高指数晶面纳米晶，图 5.9 是由 {$hk0$} 高指数晶面围成的五重孪晶 Pt 纳米棒的 SEM 图[22]。Pt 纳米棒的直径沿生长轴方向变化，中部最大，沿两端逐渐减小。纳米棒的表面由一系列上下起伏的小晶面组成。纳米棒的端部尖锐，呈十棱锥形状。该纳米棒的顶部端头的棱锥锥面是 {410} 晶面，底部端头的棱锥锥面为 {320}、{210}、{730} 等，纳米棒的中部主要由 {520} 晶面围成。五重孪晶结构的形成可能与制备 Pt 纳米棒所用的较低的方波下限电位 ($E_L = -0.20$ V) 有关，在较负电位下沉积 (生长速率较快) 容易生成五重孪晶结构。{$hk0$} 高指数晶面的形成与方波电位 ($E_L = -0.20$ V，$E_U = 1.15$ V) 下氧的反复吸脱附对 Pt 表面的作用有关，纳米棒的顶端生长速率快，形成的 {$hk0$} 晶面的台阶原子密度更低。

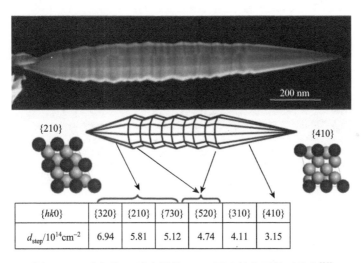

{$hk0$}	{320}	{210}	{730}	{520}	{310}	{410}
$d_{step}/10^{14}$cm^{-2}	6.94	5.81	5.12	4.74	4.11	3.15

图 5.9　五重孪晶 Pt 纳米棒的 SEM 图及其表面晶面分布[22]

Y. Y. Li 等制备了高指数晶面结构的 Pt 偏方三八面体[23]。其制备过程为：在 1 mg/mL H_2PtCl_6 + 0.5 mol/L H_2SO_4 前驱体溶液中，将电位设置到 1.20 V 以清洁玻碳电极表面；然后电位阶跃至 −0.30 V，维持 20 ms 以在玻碳电极表面生成大量的 Pt 晶核；紧接着施加方波电位，上限电位为 1.0 V，下限电位为 0.25 V，频率 $f = 10$ Hz，随着方波电位时间的延长，Pt 偏方三八面体逐渐形成。当生长时间为 20 min 时，可清晰地看到完美的 Pt 偏方三八面体的形状，如图 5.10 (a) 所示。其平均粒径为 97 nm。通过测量其沿 [001] 方向的 TEM 投影八边形的夹角，确定其表面为{522}高指数晶面［图 5.10(b)］。(522)晶面是由两个(311)和一个(211)晶面周期性排列而成，在高分辨透射电镜(HRTEM)图中，也可以观察到组成(522)晶面的(311)和(211)台阶，如图 5.10(c)所示。高指数晶面的形成与氧物种在 Pt 表面的反复吸脱附有关。与 Pt 二十四面体的制备条件相比，制备 Pt 偏方三八面体的 Pt 前驱体溶液的浓度更高，方波下限电位更高。这表明通过改变方波电位等条件可以方便地调控氧的吸脱附对 Pt 表面的作用，而得到不同的表面结构。

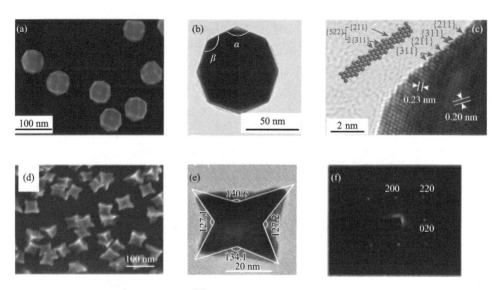

图 5.10　Pt 偏方三八面体[23]的(a)SEM 图；(b)TEM 图；(c)HRTEM 图；
Pt 凹立方体[24]的(d)SEM 图；(e)TEM 图；(f)SAED 图

采用电化学方波电位方法，B. A. Lu 等制备出由高指数晶面围成的 Pt 凹立方体[24]。Pt 凹立方体的制备过程为：在 1 mmol/L H_2PtCl_6 + 0.1 mol/L H_2SO_4 的前驱体溶液中，将电位设置到 1.20 V 维持 2 s 以清洁玻碳电极表面；电位阶跃到 –0.60 V，维持 5 ms 以在玻碳电极表面生成大量的 Pt 晶核；紧接着施加方波电位，上限电位为 1.18 V，下限电位为 –0.56 V，频率 f = 100 Hz，仅需要 30 s 就可以得到如图 5.10(d)所示的 Pt 凹立方体。Pt 凹立方体的 TEM 图像中测得的夹角为 127°～141°［图 5.10(e)］，对应的晶面为{210}和{310}。生成 Pt 凹立方体，除了需要较高的方波上限电位，还需要较低的方波下限电位(–0.8～–0.3 V)，升高方波下限电位则得不到凹面结构，这说明低电位时强烈的氢吸附是形成该凹面结构的主要原因。DFT 计算表明，当氢物种的覆盖率达到 2 个单层时，新沉积的原子在棱边位会更加稳定，最终导致凹面结构的形成。

通过调控方波电位的上、下限，可以控制制备一系列不同表面结构的高指数晶面纳米晶[25]。如在 2 mmol/L H_2PtCl_6 + 0.1 mol/L H_2SO_4 溶液中方波电位电沉积，固定方波电位的下限为 0.12 V，将上限电位由 1.00 V 逐渐提高到 1.05 V、1.07 V、1.09 V，则分别得到由{730}晶面围成的 Pt 二十四面体、{15, 5, 3}六八面体、{12, 4, 3}六八面体和{7 2 2}偏方三八面体。同样，固定方波上限电位为 1.05 V，将下限电位由 0.06 V 逐渐提高到 0.12 V、0.14 V、0.15 V，Pt 纳米晶的形貌也发生同样的变化(图 5.11)。提高方波电位的上限会增加氧物种对表面低配位的扭结位 Pt 原子的刻蚀，因此，随方波上限电位的提高，Pt 纳米晶表面高指数晶面的扭结位原子密度降低。而提高方波下限电位可以降低低配位 Pt 原子的沉积速率(等效于增加了氧物种对低配位原子的刻蚀)，因此 Pt 纳米晶的形状和表面结构随方波的上、下限电位的变化而变化。

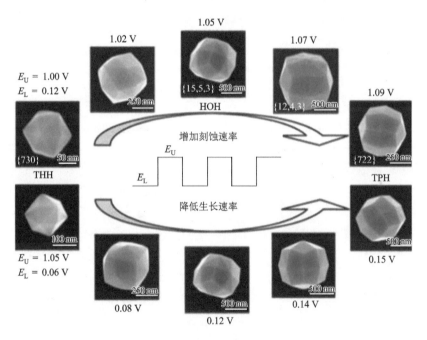

图 5.11　通过增加方波电位的上限或下限来控制制备不同形状与表面结构的 Pt 纳米晶：从二十四面体到六八面体再到偏方三八面体[25]

运用方波电位方法，还可以将 Pt 二十四面体转变为 Pt 截角复四方柱[26]，如图 5.12 所示。首先在 2 mmol/L H_2PtCl_6 + 0.1 mol/L H_2SO_4 溶液中方波电沉积(E_L = 0.10 V，E_U = 1.00 V)制备出由{730}晶面围成的 Pt 二十四面体，然后继续在上述溶液中，改变方波电位的上、下限(E_L = 0.08 V，E_U = 1.15 V)，经过 20 min，Pt 二十四面体转变为由{310}围成的 Pt 截角复四方柱。(730)晶面由一个(310)和两个(210)组成,也就是说,Pt 二十四面体变为截角复四方柱后,表面台阶原子的密度变小。这可能是由于相对于制备 Pt 二十四面体的上限电位,转变为 Pt 截角复四方柱的上限电位更高(1.15 V),增加了氧物种对表面低配位台阶原子的刻蚀,导致台阶原子密度降低。

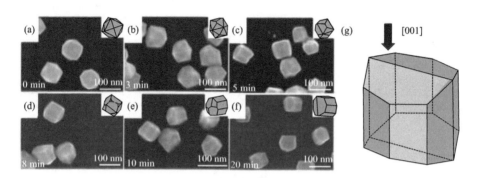

图 5.12　(a)~(f)方波电位作用下 Pt 二十四面体纳米晶逐渐转变为截角复四方柱,不同时间的
SEM 图及几何模型图;(g)表面为{310}晶面的 Pt 截角复四方柱的几何模型图[26]

　　需要指出的是,以上制备的高指数晶面 Pt 纳米晶的尺寸都相对较大(>20 nm),并且大部分是沉积在玻碳电极上,而实际应用的 Pt 纳米催化剂通常负载在碳黑上。减小催化剂的粒径可以显著提高贵金属的利用率,但制备高指数晶面结构的小粒径催化剂是一个挑战。对小粒径的 Pt 纳米粒子施加合适的方波电位,可以实现 Pt 纳米粒子的形貌转变,形成小粒径的 Pt 二十四面体。Z. Y. Zhou 等以棱长为 10 nm 的 Pt 立方体为前驱体,在 0.1 mol/L H_2SO_4 溶液中对其进行方波电位($E_L = -0.25$ V,$E_U = 1.0$ V)处理 2 min,就可以得到形状完美的 Pt 二十四面体纳米晶[图 5.13(a)~(d)][27]。图 5.13(b)是 Pt 立方体的 TEM 图,图 5.13(d)是转变形成的 Pt 二十四面体。相应的晶面由{100}变为{310}晶面,粒径由 10 nm 变为13 nm。如果对更小粒径的 Pt 纳米粒子进行方波电位处理,有望制得更小的 Pt 二十四面体。

　　Z. Y. Zhou 等以不溶于水的 Cs_2PtCl_6 纳米粒子为前驱体,通过对其在 0.1 mol/L H_2SO_4 溶液中方波电位处理($E_L = -0.30$ V,$E_U = 1.20$ V),在玻碳电极表面制备出负载在碳黑上的高指数晶面 Pt 纳米晶(HIF-Pt/C)[28],如图 5.13(e)所示,其粒径较小(2~10 nm),与商业 Pt 催化剂的尺寸相当。球差校正高分辨透射电镜(HRTEM)表明所制备的 HIF-Pt/C 表面具有高密度的台阶位点,如{110}、{210}、{310}等,但纳米晶的形状不太规则[图 5.13(f)]。与商业 Pt/C 催化剂相比,HIF-Pt/C 的循环伏安曲线中氧的吸脱附电量更大,也说明其表面含有更多的台阶原子。

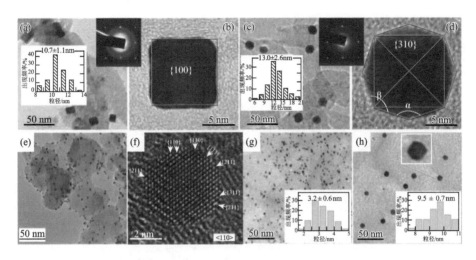

图 5.13　(a)，(b)方波电位处理前负载于碳纳米管的 Pt 纳米立方体[27]；(c)，(d)方波电位处理后生成的 Pt 二十四面体纳米晶[27]；(e)HIF-Pt/C 的 TEM 图[28]；(f)HIF-Pt/C 的球差校正 HRTEM 图[28]；(g)方波电位处理前负载于石墨烯上的 Pt 纳米粒子[29]；(h)方波电位处理后生成的 Pt 二十四面体[29]。所有坐标插图为纳米粒子粒径的统计分布

　　S. Liu 等采用粒径为 3.2 nm 的负载于石墨烯的 Pt 纳米粒子 [图 5.13(g)]，在 10 μmol/L H_2PtCl_6 + 0.1 mol/L H_2SO_4 的溶液中，对其进行方波电位($E_L = -0.30$ V，$E_U = 1.11$ V)处理 150 s，制得形状完美的小粒径 Pt 二十四面体 [图 5.13(h)] [29]。该 Pt 二十四面体由{210}高指数晶面围成，粒径仅为 9.5 nm。形成二十四面体的原因是方波电位诱导的氧在 Pt 表面的反复吸脱附。选用 3.2 nm 的 Pt 纳米粒子为种子和非常稀的 Pt 前驱体溶液是制备小粒径 Pt 纳米晶的关键。如果没有 3.2 nm 的 Pt 纳米粒子，在非常稀的 Pt 前驱体溶液中进行方波电位沉积，则得不到 Pt 纳米粒子；如果溶液中 H_2PtCl_6 浓度大于 10 μmol/L，则难以得到粒径小于 10 nm 的 Pt 二十四面体。这个方法同样适合于对商业 Pt/C 催化剂进行表面改造，如在 10 μmol/L H_2PtCl_6 + 0.1 mol/L H_2SO_4 的溶液中，对商业 Pt/C 催化剂进行方波电位 ($E_L = -0.30$ V，$E_U = 1.15$ V)处理 150 s，使催化剂的表面转变为{320}等高指数晶面，同时提高了对乙醇电氧化反应的质量活性和稳定性。

　　除了在水溶液中，在低共熔溶剂(DES)中也可以通过方波电位方法制得高指数晶面结构的 Pt 纳米晶催化剂。L. Wei 等在 DES 中调控制得了 Pt 凹二十四面体[30]，其制备过程为：在 80℃的 19.3 mmol/L H_2PtCl_6/DES 溶液中，玻碳电极电位从 1.20 V(vs. Pt)阶跃至 −1.50 V 并维持 1 s，以在玻碳电极表面生成 Pt 晶核；然后施加方波电位，上、下限电位分别为 −0.30 V 和 −1.30 V(vs. Pt)，频率 f = 10 Hz。制得的 Pt 凹二十四面体的形貌如图 5.14(a)、(b)所示。通过高倍 SEM 可以看到，合成的 Pt 纳米晶呈内凹立方体的形状(即凹二十四面体)，Pt 凹二十四面体由高指数晶面{hk0}(h>k>0)围成。运用 AFM 测出内凹面与(001)面的夹角，从而确定 Pt 凹二十四面体的晶面主要是{10, 1, 0}和{910}。作者认为这种内凹结构的形成与 DES 的组成及性质有关。

图 5.14　低共熔溶剂中制备的 Pt 凹二十四面体的低倍 SEM 图(a)和高倍 SEM 图(b)[30]；Pt 三角化二十面体的 SEM 图(c)和 TEM 图(d)[31]

　　L. Wei 等还在 DES 中调控合成出 Pt 三角化二十面体纳米晶[31]，其制备过程为：在 80℃的 19.3 mmol/L H_2PtCl_6/DES 溶液中，对玻碳电极施加 −1.80 V(vs. Pt)的电位并停留 45 s，以在玻碳表面生成大量 Pt 晶核；紧接着施加方波电位，上、下限电位分别为 0.30 V 和 −1.30 V(vs. Pt)，频率 f = 10 Hz。生成的三角化二十面体纳米晶如图 5.14(c)所示，其表面为{771}高指数晶面［图 5.14(d)］。控制其他条件不变，改变方波上限电位为 0 V，则得到 Pt 内凹立方体。上限电位为 0.20～0.40 V 时，均可以得到 Pt 三角化二十面体。三角化二十面体的形成可能与方波上限电位时 DES 中的尿素对 Pt{hhl}晶面的选择性吸附有关，这种吸附受电位的影响。方波的下限电位对 Pt 纳米晶的形状也有明显的影响。这些结果表明三角化二十面体的形成受到方波下限电位时 Pt 的生长及上限电位时尿素对 Pt 表面的选择性吸附的共同影响。

5.2.2　Pd 纳米晶

　　使用电化学方波电位方法可以从溶液中直接电沉积制备出高指数晶面结构的

Pd 纳米晶。Pd 二十四面体[17]的制备过程为：在 0.2 mmol/L PdCl$_2$ + 0.1mol/L HClO$_4$ 的前驱体溶液中，先在–0.10 V 下停留 20 ms 以在玻碳电极表面形成 Pd 晶核；紧接着施加方波电位，上、下限电位分别为 0.70 V 和 0.30 V，频率 f = 100 Hz。图 5.15(a)，(b)，(c)分别是所制备的 Pd 二十四面体纳米晶的 SEM 图、TEM 图和 SAED 图，其表面为{730}晶面。运用方波电位方法，还可以制备其他类型高指数晶面围成的 Pd 纳米晶，如在 ITO 基底上制备的{hkk}晶面围成的 Pd 偏方三八面体［图 5.15(d)，(e)］和{hkl}晶面围成的 Pd 凹六八面体［图 5.15(f)］[21]。

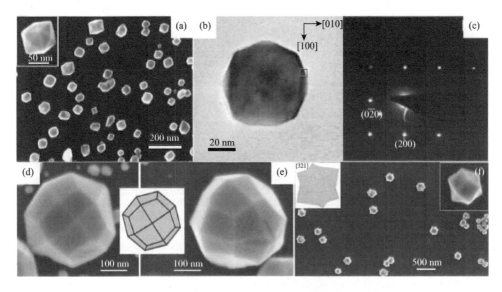

图 5.15　Pd 二十四面体[17]的 SEM 图(a)、沿[001]方向的 TEM 图(b)、SAED 图(c)；Pd 偏方三八面体[21]的 SEM 图(d)，(e)和几何模型图（插图）；Pd 凹六八面体[21]的 SEM 图及几何模型图(f)

与铂纳米棒相似，高指数晶面结构的五重孪晶 Pd 纳米棒[32]也可以通过方波电位方法制备。通过改变方波电位的上、下限，可以得到两种晶面类型的 Pd 纳米棒：在 5 mmol/L PdCl$_2$ + 0.1 mol/L HClO$_4$ 前驱体溶液中进行方波电位电沉积，当方波电位 E_L = –0.15 V，E_U = 0.65 V 时，生成五棱锥形状的 Pd 纳米棒，其表面为{10, 1, 1}～{15, 1, 1}晶面；当 E_L = 0.15 V，E_U = 0.85 V 时，生成十棱双锥形状的 Pd 纳米棒，其表面为{310}～{610}晶面。高指数晶面的形成与方波电位作用下氧物种在 Pd 表面的反复吸脱附有关。上、下限电位较高时形成的纳米棒表面台阶原子的配位数更低（{hk0}和{hkk}晶面台阶原子的配位数分别为 6 和 7）。

　　虽然铂族金属的各种类型的高指数晶面围成的纳米晶都已有报道，但对纳米晶表面高指数晶面的连续、精细调控仍难以实现。N. F. Yu 等运用方波电位方法，通过调控方波电位，实现了对 Pd 纳米晶表面结构的精细调控[37]。在 0.1 mmol/L $PdCl_2$ + 0.1 mol/L $HClO_4$ 的前驱体溶液中，当方波下限电位为 0.30 V、上限电位为 0.65 V 时，得到由 {100} 晶面围成的 Pd 立方体。固定方波的下限电位不变，将上限电位升高到 0.70 V，0.71 V，0.72 V，0.73 V 和 0.74 V，分别得到由 {11, 3, 0}，{10, 3, 0}，{930}，{830} 和 {730} 围成的 Pd 二十四面体。图 5.16 是这些 Pd 纳米晶的 SEM、TEM 及相应晶面的原子排列模型图。这些 Pd{hk0} 晶面都是以 (100) 为平台，(110) 为台阶。随方波上限电位的增大，得到的纳米晶的表面台阶原子密度增大。这些粒径可控、表面结构精细可调的纳米晶可用作模型催化剂米研究构效规律。

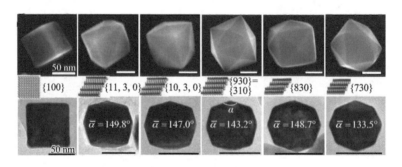

图 5.16　通过改变方波的电位上限实现对 Pd 纳米晶表面结构的连续调控[33]

　　高指数晶面围成的 Pd 纳米晶也可以在低共熔溶剂中合成。L. Wei 等在低共熔溶剂中调控制备了 Pd 凹六角化二十面体[34]，其制备过程为：在 60℃ 下 1 mmol/L $PdCl_2$/DES 前驱体中，所施加方波电位的上、下限分别为 0.05 V 和 −0.40 V，频率 f = 100 Hz，生长时间为 45 min，得到的 Pd 凹六角化二十面体如图 5.17 所示，其表面由 120 个 {631} 高指数晶面围成。方波上限电位对制备的 Pd 纳米晶的形貌影响很大，保持方波下限电位不变，降低上限电位为 −0.05 V，则得到由 {111} 晶面围成的八面体和十面体。这可能与 DES 中的尿素在 Pd 表面的吸附有关，DES 的吸附会阻碍 Pd 某些晶面的生长。原位红外光谱实验中，将多晶 Pd 电极浸入 DES 中，在 0.05 V 时可以检测到吸附态尿素的红外光谱吸附峰，而在 −0.05 V 时则没有检测到，这表明尿素在 Pd 表面的吸附受电位的影响，也说明八面体和十面体的形成与尿素无关，而 Pd 凹六角化二十面体的形成与尿素吸附有关。

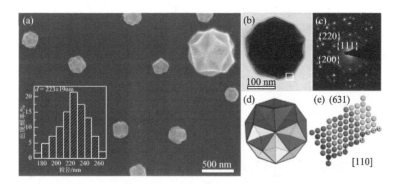

图 5.17　Pd 凹六角化二十面体的 SEM 图(a)，TEM 图(b)，SAED 图(c)，
几何模型图(d)；Pd(631)晶面的原子排列模型图(e)[34]

5.2.3　Rh 纳米晶

Rh 的表面能很高，约为 Pt、Pd 的 2 倍。因此，制备高指数晶面围成的 Rh 纳米晶非常困难。N. F. Yu 等运用方波电位方法成功制备了 Rh 二十四面体[35]，其制备过程为：在 1 mmol/L Na_3RhCl_6 + 0.1 mol/L H_2SO_4 前驱体溶液中，施加 1.20 V 的电位以清洁玻碳电极表面；然后电位阶跃到 −0.40 V 维持 40 ms，使玻碳表面产生大量晶核；紧接着施加方波电位，上、下限分别为 0.70 V 和−0.07 V，频率 f = 100 Hz，45 min 时可以得到完美的 Rh 二十四面体。图 5.18 是所制备的 Rh 二十四面体的 SEM、TEM 和 SAED 图，其平均粒径为 53.3 nm，表面为{830}晶面，图 5.18(e)为(830)晶面的原子排列模型图。与 Pt 相比，制得 Rh 二十四面体的电位窗口非常窄，升高或降低方波电位的上限或下限 30 mV，则得不到完美的 Rh 二十四面体。这可能与氧在 Rh 表面的吸附可逆性很差有关。在方波电位作用下，氧物种在 Rh 表面的反复吸脱附诱导形成{$hk0$}晶面以及{$hk0$}表面氧物种的吸附对表面能的降低是 Rh 二十四面体形成的原因。

5.2.4　合金纳米晶

采用方波电位方法，Y. J. Deng 等制备了具有高指数晶面结构的合金 Pd-Pt 二十四面体[36]，其形貌如图 5.19 所示。前驱体溶液为 200 μmol/L $PdCl_2$ + 20 μmol/L K_2PtCl_6 + 0.1 mol/L $HClO_4$，施加的方波电位上、下限分别为 0.71 V 和 0.31 V，频率 f = 100 Hz，施加方波电位时间为 30 min 时，制得 $Pd_{0.90}Pt_{0.10}$ 二十四面体纳米晶，其表面为{10 3 0}晶面。改变前驱体溶液中 K_2PtCl_6 的浓度分别为 0 μmol/L，5 μmol/L，10 μmol/L，20 μmol/L，30 μmol/L 和 40 μmol/L，可以分别得到不同比例的 Pd-Pt

二十四面体：Pd，$Pd_{0.94}Pt_{0.06}$，$Pd_{0.92}Pt_{0.08}$，$Pd_{0.90}Pt_{0.10}$，$Pd_{0.86}Pt_{0.14}$，$Pd_{0.82}Pt_{0.18}$。EDS元素分布表明 Pd、Pt 在合金中分布较均匀，Pt 在棱角位置稍有富集。XPS 分析和以吸附态 CO 为探针分子的电化学原位红外光谱实验表明 Pd-Pt 二十四面体的表面组成与体相组成相近。Pt 和 Pd 的晶格失配度较小，因此可以形成合金。Pd-Pt合金中 Pt 的含量较少，制备 Pd-Pt 合金的方波电位与制备 Pd 二十四面体的电位类似，因此得到的形状也为二十四面体。

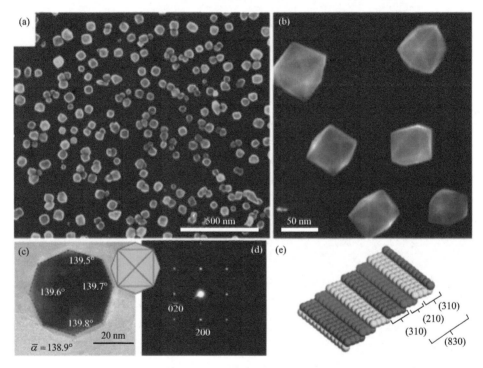

图 5.18　Rh 二十四面体的低倍 SEM 图 (a)，高倍 SEM 图 (b)，TEM 图 (c)，SAED 图 (d)；Rh(830)
晶面的原子排列模型图 (e)[35]

　　J. X. Tang 等采用方波电位方法制备了高指数晶面结构的合金 Pd-Pt 纳米线（图 5.20）[37]。纳米线的制备没有使用添加剂或模板，制备过程为：在 1.2 mmol/L H_2PdCl_4 + 0.3 mmol/L K_2PtCl_6 + 0.1 mol/L H_2SO_4 的前驱体溶液中，将电位设置到 1.20 V 维持 2 s 以清洁玻碳电极表面；然后电位阶跃到 −0.30 V 维持 20 ms 以在玻碳电极表面生成大量的晶核；紧接着施加方波电位，上限电位为 1.10 V，下限电位为 −0.24 V，频率 f = 100 Hz，30 min 时，制得 Pd_1Pt_1 纳米线。降低方波上限电位至 1.0 V 和 0.9 V，则分别得到 Pd_2Pt_1 和 Pd_3Pt_1 合金纳米线。图 5.20 是 Pd_1Pt_1 纳米线的 SEM 和 TEM 图像，纳米线直径约 30 nm，长度可达 10 μm。纳米线为单

晶结构，其表面为锯齿状形貌，通过 HRTEM 确定 Pd_1Pt_1 纳米线表面为{211}、
{311}、{322}等高指数晶面。

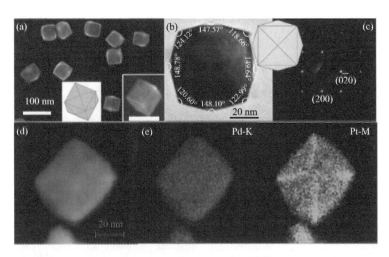

图 5.19　$Pd_{0.90}Pt_{0.10}$ 合金二十四面体的 SEM 图(a)，TEM 图(b)，SAED 图(c)，STEM 图(d)和
Pd、Pt 的 EDS 元素分布图(e)[36]

图 5.20　Pd_1Pt_1 合金纳米线的 SEM 图(a)，TEM 图(b)，HRTEM 图(c)，EDS 元素分布图(d)[37]

　　采用方波电位方法，N. Tian 等制备了高指数晶面结构的合金 Pt-Rh 二十四面体和 Pt-Rh 偏方三八面体[38]，其形貌如图 5.21 和图 5.22 所示。Pt-Rh 二十四面体和 Pt-Rh 偏方三八面体的制备过程相似，都是在 400 μmol/L K₂PtCl₆ + 20 μmol/L RhCl₃ + 0.1 mol/L H₂SO₄ 的前驱体溶液中进行方波电位沉积，两者的上限电位均为 1.10 V，不同之处在于制备 Pt-Rh 二十四面体的下限电位为 0.05 V，Pt-Rh 偏方三

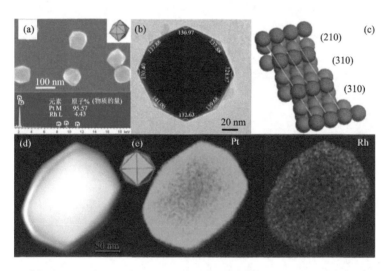

图 5.21　合金 Pt-Rh 二十四面体的 SEM 图(a)，TEM 图(b)，Rh(830)晶面的原子排列
模型图(c)，STEM 图(d)和 Pt、Rh 的 EDS 元素分布图(e)[38]

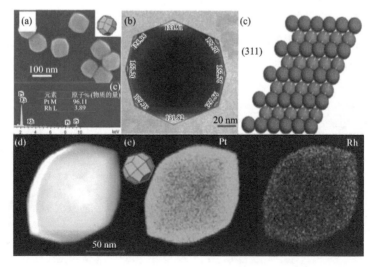

图 5.22　合金 Pt-Rh 偏方三八面体的 SEM 图(a)，TEM 图(b)，Rh(311)晶面的原子排列
模型图(c)，STEM 图(d)和 Pt、Rh 的 EDS 元素分布图(e)[38]

八面体的下限电位为 0.08 V。合金中 Pt、Rh 元素分布较均匀，Rh 的比例为 4%。更高 Rh 含量的 Pt-Rh 合金难以制得，这可能是由于 Rh 的表面能很高且 Rh 与 Pt 的晶格失配度相对较大(3%)有关。Pt-Rh 高指数晶面纳米晶的形成与方波电位作用下氧在金属表面的反复吸脱附有关。

5.3　湿化学法合成高指数晶面结构纳米晶

湿化学法是制备金属纳米粒子最常用的方法。该方法是在一定浓度的盐溶液中加入适当的还原剂，使金属离子还原成金属纳米粒子。为了实现形状控制，溶液中通常需要加入一些表面活性剂或者其他添加剂，通过其在粒子表面某些晶面择优吸附或者选择性地刻蚀晶面，调控各晶面相对生长速率，同时防止金属纳米粒子的团聚。常见的添加剂有聚乙烯吡咯烷酮(PVP)、聚甲基丙烯酸、十六烷基三甲基溴化铵(CTAB)、十六烷基三甲基氯化铵(CTAC)、十二烷基硫酸钠(SDS)及一些具有刻蚀作用的无机离子(如 Fe^{3+}、Cl^-、Br^-)和 O_2 等。通过改变金属前驱体和添加剂的浓度、相对比例及金属离子还原速率，就可以实现对金属纳米晶的形状和表面结构的控制[39]。

下面以金属种类分别进行阐述。

5.3.1　Pt 纳米晶

X. Q. Huang 等首先通过湿化学法合成了凹面 Pt 纳米晶［图 5.23(a)］[40]，该纳米晶主要由{411}高指数晶面围成，图 5.23(b)为(411)晶面的原子排列模型图。甲胺的使用是形成凹面 Pt 纳米晶的关键，通过红外光谱可观察到 Pt 纳米晶表面胺的配位，胺的配位稳定了 Pt 表面的低配位原子而形成了高指数晶面。

L. Zhang 等以乙酰丙酮铂为前驱体，使用辛胺作为溶剂和吸附剂合成了 Pt 多极子［图 5.23(c)］[41]，Pt 多极子的侧面为{211}高指数晶面。向合成溶液中加入甲醛，则得到 Pt 凹立方体，其表面为{411}高指数晶面。红外光谱结果表明，在 Pt 多极子和 Pt 凹立方体表面均可检测到有机胺的 C—N 伸缩振动峰，而仅在 Pt 凹立方体表面可检测到 CO 的吸附峰，因此他们认为胺吸附在单原子台阶位而形成{211}晶面，而随着甲醛的加入，甲醛分解形成的 CO 会稳定{100}平台而形成{411}晶面。

B. Y. Xia 等也通过湿化学法合成了由{740}高指数晶面围成的 Pt 凹立方体纳米晶[42]，如图 5.23(d)所示。油胺和 N, N-二甲基甲酰胺（DMF）的存在是制备的关键，只有合理控制油胺和 DMF 的比例，才能得到 Pt 凹立方体。

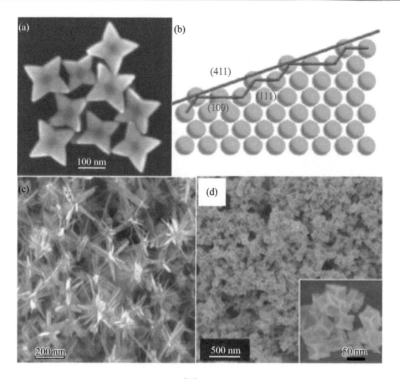

图 5.23　(a)凹面 Pt 纳米晶的 SEM 图[40]；(b)Pt(411)晶面的原子排列模型图[40]；
(c)Pt 多极子的 SEM 图[41]；(d)Pt 凹立方体的 SEM 图[42]

5.3.2　Pd 纳米晶

Pd 作为一种优良的金属催化剂材料，Pd 纳米粒子的形状控制合成得到了广泛的研究。通过湿化学法可以制备出高指数晶面结构的 Pd 凹纳米晶。M. S. Jin 等通过在 Pd 立方体种子上的择优生长得到了由{730}晶面围成的 Pd 凹立方体［图 5.24(a)，(b)］[43]。制备 Pd 凹立方体的关键是通过降低 Na$_2$PdCl$_4$ 的浓度，减慢前驱体扩散到 Pd 种子表面的速率，以及降低 KBr 的浓度或增大抗坏血酸(AA)的浓度以加快前驱体的还原速率，从而诱导 Pd 在立方体的角及棱上的择优生长。

有别于通常使用吸附剂来调控晶面的表面能而制备高指数晶面纳米晶，H. X. Lin 等通过调控晶体生长过程中生长基元的过饱和度而制备了高指数晶面结构的 Pd 纳米晶。他们使用抗坏血酸还原 H$_2$PdCl$_4$，不使用 CTAC 时，得到由{730}高指数晶面围成的Pd二十四面体[图 5.24(c)，(d)][44]，在 CTAC 存在时得到的是 Pd{100}立方体。这是由于 CTAC 中的 Cl$^-$会与 Pd^{2+}配位而抑制前驱体的还原速率，从而导致生长基元过饱和度的降低而生成低指数晶面的纳米晶。由于 Br$^-$与 Pd^{2+}的配位能力比 Cl$^-$强，他们还通过提高 CTAB/CTAC 的比例，降低 Pd^{2+}离子的还原速率，相应地，{730}高指数晶面围成的 Pd 凹立方体逐渐变为晶面指数相对较低的微凹立方体(如图 5.25)[45]。

图 5.24 (a) Pd 凹立方体的 SEM 图[43]；(b) Pd 凹立方体的 TEM 图[43]；(c) Pd 二十四面体的 SEM 图[44]；(d) Pd 二十四面体的 TEM 图[44]

随CTAB/CATC比例的增加，过饱和度降低，内凹程度降低

图 5.25 Pd 凹立方体纳米晶的内凹程度随 CTAB/CTAC 比例的变化而变化：(a)和(b) 4 : 1；(c)和(d) 1 : 1；(e)和(f) 1 : 4[45]

5.3.3　Au 纳米晶

与 Pt、Pd 相比，高指数晶面结构的 Au 纳米晶的化学合成相对容易，这主要是由于 Au 的表面能明显小于 Pt、Pd，且 Au 低指数晶面与高指数晶面的表面能相差较小，因此关于高指数晶面结构 Au 纳米晶制备的报道很多。

M. Z. Liu 等用种子法(溶液中含有 Ag[+])制备了由{110}及{100}晶面围成的单晶 Au 纳米棒和五重孪晶结构的拉长的 Au 纳米双锥，Au 纳米双锥的表面为{711}高指数晶面[46]。他们提出了 Au 高能表面的形成机理：在反应溶液中，抗坏血酸的弱还原作用会诱导 Ag 在 Au 表面发生欠电位沉积。由于{110}、{711}这种开放结构表面的功函更大，因此，欠电位沉积的银单层膜更容易在{110}或{711}表面形成而稳定这些晶面，减慢它们的生长速率，最终得到由{110}和{711}晶面围成的纳米晶。

T. Ming 等基于种子法首次合成了 Au 二十四面体[47]，他们以 CTAB 为稳定剂，溶液中含 AgNO₃ 和 Au 种子，用抗坏血酸还原 HAuCl₄ 制备出拉长的 Au{730}二十四面体［图 5.26(a)］。Au 二十四面体的形成受 Au 种子的浓度和溶液 pH 的影响，当 Au 种子的体积低于 5 μL、溶液的 pH 小于 1.5 时，形成完美的 Au 二十四面体。J. Li 等以双十二烷基二甲基溴化铵(DDAB)和 CTAB 为稳定剂，以 AA 为还原剂，通过种子法制备了由{520}晶面围成的二十四面体［图 5.26(b)］[48]。Au 二十四面体的成功制备与 DDAB 和 CTAB 的比例和溶液的 pH 密切相关，当 CTAB/DDAB = 4、溶液的 pH 为 2.7 时，能够得到完美的 Au 二十四面体。J. Zhang 等用 CTAC 代替 CTAB，制得由{720}晶面围成的 Au 凹二十四面体[49]，当使用 CTAB 做稳定剂时，得到 Au 凸二十四面体。T. T. Tran 等以 CTAB 为稳定剂，以 AA 为还原剂，同样也在 Ag[+]存在的条件下制备了 Au(截角)二十四面体［图 5.26(c)］[50]。

M. L. Personick 等[51]也用种子法，利用 Ag 在 Au 表面的欠电位沉积，以抗坏血酸作为还原剂，在 CTAC 存在的条件下通过调节前驱体中 Ag[+]/Au[3+]浓度的比例，合成了不同晶面围成的 Au 纳米晶。当 Ag[+]/Au[3+](浓度比)分别为 1∶500、1∶50、1∶12.5 和 1∶5 时，相应得到 Au{111}八面体，{110}菱形十二面体，{310}截角复四方柱［图 5.26(d)］和{720}凹立方体［图 5.26(e)］。XPS 和 ICP-AES 实验的定量数据表明，除八面体是热力学稳定的形状外，其他的三种形状都是由于 Ag[+] 在 Au 纳米晶表面的欠电位沉积减慢了相应晶面的生长速率而得到的。T. T. Tran 等以聚二烯丙基二甲基氯化氨(PDDA)为稳定剂，EG 为还原剂，制备了{310}高指数晶面围成的 Au 截角复四方柱[图 5.26(f)][50]。Ag 的欠电位沉积会使 Au 纳米晶形成{110}晶面，而 Pd 的沉积会使 Au 纳米晶形成{100}晶面。当前驱体中的 Au/Pd/Ag 摩尔比为 15∶1∶1.6 时，制得较完美的 Au 截角复四方柱。

　　以上六个用种子法制备高指数晶面结构Au纳米晶的例子中都有用到AgNO₃，这些高指数晶面的形成机理可能与 M. Z. Liu 等[46]提出的类似。

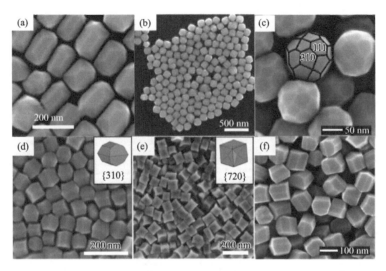

图 5.26　Au 纳米晶的 SEM 图。(a)拉长的二十四面体[47]；(b)二十四面体[48]；(c)截角二十四面体[50]；(d)截角复四方柱[51]；(e)凹立方体[51]；(f)截角复四方柱[50]

　　J. W. Hong 等以抗坏血酸为还原剂，以 CTAC 为稳定剂，采用种子法制备了 Au 凹六八面体 [图 5.27(a)][52]。Au 凹六八面体的生长受动力学影响，稳定剂中的 Cl⁻对 Au 凹六八面体的形成至关重要，同时反应温度和还原剂的浓度也影响着 Au 凹六八面体的形成，作者发现在较高的反应温度及高浓度的抗坏血酸还原剂条件下更容易形成完美的 Au 凹六八面体。之后，Y. Yu 等用种子法，同样以 CTAC 为吸附剂，合成了由{hhl}高指数晶面围成的 Au 凹三八面体[53]。他们认为 Au 凹三八面体的形成过程为动力学控制，两个主要控制因素为 CTA⁺在高指数晶面上择优吸附和合适的还原速率。

　　除种子法外，H. G. Liao 等通过调整 DES 中水的含量，制备出了雪花形、星形和刺状的 Au 纳米晶[54]。当 DES 中水的含量为 5000 ppm（1 ppm = 10⁻⁶）时，得到星形 Au 纳米晶。图 5.27(b)是星形 Au 纳米晶的 SEM 图，它由{331}等高指数晶面围成。DES 在星形 Au 纳米晶的合成中起到液体模板和稳定剂的作用，L-抗坏血酸促进 Au 纳米晶的各向异性生长。W. X. Niu 等在二甲亚砜(DMSO)溶剂中合成了{311}晶面围成的 Au 偏方三八面体 [图 5.27(c)] 和双锥体 [图 5.27(d)][55]。结合 DFT 和 STM 研究，作者认为高指数晶面形成的主要原因在于 S 原子的作用，

DMSO 中的 S 原子具有孤对电子,能稳定地吸附在低配位的 Au 原子上,进而降低表面能。然而使用二甲基砜(DMSO₂)时却不能得到高指数晶面,这是由于 DMSO₂ 中 S 原子没有孤对电子,不能与低配位的 Au 原子稳定结合。Y. Y. Ma 等[56]以抗坏血酸为还原剂,CTAC 为表面活性剂,首次制备出了由{221}晶面围成的 Au 三角三八面体 [图 5.27(e)]。

图 5.27　Au 纳米晶的 SEM 图。(a)凹六八面体[52];　(b)星形纳米晶[54];　(c)偏方三八面体[56];　(d)双锥体[55];　(e)三角三八面体[56];　(f)六角星形纳米晶[58]

M. R. Langille 等系统研究了 Ag⁺ 和表面活性剂(CTAC 和 CTAB)对金纳米粒子形貌的影响[57]。他们的研究结果和 M. Z. Liu 等[46]的一致,表明 Ag 的欠电位沉积导致了 Au 高指数晶面的产生。他们的研究表明无 Ag⁺ 时,控制产物生长的主要因素是反应速率。慢的反应速率产生低指数晶面,可以通过减少还原剂抗坏血酸的量,或加入大量的卤素离子来实现。相应地,较快的反应速率导致高指数晶面的产生。当 Ag⁺ 与痕量卤素离子存在时,Ag 的欠电位沉积依然是高指数晶面形成的原因。当卤素离子的浓度较高时,卤素离子与金表面有更强的键合,导致银的覆盖度较低,此时高指数晶面仍可以生成。卤素的影响主要表现在对还原速率的影响,当还原速率较快时,主要在角位置沉积而形成凹立方体,当还原速率较慢时,形成热力学更加稳定的凸二十四面体。

此外,Q. N. Jiang 等以 PDDA 为吸附剂,通过 AA 还原 HAuCl₄ 溶液,制备了{hkl}高指数晶面(主要为{541})围成的六角星形 Au 纳米晶 [图 5.27(f)] [58],这种高指数晶面上含有扭结位。谢兆雄课题组不使用表面活性剂合成了不同形貌的 Au 纳米晶[44]。他们使用 CTAB 作为封端剂,并以粒径较小的八面体作为晶种,通过加入相同量的 Au 前驱体(HAuCl₄)，但加入方式不同，即每次 0.015 mL 分 10 次加入，每次 0.030 mL 分 5 次加入，和 1 次性加入 0.15 mL，如图 5.28(a)所示。前驱体 HAuCl₄ 加入速率越快，其还原速率越快。从图 5.28(a)可观察到，随着溶液中 Au 前驱体还原速率增加，产物从由{111}晶面围成的八面体变为由{111}和{100}围成的立方八面体，最后变为{100}立方体。这表明，更快的还原速率会导致更高的过饱和度而形成{100}晶面。为了进一步提高生长速率以获得更高表面能的 Au 纳米晶，他们在生长溶液中添加了 NaOH 溶液，如图 5.28(b)所示，随着 NaOH 溶液量的增加，Au 纳米晶的形貌由立方体转变为{331}三八面体，最后变为{110}菱形十二面体。这些结果表明较高的过饱和度导致较高表面能晶面的形成。应当指出，过饱和度不能无限增加，因为当过饱和度过高时会发生二次成核。

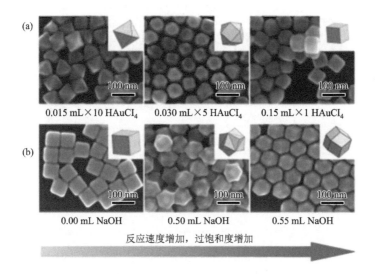

图 5.28　通过改变过饱和度调控 Au 纳米晶的形状[44]。(a)以 Au 八面体为种子，随着增大前驱体 HAuCl₄ 的加入速率，Au 纳米晶的形状由八面体到立方八面体，再到立方体；(b)以立方体为种子，添加不同体积的 NaOH 溶液，Au 纳米晶的形状由立方体到三八面体再到菱形十二面体

5.3.4　合金纳米晶

L. Zhang 等报道了 Cu²⁺辅助的高指数晶面结构 Au-Pd 合金凹六八面体的湿化学法合成［图 5.29(a)］[59]。该 Au-Pd 合金纳米晶由 48 个{431}晶面围成，其大小约为 55 nm。ICP-AES 结果表明 Au-Pd 合金凹六八面体中 Cu 含量为 0.2%，XPS 也观察到 Cu⁰ 的信号。Cu 的欠电位沉积不但使 Au-Pd 合金得以形成，而且改变了

Au-Pd 合金的表面能，而形成了 {*hkl*} 高指数晶面。十八烷基三甲基氯化铵（OTAC）和乙二醇作为吸附剂对高指数晶面的形成起辅助的作用。Au-Pd 合金的形成机理为：$AuCl_4^-$ 首先被还原形成 Au，但 $AuCl_4^-$ 通常在 $PdCl_4^{2-}$ 之前还原而难以形成合金结构，而 Cu^{2+} 存在时 Cu 会欠电位沉积在 Au 上，$PdCl_4^{2-}$ 通过与 Cu 电荷置换沉积在 Au 上，同时 $AuCl_4^-$ 发生还原，这样形成 Au-Pd 合金。

图 5.29　(a) Au-Pd 合金凹六八面体的 SEM 图；(b) 不同角度的 SEM 图和对应的几何模型图；(c) Au 和 Pd 的 EDS 元素分布图[59]

Y. Y. Jia 等随后报道了高指数晶面结构的 $PtCu_3$ 合金凹菱形十二面体的湿化学合成（图 5.30）[60]，该纳米晶表面为 {110} 晶面。其粒径约 50 nm，比表面积为 77 m^2/g。他们认为该纳米晶的形成与表面活性剂 CTAC 以及正丁胺的存在密切相关，减小正丁胺的浓度，凹菱形十二面体会变为 {111} 八面体。

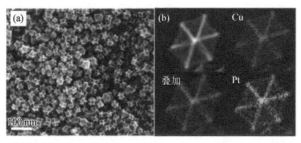

图 5.30　(a) $PtCu_3$ 合金凹菱形十二面体的 SEM 图；(b) STEM 图及 Cu 和 Pt 的 EDS 元素分布图[60]

　　N. Zhang 等通过湿化学法在 CTAC、油胺及葡萄糖存在下合成了组成可调的螺纹状 Pt-Cu 合金单晶纳米线[61]，如图 5.31 所示。合金纳米线的比例可以从 $PtCu_{0.9}$ 调控至 $PtCu_{2.1}$。依次加入 Pt 和 Cu 的前驱体是形成螺纹状纳米线的关键。首先形成 Pt 纳米线，Cu 前驱体加入后则形成螺纹结构，螺纹结构的形成可能与 Pt 前驱体和 Cu 前驱体的还原电势相差较大有关。增加 Cu 前驱体的量，则合金中 Cu 的含量增加，合金的螺纹量增多。通过 HRTEM 观察到该螺纹状 Pt-Cu 合金纳米线的表面为{221}、{331}、{110}等晶面。

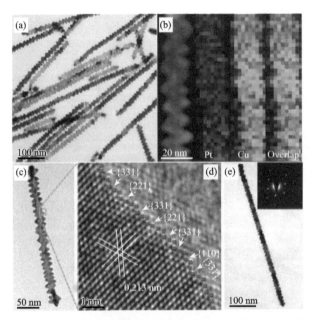

图 5.31　螺纹状 $PtCu_{1.8}$ 合金纳米线[61]的 TEM 图 ［(a)、(c)］；SAED 图及 Pt 和 Cu 的 EDS 元素分布图(b)；HRTEM 图(d)；TEM 图及对应的 SAED(e)

5.3.5　核壳结构纳米晶

　　C. L. Lu 等以 Au 立方体为种子制备了 Au-Pd 核壳结构的{730}晶面围成的二十四面体［图 5.32(a)］[62]。形成二十四面体的关键因素是 Cl⁻ 及 O_2 对 Pd 的氧化刻蚀作用和 CTAC 作为表面活性剂在低配位的 Pd 表面的吸附。在制备 Au-Pd 核壳结构二十四面体的过程中，氧化与还原反应交替进行。Y. N. Xia 等[39]曾提出 Cl⁻、Br⁻、Fe^{3+} 等存在下，O_2 对晶核或种子有氧化刻蚀作用。这样，在合成过程中，氧化刻蚀与化学还原同时存在。这也与电化学方波电位法中周期性的氧化还原过程类似。因此，如果在化学合成中可以调控化学还原与氧化刻蚀交替进行，则可以制得高指数晶面结构的纳米晶。

Y. Yu 等系统合成了三种高指数晶面类型的 Au@Pd 纳米晶［图 5.32(b)］[63]，包括{hhl}晶面围成的凹三角三八面体、{hkl}凹六八面体及{hk0}二十四面体。他们以 Au 凹三角三八面体为种子，在其表面同轴生长一层 Pd，通过调控 Pd/Au 比例及 NaBr 的浓度，可调控晶面的密勒指数。如 Pd/Au 比例为 1/4 时，得到{552}凹三角三八面体；Pd/Au 比例为 1/2 时，得到{432}凹六八面体；保持 Pd/Au 比例为 1/2，向溶液中加入 NaBr，则得到二十四面体。随 NaBr 加入量的增加，晶面可依次调控为{210}、{520}和{720}等，这与 Br⁻影响 Pd 前驱体的还原速率有关。F. Wang 等以拉长的 Au 二十四面体纳米晶为种子，合成了 Au@Pd 拉长的二十四面体纳米晶［图 5.32(c)］，Pd 壳层的厚度为 3 nm，其表面为{730}晶面；以 Au 三角三八面体为种子，制备了 Au@Pd 三角三八面体［图 5.32(d)］，Pd 壳层的厚度约为 5 nm，其表面为{221}晶面[64]。

图 5.32　种子法制备的 Au-Pd 核壳结构纳米晶的 SEM 图。(a) Au-Pd 二十四面体[62]；
(b) Au@Pd 凹三角三八面体、凹六八面体、二十四面体及它们的几何模型图[63]；
(c) Au@Pd 拉长的二十四面体[64]；(d) Au@Pd 三角三八面体[64]

5.4　固态化学法合成高指数晶面结构纳米晶

固态化学法也是形貌控制合成的一种有效方法。受去合金化思路的启示,L. L. Huang 等通过固态化学去合金法制备了 Pt,Pd,Rh,Ni,Co 的二十四面体[65],其粒径范围为 10~500 nm。

其具体的合成路线如图 5.33 所示:固态金属前驱体放置于硅片上置于管式炉中,外来金属 Sb,Bi,Pb 或 Te 置于燃烧舟中,在 Ar(或 Ar/H$_2$)气氛中≥900℃高温热处理。在这个过程中,外来金属首先与 Pt 形成合金,然后被蒸发除去,即去合金化,而得到由 {210} 高指数晶面围成的金属二十四面体。图 5.34 是得到的 Pt 二十四面体的 SEM 图和 TEM 图。该方法所制备的金属二十四面体不同程度地被低指数晶面所截。在这个合金化-去合金化制备二十四面体的过程中,去合金化是形成二十四面体的关键。该合成方法还可以将不规则形状的贵金属催化剂处理为高指数晶面结构的二十四面体,使得催化剂可以被循环利用。

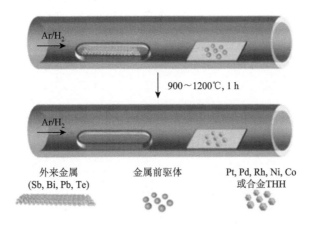

图 5.33　通过固态化学去合金法制备金属二十四面体纳米晶的过程示意图[65]

M. H. Wu 等[66]发展了一种预氧化-还原性气氛退火技术,可以将商业多晶 Cu 箔转化为高指数晶面的单晶 Cu 箔,其制备过程为:Cu 箔首先于 150~650℃空气中氧化 1~4 h,然后加热到 1020℃,在氩氢气氛中还原 3~10 h,最后自然冷却至室温。预氧化过程使 Cu 箔表面形成一层氧化物,Cu 与 Cu 氧化物界面的形成大幅度提高了高指数晶面"核"的形成概率;而之后的还原性气氛退火过程将动力学晶界消除,可实现该高指数晶面"核"的异常长大,从而制备出

高指数晶面的单晶 Cu 箔［图 5.35(a)］。制得的高指数晶面 Cu 箔的尺寸约 35×
21 cm², 晶面种类达 30 多种。通过 XRD 的特征峰确定了高指数晶面 Cu 箔的晶
面指数, 包括(113)、(133)、(233)等［图 5.35(b)］。利用制得的单晶 Cu 箔作
为"晶种", 可诱导多晶铜箔转化为与"晶种"具有相同晶向的单晶, 从而实
现了特定晶面的大尺寸单晶 Cu 箔和单晶 Cu 锭的定向制备。该方法对其他单晶
金属箔的制备具有普适性, 如制备出高指数晶面的单晶 Ni 箔, 包括 Ni(012)、
Ni(013)、Ni(355)等。

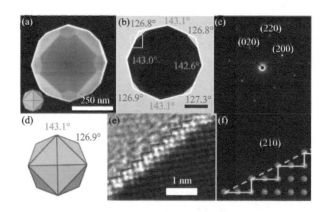

图 5.34　通过固态化学去合金法制备的 Pt 二十四面体[65]。(a)沿[100]晶轴的 SEM 图;
(b)沿[001]晶轴的 TEM 图; (c)SAED 图; (d)由{210}晶面围成的 Pt 二十四面体的
几何模型图; (e)HRTEM 图; (f)Pt(210)晶面的原子排列模型图

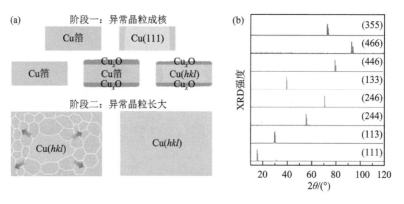

图 5.35　(a)不同晶面指数单晶铜箔的制备; (b)单晶铜箔的 XRD 谱图[66]

　　本章主要阐述了运用电化学方法、湿化学方法和固态化学方法控制合成金属
和合金高指数晶面纳米晶。事实上, 由于高指数晶面/高表面能纳米晶的特殊表面

结构和在电催化、多相催化、光催化、传感等多个领域中显示出的优异性能，迄今得到了广泛的研究。不仅是面心立方金属(Pt，Pd，Rh，Au 等)及其合金，高指数晶面/高表面能体心立方金属如 Fe 及合金[67, 68]，金属氧化物如 TiO$_2$[68]，BiVO$_4$[70]，SnO$_2$[71]，In$_2$O$_3$[72]，Co$_3$O$_4$[73]等也由各种控制合成方法得以制备。这些研究一方面促进了各种控制合成方法的发展，另一方面也丰富了对高指数晶面/高表面能纳米材料的基础理论认识，同时极大地推动了高指数晶面/高表面能纳米材料在各个领域的应用。有关电催化领域的应用将在第 6 章中详细阐述。

参 考 文 献

[1] Yin Y，Alivisatos A P. Colloidal nanocrystal synthesis and the organic-inorganic interface[J]. Nature，2005，437：664-670.

[2] Mullin J W. Crystallization. 3rd Edition. [M]. Oxford：Butterworth-Heineman，1993.

[3] 张克从. 近代晶体学基础[M]. 北京：科学出版社，1987.

[4] 于迎涛，张钦辉，徐柏庆. 溶液体系中的纳米金属粒子形状控制合成[J]. 化学进展，2004，16：520-527.

[5] 沈钟，王果庭. 胶体与表面化学[M]. 北京：化学工业出版社，1991.

[6] 郑忠. 胶体科学导论[M]. 北京：高等教育出版社，1989.

[7] Pangarov N A. On the crystal orientation of electrodeposited metals[J]. Electrochim Acta，1964，9：721-726.

[8] Gibbs J W. On the equilibrium of heterogeneous substances[J]. Am J Sci Arts，1878，16：454-458.

[9] Curie P. Sur la formation des crystaux et sur les constants capillaire des leur faces differentes[J]. Bull Soc Min，1885，8：145-150.

[10] 郑燕青，施尔畏，李汶军，王布国，胡行方. 晶体生长理论研究现状与发展[J]. 无机材料学报，1999，14：321-332.

[11] 钱逸泰. 结晶化学[M]. 合肥：中国科技大学出版社，1998.

[12] Wang Z L. Transmission electron microscopy of shape-controlled nanocrystals and their assemblies[J]. J Phys Chem B，2000，104：1153-1175.

[13] Budevski E，Staikov G，Lorenz W J. Electrochemical Phase Formation and Growth—An Introduction to The Initial Stage of Metal Deposition[M]. Weinheim：VCH，1996.

[14] 周绍民. 金属电沉积—原理与研究方法[M]. 上海：上海科学技术出版社，1987.

[15] Proussevitch A A，Sahagian D L. Recognition and separation of discrete objects within complex 3D voxelized structures[J]. Computers Geosciences，2001，27：441-454.

[16] Tian N，Zhou Z Y，Sun S G，Ding Y，Wang Z L. Synthesis of tetrahexahedral platinum nanocrystals with high-index facets and high electro-oxidation activity[J]. Science，2007，316：732-735.

[17] Tian N，Zhou Z Y，Yu N F，Wang L Y，Sun S G. Direct electrodeposition of tetrahexahedral Pd nanocrystals with high-index facets and high catalytic activity for ethanol electrooxidation[J]. J Am Chem Soc，2010，132：7580-7581.

[18] Furuya N，Echinose M，Shibata M. Structural changes at the Pt(100)surface with a great number of potential cycles[J]. J Electroanal Chem，1999，460：251-253.

[19] Furuya N，Shibata M. Structural changes at various Pt single crystal surfaces with potential cycles in acidic and alkaline solutions[J]. J Electroanal Chem，1999，467：85-91.

[20]　Tripkovic A V，Adzic R R. Hydrogen electrosorption of single-crystal platinum stepped surfaces and the effects of oxide formation[J]. J Electroanal Chem，1986，205：335-342.

[21]　Tian N，Zhou Z Y，Sun S G. Platinum metal catalysts of high-index surfaces：From single-crystal planes to electrochemically shape-controlled nanoparticles[J]. J Phys Chem C，2008，112：19801-19817.

[22]　Zhou Z Y，Tian N，Huang Z Z，Chen D J，Sun S G. Nanoparticle catalysts with high energy surfaces and enhanced activity synthesized by electrochemical method[J]. Faraday Discuss，2008，140：81-92.

[23]　Li Y Y，Jiang Y X，Chen M H，Liao H G，Huang R，Zhou Z Y，Tian N，Chen S P，Sun S G. Electrochemically shape-controlled synthesis of trapezohedral platinum nanocrystals with high electrocatalytic activity[J]. Chem Commun，2012，48：9531-9533.

[24]　Lu B A，Du J H，Sheng T，Tian N，Xiao J，Liu L，Xu B B，Zhou Z Y，Sun S G. Hydrogen adsorption-mediated synthesis of concave Pt nanocubes and their enhanced electrocatalytic activity[J]. Nanoscale，2016，8：11559-11564.

[25]　Xiao J，Liu S，Tian N，Zhou Z Y，Liu H X，Xu B B，Sun S G. Synthesis of convex hexoctahedral Pt micro/nanocrystals with high-index facets and electrochemistry-mediated shape evolution[J]. J Am Chem Soc，2013，135：18754-18757.

[26]　Du J H，Sheng T，Xiao C，Tian N，Xiao J，Xie A Y，Liu S，Zhou Z Y，Sun S G. Shape transformation of {hk0}-faceted Pt nanocrystals from a tetrahexahedron into a truncated ditetragonal prism[J]. Chem Commun，2017，53：3236-3238.

[27]　Zhou Z Y，Shang S J，Tian N，Wu B H，Zheng N F，Xu B B，Chen C，Wang H H，Xiang D M，Sun S G. Shape transformation from Pt nanocubes to tetrahexahedra with size near 10 nm[J]. Electrochem Commun，2012，22：61-64.

[28]　Zhou Z Y，Huang Z Z，Chen D J，Wang Q，Tian N，Sun S G. High-index faceted platinum nanocrystals supported on carbon black as highly efficient catalysts for ethanol electrooxidation[J]. Angew Chem Int Ed，2010，49：411-414.

[29]　Liu S，Tian N，Xie A Y，Du J H，Xiao J，Liu L，Sun H Y，Cheng Z Y，Zhou Z Y，Sun S G. Electrochemically seed-mediated synthesis of sub-10 nm tetrahexahedral Pt nanocrystals supported on graphene with improved catalytic performance[J]. J Am Chem Soc，2016，138：5753-5756.

[30]　Wei L，Fan Y J，Tian N，Zhou Z Y，Zhao X Q，Mao B W，Sun S G. Electrochemically shape-controlled synthesis in deep eutectic solvents-a new route to prepare Pt nanocrystals enclosed by high-index facets with high catalytic activity[J]. J Phys Chem C，2011，116：2040-2044.

[31]　Wei L，Zhou Z Y，Chen S P，Xu C D，Su D S，Schuster M E，Sun S G. Electrochemically shape-controlled synthesis in deep eutectic solvents：Triambic icosahedral platinum nanocrystals with high-index facets and their enhanced catalytic activity[J]. Chem Commun，2013，49：11152-11154.

[32]　Tian N，Zhou Z Y，Sun S G. Electrochemical preparation of Pd nanorods with high-index facets[J]. Chem Commun，2009，12：1502-1504.

[33]　Yu N F，Tian N，Zhou Z Y，Sheng T，Lin W F，Ye J Y，Liu S，Ma H B，Sun S G. Pd nanocrystals with continuously tunable high-index facets as a model nanocatalyst[J]. ACS Catal，2019，9：3144-3152.

[34]　Wei L，Xu C D，Huang L，Zhou Z Y，Chen S P，Sun S G. Electrochemically shape-controlled synthesis of Pd concave-disdyakis triacontahedra in deep eutectic solvent[J]. J Phys Chem C，2015，120：15569-15577.

[35]　Yu N F，Tian N，Zhou Z Y，Huang L，Xiao J，Wen Y H，Sun S G. Electrochemical synthesis of tetrahexahedral rhodium nanocrystals with extraordinarily high surface energy and high electrocatalytic activity[J]. Angew Chem

Int Ed，2014，53：5097-5101.

[36]　Deng Y J，Tian N，Zhou Z Y，Huang R，Liu Z L，Xiao J，Sun S G. Alloy tetrahexahedral Pd-Pt catalysts：Enhancing significantly the catalytic activity by synergy effect of high-index facets and electronic structure[J]. Chem Sci，2012，3：1157-1161.

[37]　Tang J X，Chen Q S，You L X，Liao H G，Sun S G，Zhou S G，Xu Z N，Chen Y M，Guo G C. Screw-like PdPt nanowires as highly efficient electrocatalysts for methanol and ethylene glycol oxidation[J]. J Mater Chem A，2018，6：2327-2336.

[38]　Tian N，Xiao J，Zhou Z Y，Liu H X，Deng Y J，Huang L，Xu B B，Sun S G. Pt-group bimetallic nanocrystals with high-index facets as high performance electrocatalysts[J]. Faraday Discuss，2013，162：77-89.

[39]　Xia Y N，Xiong Y J，Lim B，Skrabalak S E. Shape-controlled synthesis of metal nanocrystals：Simple chemistry meets complex physics？[J]. Angew Chem Int Ed，2009，48：60-103.

[40]　Huang X Q，Zhao Z P，Fan J M，et al. Amine-assisted synthesis of concave polyhedral platinum nanocrystals having {411} high-index facets[J]. J Am Chem Soc，2011，133：4718-4721.

[41]　Zhang L，Chen D Q，Jiang Z Y，Zhang J W，Xie S F，Kuang Q，Xie Z X，Zheng L S. Facile syntheses and enhanced electrocatalytic activities of Pt nanocrystals with {hkk} high-index surfaces[J]. Nano Res，2012，5：181-189.

[42]　Xia B Y，Wu H B，Wang X，Lou X W. Highly concave platinum nanoframes with high-index facets and enhanced electrocatalytic properties[J]. Angew Chem Int Ed，2013，52：12337-12340.

[43]　Jin M S，Zhang H，Xie Z X，Xia Y N. Palladium concave nanocubes with high-index facets and their enhanced catalytic properties[J]. Angew Chem Int Ed，2011，50：7850-7854.

[44]　Lin H X，Lei Z C，Jiang Z Y，Hou C P，Liu D Y，Xu M M，Tian Z Q，Xie Z X. Supersaturation-dependent surface structure evolution：From ionic，molecular to metallic micro/nanocrystals[J]. J Am Chem Soc，2013，135：9311-9314.

[45]　Zhang J W，Li H Q，Kuang Q，Xie Z X. Toward rationally designing surface structures of micro-and nanocrystallites：Role of supersaturation[J]. Acc Chem Res，2018，51：2880-2887.

[46]　Liu M Z，Guyot-Sionnest P. Mechanism of silver（Ⅰ）-assisted growth of gold nanorods and bipyramids[J]. J Phys Chem B，2005，109：22192-22200.

[47]　Ming T，Feng W，Tang Q，Wang F，Sun L D，Wang J F，Yan C H. Growth of tetrahexahedral gold nanocrystals with high-index facets[J]. J Am Chem Soc，2009，131：16350-16351.

[48]　Li J，Wang L H，Liu L，Guo L，Han X D，Zhang Z. Synthesis of tetrahexahedral Au nanocrystals with exposed high-index surfaces[J]. Chem Commun，2010，46：5109-5111.

[49]　Zhang J A，Langille M R，Personick M L，Zhang K，Li S Y，Mirkin C A. Concave cubic gold nanocrystals with high-index facets[J]. J Am Chem Soc，2010，132：14012-14014.

[50]　Tran T T，Lu X. Synergistic effect of Ag and Pd ions on shape-selective growth of polyhedral Au nanocrystals with high-index facets[J]. J Phys Chem C，2011，115：3638-3645.

[51]　Personick M L，Langille M R，Zhang J，Mirkin C A. Shape control of gold nanoparticles by silver underpotential deposition[J]. Nano Lett，2011，11：3394-3398.

[52]　Hong J W，Lee S U，Lee Y W，Han S W. Hexoctahedral Au nanocrystals with high-index facets and their optical and surface-enhanced Raman scattering properties[J]. J Am Chem Soc，2012，134：4565-4568.

[53]　Yu Y，Zhang Q B，Lu X M，Lee J Y. Seed-mediated synthesis of monodisperse concave trisoctahedral gold nanocrystals with controllable sizes[J]. J Phys Chem C，2011，114：11119-11126.

[54]　Liao H G，Jiang Y X，Zhou Z Y，Chen S P，Sun S G. Shape-controlled synthesis of gold nanoparticles in deep

eutectic solvents for studies of structure-functionality relationships in electrocatalysis[J]. Angew Chem Int Ed, 2008, 47: 9100-9103.

[55] Niu W X, Duan Y K, Qing Z K, Huang H J, Lu X M. Shaping gold nanocrystals in dimethyl sulfoxide: toward trapezohedral and bipyramidal nanocrystals enclosed by {311} facets[J]. J Am Chem Soc, 2017, 139: 5817-5826.

[56] Ma Y Y, Kuang Q, Jiang Z Y, Xie Z X, Huang R B, Zheng L S. Synthesis of trisoctahedral gold nanocrystals with exposed high-index facets by a facile chemical method[J]. Angew Chem Int Ed, 2008, 47: 8901-8904.

[57] Langille M R, Personick M L, Zhang J, Mirkin C A. Defining rules for the shape evolution of gold nanoparticles[J]. J Am Chem Soc, 2012, 134: 14542-14554.

[58] Jiang Q N, Jiang Z Y, Zhang L, Lin H X, Yang N, Li H, Liu D Y, Xie Z X, Tian Z Q. Synthesis and high electrocatalytic performance of hexagram shaped gold particles having an open surface structure with kinks[J]. Nano Res, 2011, 4: 612-622.

[59] Zhang L, Zhang J W, Kuang Q, Xie S F, Jiang Z Y, Xie Z X, Zheng L S. Cu^{2+}-assisted synthesis of hexoctahedral Au-Pd alloy nanocrystals with high-index facets[J]. J Am Chem Soc, 2011, 133: 17114-17117.

[60] Jia Y Y, Jiang Y Q, Zhang J W, Zhang L, Chen Q L, Xie Z X, Zheng L S. Unique excavated rhombic dodecahedral $PtCu_3$ alloy nanocrystals constructed with ultrathin nanosheets of high-energy {110} facets[J]. J Am Chem Soc, 2014, 136: 3748-3751.

[61] Zhang N, Bu L Z, Guo S J, Guo J, Huang X Q. Screw thread-like platinum-copper nanowires bounded with high-index facets for efficient electrocatalysis[J]. Nano Lett, 2016, 16: 5037-5043.

[62] Lu C L, Prasad K S, Wu H L, Ho J A, Huang M H. Au nanocube-directed fabrication of Au–Pd core–shell nanocrystals with tetrahexahedral, concave octahedral, and octahedral structures and their electrocatalytic activity[J]. J Am Chem Soc, 2010, 132: 14546-45553.

[63] Yu Y, Zhang Q B, Liu B, Lee J Y. Synthesis of nanocrystals with variable high-index Pd facets through the controlled heteroepitaxial growth of trisoctahedral Au templates[J]. J Am Chem Soc, 2010, 132: 18258-18265.

[64] Wang F, Li C H, Sun L D, Wu H S, Ming J F, Yu J C, Yan C H. Heteroepitaxial growth of high-index-faceted palladium nanoshells and their catalytic performance[J]. J Am Chem Soc, 2011, 133: 12930-12933.

[65] Huang L L, Liu M H, Lin H X, Xu Y B, Wu J S, Dravid V P, Wolverton C, Mirkin C A. Shape regulation of high-index facet nanoparticles by dealloying[J]. Science, 2019, 365: 1159-1163.

[66] Wu M H, Zhang Z B, Xu X Z, Zhang Z H, Duan Y R, Dong J C, Qiao R X, You S F, Wang L, Qi J J, Zou D X, Shang N Z, Yang Y B, Li H, Zhu L, Sun J L, Yu H J, Gao P, Bai X D, Jiang Y J, Wang Z J, Ding F, Yu D P, Wang E G, Liu K H. Seeded growth of large single-crystal copper foils with high-index facets[J]. Nature, 2020, 581: 406-410.

[67] Chen Y X, Chen S P, Zhou Z Y, Tian N, Jiang Y X, Sun S G, Ding Y, Wang Z L. Tuning the shape and catalytic activity of Fe nanocrystals from rhombic dodecahedra and tetragonal bipyramids to cubes by electrochemistry[J]. J Am Chem Soc, 2009, 131: 10860-10862.

[68] Chen Y X, Lavacchi A, Chen S P, di Benedetto F, Bevilacqua M, Bianchini C, Fornasiero P, Innocenti M, Marelli M, Oberhauser W, Sun S G, Vizza F. Electrochemical milling and faceting: Size reduction and catalytic activation of palladium nanoparticles[J]. Angew Chem Int Ed, 2012, 51: 8500-8504.

[69] Liu X G, Dong G J, Li S P, Lu G X, Bi Y. Direct observation of charge separation on anatase TiO_2 crystals with selectively etched {001} facets[J]. J Am Chem Soc, 2016, 138: 2917-2920.

[70] Li D, Chen R T, Wang P P, Li Z, Zhu J, Fan F T, Shi J Y, Li C. Effect of facet-selective assembly of cocatalyst on $BiVO_4$ photoanode for solar water oxidation[J]. ChemCatChem, 2019, 11: 3763-3769.

[71]　Han X G，Jin M S，Xie S F，Kuang Q，Jiang Z Y，Jiang Y Q，Xie Z X，Zheng L S. Synthesis of tin dioxide octahedral nanoparticles with exposed high-energy {221} facets and enhanced gas-sensing properties[J]. Angew Chem Int Ed，2009，48：9180-9183.

[72]　Han X G，Han X，Sun L Q，Gao S G，Li L，Kuang Q，Xie Z X，Wang C. Synthesis of trapezohedral indium oxide nanoparticles with high-index {211} facets and high gas sensing activity[J]. Chem Commun，2015，51：9612-9615.

[73]　Hu L H，Peng Q，Li Y D. Selective synthesis of Co₃O₄ nanocrystal with different shape and crystal plane effect on catalytic property for methane combustion[J]. J Am Chem Soc，2008，130：16136-16137.

第6章　高指数晶面结构金属及其合金纳米催化剂的电催化性能

表面结构，即原子在表面的特定排列结构，对材料的电催化性能起决定性的作用。如第 4 章所述，从单晶模型催化剂研究中得到催化活性中心一般由 5～6 个低配位原子组成，即由高指数阶梯晶面的平台和台阶相结合形成的立体结构活性位。在高指数晶面纳米晶上，除表面的高指数阶梯晶面提供大量催化活性位点外，还存在分布于纳米晶的棱边、拐角的低配位原子，也具有很高的反应活性。因此，高指数晶面纳米晶具有高密度的催化活性中心，在电催化应用中表现出明显的优势。本章阐述高指数晶面金属(合金)纳米晶在电催化中的研究进展，特别是电化学能源转换中的低温燃料电池电催化反应，如甲酸、甲醇和乙醇的电氧化，O_2 电还原等反应，以及常温常压条件下 CO_2 和 N_2 电催化还原制备高附加值产物。

6.1　有机小分子电催化氧化

虽然燃料电池在解决能源问题方面有很大的潜力，但其商业化还面临诸多挑战。例如，对于直接醇类燃料电池(DAFCs)来说，铂基催化剂成本较高、反应动力学相对缓慢及能量转换效率不足[1]。在单碳小分子(C1)的反应中，稳定的 C—H 的断裂通常是 C1 分子电氧化反应的决速步骤，例如甲醇的电氧化[2]。而对于多碳分子，由于含有更加稳固的 C—C 键，反应过程中分子发生不完全氧化，降低了燃料利用率，使这些分子的实际能量转换率远低于理论值[3]。

解决这些问题通常采用以下两种方法：第一，通过引入高活性反应位点，如低配位原子，它在打断化学键方面具有较高的反应活性[4]，高指数晶面催化剂正具备这一特点；第二，通过进一步提高反应活性位点的内在活性，例如利用多组分催化剂的电子效应和协同效应，这可通过对高指数晶面进行表面修饰和制备合金高指数晶面催化剂来实现[5-7]。

6.1.1　甲酸

甲酸(HCOOH)电氧化是一种双电子转移反应的模型反应，而且在直接甲酸燃料电池(DFAFCs)中作为燃料具有广阔的应用前景，因而受到了广泛的关注[8]。

如第 3 章所述，甲酸的电氧化通过双途径机理进行[9-11]，并且在铂催化剂上，两种反应路径都对表面结构十分敏感[12]。N. Tian 等用电化学方波电位法制备了对甲酸电氧化具有增强活性的二十四面体(THH)Pt 纳米晶[12]，THH-Pt 纳米晶的电催化活性显著高于多晶 Pt 纳米球和商业 Pt/C 催化剂。在较低的电位(0.1 V vs. SCE)下测量到的活性分别是 Pt 纳米球和商业 Pt/C 催化剂的 4 倍和 3 倍，如图 6.1(a)所示。这一研究不仅首次报道合成了高指数晶面结构的 Pt 纳米晶，并且显示出高指数晶面 Pt 纳米晶在电催化应用中的巨大潜力。

X. Q. Huang 等采用湿化学法制备出具有{411}高指数晶面的 Pt 凹纳米晶[13]，其对甲酸的电催化氧化在 0.61 V(SCE)时的氧化电流为 3.9 mA/cm^2，分别是商业 Pt 黑和 Pt/C 催化剂的 2.3 倍和 5.6 倍，如图 6.1(b)所示，而且具有良好的稳定性。Y. Y. Li 等采用电化学方波电位法制备出由{522}高指数晶面围成的偏方三八面体(TPH)Pt 纳米晶[14]，在正向电位扫描中，甲酸电氧化的峰电流密度为 4.1 mA/cm^2，是商业 Pt/C 的 2.9 倍。Z. C. Zhang 等制备了具有{hk0}高指数晶面的 Pt 凹立方体[15]，其对甲酸电氧化的活性明显高于商业 Pt 黑和 Pt/C 催化剂。B. Y. Xia 等制备了具有高指数晶面的 Pt 纳米框架[16]，其对甲酸电氧化具有理想的电催化活性和较好的电化学稳定性。

在铂表面引入第二种元素是改善其对甲酸电催化氧化性能的有效方法[8]。这种性能的提高可以从第三体效应、电子效应和双功能效应进行解释[5-7]。Q. S. Chen 等采用不可逆吸附方法在 THH-Pt 纳米粒子表面修饰 Bi 原子，系统研究了 Bi 修饰 THH-Pt 后对甲酸电氧化性能的影响[17]。他们发现，当 Bi 覆盖度为 0.9 个单层($\theta = 0.90$)时，正向电位扫描的峰电流为 25.8 mA/cm^2，比 THH-Pt 纳米粒子提高了 21 倍，如图 6.1(c)所示。同时，甲酸起始氧化电位负移，稳定性明显提高。此外，甲酸电氧化在正、负向扫描之间的迟滞明显减小，这就表明毒性中间体 CO 的基本消失，这主要是由于 Bi 原子减少了甲酸分解为 CO 毒化物种所需的相邻 Pt 位点的数量，即所谓的第三体效应[18, 19]。H. X. Liu 等采用电荷置换的方法在 Pt 二十四面体纳米晶表面修饰 Au 用于催化甲酸电氧化[20]。金原子的存在明显抑制了 CO 的形成，但电流密度明显低于 Bi 修饰的 Pt 二十四面体。这是因为，在 Au 修饰的情况下，只有第三体效应发生，而在 Bi 修饰的情况下，第三体效应和电子效应的作用同时存在，更有助于提高其电催化活性。

合金高指数晶面催化剂对甲酸电氧化的催化也得到了广泛的研究。Y. J. Deng 等制备了不同钯铂比例的钯铂合金二十四面体(THH-PdPt)纳米晶[21]，其中 Pt 含量为 10%时，对甲酸的电催化氧化活性最高，氧化峰电流密度为 70 mA/cm^2，如图 6.1(d)所示。其催化活性是 THH-Pd 纳米晶的 3.1 倍，是商业 Pd 黑催化剂的 6.2 倍。此外，THH-PdPt 合金催化剂上的甲酸氧化峰电位与 Pd 黑相比发生了负移，低电位下的活性大大提高。L. Zhang 等制备了具有{hkl}高指数晶面且尺寸分布均匀(~55 nm)的 AuPd 六八面体(HOH)纳米晶[22]，由于高指数晶面的结构效应和 AuPd 合金效应的协同作用，所制备的催化剂对甲酸电氧化的活性是商业钯黑催化剂的 5 倍。Y. Yu 等以 Au 凹三八面体为种子，合成了一系列具有高指数晶面结构的多面体 AuPd 核壳纳米粒子(60~80 nm)，包括{hhl}晶面围成的凹三八面体(TOH)、{hkl}晶面围成的凹 HOH、{hk0}晶面围成的 THH，以及立方体和八面体，对甲酸电氧化的正向电位扫描中，峰电流密度顺序为：八面体<凹 TOH<凹 HOH<立方体≈THH[23]。

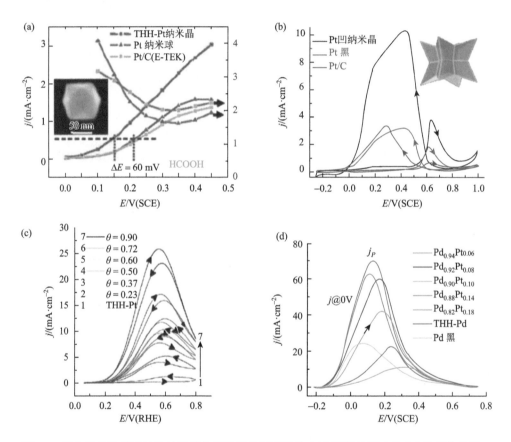

图 6.1　评价高指数晶面结构纳米催化剂性能的甲酸氧化电流密度(j)随电位(E)的变化曲线。(a) THH-Pt 对甲酸的电催化性能[12]；(b) Pt 凹纳米晶对甲酸的电催化性能[13]；(c) 不同覆盖度 Bi 修饰的 THH-Pt 对甲酸的电催化性能[17]；(d) 不同组成的 THH-PdPt 合金对甲酸的电催化性能[21]

　　由于燃料电池运行的工况条件十分复杂，通常报道的高指数晶面催化剂对甲酸电氧化的催化性能研究往往是在水溶液中的电极上测试，很少有在 DFAFCs 中测试。黄龙等运用方波电位法，直接在碳纸上电沉积控制合成出不同载量的粒径约 10 nm 的高指数晶面 Pt 催化剂（HIF-Pt/C）。以 HIF-Pt/C 作为阳极催化剂，与 Nafion 质子交换膜和商业 Pt/C（Johnson Mattey）阴极催化剂制成膜电极（MEA），组装成 DFAFCs 测试[24]。图 6.2（a）和（b）为不同载量的 HIF-Pt/C 的 SEM 图像，可以清楚观察到二十四面体 Pt 纳米晶。从图 6.2（c）给出的膜电极的 SEM 图像中可以看到 MEA 中的扩散层、催化层和质子交换膜。EDX 面扫描图像清晰地显示出阴极 Pt/C、阳极 HIF-Pt/C 和 Nafion 质子交换膜等在 MEA 中的元素分布，可以看出阳极的 Pt 载量非常少。DFAFCs 的阳极贵金属载量通常为 $1\sim8$ mg/cm^2，为了比较 HIF-Pt/C 的性能，作者还组装了以 Pt 负载量 1 mg/cm^2 的商业 Pt/C（60wt%）为阳极催化剂的膜电极。图 6.2（d）给出分别以 HIF-Pt/C 和商业 Pt/C 为阳极的 DFAFCs 的放电性能比较。尽管 HIF-Pt/C 的 Pt 载量仅为 0.069 mg/cm^2，其 DFAFCs 的单位质量 Pt 的峰值功率密度可达 153.5 mW/mg$_{Pt}$，是 Pt 载量为 1.00 mg/cm^2 的商业 Pt/C 催化剂（18.2 mW/mg$_{Pt}$）的 8.4 倍。这一结果显示出高催化活性的高指数晶面纳米催化剂在燃料电池应用中的良好前景。

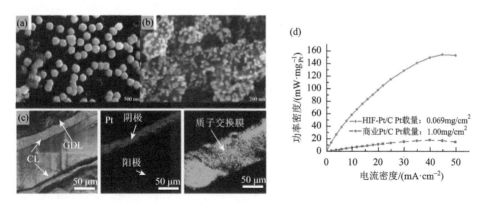

图 6.2 （a），（b）运用方波电位法在碳纸上沉积制备的不同载量的 HIF-Pt/C 纳米催化剂的 SEM 图；（c）膜电极的 SEM 图像和 EDX 面扫描元素分布图；（d）直接甲酸燃料电池的功率密度随输出电流密度的变化曲线，HIF-Pt/C（0.069 mg/cm^2）和商业 Pt/C（1.00 mg/cm^2）阳极催化剂的 DFAFC 的质量比活性的比较[24]

6.1.2 甲醇

直接甲醇（CH$_3$OH）燃料电池（DMFCs）消除了氢/氧燃料电池中储氢或制氢的问题，具有广阔的应用前景。甲醇电氧化作为 DMFCs 的阳极反应得到了广泛的研究。甲醇在铂表面的氧化是结构敏感的反应[25, 26]。铂对甲醇电氧化活性很高，但如第 3 章所述甲醇在 Pt 基催化剂表面会发生解离吸附产生自毒化现象，Pt 对 CO 的耐受性很低，通常需要引入第二种亲氧金属降低 CO 中毒。

　　Y. Y. Li 等采用电化学方波电位法制备了 {522} 高指数晶面围成的 TPH-Pt 纳米晶，其对甲醇电氧化的峰电流密度为 8.1 mA/cm^2，是商业 Pt/C 的 5.1 倍[14]，如图 6.3(a) 和 (b) 所示。他们还研究了 TPH-Pt 纳米晶对 CO 和 HCOOH 电氧化的催化活性，结果表明具有 {hkk} 高指数晶面的 TPH-Pt 纳米晶对 C1 分子(CO，CH$_3$OH，HCOOH) 在酸性溶液中的电氧化具有比商业 Pt/C 催化剂更高的面积比活性。

　　H. X. Liu 等采用电化学方波电位法制备了 THH-Pt 纳米晶[27]，其在低电位区对甲醇电氧化的催化活性并不是很高，因为 THH-Pt 表面促进了甲醇的解离吸附，生成的强吸附的 CO 导致催化剂中毒。但用 Ru 原子修饰的 THH-Pt 纳米晶，与商业 PtRu/C 催化剂相比，则显示出优异的电催化活性，起始氧化电位负移了 100 mV，如图 6.3(c) 和 (d) 所示。电化学原位红外光谱研究表明，对于甲醇电氧化，当电位高于 0.15 V 时，Ru 修饰的 THH-Pt 纳米晶(θ_{Ru} = 0.49) 的 CO$_2$ 生成量均高于商业 PtRu/C 催化剂。

　　N. F. Yu 等运用电化学方波电位法合成了一系列 {hk0} 高指数面 THH-Pd 纳米催化剂以及 Pd 立方体[28]。对碱性介质中甲醇电氧化测试表明甲醇在所有 {hk0} 高指数晶面围成的 THH-Pd 上的起始氧化电位均负于 Pd 立方体上的，但是在不同晶面催化剂上甲醇氧化峰电流密度相差不超过 10%。这表明甲醇在 Pd 纳米催化剂表面的电氧化反应，没有明显的结构效应。

　　甲醇的电催化氧化对 Au 催化剂的表面结构十分敏感。J. H. Zhang 等制备了不同形状的金纳米粒子，并测试了其在碱性条件下对甲醇电氧化的催化活性，结果表明表面为高指数晶面的 Au 偏方三八面体和凹立方体对甲醇电氧化的催化活性最高[29]。

　　与单组分催化剂相比，多组分催化剂通常有更高的催化活性、反应选择性和稳定性。F. W. Zhan 等合成了不同组成的 PdPt 凹立方体[30]，并研究了 PdPt 凹立方体对甲醇电氧化的催化活性，发现 Pd$_{40}$Pt$_{60}$ 凹立方体的催化活性最高，面积比活性为 8.76 mA/cm^2，是商业 Pt/C 催化剂的 4.6 倍，而且耐 CO 中毒能力更强。这种增强主要归因于 PdPt 的合金效应以及高指数晶面的结构效应。

　　与纳米粒子相比，纳米线具有更好的抗团聚性能，催化性能更加稳定。因此，具有高指数晶面结构的纳米线也得到了广泛的研究[31-34]。J. X. Tang 等通过电化学方波电位法制备了表面具有高指数晶面结构的螺旋状 PdPt 纳米线，其组成可通过简单地改变外加电位来调节，纳米线直径约 30 nm[33]。在碱性溶液中，PdPt 纳米线对甲醇电氧化具有良好的催化活性和稳定性，其催化活性与组成密切相关，其中 Pd$_1$Pt$_1$ 纳米线的催化活性最好，峰电流密度为 12.71 mA/cm^2，分别是 THH-Pt 和商业 Pt/C 以及商业 Pd/C 催化剂的 2.4 倍、5.4 倍和 14 倍，如图 6.3(e) 和 (f) 所示。他们通过原位红外光谱检测甲醇氧化的中间体和产物，结果表明在 Pd$_1$Pt$_1$ 纳米线上甲醇氧化优先通过直接途径发生。Pd_1Pt_1 纳米线独特的表面结构以及合金电子效应，提高了其抗 CO 毒化能力。

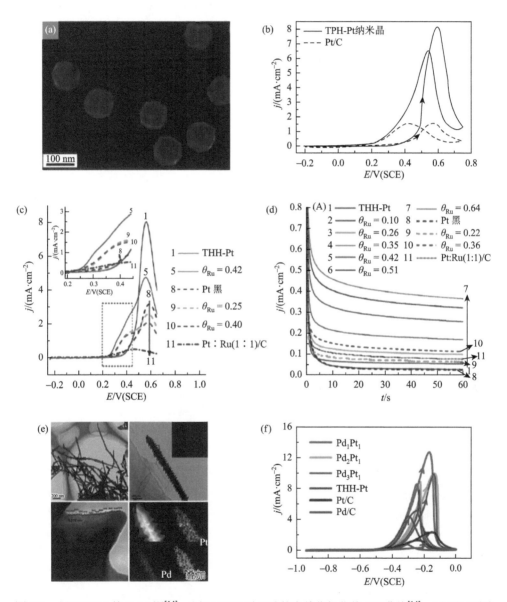

图 6.3　(a) TPH-Pt 的 SEM 图[14]；(b) TPH-Pt 对甲醇的电催化氧化的 CV 曲线[14]；(c) 不同覆盖度 Ru 修饰的 THH-Pt 对甲醇的电催化氧化的 CV 曲线[27]；(d) 不同覆盖度 Ru 修饰的 THH-Pt 对甲醇的电催化氧化的计时电流曲线[27]；(e) 螺旋状 PdPt 纳米线的形貌及元素分布[33]；(f) 螺旋状 PdPt 纳米线对甲醇的电催化氧化的 CV 曲线[33]

　　贵金属与非贵金属的合金催化剂不仅可以提高催化活性，而且可以有效降低贵金属的用量。Y. Qi 等制备出由 {511} 高指数晶面围成的纳米 PtCu(Pt$_{59}$Cu$_{41}$) 凹立方体[35]。这种粒径为 15 nm 的凹立方体对甲醇电氧化的峰电流密度为 4.7 mA/cm^2，分别是 PtCu 纳米粒子和商业 Pt/C 催化剂的 3.0 倍和 4.7 倍。计时电流实验中的 PtCu 凹立方体的电流密度也高于其他两种催化剂。作者认为这是由于 Pt 与 Cu 的结合使其晶格常数减小而引起较小的压缩应变，从而降低了 CO 在催化剂上的结合强度。此外，Cu 与水反应生成的羟基，也有助于 CO 的氧化。高指数晶面结构也起了重要作用，这解释了 PtCu 凹立方体的催化性能优于 PtCu 纳米粒子。

　　高比表面积的高指数晶面结构催化剂在电催化应用中更具优势。N. Zhang 等报道了高比表面积的具有高指数晶面及组成可控的螺旋状铂铜纳米线（平均直径为 23.5 nm)[36]，它的比表面积高达 46.9 m^2/g，接近于商业 Pt/C (~51 m^2/g)。组成为 PtCu$_{2.1}$ 的催化剂对甲醇电氧化的催化性能最好，面积比活性为 3.31 mA/cm^2，质量比活性为 1.56 A/mg$_{Pt}$，是商业 Pt/C 催化剂的 6.9 倍。

6.1.3　乙醇

　　如第 4 章所述，乙醇(CH$_3$CH$_2$OH) 能从可再生资源(如生物质)大量获得，且其毒性和腐蚀性均低于甲醇，因此乙醇燃料电池受到越来越多的关注。乙醇发生完全氧化生成二氧化碳会释放 12 个电子，然而，乙醇的 C—C 键难以断裂，发生不完全氧化生成乙酸只能得到 4 个电子。

　　N. Tian 等制备的表面为 {730} 高指数晶面的 THH-Pt 纳米晶，由于具有高密度的棱边、台阶和扭结位点，其对乙醇电氧化的催化活性是商业 Pt/C 催化剂的 2.5~4.6 倍，而且稳定性也优于商业 Pt/C。虽然 THH-Pt 具有较高的表面能，但经过 800℃ 的高温测试仍能保持形貌不变[12]。

　　电化学方波电位法制备高指数晶面催化剂在水溶液中取得了很大的成功[2, 34]，在非水溶液中也取得了一些进展。L. Wei 等在低共熔溶剂(DES) 中成功制备出表面为 {910} 高指数晶面的 Pt 凹立方体纳米晶[37]，其对乙醇电氧化的峰电流密度为 2.32 mA/cm^2，是商业 Pt 黑的 2 倍，如图 6.4(a) 所示，而且在 0.45 V(SCE) 恒电位 2 h 后凹立方体的活性仍高于 Pt 黑催化剂。此外，他们还在 DES 中制备了由 {771} 高指数晶面围成的 Pt 三角化二十面体(TIH) 纳米晶，其对乙醇电氧化的峰电流密度为 4.11 mA/cm^2，是商业铂黑催化剂的 4 倍，其稳定性也更高[38]。

　　X. Q. Huang 等采用湿化学法合成了表面为 {411} 高指数晶面的 Pt 凹多面体纳米晶，其在酸性溶液中对乙醇电氧化的催化活性分别是商业 Pt 黑和 Pt/C 的 4.2 倍和 6.0 倍[13]，如图 6.4(b) 所示。L. Zhang 等制备出由八个纳米棒(每个纳米棒的直径约为 5 nm) 组成的，表面为 {211} 高指数晶面的 Pt 多极子，以及表面为 {411} 高指数晶面的 Pt 凹纳米晶，它们对乙醇电氧化的催化活性顺序为：{411}＞{211}＞{100}，如图 6.4(c) 和 (d) 所示[31]。

在其他纯金属中，钯和铑高指数晶面纳米催化剂对乙醇电氧化的性能也备受关注[39-42]。N. Tian 等在成功制备出 THH-Pt 纳米晶之后，进一步发展电化学方波电位法并成功制备出由 {730} 高指数晶面围成的 THH-Pd 纳米晶。由于其表面高密度的台阶原子，THH-Pd 纳米催化剂在碱性条件下对乙醇电氧化的正向和反向电位扫描的峰电流分别为 1.84 mA/cm^2 和 3.83 mA/cm^2，是商业 Pd 黑催化剂的 4～6 倍[40]，如图 6.4(e) 所示。J. W. Zhang 等制备出由 {730} 等高指数晶面围成的 Pd 凹立方体纳米晶，其在 NaOH 介质中对乙醇电氧化的催化活性是商业 Pd 黑催化剂的 4～6.5 倍，而且稳定性好[41]。N. F. Yu 等采用电化学方波电位法在水溶液中制备了由 {830} 高指数晶面围成的 THH-Rh 纳米晶，其在碱性溶液中的乙醇氧化峰电流密度为 2.69 mA/cm^2，是商业 Rh 黑的 6.9 倍。经过 1800 s 的恒电位计时电流实验后，THH-Rh 纳米晶的活性仍明显高于商业 Pd 黑催化剂[42]。THH-Rh 的电化学稳定性好，可能与其生长时苛刻的电化学条件 (反复的氧化/还原) 有关。

双金属或三金属高指数晶面纳米催化剂也对乙醇电氧化表现出了优异的催化性能。研究表明，在 Pt 中添加 Rh 可以显著地提高其断裂 C—C 键的能力[43, 44]。N. Tian 等制备出了表面为 {830} 高指数晶面的 Pt-Rh THH 和表面为 {311} 高指数晶面的 Pt-Rh TPH[45]。从图 6.4 (f) 可以看出，两种高指数晶面的 Pt-Rh 合金催化剂对乙醇电氧化的催化性能均优于单金属的，其中 Pt-Rh TPH 对乙醇电氧化的催化活性最高，峰电流密度为 4.19 mA/cm^2，约为商业 Pt/C 催化剂的 6.3 倍，而且起始氧化电位略向负电位偏移。J. Zhang 等研究了金钯双金属体系，制备出从菱形十二面体 (RD) 到 TOH 和 HOH 的 Au-Pd 合金纳米粒子[46]。三种催化剂的乙醇氧化正向电位扫描峰电流密度分别为 14.88 mA/cm^2，12.71 mA/cm^2，17.17 mA/cm^2。它们对于乙醇电氧化的催化活性大小顺序为：HOH＞RD＞TOH，这与催化剂的表面能大小顺序一致。G. R. Zhang 等制备了 Pt 修饰的 Au@Pd 凹立方体 (21 nm)[47]，其对乙醇电催化氧化的单位贵金属质量比活性是 0.38 A/mg，分别是商业 Pd 黑和 Pd/C 催化剂的 7.6 倍和 1.7 倍。

大部分高指数晶面结构纳米催化剂的粒径往往大于 20 nm，尽管具有较高的面积比活性，但其质量比活性低于～3 nm 的商业 Pt/C 催化剂，这阻碍了它们的实际应用。因此，制备具有高指数晶面结构的小尺寸 (小于 10 nm) 纳米晶显得尤为重要。孙世刚课题组在对高指数晶面纳米晶的小尺寸控制方面取得了一系列进展，使其对乙醇电催化氧化的质量比活性大大提高。Z. Y. Zhou 等通过对粒径约 10 nm 的 Pt 立方体施加方波电位处理，制备了粒径为 13 nm 的由 {310} 晶面围成的 THH-Pt 纳米晶，形貌转变后对乙醇电氧化的正向电位扫描峰电流为 8.36 mA/cm^2，是 Pt 立方体的 3.9 倍[48]。进一步降低前驱体纳米粒子的尺寸，则可以获得更小粒

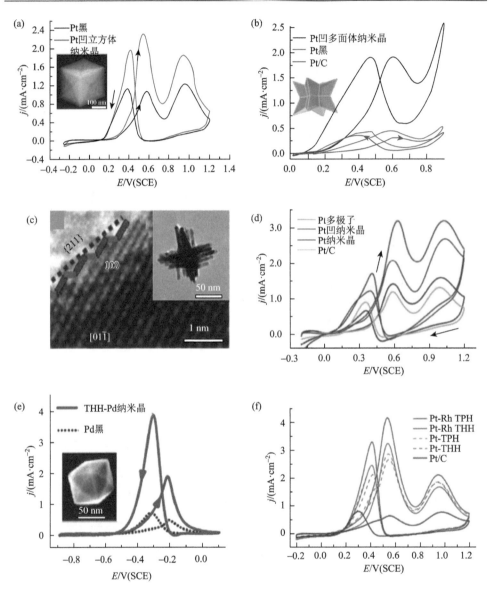

图 6.4　(a) Pt 凹立方体纳米晶对乙醇电催化氧化的 CV 曲线[37]；(b) Pt 凹多面体纳米晶对乙醇电催化氧化的 CV 曲线[13]；(c) Pt 多极子及其表面结构[31]；(d) Pt 多极体对乙醇电催化氧化的 CV 曲线[31]；(e) THH-Pd 在碱性条件下对乙醇电催化氧化的 CV 曲线[40]；(f) Pt-Rh TPH 及 THH 合金对乙醇电催化氧化的 CV 曲线[45]

径的 THH 纳米晶。S. Liu 等使用尺寸约为 3 nm 的 Pt 纳米粒子作为前驱体，制备出粒径为 9.5 nm 的表面为 {210} 晶面的 THH-Pt 纳米晶[49]，其对乙醇电氧化的质量比活性为 0.52 A/mg，是商业 Pt/C 的 1.7 倍。并且这一形貌转变策略也适用于对商业 Pt/C 的表面改造，经方波电位处理后，商业 Pt/C 表面出现高指数晶面，

如 {320} 晶面。虽然粒径从 3.1 nm 增加到 6.3 nm,但其质量比活性仍提高了 50%,
而且稳定性也得到提高。利用碳黑负载的不溶性 Cs_2PtCl_6 纳米粒子作为前驱体,
Z. Y. Zhou 等获得了具有高指数晶面结构的 2~10 nm 的 Pt 纳米粒子[50],其对乙
醇的电氧化的催化性能约为商业 Pt/C 的 2 倍。同时,原位红外光谱表明,乙醇完
全氧化成 CO_2 的选择性比商业 Pt/C 高 2 倍以上,表明其具有更强的断裂 C—C 键
的能力。

6.1.4　纳米模型催化剂

传统模型催化剂采用本体单晶面,在表面原子排列结构层次揭示催化剂的结
构与性能之间的构效规律,提供了很多有价值的信息,对合理设计高性能催化剂
具有重要指导意义[4, 51]。目前的实际电催化剂都是负载到导电载体(碳等材料)上
的纳米粒子,其表面上的大多数反应位点的原子排列结构可以用单晶模型催化剂
模拟。然而,具有二维长程有序表面结构的本体单晶面具有毫米级的宏观尺寸,
比实际纳米催化剂的尺寸大 6 个数量级。除尺寸之外,实际纳米催化剂具有三维
结构,表面结构复杂且不规则,并存在一些表面特殊的位点(如棱边、顶点等)。
由于传统模型催化剂与实际催化剂存在的这种巨大差别,使得它们的催化行为存
在明显不同。为了弥合这一鸿沟,有效地揭示纳米尺度上结构-催化性能的关系,
孙世刚课题组基于纳米晶提出了新一代纳米模型催化剂。这些纳米晶具有可与实
际纳米催化剂类似的粒径、棱边和顶点,同时保持了块体单晶面表面结构明确、
可调变的特点[28]。

尽管有大量关于纳米晶的报道包含了三个低指数晶面及一些高指数晶面[52-54],
但这些纳米晶的表面结构和大小是离散的,不符合作为模型催化剂需要连续调变
表面结构、以获得结构与性能之间的构效规律的基本要求。为了建立纳米晶模型
催化剂,必须使其表面结构和尺寸连续可调。而对表面结构的连续调控更具有挑
战性。目前通常有两种方式,一种是连续调控不同类型的晶面,如 {hk0}、{hkk}、
{hhl} 和 {hkl}(h>k>l>0)晶面;另一种是对同种类型晶面的晶面指数进行连续调
控,如 {830}、{730} 和 {630}({210})。连续调控不同类型的晶面可以通过形貌转
变来实现。纳米晶的形貌转变可以通过刻蚀或/和再生长实现。例如,A. Tao 等报
道了银纳米立方体通过再生长转化为八面体的过程[55];M. C. Liu 等通过刻蚀或刻
蚀与再生长相结合,实现了 Pd 立方体向八面体的转变[56]。通过电化学方波电位
法,J. Xiao 等通过调控纳米晶的刻蚀与生长制备出 {hk0} 晶面围成的 THH-Pt、{hkl}
晶面围成的 HOH-Pt 和 {hkk} 晶面围成的 TPH-Pt,实现了对不同类型高指数晶面的
连续调控[57],如图 6.5(a)所示。

对于二十四面体纳米晶,其表面的晶面指数 {hk0} 与其形状的特征参数(边长

a，四方椎高 b）密切关联，即 $\dfrac{k}{h}=2\dfrac{b}{a}$。因此可以通过改变二十四面体的特征参数（几何形状）来调控其表面的 $\{hk0\}$ 高指数晶面的原子排列结构。N. F. Yu 等采用电化学方波电位法，通过仔细改变和优化方波电位的参数，合成出 $\{100\}$ 晶面以及 $\{11,3,0\}$、$\{10,3,0\}$、$\{930\}$、$\{830\}$ 和 $\{730\}$ 等一系列 $\{hk0\}$ 高指数晶面围成的 THH-Pd 纳米晶，且尺寸均匀可控。他们以合成出的 Pd 纳米晶作为纳米模型催化剂，系统研究了一系列有机小分子电氧化的结构–性能关系[28]，如图 6.5(b)，(c) 和 (d) 所示。研究结果表明，对于多碳醇氧化的峰电流随 THH-Pd 纳米晶表面的台阶原子密度的增大而增大，即钯纳米晶上的台阶原子有利于多碳醇的氧化。但是，随 THH-Pd 纳米晶表面的台阶原子密度的增大，甲醇的氧化电流几乎不受影响，而甲酸的氧化电流则减小，这与传统钯单晶模型催化剂的结果一致。多碳醇氧化对台阶原子密度的敏感性顺序为：乙醇＞正丙醇＞乙二醇。他们还进一步发现具有相同密勒指数的本体 Pd 单晶面和 THH-Pd 纳米晶对乙醇电氧化的催化性能存在巨大差异，在相同条件下，THH-Pd 纳米晶的催化活性低于本体 Pd 单晶面。这种差异可以归因于 Pd 纳米晶棱边原子的毒化效应。图 6.5(d) 显示了乙醇在不同尺寸的 Pd 纳米晶上的计时电流曲线。电流下降速率随着纳米晶尺寸的增大而减小。由于纳米晶棱边位原子的比例随着颗粒尺寸的增大而减小，这说明 CO 毒性吸附物种主要是乙醇在棱边位解离产生的。电化学原位红外光谱研究结

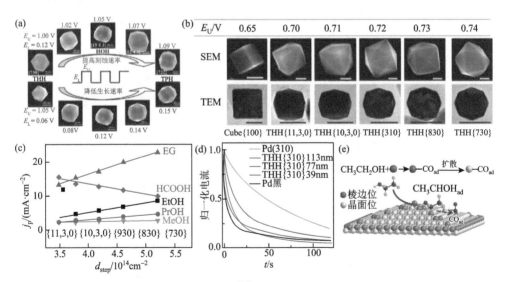

图 6.5　(a) 从 THH-Pt 到 TPH-Pt 的形状转变[57]；(b) 具有晶面连续可调的 Pd 纳米粒子的 SEM 和 TEM 图像[28]；(c) 甲酸、甲醇、乙醇、正丙醇和乙二醇电氧化的峰电流密度与台阶原子密度的关系[28]；(d) 乙醇在不同粒径的 THH-Pd、本体 Pd(310) 及商业 Pd 黑催化剂上氧化的计时电流曲线[28]；(e) 乙醇电氧化过程中 THH-Pd 的 CO 中毒过程图解[28]

果进一步从分子水平指出，配位数较低的棱边位可以更有效地促进乙醇解离，发生 C—C 键断裂形成 CO 毒性吸附物种，并扩散到 THH-Pd 纳米晶的表面毒化其他位点，从而使 THH-Pd 纳米晶表面被毒化而降低其表观催化活性，如图 6.5(e)所示。采用这种新一代的纳米模型催化剂，不仅提供了实际纳米催化剂表面特殊位点的结构和性能的信息，而且在明确的表面原子排列结构层次对纳米催化剂的性能获得了深入的认识，从而有助于在纳米尺度和表面原子排列结构层次上深入认识催化剂的构效规律，进而有效指导实际纳米催化剂的理性设计、制备和筛选。

6.2　氧　气　还　原

燃料电池阴极氧气还原反应(ORR)生成水需要转移 4 个电子和 4 个质子，涉及多个步骤、几种吸附中间体，导致动力学缓慢[58, 59]。在质子交换膜燃料电池(PEMFCs)中，与阳极氢气的快速氧化相比，阴极 ORR 动力学缓慢，需要高载量的铂催化剂(约 0.4 mg/cm²)，这严重阻碍 PEMFCs 的商业化[60-62]。

高效铂催化剂在降低燃料电池装置成本的同时能够保持优良的催化活性及耐久性。在实际应用中，催化剂的稳定性尤为重要[63, 64]。在金属催化剂中，铂被公认为是 ORR 过程 4 电子路径活性最高的催化剂[64]。人们普遍认为，铂上的 OH* 覆盖度过高会阻碍氧还原反应的进行，理想的 ORR 催化剂与 O* 的结合能应该比 Pt(111)晶面与 O* 的结合能弱 0.2 eV 左右[65-67]。模型催化剂和密度泛函理论(DFT)的计算结果表明，提高 Pt 的本征活性有多种途径，包括制备形貌明确且具有高催化活性晶面的纳米粒子，调控表面压缩应变及通过表面偏析来调整近表面性质。

铂金属单晶模型催化剂的研究结果表明 ORR 是结构敏感的电催化反应。J. M. Feliu 课题组系统研究了 Pt 高指数单晶面的 ORR 结构效应，如图 6.6(a)所示，发现增加台阶原子密度或减小台阶宽度可显著提高酸性介质中的 ORR 动力学[68]。这些结果表明 Pt 台阶原子有利于 ORR。

对于纳米催化剂，T. Yu 等制备出由 {510}、{720} 和 {830} 等高指数晶面围成的 Pt 凹立方体，这些 Pt 凹立方体在 HClO₄ 溶液中对 ORR 的面积比活性是商业 Pt/C 的 3.6 倍，但质量比活性低于商业 Pt/C 催化剂[69]。不同形状 Pt 纳米晶的 ORR 活性顺序为：凹立方体＞立方八面体＞立方体＞Pt/C，这与之前的观察结果[70]和铂单晶研究的结果[71]一致。另外，B. Y. Xia 等合成出由 {740} 高指数晶面围成的 Pt 纳米框架，并测试了其在 H₂SO₄ 溶液中对 ORR 的活性，0.8 V(RHE)下的质量比活性为 13.1 A/g，是商业 Pt/C 催化剂的 1.68 倍[16]。他们发现铂纳米框架不仅比铂纳米立方体和商业 Pt/C 催化剂活性更高，而且在电化学条件下更稳定。

但低配位点在 ORR 动力学中的作用尚未被很好地解释。尽管台阶表面的 ORR 活性相对于平滑的 Pt(111) 有增强的趋势，但实验和理论都证明了低配位点对 Pt 上的 ORR 可能不起作用。例如，M. Nesselberger 等报道了不同电解质中 ORR 活性均随着 Pt 粒径的减小（即比表面积的增加）而迅速降低[72]，如图 6.6(b) 所示。一般来说，低配位点的密度随粒径的减小而迅速增加，特别是当粒径小于 5 nm 时[73]。最近，F. Calle-Vallejo 等从理论上用广义配位数区分了表面位点的活性：台阶表面的凹位点具有高 ORR 活性，而凸位点活性低，如图 6.6(c) 所示[74, 75]。

Y. J. Deng 等研究了高指数晶面 Pt 二十四面体纳米晶在暂态(线性扫描)和稳态(在研究电位下停留 100 s)条件下的 ORR 活性，如图 6.6(d) 所示，尽管 Pt 二十四面体的暂态 ORR 活性不及多晶 Pt 活性的一半，但其稳态活性则略高于多晶 Pt[76]。稳态条件更接近于燃料电池的工作条件，因此，与低指数晶面围成的 Pt 纳米晶相比，具有高指数晶面的 Pt 纳米晶在燃料电池中更具有应用前景。

另外，该领域的一项代表性工作是 M. F. Li 等合成出的锯齿状 Pt 纳米线对 ORR 有非常优异的活性[77]。他们使用湿化学法合成了 Pt/NiO 核/壳纳米线，在 Ar/H_2 气氛中高温还原为 PtNi 合金纳米线，然后电化学去合金化处理逐步刻蚀掉 Ni，制备得到锯齿状 Pt 纳米线，如图 6.6(e) 中的插图所示。所得锯齿状 Pt 纳米线具有高达 118 m^2/g_{Pt} 的电化学活性面积，0.9 V 时的 ORR 的面积比活性为 11.5 mA/cm^2，质量比活性为 13.6 A/mg_{Pt}。增强的 ORR 活性主要来源于锯齿状纳米线的高应力及表面丰富的低配位原子。

此外，精细调整高指数晶面纳米晶的近表面组成，可以进一步提高催化剂的 ORR 活性和稳定性[32, 78, 79]。例如，在一维 Pt_3Fe 锯齿状纳米线(z-NWs)表面修饰一层具有高指数晶面结构的 Pt 原子层，其表面结构如图 6.6(f) 所示，能有效提高 ORR 催化性能[32]。高指数晶面和铂层结构的协同作用使该催化剂在 0.9 V(RHE) 的质量比活性为 2.11 A/mg，面积比活性为 4.34 mA/cm^2 [图 6.6(g)]，这是所有报道的 PtFe 基催化剂中的最高的 ORR 性能，面积比活性分别是 Pt_3Fe z-NWs/C 和 Pt/C 催化剂的 2.1 和 16.7 倍。DFT 计算表明，由于 Pt_3Fe 对表面 Pt 原子层的配体效应和应变效应，以及所暴露的高指数晶面导致了最佳的氧吸附能，从而提高了 ORR 活性。经过 3 万次电位循环稳定性测试后，表面具有高指数晶面 Pt 层的 Pt_3Fe z-NWs/C 催化剂的面积比活性下降了 26.7%，而 Pt_3Fe z-NWs/C 下降了 62.7%，商业 Pt/C 则下降了 96.7%。

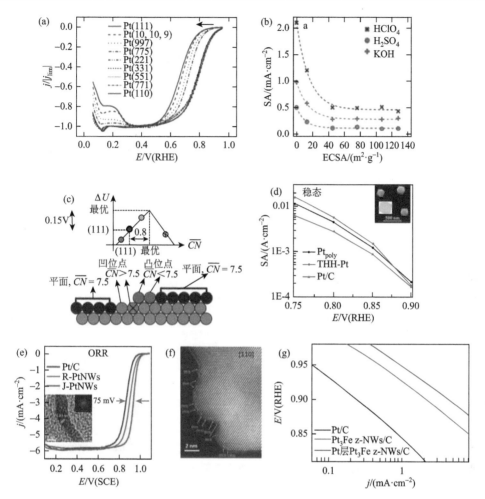

图 6.6　(a)[110]晶带轴上不同 Pt 单晶面上的 ORR 极化曲线[68]；(b)不同电解质中的 ORR 面积比活性与 ECSA 的关系[72]；(c)配位数-ORR 活性曲线及其与 Pt 位点的几何关系[74]；(d)0.1 mol/L HClO₄ 中多晶 Pt、THH-Pt 和 Pt/C 的稳态 ORR 活性的比较[76]；(e)锯齿状 Pt 纳米线(J-PtNWs)、规则 Pt 纳米线(R-PtNWs)和 Pt/C 催化剂的 ORR 极化曲线[77]；(f)锯齿状 Pt 层 Pt₃Fe-NWs 的结构[32]；(g)商业 Pt/C、锯齿状 Pt₃Fe z-NWs/C 和锯齿状 Pt 层 Pt₃Fe z-NWs/C 的 ORR 活性比较[32]

6.3　二氧化碳还原

　　在碳基能源的循环中，将二氧化碳(CO_2)转化为可重复使用的化学原料至关重要。目前，CO_2 的转化方法有多种，如生物转化、化学转化、光催化还原、电催化还原等。近年来，CO_2 的电化学还原因其使用清洁可再生的电能，操作简单、电位可控、反应条件温和、产物选择性可控等优点使其受到的关注越来越多。根据催化剂的不同，CO_2 可以发生 2 电子还原，生成 CO、甲酸；发生 8 电子还原，生成甲烷；还可以发生 12 电子还原，生成乙烯、乙醇等多碳化合物。其中 Au、Ag、Zn、Pd 等都具有很高的 CO 选择性，而 Pb、Hg、Sn 等更倾向于产生 HCOOH[80, 81]。Cu 是唯一能够电催化还原 CO_2 为烃类、醇类等多电子转移产物的金属[82, 83]。CO_2 电催化还原过程复杂，其最大挑战是反应速率慢、能量效率低，电催化还原 CO_2 的性能很大程度上取决于所使用的催化剂[84]。高指数晶面催化剂在这一领域同样显示出了优异的性能。

理论计算表明，Ag(211) 高指数晶面在 CO_2 还原的每一步中的自由能变化都比低指数晶面的小得多[85]，如图 6.7(a) 所示。因此，制备具有高指数晶面的银纳米催化剂可以有效地提高催化活性。Q. Lu 等报道了一种用于二氧化碳还原的纳米多孔银催化剂，在 -0.60 V(RHE)，其在 2 小时的 CO_2 还原过程中，电流维持在 18 mA/cm^2，且生成 CO 的法拉第效率保持在约 92%；而多晶 Ag 上的电流仅为 0.47 mA/cm^2，生成 CO 的法拉第效率也只有 1.1%[86]，如图 6.7(b) 所示。纳米多孔银是通过去合金法制备的，其弯曲的表面具有高密度的低配位原子，有助于稳定 CO_2 还原的中间体，提高电催化性能。去合金法制备的纳米多孔金也具有同样的结构特征，其对 CO_2 还原为 CO 的法拉第效率高达 94%[87]。

钯可以催化二氧化碳还原为甲酸或 CO，产物的选择性主要取决于所施加的过电位。在高过电位下，CO_2 被稳定地还原为 CO；在低过电位下，HCOOH 是主要产物，CO 的生成量很小，但这足以导致 Pd 催化剂表面中毒[81, 88]。表面原子排列会影响反应中间产物的稳定性，因此，合理设计表面结构不仅可以提高 HCOOH 的选择性，而且可以减弱 CO 对 Pd 表面的毒化[89]。A. Klinkova 等合成了 {100} 晶面围成的 Pd 纳米立方体，{110} 晶面围成的菱形十二面体和具有高指数晶面的纳米粒子，并研究了它们对 CO_2 还原的电催化性能。其中，具有高指数晶面的纳米粒子在 -0.2 V 的低过电位下还原 CO_2 为甲酸盐的电流密度达到 22 mA/cm^2，且法拉第效率高达 97%，这一结果优于之前所有的 Pd 催化剂电催化还原 CO_2 为甲酸盐的性能。与具有高指数晶面的纳米催化剂相比，纳米立方体的电流衰减速率明显较快。他们通过理论计算得到了控制反应选择性和活性的中间体结合能的变化趋势，如图 6.7(c) 所示。其中，{211} 晶面具有最低的势垒，是热力学上最有利于反应的表面。因此，具有高指数晶面的纳米粒子表现出最高的催化活性。他们还比较了高指数晶面和低指数晶面上 HCOO* 和 CO* 中间体形成的自由能，如图 6.7(d) 所示，CO* 的值从 -0.83 eV［Pd(111)］增加到 -0.65 eV［Pd(211)］，而 HCOO* 的值从 0.28 eV［Pd(111)］减少到 -0.09 eV［Pd(211)］。这些结果表明，高指数晶面不利于

CO*在 Pd 表面的形成，从而减少了 CO 对表面的毒化，而 HCOO*的形成变得更加容易。因此，高指数晶面的 Pd 纳米催化剂对 CO_2 电还原生成 HCOOH 具有高催化活性。H. E. Lee 等[90]通过在种子生长过程中添加 4-氨基硫酚来合成凹菱形十二面体(凹 RD)金纳米晶，如图 6.7(e)所示，凹 RD 表面含有多个高指数晶面，主要是{331}、{221}和{552}。凹 RD 对 CO_2 电还原的起始电位最低，对 CO 的选择性在−0.57 V(RHE)时最高，为 93%，而 RD 和立方体上的最高值为 86% 和 61%，如图 6.7(f)所示。凹 RD 在−1.2 V(RHE)时的电流密度为 10.6 mA/cm^2，是 Au 膜的 1.2 倍，此外，凹 RD 在长时间电化学测试的稳定性上也更好。

为了降低催化剂的成本，Sn、Pb、Bi、Zn 等非贵金属催化剂也得到了广泛的研究[84]。例如，J. H. Koh 等合成了具有高指数晶面的 Bi 枝晶催化剂，用于将 CO_2 选择性转化为甲酸盐[91]。电位为−0.74 V(RHE)时催化剂的电流密度为 2.7 mA/cm^2，HCOOH 的法拉第效率为 89%。而在相同的电位下，Bi 金属箔的电流密度仅为 0.4 mA/cm^2，法拉第效率仅为 56%。DFT 计算结果表明，几种可能的反应途径中，*OCOH 途径在能量上最优，高指数晶面可以有效稳定*OCOH 中间体，而对 CO_2 的还原活性高。

在所有金属中，Cu 在电催化还原 CO_2 反应中具有独特的性能，可以将 CO_2 转化为碳氢化合物和醇类，这主要是因为它对 CO 以及一些中间产物具有中等强度的结合能[92]。此外，使用 Cu 单晶模型催化剂的研究指出，CO_2 还原产物的选择性高度依赖于表面结构：在 Cu(100)上生成的乙烯最多，而 Cu(111)促进甲烷的生成[93, 94]。表面缺陷的存在，如有序表面上的台阶或扭结位点，也可以通过改变吸附物种与表面的结合能来改变反应途径[95, 96]。例如，Cu(751)高指数晶面在较低的过电位下对 C_{2+}产物的选择性高于低指数晶面[96]。

高指数晶面结构 Pd 纳米晶催化性能好且稳定性好，对 CO_2 还原过电位低，但对 CO 吸附太强而阻碍了 CO_2 的深度还原，在其表面修饰 Cu，可以同时利用两者的优势，获得好的 CO_2 还原活性与选择性。F. Y. Zhang 等对表面为{310}高指数晶面的 Pd 二十四面体表面修饰 Cu，在−0.46 V(RHE)时，单层 Cu 修饰的 Pd 二十四面体纳米晶对 CO_2 还原为乙醇有较高的选择性，法拉第效率超过 20%，而单层 Cu 修饰的(111)-取向的 Pd 纳米粒子对乙醇的法拉第效率仅为 6.1%。Cu 的覆盖度也对 CO_2 还原产物的选择性有影响，0.8 单层 Cu 修饰的 Pd 二十四面体纳米粒子对 CO_2 还原的液相产物以甲醇为主[97]。

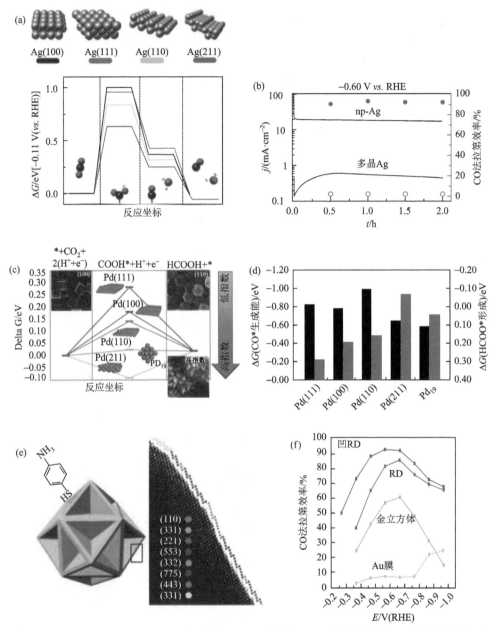

图 6.7　(a) Ag(100)，Ag(111)，Ag(110) 及 Ag(211) 晶面上 CO_2 电化学还原成 CO 的自由能图。球体颜色：白色，H；黑色，C；红色，O；银色，Ag[85]；(b) 纳米多孔银 (np-Ag) 和多晶银在 −0.60 V (RHE) 对 CO_2 的还原活性[86] (圆圈表示 CO 法拉第效率)；(c) 理论计算 CO_2 在不同 Pd 表面上电催化还原为甲酸的自由能图[89]；(d) Pd(111)、Pd(100)、Pd(110)、Pd(211) 和 Pd_{19} 上 HCOO* 和 CO* 中间体的生成自由能[89]；(e) 凹 RD 模型与表面原子结构[90]；(f) 金膜、金立方体、菱形十二面体 (RD) 和凹 RD 催化二氧化碳还原为 CO 的法拉第效率[90]

6.4　氮 气 还 原

氨(NH_3)是生产量最大的化学品之一，因为它是肥料的氮源，也是潜在的清洁能源载体(高能量密度且不会排放二氧化碳)[98,99]。到目前为止，高能耗的 Haber-Bosch 工艺仍然是工业氨生产的主要方法。近年来，利用清洁可再生的电能的电化学氮还原反应(NRR)被认为是一种环境友好、可持续的 NH_3 生产方法而得到广泛的关注[100]。然而，N≡N 叁键的键能高达 945 kJ/mol 而难以被活化，因此，高效的催化剂是电催化 NRR 的关键。

低配位的台阶原子活性高，有利于打断强的化学键[101,102]。理论计算结果也表明，在 N_2 固定反应中，反应中间体与阶梯位的结合比与平台位的更强，即前者的 NRR 催化活性更高[103]。

D. Bao 等合成了表面含有 {730} 高指数晶面的 THH-Au 纳米棒，并将其用作常温常压条件下 NRR 的电催化剂[104]，如图 6.8(a) 和 (b) 所示。当电位保持在 $-0.20\,V$(RHE)时，NRR 产物 NH_3 和 $N_2H_4 \cdot H_2O$ 达到最大产率，分别为 $1.648\,\mu g/(h\cdot cm^2)$和 $0.102\,\mu g/(h\cdot cm^2)$；而低指数晶面的 Au 纳米粒子的产氨速率为 $1.052\,\mu g/(h\cdot cm^2)$。显然，高指数晶面 Au 纳米棒具有更高的 NRR 活性。Y. J. Mao 等用电化学循环伏安法制备了不同组成的凹立方体铂铱合金纳米晶[105]。所制备的凹立方体 $Pt_{93}Ir_7$ 纳米晶表面主要由 {710} 高指数晶面围成，如图 6.8(c) 所示。与 Pt 立方体和商业 Pt/C 催化剂相比，凹立方体 $Pt_{93}Ir_7$ 对 NRR 的电催化活性明显增强，NH_3 产率达到 $[35\,\mu g/(h\cdot cm^2)]$，如图 6.8(d) 所示。DFT 计算表明，台阶位上 Ir 原子的修饰改变了 Pt 的电子结构，有效地促进了 N_2 的吸附和第一步的质子-电子转移这一 NRR 的决速步骤，因而有利于生成 NH_3，如图 6.8(e) 所示。

本章列举的研究结果充分显示，高指数晶面铂族金属(合金)纳米晶在各种类型的能源电化学反应中(如小分子燃料电氧化，O_2、CO_2 和 N_2 电还原等)都具有优异的电催化性能，主要归结于高指数晶面纳米晶的表面结构。特别是如第 3 章和第 4 章中所述，高指数晶面具有高密度的台阶位，而且高指数阶梯晶面上平台和台阶协同形成了催化活性中心。此外，在高指数晶面纳米粒子表面上还存在大量位于棱边、拐角等低配位的原子，它们都具有很高的反应活性。事实上，高指数晶面纳米晶自从 2007 年首次被成功地用电化学方法控制合成以来，高指数晶面/高表面能纳米催化剂不仅在电催化领域，在催化领域[106-109]和光催化领域[110-116]中也显示出优异的性能。可以预期，随着高指数晶面/高表面能纳米材料研究的不断深入，特别是随着规模控制合成制备技术的进步，其应用领域将进一步扩大，并推动相关产业的发展。

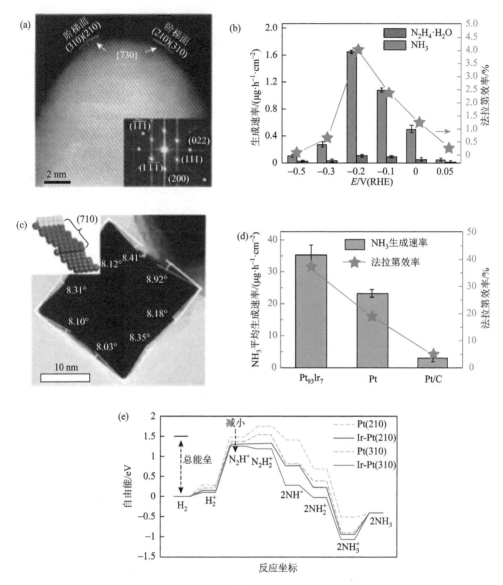

图 6.8　(a) THH-Au 纳米棒的表面原子结构[104]；(b) 在给定电位下氨(青色)、水合肼(红色)的
生成速率以及法拉第效率(蓝色)[104]；(c) Pt₉₃Ir₇ 凹立方体的 TEM 图像[105]；(d) NRR 中 Pt₉₃Ir₇
凹立方体、Pt 凹立方体和商业 Pt/C 的氨气生成速率(青色)和法拉第效率(蓝色)[105]；
(e) 标准氢电极条件下 Pt 及 Ir 修饰的 Pt 表面上氮还原反应的自由能图[105]

参 考 文 献

[1]　Ye W，Zou S Z，Cai W B. Recent advances on electro-oxidation of ethanol on Pt-and Pd-based catalysts：From

reaction mechanisms to catalytic materials[J]. Catalysts，2015，5：1507-1534.

[2]　Sheng T，Tian N，Zhou Z Y，Lin W F，Sun S G. Designing Pt-based electrocatalysts with high surface energy[J]. ACS Energ Lett，2017：1892-1900.

[3]　Souza-Garcia J，Herrero E，Feliu J M. Breaking the C—C bond in the ethanol oxidation reaction on platinum electrodes：Effect of steps and ruthenium adatoms[J]. ChemPhysChem，2010，11：1391-1394.

[4]　Tian N，Zhou Z Y，Sun S G. Platinum metal catalysts of high-index surfaces：From single-crystal planes to electrochemically shape-controlled nanoparticles[J]. J Phys Chem C，2008，112：19801-19817.

[5]　Reddington E，Sapienza A，Gurau B，Viswanathan R，Sarangapani S，Smotkin E S，Mallouk T E. Combinatorial electrochemistry：A highly parallel，optical screening method for discovery of better electrocatalysts[J]. Science，1998，280：1735-1737.

[6]　Chen M S，Kumar D，Yi C W，Goodman D W. The promotional effect of gold in catalysis by palladium-gold[J]. Science，2005，310：291-293.

[7]　Wang G W，Huang B，Xiao L，Ren Z D，Chen H，Wang D L，Abruna H D，Lu J T，Zhuang L. Pt skin on AuCu intermetallic substrate：A strategy to maximize Pt utilization for fuel cells[J]. J Am Chem Soc，2014，136：9643-9649.

[8]　Jiang K，Zhang H X，Zou S Z，Cai W B. Electrocatalysis of formic acid on palladium and platinum surfaces：From fundamental mechanisms to fuel cell applications[J]. Phys Chem Chem Phys，2014，16：20360-20376.

[9]　Capon A，Parson R. The oxidation of formic acid at noble metal electrodes：Ⅰ. Review of previous work[J]. J Electroanal Chem Interfacial Electrochem，1973，44：1-7.

[10]　Andrew，Capon，and，Roger，Parsons. The oxidation of formic acid on noble metal electrodes：Ⅱ. A comparison of the behaviour of pure electrodes[J]. J Electroanal Chem Interfacial Electrochem，1973，44：239-254.

[11]　Sun S G，Clavilier J，Bewick A. The mechanism of electrocatalytic oxidation of formic acid on Pt(100) and Pt(111) in sulphuric acid solution，an EMIRS study[J]. J Electroanal Chem Interfacial Electrochem，1988，240：147-159.

[12]　Tian N，Zhou Z Y，Sun S G，Ding Y，Wang Z L. Synthesis of tetrahexahedral platinum nanocrystals with high-index facets and high electro-oxidation activity[J]. Science，2007，316：732-735.

[13]　Huang X Q，Zhao Z P，Fan J M，Tan Y M，Zheng N F. Amine-assisted synthesis of concave polyhedral platinum nanocrystals having {411} high-index facets[J]. J Am Chem Soc，2011，133：4718-4721.

[14]　Li Y Y，Jiang Y X，Chen M H，Liao H G，Huang R，Zhou Z Y，Tian N，Chen S P，Sun S G. Electrochemically shape-controlled synthesis of trapezohedral platinum nanocrystals with high electrocatalytic activity[J]. Chem Commun，2012，48：9531-9533.

[15]　Zhang Z C，Hui J F，Liu Z C，Zhang X，Zhuang J，Wang X. Glycine-mediated syntheses of Pt concave nanocubes with high-index {hk0} facets and their enhanced electrocatalytic activities[J]. Langmuir，2012，28：14845-14848.

[16]　Xia B Y，Wu H B，Wang X，Lou X W. Highly concave platinum nanoframes with high-index facets and enhanced electrocatalytic properties[J]. Angew Chem Int Ed，2013，52：12337-12340.

[17]　Chen Q S，Zhou Z Y，Vidal-Iglesias F J，Solla-Gullón J，Feliu J M，Sun S G. Significantly enhancing catalytic activity of tetrahexahedral Pt nanocrystals by Bi adatom decoration[J]. J Am Chem Soc，2011，133：12930-12933.

[18]　Leiva E，Iwasita T，Herrero E，Feliu J M. Effect of adatoms in the electrocatalysis of HCOOH oxidation. A theoretical model[J]. Langmuir，1997，13：6287-6293.

[19]　Neurock M，Janik M，Wieckowski A. A first principles comparison of the mechanism and site requirements for the electrocatalytic oxidation of methanol and formic acid over Pt[J]. Faraday Discuss，2008，140：363-378.

[20]　Liu H X, Tian N, Brandon M P, Pei J, Huangfu Z C, Zhan C, Zhou Z Y, Hardacre C, Lin W F, Sun S G. Enhancing the activity and tuning the mechanism of formic acid oxidation at tetrahexahedral Pt nanocrystals by Au decoration[J]. Phys Chem Chem Phys, 2012, 14: 16415-16423.

[21]　Deng Y J, Tian N, Zhou Z Y, Huang R, Liu Z L, Xiao J, Sun S G. Alloy tetrahexahedral Pd-Pt catalysts: Enhancing significantly the catalytic activity by synergy effect of high-index facets and electronic structure[J]. Chem Sci, 2012, 3: 1157-1161.

[22]　Zhang L, Zhang J, Kuang Q, Xie S, Jiang Z, Xie Z X, Zheng L S. Cu^{2+}-assisted synthesis of hexoctahedral Au-Pd alloy nanocrystals with high-index facets[J]. J Am Chem Soc, 2011, 133: 17114-17117.

[23]　Yu Y, Zhang Q B, Liu B, Lee J Y. Synthesis of nanocrystals with variable high-index Pd facets through the controlled heteroepitaxial growth of trisoctahedral Au templates[J]. J Am Chem Soc, 2010, 132: 18258-18265.

[24]　黄龙, 詹梅, 王宇成, 林燕芬, 刘硕, 袁婷, 杨辉, 孙世刚. 碳纸负载高指数晶面铂纳米粒子的制备及其在直接甲酸燃料电池中的催化性能研究[J]. 电化学, 2016: 123-128.

[25]　Xia X H, Iwasita T, Ge F, Vielstich W. Structural effects and reactivity in methanol oxidation on polycrystalline and single crystal platinum[J]. Electrochim Acta, 1996, 41: 711-718.

[26]　Lamy C, Leger J M, Clavilier J, Parsons R. Structural effects in electrocatalysis: A comparative study of the oxidation of CO, HCOOH and CH_3OH on single crystal Pt electrodes[J]. J Electroanal Chem, 1983, 150: 71-77.

[27]　Liu H X, Tian N, Brandon M P, Zhou Z Y, Lin J L, Hardacre C, Lin W F, Sun S G. Tetrahexahedral Pt nanocrystal catalysts decorated with Ru adatoms and their enhanced activity in methanol electrooxidation[J]. ACS Catal, 2012, 2: 708-715.

[28]　Yu N F, Tian N, Zhou Z Y, Sheng T, Lin W F, Ye J Y, Liu S, Ma H B, Sun S G. Pd nanocrystals with continuously tunable high-index facets as a model nanocatalyst[J]. ACS Catal, 2019, 9: 3144-3152.

[29]　Zhang J H, Xi C X, Feng C, Xia H B, Wang D Y, Tao X T. High yield seedless synthesis of high-quality gold nanocrystals with various shapes[J]. Langmuir, 2014, 30: 2480-2489.

[30]　Zhan F W, Bian T, Zhao W G, Zhang H, Jin M S, Yang D R. Facile synthesis of Pd-Pt alloy concave nanocubes with high-index facets as electrocatalysts for methanol oxidation[J]. CrystEngComm, 2014, 16: 2411-2416.

[31]　Zhang L, Chen D Q, Jiang Z Y, Zhang J W, Xie S F, Kuang Q, Xie Z X, Zheng L S. Facile syntheses and enhanced electrocatalytic activities of Pt nanocrystals with {*hkk*} high-index surfaces[J]. Nano Res, 2012, 5: 181-189.

[32]　Luo M C, Sun Y J, Zhang X, Qin Y N, Li M Q, Li Y J, Li C J, Yang Y, Wang L, Gao P, Lu G, Guo S J. Stable high-index faceted Pt skin on zigzag-like PtFe nanowires enhances oxygen reduction catalysis[J]. Adv Mater, 2018, 30, 1705515.

[33]　Tang J X, Chen Q S, You L X, Liao H G, Sun S G, Zhou S G, Xu Z N, Chen Y M, Guo G C. Screw-like PdPt nanowires as highly efficient electrocatalysts for methanol and ethylene glycol oxidation[J]. J Mater Chem A, 2018, 6: 2327-2336.

[34]　Tian N, Lu B A, Yang X D, Huang R, Jiang Y X, Zhou Z Y, Sun S G. Rational design and synthesis of low-temperature fuel cell electrocatalysts[J]. Electrochem Energ Rev, 2018, 1: 54-83.

[35]　Qi Y, Bian T, Choi S I, Jiang Y, Jin C, Fu M, Zhang H, Yang D. Kinetically controlled synthesis of Pt-Cu alloy concave nanocubes with high-index facets for methanol electro-oxidation[J]. Chem Commun, 2014, 50: 560-562.

[36]　Zhang N, Bu L Z, Guo S J, Guo J, Huang X Q. Screw thread-like platinum-copper nanowires bounded with high index facets for efficient electrocatalysis[J]. Nano Lett, 2016, 16: 5037-5043.

[37]　Wei L, Fan Y J, Tian N, Zhou Z Y, Zhao X Q, Mao B W, Sun S G. Electrochemically shape-controlled synthesis in deep eutectic solvents-A new route to prepare pt nanocrystals enclosed by high-index facets with high catalytic

activity[J]. J Phys Chem C，2011，116：2040-2044.

[38] Wei L，Zhou Z Y，Chen S P，Xu C D，Su D，Schuster M E，Sun S G. Electrochemically shape-controlled synthesis in deep eutectic solvents：Triambic icosahedral platinum nanocrystals with high-index facets and their enhanced catalytic activity[J]. Chem Commun，2013，49：11152-11154.

[39] Lakshmanan K，Chen C Y，Anandan S，Wu J J. Low and high index faceted Pd nanocrystals embedded in various oxygen-deficient WOx nanostructures for electrocatalytic oxidation of alcohol（EOA）and carbon monoxide（CO）[J]. ACS Appl Mater Inter，2019，11：10028-10041.

[40] Tian N，Zhou Z Y，Yu N F，Wang L Y，Sun S G. Direct electrodeposition of tetrahexahedral Pd nanocrystals with high-index facets and high catalytic activity for ethanol electrooxidation[J]. J Am Chem Soc，2010，132：7580-7581.

[41] Zhang J W，Zhang L，Xie S F，Kuang Q，Han X G，Xie Z X，Zheng L S. Synthesis of concave palladium nanocubes with high-index surfaces and high electrocatalytic activities[J]. Chem Eur J，2011，17：9915-9919.

[42] Yu N F，Tian N，Zhou Z Y，Huang L，Xiao J，Wen Y H，Sun S G. Electrochemical synthesis of tetrahexahedral rhodium nanocrystals with extraordinarily high surface energy and high electrocatalytic activity[J]. Angew Chem Int Ed，2014，53：5097-5101.

[43] Lima F H B，Gonzalez E R. Ethanol electro-oxidation on carbon-supported Pt-Ru，Pt-Rh and Pt-Ru-Rh nanoparticles[J]. Electrochim Acta，2008，53：2963-2971.

[44] Yuan Q，Zhou Z Y，Zhuang J，Wang X. Seed displacement，epitaxial synthesis of Rh/Pt bimetallic ultrathin nanowires for highly selective oxidizing ethanol to CO_2[J]. Chem Mater，2010，22：2395-2402.

[45] Tian N，Xiao J，Zhou Z Y，Liu H X，Deng Y J，Huang L，Xu B B，Sun S G. Pt-group bimetallic nanocrystals with high-index facets as high performance electrocatalysts[J]. Faraday Discuss，2013，162：77-89.

[46] Zhang J，Hou C，Huang H，Zhang L，Jiang Z. Surfactant-concentration-dependent shape evolution of Au-Pd alloy nanocrystals from rhombic dodecahedron to trisoctahedron and hexoctahedron[J]. Small，2013，9：538-544.

[47] Zhang G R，Wu J，Xu B Q. Syntheses of sub-30 nm Au@Pd concave nanocubes and Pt-on-（Au@Pd）trimetallic nanostructures as highly efficient catalysts for ethanol oxidation[J]. J Phys Chem C，2012，116：20839-20847.

[48] Zhou Z Y，Shang S J，Tian N，Wu B H，Zheng N F，Xu B B，Chen C，Wang H H，Xiang D M，Sun S G. Shape transformation from Pt nanocubes to tetrahexahedra with size near 10 nm[J]. Electrochem Commun，2012，22：61-64.

[49] Liu S，Tian N，Xie A Y，Du J H，Xiao J，Liu L，Sun H Y，Cheng Z Y，Zhou Z Y，Sun S G. Electrochemically seed-mediated synthesis of sub-10 nm tetrahexahedral Pt nanocrystals supported on graphene with improved catalytic performance[J]. J Am Chem Soc，2016，138：5753-5756.

[50] Zhou Z Y，Huang Z Z，Chen D J，Wang Q，Tian N，Sun S G. High-index faceted platinum nanocrystals supported on carbon black as highly efficient catalysts for ethanol electrooxidation[J]. Angew Chem Int Ed，2010，49：411-414.

[51] Koper M T M. Structure sensitivity and nanoscale effects in electrocatalysis[J]. Nanoscale，2011，3：2054-2073.

[52] Niu W X，Zhang L，Xu G B. Shape-controlled synthesis of single-crystalline palladium nanocrystals[J]. ACS Nano，2010，4：1987-1996.

[53] Zhou Z Y，Tian N，Li J T，Broadwell I，Sun S G. Nanomaterials of high surface energy with exceptional properties in catalysis and energy storage[J]. Chem Soc Rev，2011，40：4167-4185.

[54] Sun Y G，Xia Y N. Shape-controlled synthesis of gold and silver nanoparticles[J]. Science，2002，298：2176-2179.

[55] Tao A，Sinsermsuksakul P，Yang P D. Polyhedral silver nanocrystals with distinct scattering signatures[J]. Angew

Chem Int Ed, 2006, 45: 4597-4601.

[56] Liu M C, Zheng Y Q, Zhang L L, Guo L J, Xia Y N. Transformation of Pd nanocubes into octahedra with controlled sizes by maneuvering the rates of etching and regrowth[J]. J Am Chem Soc, 2013, 135: 11752-11755.

[57] Xiao J, Liu S, Tian N, Zhou Z Y, Liu H X, Xu B B, Sun S G. Synthesis of convex hexoctahedral Pt micro/nanocrystals with high-index facets and electrochemistry-mediated shape evolution[J]. J Am Chem Soc, 2013, 135: 18754-18757.

[58] Lee J, Jeong B, Ocon J D. Oxygen electrocatalysis in chemical energy conversion and storage technologies[J]. Curr Appl Phys, 2013, 13: 309-321.

[59] Gewirth A A, Thorum M S. Electroreduction of dioxygen for fuel-cell applications: Materials and challenges[J]. Inorg Chem, 2010, 49: 3557-3566.

[60] Stephens I E L, Bondarenko A S, Gronbjerg U, Rossmeisl J, Chorkendorff I. Understanding the electrocatalysis of oxygen reduction on platinum and its alloys[J]. Energ Environ Sci, 2012, 5: 6744-6762.

[61] Markovic N M, Schmidt T J, Stamenkovic V, Ross P N. Oxygen reduction reaction on Pt and Pt bimetallic surfaces: A selective review[J]. Fuel Cells, 2001, 1: 105-116.

[62] Gasteiger H A, Kocha S S, Sompalli B, Wagner F T. Activity benchmarks and requirements for Pt, Pt-alloy, and non-Pt oxygen reduction catalysts for PEMFCs[J]. Appl Catal B-Environ, 2005, 56: 9-35.

[63] Borup R, Meyers J, Pivovar B, Kim Y S, Mukundan R, Garland N, Myers D, Wilson M, Garzon F, Wood D, Zelenay P, More K, Stroh K, Zawodzinski T, Boncella J, McGrath J E, Inaba M, Miyatake K, Hori M, Ota K, Ogumi Z, Miyata S, Nishikata A, Siroma Z, Uchimoto Y, Yasuda K, Kimijima K I, Iwashita N. Scientific aspects of polymer electrolyte fuel cell durability and degradation[J]. Chem Rev, 2007, 107: 3904-3951.

[64] Speder J, Zana A, Spanos I, Kirkensgaard J J K, Mortensen K, Hanzlik M, Arenz M. Comparative degradation study of carbon supported proton exchange membrane fuel cell electrocatalysts-the influence of the platinum to carbon ratio on the degradation rate[J]. J Power Sources, 2014, 261: 14-22.

[65] Kulkarni A, Siahrostami S, Patel A, Norskov J K. Understanding catalytic activity trends in the oxygen reduction reaction[J]. Chem Rev, 2018, 118: 2302-2312.

[66] Stamenkovic V, Mun B S, Mayrhofer K J J, Ross P N, Markovic N M, Rossmeisl J, Greeley J, Norskov J K. Changing the activity of electrocatalysts for oxygen reduction by tuning the surface electronic structure[J]. Angew Chem Int Ed, 2006, 45: 2897-2901.

[67] Greeley J, Stephens I E L, Bondarenko A S, Johansson T P, Hansen H A, Jaramillo T F, Rossmeisl J, Chorkendorff I, Norskov J K. Alloys of platinum and early transition metals as oxygen reduction electrocatalysts[J]. Nat Chem, 2009, 1: 552-556.

[68] Kuzume A, Herrero E, Feliu J M. Oxygen reduction on stepped platinum surfaces in acidic media[J]. J Electroanal Chem, 2007, 599: 333-343.

[69] Yu T, Kim D Y, Zhang H, Xia Y N. Platinum concave nanocubes with high-index facets and their enhanced activity for oxygen reduction reaction[J]. Angew Chem Int Ed, 2011, 50: 2773-2777.

[70] Sanchez-Sanchez C M, Solla-Gullon J, Vidal-Iglesias F J, Aldaz A, Montiel V, Herrero E. Imaging structure sensitive catalysis on different shape-controlled platinum nanoparticles[J]. J Am Chem Soc, 2010, 132: 5622-5624.

[71] Markovic N M, Gasteiger H A, Ross P N. Oxygen reduction on platinum low-index single-crystal surfaces in sulfuric-acid-solution-rotating ring-Pt (hkl) disk studies[J]. J Phys Chem, 1995, 99: 3411-3415.

[72] Nesselberger M, Ashton S, Meier J C, Katsounaros I, Mayrhofer K J J, Arenz M. The particle size effect on the oxygen reduction reaction activity of Pt catalysts: Influence of electrolyte and relation to single crystal models[J]. J

Am Chem Soc，2011，133：17428-17433.

[73]　Kinoshita K. Particle-size effects for oxygen reduction on highly dispersed platinum in acid electrolytes[J]. J Electrochem Soc，1990，137：845-848.

[74]　Calle-Vallejo F，Pohl M D，Reinisch D，Loffreda D，Sautet P，Bandarenka A S. Why conclusions from platinum model surfaces do not necessarily lead to enhanced nanoparticle catalysts for the oxygen reduction reaction[J]. Chem Sci，2017，8：2283-2289.

[75]　Calle-Vallejo F，Tymoczko J，Colic V，Vu Q H，Pohl M D，Morgenstern K，Loffreda D，Sautet P，Schuhmann W，Bandarenka A S. Finding optimal surface sites on heterogeneous catalysts by counting nearest neighbors[J]. Science，2015，350：185-189.

[76]　Deng Y J，Wiberg G K H，Zana A，Sun S G，Arenz M. Tetrahexahedral Pt nanoparticles：Comparing the oxygen reduction reaction at transient vs steady state conditions[J]. ACS Catal，2017，7，1-6.

[77]　Li M F，Zhao Z P，Cheng T，Fortunelli A，Chen C Y，Yu R，Zhang Q H，Gu L，Merinov B V，Lin Z Y，Zhu E B，Yu T，Jia Q Y，Guo J H，Zhang L，Goddard W A，Huang Y，Duan X F. Ultrafine jagged platinum nanowires enable ultrahigh mass activity for the oxygen reduction reaction[J]. Science，2016，354：1414-1419.

[78]　Wu Y E，Wang D S，Niu Z Q，Chen P C，Zhou G，Li Y D. A strategy for designing a concave Pt-Ni alloy through controllable chemical etching[J]. Angew Chem Int Ed，2012，51：12524-12528.

[79]　Zhang N，Feng Y G，Zhu X，Guo S J，Guo J，Huang X Q. Superior bifunctional liquid fuel oxidation and oxygen reduction electrocatalysis enabled by ptnipd core-shell nanowires[J]. Adv Mater，2017，29，1603774.

[80]　Hori Y. Electrochemical CO_2 reduction on metal electrodes//Vayenas C G White R E GamboaAldeco M E. Modern Aspects of Electrochemistry. Vol 42[M]. New York：Springer，2008，42：89-189.

[81]　Hori Y，Wakebe H，Tsukamoto T，Koga O. Electrocatalytic process of co selectivity in electrochemical reduction of CO_2 at metal-electrodes in aqueous-media[J]. Electrochim Acta，1994，39：1833-1839.

[82]　Song Y，Peng R，Hensley D K，Bonnesen P V，Liang L B，Wu Z L，Meyer H M，Chi M F，Ma C，Sumpter B G，Rondinone A J. High-selectivity electrochemical conversion of CO_2 to ethanol using a copper nanoparticle/ N-doped graphene electrode[J]. ChemistrySelect，2016，1：6055-6061.

[83]　Chen Z Z，Zhang X，Lu G. Overpotential for CO_2 electroreduction lowered on strained penta-twinned Cu nanowires[J]. Chem Sci，2015，6：6829-6835.

[84]　Zhang W J，Hu Y，Ma L B，Zhu G Y，Wang Y R，Xue X L，Chen R P，Yang S Y，Jin Z. Progress and perspective of electrocatalytic CO_2 reduction for renewable carbonaceous fuels and chemicals[J]. Adv Sci，2018，5，1700275.

[85]　Rosen J，Hutchings G S，Lu Q，Rivera S，Zhou Y，Vlachos D G，Jiao F. Mechanistic insights into the electrochemical reduction of CO_2 to CO on nanostructured Ag surfaces[J]. ACS Catal，2015，5：4293-4299.

[86]　Lu Q，Rosen J，Zhou Y，Hutchings G S，Kimmel Y C，Chen J G G，Jiao F. A selective and efficient electrocatalyst for carbon dioxide reduction[J]. Nat Commun，2014，5，3242.

[87]　Zhang W Q，He J，Liu S Y，Niu W X，Liu P，Zhao Y，Pang F J，Xi W，Chen M W，Zhang W，Pang S S，Ding Y. Atomic origins of high electrochemical CO_2 reduction efficiency on nanoporous gold[J]. Nanoscale，2018，10：8372-8376.

[88]　Min X Q，Kanan M W. Pd-catalyzed electrohydrogenation of carbon dioxide to formate：High mass activity at low overpotential and identification of the deactivation pathway[J]. J Am Chem Soc，2015，137：4701-4708.

[89]　Klinkova A，De Luna P，Dinh C T，Voznyy O，Larin E M，Kumacheva E，Sargent E H. Rational design of efficient palladium catalysts for electroreduction of carbon dioxide to formate[J]. ACS Catal，2016，6：8115-8120.

[90]　Lee H E，Yang K D，Yoon S M，Ahn H Y，Lee Y Y，Chang H，Jeong D H，Lee Y S，Kim M Y，Nam K T. Concave

rhombic dodecahedral Au nanocatalyst with multiple high-index facets for CO_2 reduction[J]. ACS Nano, 2015, 9: 8384-8393.

[91] Koh J H, Won D H, Eom T, Kim N K, Jung K D, Kim H, Hwang Y J, Min B K. Facile CO_2 electro-reduction to formate via oxygen bidentate intermediate stabilized by high-index planes of Bi dendrite catalyst[J]. ACS Catal, 2017, 7: 5071-5077.

[92] Peterson A A, Abild-Pedersen F, Studt F, Rossmeisl J, Norskov J K. How copper catalyzes the electroreduction of carbon dioxide into hydrocarbon fuels[J]. Energ Environ Sci, 2010, 3: 1311-1315.

[93] Hori Y, Takahashi I, Koga O, Hoshi N. Selective formation of C2 compounds from electrochemical reduction of CO_2 at a series of copper single crystal electrodes[J]. J Phys Chem B, 2002, 106: 15-17.

[94] Yun H, Handoko A D, Hirunsit P, Yeo B S. Electrochemical reduction of CO_2 using copper single-crystal surfaces: Effects of CO* coverage on the selective formation of ethylene[J]. ACS Catal, 2017, 7: 1749-1756.

[95] Durand W J, Peterson A A, Studt F, Abild-Pedersen F, Norskov J K. Structure effects on the energetics of the electrochemical reduction of CO_2 by copper surfaces[J]. Surf Sci, 2011, 605: 1354-1359.

[96] Hahn C, Hatsukade T, Kim Y G, Vailionis A, Baricuatro J H, Higgins D C, Nitopi S A, Soriaga M P, Jaramillo T F. Engineering Cu surfaces for the electrocatalytic conversion of CO_2: Controlling selectivity toward oxygenates and hydrocarbons[J]. Proc Natl Acad Sci USA, 2017, 114: 5918-5923.

[97] Zhang F Y, Sheng T, Tian N, Liu L, Xiao C, Lu B A, Xu B B, Zhou Z Y, Sun S G. Cu overlayers on tetrahexahedral Pd nanocrystals with high-index facets for CO_2 electroreduction to alcohols[J]. Chem Commun, 2017, 53: 8085-8088.

[98] Rosca V, Duca M, de Groot M T, Koper M T M. Nitrogen cycle electrocatalysis[J]. Chem Rev, 2009, 109: 2209-2244.

[99] Licht S, Cui B, Wang B, Li F F, Lau J, Liu S. Ammonia synthesis by N_2 and steam electrolysis in molten hydroxide suspensions of nanoscale Fe_2O_3[J]. Science, 2015, 345: 637-640.

[100] Guo C X, Ran J R, Vasileff A, Qiao S Z. Rational design of electrocatalysts and photo(electro)catalysts for nitrogen reduction to ammonia (NH_3) under ambient conditions[J]. Energ Environ Sci, 2018, 11: 45-56.

[101] Hellman A, Baerends E J, Biczysko M, Bligaard T, Christensen C H, Clary D C, Dahl S, van Harrevelt R, Honkala K, Jonsson H, Kroes G J, Luppi M, Manthe U, Norskov J K, Olsen R A, Rossmeisl J, Skulason E, Tautermann C S, Varandas A J C, Vincent J K. Predicting catalysis: Understanding ammonia synthesis from first-principles calculations[J]. J Phys Chem B, 2006, 110: 17719-17735.

[102] Montoya J H, Tsai C, Vojvodic A, Norskov J K. The challenge of electrochemical ammonia synthesis: A new perspective on the role of nitrogen scaling relations[J]. ChemSusChem, 2015, 8: 2180-2186.

[103] Logadottir A, Norskov J K. Ammonia synthesis over a Ru(0001) surface studied by density functional calculations[J]. J Catal, 2003, 220: 273-279.

[104] Bao D, Zhang Q, Meng F L, Zhong H X, Shi M M, Zhang Y, Yan J M, Jiang Q, Zhang X B. Electrochemical reduction of N_2 under ambient conditions for artificial N_2 fixation and renewable energy storage using N_2/NH_3 cycle[J]. Adv Mater, 2017, 29: 1604799.

[105] Mao Y J, Wei L, Zhao X S, Wei Y S, Li J W, Sheng T, Zhu F C, Tian N, Zhou Z Y, Sun S G. Excavated cubic platinum-iridium alloy nanocrystals with high-index facets as highly efficient electrocatalysts in N_2 fixation to NH_3[J]. Chem Commun, 2019, 55: 9335-9338.

[106] Hu L, Peng Q, Li Y. Selective synthesis of Co_3O_4 nanocrystal with different shape and crystal plane effect on catalytic property for methane combustion[J]. J Am Chem Soc. 2008, 130: 16136-16137.

[107] Collins G, Schmidt M, O'Dwyer C, McGlacken G, Holmes J D. Enhanced catalytic activity of high-index faceted palladium nanoparticles in suzuki-miyaura coupling due to efficient leaching mechanism[J]. ACS Catal, 2014, 3105-3111.

[108] Chanda K, Rej S, Huang M H. Facet-dependent catalytic activity of Cu_2O nanocrystals in the one-pot synthesis of 1, 2, 3-triazoles by multicomponent click reactions[J]. Chem Eur J, 2013, 19: 16036-16043.

[109] Zhao Z, Wang X, Si J, Yue C, Xia C, Li F. Truncated concave octahedral Cu_2O nanocrystals with {hkk} high-index facets for enhanced activity and stability in heterogeneous catalytic azide-alkyne cycloaddition[J]. Green Chem, 2018, 20: 832-837.

[110] Bai S, Wang L L, Li Z Q, Xiong Y J. Facet-engineered surface and interface design of photocatalytic materials[J]. Adv Sci, 2017, 4: 1600216.

[111] Wang D E, Jiang H F, Zong X, Xu Q, Ma Y, Li G L, Li C. Crystal facet dependence of water oxidation on $BiVO_4$ sheets under visible light irradiation[J]. Chem Eur J, 2011, 17: 1275-1282.

[112] Li R, Zhang F, Wang D, Yang J, Li M, Zhu J, Zhou X, Han H, Li C. Spatial separation of photogenerated electrons and holes among {010} and {110} crystal facets of $BiVO_4$[J]. Nat Commun, 2013, 4: 1-7.

[113] Zhang L, Shi J, Liu M, Jing D, Guo L. Photocatalytic reforming of glucose under visible light over morphology controlled Cu_2O: Efficient charge separation by crystal facet engineering[J]. Chem Commun, 2014, 50: 192-194.

[114] Lang Q, Yang Y, Zhu Y, Hu W, Jiang W, Zhong S, Gong P, Teng B, Zhao L, Bai S. High-index facet engineering of PtCu cocatalysts for superior photocatalytic reduction of CO_2 to CH_4[J]. J Mater Chem A, 2017, 5: 6686-6694.

[115] Truong Q D, Hoa H T, Le T S. Rutile TiO_2 nanocrystals with exposed {331} facets for enhanced photocatalytic CO_2 reduction activity[J]. J Colloid Inter Sci, 2017, 504: 223-229.

[116] Gao C, Meng Q, Zhao K, Yin H, Wang D, Guo J, Zhao S, Chang L, He M, Li Q, Zhao H, Huang X, Gao Y, Tang Z. Co_3O_4 hexagonal platelets with controllable facets enabling highly efficient visible-light photocatalytic reduction of CO_2[J]. Adv Mater, 2016, 28: 6485-6490.

第 7 章　燃料电池非贵金属氧还原催化剂的结构设计和性能调控

　　质子交换膜燃料电池是一种清洁、高效的电化学能源转换装置，在新能源汽车工业中具有广泛的应用前景。然而，其商业化仍然存在诸多挑战。其中，最大的挑战之一在于高成本，例如：日本丰田公司于 2014 年推出的 Mirai 燃料电池电动汽车在北美的售价高达 5.7 万美元，这一价格很大程度上限制了该款电动汽车的大规模推广[1]。受铂资源限制，铂催化剂的成本无法通过规模化制备显著下降。目前，当质子交换膜燃料电池批量生产时，Pt 基催化剂的成本占比高达 40%～50%。质子交换膜燃料电池包含阳极氢气氧化反应和阴极氧还原反应。相对于阳极氢气氧化反应，阴极氧还原反应的动力学极其缓慢。因此，阴极氧还原反应的 Pt 使用量占据整体用量的 90%以上[2]。而贵金属 Pt 属于稀缺资源，且分布不均(全球的分布约 80%在南非，约 10%在津巴布韦，约 8%在俄罗斯)，这进一步导致了 Pt 的价格居高不下，其价格趋势也难以预测。因此降低 Pt 的用量或者开发非贵金属氧还原电催化剂是实现燃料电池大规模商业化的必要途径。

　　目前，市场上开始使用 Pt 合金催化剂替代纯 Pt 催化剂，以降低 Pt 的用量，从而降低成本。然而，贵金属 Pt 资源稀缺，随着 Pt 基催化剂的大规模使用，其价格必然上涨，且质子交换膜燃料电池中使用的 Pt 催化剂无法做到 100%的回收。因此从长远来看，降低 Pt 的用量并不能彻底解决其成本问题。因此，发展能代替 Pt 催化剂的非贵金属氧还原电催化剂是解决质子交换膜燃料电池成本的最终途径。近年来，非贵金属氧还原电催化剂的研究取得了很大的进展，其中最具前景的是受生物体载氧蛋白活性中心——卟啉铁启发而发展起来的热解型的金属-氮-碳(M/N/C)材料。由于合成策略的不断发展，热解型 M/N/C 氧还原催化剂的活性和稳定性都取得了长足进步。同时，随着表征手段的不断进步，研究者们对活性位点的认识亦更加清晰，这也进一步为催化剂的可控合成提供了理论基础。在燃料电池中，氧还原反应实际发生在由催化剂、电解质和反应气体(氧气)所形成的三相界面区间，因此，催化剂的表界面性质也至关重要。本章将对热解型 M/N/C 氧还原电催化剂制备与调控策略、活性位点结构、表界面性质及其在燃料电池中的活性和稳定性分别进行阐述。

7.1　热解型 M/N/C 催化剂的制备与调控策略

评价氧还原催化剂的性能最有效的办法是在燃料电池中进行。燃料电池的极化性能损失主要分为以下三部分[3]：①活化极化；②欧姆极化；③传质极化。高性能 M/N/C 催化剂的合成策略也是致力于降低这三部分的极化损失来提高催化剂的活性和稳定性，见图 7.1。本节将从提高 M/N/C 催化剂的本征活性、电子导电性和传质性能这三方面来概述热解型 M/N/C 氧还原催化剂的制备与调控策略。

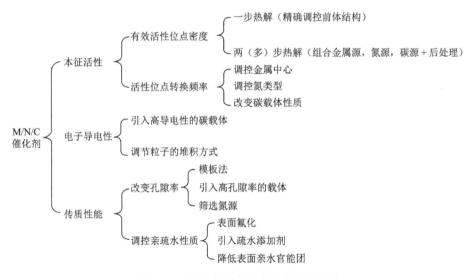

图 7.1　M/N/C 催化剂的制备与调控策略

7.1.1　提高 M/N/C 催化剂的本征活性

催化剂的本征活性取决于催化剂的有效活性位点密度(SD)和单个活性位点对反应的催化活性(即转换频率，TOF)。因此，增加催化剂的 SD 或者提高活性位点的 TOF 均能够有效提高热解型 M/N/C 催化剂的本征活性。

1. 增加有效活性位点密度

在酸性条件下，热解型 M/N/C 催化剂的催化活性中心被普遍认为是承载在碳骨架中的金属-氮($M-N_x$)配位结构，而这一活性结构主要是在高温(600~1100℃)热解过程中所形成的。因此，催化剂的合成通常包含高温热解过程。合成过程中所使用的热解次数不同，所采取的合成策略也将不同。

1) 一步热解法

当使用一步热解的方法制备 M/N/C 催化剂时，需要对前驱体中金属的局部微环境进行精确调控，以增加 M/N/C 催化剂的活性位点密度。一步热解法制备 M/N/C 催化剂通常分为两个步骤：①前驱体的可控合成；②在不同气氛中对前驱体进行高温热解。由于高温热解过程难以调控，因此，前驱体的设计就显得尤为重要。前驱体的理性设计能够使其在热解过程中更易于形成 M-N$_x$ 配位结构，避免金属团聚形成金属纳米颗粒(非活性相)。前驱体的设计主要遵循两个原则：①调节金属的配位环境；②空间上隔离金属位点。在部分金属有机框架或金属大环化合物中，金属常常以 M-N$_x$ 的配位结构存在。因此，这两类配合物常用作热解的前驱体。也有研究者通过调节金属和配体之间的配位作用设计金属配合物。这些金属配合物一般都具备比较确定的配位结构，确定金属配位环境后，对其设计的重点就在于如何在空间上分离金属位点，尽量避免在高温热解过程中形成金属纳米粒子，以增加活性位点密度。

一种比较常用的策略是将具有确定配位结构的配合物负载到具有高比表面积的碳载体上。碳载体通过高温煅烧而制成，再次热解时，其多孔结构不会坍塌。因此，在催化剂热解制备过程中，具有高比表面积的碳载体能够在空间上隔离金属位点，从而更易于形成高活性的 M-N$_x$ 结构，减少金属位点的团聚。例如，L. Tong 等通过湿法浸渍，将铁与邻二氮菲形成的配合物负载到具有超高比表面积(1966 m^2/g)的多孔碳载体上，而后在 N$_2$ 气氛下对其进行一次高温(800℃)热解，制备出了高活性的 Fe/N/C 催化剂[4]，见图 7.2(a)。通过球差校正电镜和 X 射线吸收谱证实了催化剂中的 Fe 是以 Fe-N$_x$ 配位的结构存在，且在碳骨架中呈现原子级的高分散性。因此，该催化剂表现出了优异的氧还原活性，在 0.5 mol/L 的硫酸溶液下，催化剂的半波电位达到了 0.8 V(vs. 可逆氢电极，RHE)。此外，该策略也能够用于金属有机框架的热解。如将 Co 掺杂的沸石-咪唑骨架(ZIF-67)颗粒原位生长到具有高比表面积的 KJ600 碳黑(1400 m^2/g)上，后在 10% NH$_3$+90% N$_2$ 的混合气氛下进行一次高温(800℃)热解，制备出了 CoNC@KJ600 催化剂。在 0.1 mol/L 的硫酸溶液下，该催化剂的半波电位可达 0.77 V(RHE)。KJ600 高的比表面积能够在空间上隔离 ZIF-67 颗粒，因此在热解过程中能够有效避免颗粒之间的团聚以及金属的聚集，从而形成高分散的 Co-N$_x$ 结构。而不加入 KJ600 时，ZIF 颗粒会出现聚集，形成块状的结构，同时也会形成大量的 Co 颗粒。这些 Co 颗粒作为非活性相，一方面会降低活性位点密度，另一方面也会阻塞传质通道，使得部分已经形成的活性位点无法正常发生反应。

另一种比较常用的方法是将一定量的 Fe 或 Co 离子均匀分散到 ZIF-8 的框架中，Fe 或 Co 离子会部分取代 ZIF-8 框架中的 Zn 离子，或吸附在 ZIF-8 的微孔中。此时，Fe 或 Co 离子能够高度分散地存在于 ZIF-8 的框架中，且周围存在大量的 N

元素。在随后的热解过程中，能最大限度地形成 M-N$_x$ 结构，同时避免金属颗粒的形成。而 ZIF-8 中存在的大量 Zn 在高温下会挥发，形成大量的微孔，从而得到富含微孔的碳材料。相较于直接物理混合 ZIF-8 颗粒和 Fe（或 Co）离子，研究者们认为在 ZIF-8 合成的过程中加入金属离子，能够使金属的掺杂更加均匀。例如，X. X. Wang 等通过原位合成的方法得到了 Co 掺杂的 ZIF-8 颗粒，后在 N$_2$ 气氛下对其进行一次高温（1100℃）热解，得到了单原子分散的 Co/N/C 催化剂[5]。该催化剂含有高密度的 Co-N$_x$ 活性结构，表现出高的氧还原活性，在 0.5 mol/L 的硫酸溶液下，其半波电位可达 0.80 V（RHE）。进一步，为了避免热解过程中 ZIF-8 颗粒之间的聚集，Y. H. He 等使用表面活性剂对 ZIF-8 颗粒进行包裹，抑制热解过程中 Co 金属的团聚，并缓解 ZIF-8 内部微孔结构的塌陷[6]，见图 7.2（b）。其氧还原活性也出现了进一步的提高，在 0.5 mol/L 的硫酸溶液中，半波电位可达 0.84 V（RHE）。

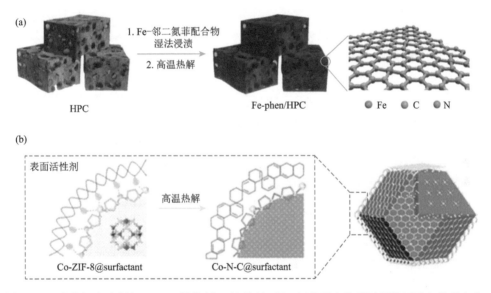

图 7.2　一步热解方法制备 M/N/C 催化剂。(a)将铁-邻二氮菲配合物通过湿法浸渍负载到多孔碳材料(HPC)中，再进行一次热解得到 Fe/N/C 催化剂[4]；(b)使用表面活性剂(surfactant)包裹 Co 掺杂的 ZIF-8 颗粒，得到前驱体，再进行一次热解得到 Co/N/C 催化剂[6]

2)两(多)步热解法

通过一步热解的方法制备 M/N/C 催化剂，其合成过程简单，没有后续的处理过程。然而，其对前驱体有很高的要求。为了实现前驱体的多样性，研究者们往往使用两(多)步热解，同时叠加后处理的方法。其中，酸洗是最常见的后处理方法。将第一次热解后的产物进行酸处理，洗掉产物中的金属颗粒，然后进行第二次热解，去除残留的酸。同时，在第二次热解过程中，会再次形成 $M-N_x$ 活性结构。其中，最具有代表性的是 P. Zelenay 课题组于 2011 年发表在 *Science* 上的工作[7]。如图 7.3(a) 所示，该工作中的催化剂合成分为三步：①使用碳黑作为载体，将聚苯胺(PANI)通过原位聚合的方式包裹在碳黑表面，并均匀混合金属(Fe 和 Co)盐形成热解的前驱体；②将得到的前驱体在 N_2 气氛下进行热处理(900℃)；③将第一次热处理得到的产物进行酸洗，以去掉产物中金属颗粒，接着进行第二次热解，得到 PANI-M-C 催化剂。该催化剂在 0.5 mol/L 的硫酸溶液中表现出优异的氧还原活性，其半波电位可达 0.80 V(RHE)。该合成策略中，酸洗是一个非常关键的步骤。由于该合成过程使用的前驱体是碳黑、聚合物及金属盐的混合物，前驱体中金属的分布可能是无序的。因此，在第一次热解过程中，可能会形成大量的金属颗粒。此时，酸洗能够去除大量的金属颗粒，暴露出更多的活性位点，且酸洗过程中溶解下来的铁盐可能会在催化剂表面再次分布。当进行第二次热处理时，催化剂表面残留的酸(会对活性产生影响)会挥发，而催化剂表面吸附的金属盐会再次形成 $M-N_x$ 活性结构。以此类推，热解和酸洗过程可以叠加多次。多次热解叠加酸洗，作为一种通用的方法，能够大幅度提高催化剂中 $M-N_x$ 活性结构的密度，允许研究者们广泛地选择碳源、氮源和金属源，因此该方法经报道后被众多研究者广泛采用。

　　另外一个代表性的工作是 J. P. Dodelet 课题组发展的方法[8]，如图 7.3(b)。该合成过程分为三步：①采用球磨的方法，将孔填充剂(氮源)和铁源填充到多孔碳黑中，形成前驱体；②在 Ar 气氛下进行第一次热解(1050℃)；③在 NH_3 气氛下进行第二次热解(950℃)，得到 Fe/N/C 催化剂。采用球磨的方法制备前驱体，相对于湿法浸渍，能够使金属和氮在碳载体中的分布更加均匀，在热解过程中趋向于形成更多的 $M-N_x$ 活性结构。实际上，球磨也被认为是一种有效的调节前驱体中金属局部微环境的方法。但是该方法达不到原子级别的调控。因而，一次热解无法得到高活性的氧还原催化剂。接着，将催化剂在 NH_3 气氛下进行第二次热解，处理后的催化剂性能出现了大幅度的提升(燃料电池测试条件下，电池电压为 0.80 V 时，催化剂的体积活性达 99 A/cm³)。对 NH_3 处理的作用，一部分研究者[9]认为，氨气作为氮源，能够进一步与非活性的金属源结合，形成 $M-N_x$ 活性位点；而另一部分研究者[10]则认为，氨气热解不会增加活性位点密度，但能够大幅度增加催化剂的孔隙率，使原本封闭的活性位点暴露出来，增加可利用的活性位点。虽然氨气热解对活性增加的机制不能完全确定，但是 J. P. Dodelet 课题组的工作给我们展示了两种可行的合成策略：球磨和氨气热解。进一步，J. P. Dodelet 课题组基于球磨和氨气热解的方法，使用金属有机框架代替碳黑作为碳源，制备出了活性更高的氧还原催化剂(燃料电池测试条件下，催化剂在 0.80 V 下的体积活性从 99 A/cm³ 提升至 230 A/cm³)[11]。迄今为止，球磨结合两次热解的方法仍广泛应用于高活性氧还原电催化剂的合成。

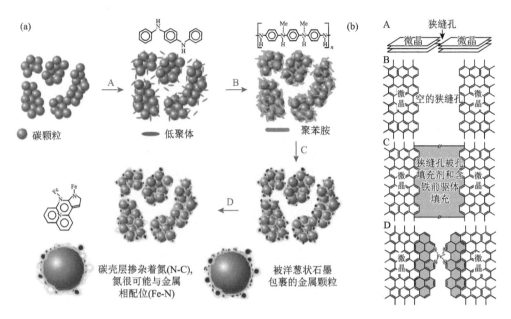

图 7.3　两(多)步热解制备 M/N/C 催化剂。(a)苯胺的低聚体吸附在碳黑表面(过程 A)；低聚体的苯胺进一步聚合为聚苯胺包裹在碳黑的表面(过程 B)；进行第一次热解(过程 C)；第一次热解的产物中含有被洋葱状的石墨包裹的金属颗粒(过程 D)；酸洗后，裸露的金属被去除，碳球表面存在 N-C 或 Fe-N_x 配位结构；第二次热解过程未被显示[7]。(b) A 图表示碳载体中的两个相邻石墨微晶之间狭缝孔的 3 维图；B 图表示两个微晶之间狭缝孔的平面图；C 图表示行星球磨后，孔填充剂和含铁前驱体填充狭缝孔的平面图；D 图表示热解后，狭缝孔中形成的 FeN_{2+2} 活性结构[8]

2. 提高活性位点的 TOF

除了提高催化剂中活性位点的密度外，提高活性位点的 TOF 也能够有效提高催化剂的本征活性。M/N/C 催化剂中的活性位点被普遍认为是 M-N_x 配位结构。因此，提高活性位点 TOF 最直接的方式是调控 M-N_x 位点中的金属以及氮位点。同时，由于 M-N_x 结构承载在碳骨架中，因此，碳的性质也能够影响催化活性中心，从而间接改变活性位点的 TOF。

目前，用于制备氧还原催化剂的廉价过渡金属有 Fe、Co、Ni、Cu、Zn 和 Mn 等。相对于其他金属，以 Fe 为金属中心的催化剂表现出最高的氧还原活性。然而，这些高活性的 Fe/N/C 催化剂都表现出了较低的稳定性。Fe/N/C 催化剂稳定性较低的原因可能在于：Fe^{2+} 和氧还原的中间产物(如 H_2O_2)能形成 Fenton 试剂，产生高腐蚀性的自由基，破坏活性位点[12]。因此，一部分研究者转而开始使用其他的过渡金属代替 Fe 中心。例如，G. Wu 等分别以 Co、Mn 为金属中心合成了 Co/N/C

和 Mn/N/C 催化剂[5, 13]；J. Li 等以 Zn 为金属中心合成了 Zn/N/C 催化剂[14]；Y. Peng 等以 Ni 为金属中心制备出了 Ni/N/C 催化剂[15]。尽管这些催化剂的稳定性相对 Fe/N/C 催化剂有了一定程度的提高，但其活性远不如 Fe/N/C 催化剂。为了兼具催化剂的活性和稳定性，一些研究者们也尝试双金属催化位点。例如，P. Zelenay 课题组报道的 Fe-Co 双金属催化剂在 0.5 mol/L 硫酸溶液中的半波电位达 0.80 V(RHE)，更重要的是该催化剂在 0.40 V(燃料电池工作模式)下能够稳定工作 700 小时[7]。类似地，J. Wang 等使用金属有机框架作为前驱体，合成了 Fe-Co 双金属氧还原催化剂[16]，见图 7.4(a)。结合多种表征技术和 DFT 计算，他们认为 Fe-Co 双原子中心是该催化剂的催化活性位点。该催化剂也表现出了较高的氧还原活性，半波电位可达 0.86 V(RHE)，其稳定性相对单金属催化剂也有了一定程度的提高。除了 Fe-Co 双金属催化剂，研究者们也报道了其他类型的双金属催化剂，如 Fe-Mn 双金属[17]，Zn-Co 双金属[18]等。然而，无论是活性还是稳定性，这些双金属催化剂都低于 Fe-Co 双金属催化剂。

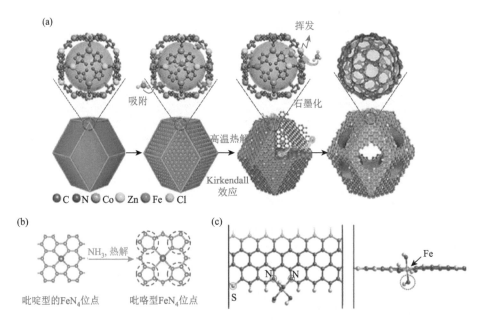

图 7.4 (a) Fe-Co 双金属催化剂[16]。FeCl₃ 通过双溶剂法进入 Zn-Co 双金属 MOF 的框架中，在进一步的热解过程中，存在 Kirkendall 效应，Zn 会挥发，发生石墨化；(b) 调控 Fe-Nₓ 配位结构中的 N 位点[19]。在 NH₃ 条件下热解可以将吡啶型的 FeN₄ 位点转换成高纯的吡咯型 FeN₄ 位点，该位点具有高的内在催化活性、更合理的氧气吸附能和 4e⁻ 反应选择性；(c) S 掺杂提高临近 Fe-Nₓ 位点的 TOF[20]

氮元素能与金属中心发生配位，形成 M-Nₓ 活性结构。故而，调控 M-Nₓ 中的

N 元素能够直接影响活性中心的 TOF。在 M-N_x 的活性结构中，与金属中心配位的氮主要分为两类：吡啶 N 和吡咯 N。一部分研究者[21]认为，与金属配位的是吡啶 N。支撑这一观点的实验证据是绝大部分催化剂的活性都和吡啶 N 的含量密切相关。因此，他们通过控制合成条件，如热解温度、热解时间、前驱体组成等，用以增加催化剂中吡啶 N 的含量，形成具有高催化活性的吡啶型 M-N_x 结构。另外一部分研究者[22]则认为，相对于吡啶型的 M-N_x 结构，吡咯型的 M-N_x 结构具有更高的 TOF。例如，N. Zhang 等认为氨气热解能够将吡啶型的 FeN_4 结构转换成吡咯型的 FeN_4 结构，因而导致活性增加[19]，如图 7.4(b)。通过 X 射线吸收光谱研究发现：NH_3 热解后，吡啶型的 FeN_4 结构消失，而吡咯型 FeN_4 的含量则明显增加。然而，NH_3 热解后，样品中仍然存在着大量的吡啶 N，很难完全排除吡啶型 FeN_4 结构的活性贡献。对于氨气热解的影响，U. I. Kramm 等也做过非常深入的研究，他们认为 NH_3 并不会改变活性位点的结构[10]。对于 M-N_x 中 N 的调控策略，仍然存在以下问题：①尚未发展出有效的调控催化剂中 N 类型的方法；②M-N_x 中哪种类型的 N 具有更高的催化活性，仍然不明确。

　　M-N_x 结构是承载在碳载体上的，因此，可以通过调控碳载体的结构来提高 M-N_x 催化中心的 TOF。调控碳载体结构的策略主要分为两种：①杂原子掺杂；②构建碳缺陷位。最常用的掺杂原子是 N。由于 M/N/C 催化剂的活性结构是 M-N_x 结构，因此，在合成过程中，N 元素是必不可少的。N 除了和金属中心发生配位外，还能够直接掺到碳平面中，影响邻近的 M-N_x 中心的性质。在所有的 N 物种中，和催化剂的氧还原活性最相关的是吡啶 N。J. Herranz 等认为吡啶 N 作为质子的传递中间体，能够促进邻近的 M-N_x 位上的氧还原反应速率[23]。对于绝大多数的 M/N/C 催化剂，其吡啶 N 的含量都需要进行优化，以达到更高的氧还原活性。除了 N 元素外，另一类比较常用的掺杂元素是 S。H. Shen 等认为 S 掺杂能够引入类噻吩的 C-S-C 结构，这一结构会降低 Fe 中心的电子局域，增强铁中心和氧物种的相互作用，进而提高催化剂的氧还原活性[20]，见图 7.4(c)。Y. C. Wang 等通过 S 掺杂大幅度提高了 Fe/N/C 催化剂的氧还原活性[24]。S 掺杂的 Fe/N/C 催化剂在 0.1 mol/L 硫酸溶液中的半波电位达 0.836 V(RHE)，在 0.8 V(RHE)下的质量活性达 23 A/g，是不含 S 掺杂催化剂的 2 倍。除了 N 和 S 外，还有其他的一些掺杂元素，如 B，P，Se 等[25, 26]。然而，相对于 N 和 S 掺杂，其他的元素对 M/N/C 催化剂的活性提升有限，相关的研究也比较少。催化剂的制备需要经过高温热解过程，而在该过程中，不可避免地会产生缺陷。因此，一些研究者也认为热解过程中产生的碳缺陷也会影响 M-N_x 中心的性质，从而影响催化剂的氧还原活性[27]。就目前为止，碳缺陷与 M-N_x 位点之间的相互作用主要限于概念上，其实际对 M/N/C 催化剂的活性贡献尚不是很明确。

7.1.2　提高 M/N/C 催化剂的电子导电性

从燃料电池极化曲线上看，在中等电流部分，存在一段直线变化的区域，被认为是欧姆极化区域。这部分性能主要是由膜电极的电阻所决定的。膜电极的电阻主要来自于以下几部分：膜电阻，催化层电阻以及其他部件电阻(如气体扩散层、微孔层及各部分之间的界面接触电阻)。膜电阻主要取决于膜的性质、厚度和运行条件(如湿度、温度等)，气体扩散层、微孔层和界面接触电阻主要取决于材料本身的性质以及制备电极的工艺，而催化层的电阻主要取决于催化剂的电子导电性、聚合物电解质的离子传输及热压制备膜电极时的催化层压缩率等。本章的重点主要是催化剂的可控制备，因此，主要阐述如何提高催化剂的电子导电性。

M/N/C 催化剂经过高温热解制备而成，其热解温度一般位于 900～1100℃。根据碳的导电性与热解温度之间的规律，这一温度区间的碳材料导电性相差并不大[28]。而当温度超过 1100℃，催化剂的表面会失去大量的活性掺杂元素组分，导致催化剂的活性大幅度下降[29]。因此，很难通过进一步提高热解温度促进碳材料的石墨化以提高导电性。为了提高催化剂的导电性，最常用的一种策略是在催化剂中引入高导电性的碳载体，如商业碳黑、碳纳米管等。例如，C. Zhang 等使用碳纳米管将催化剂颗粒交联起来，以提高催化剂的导电性[30]，见图 7.5。使用碳纳米管交联后，催化剂的导电性出现了明显的提高，其在欧姆极化区域的性能也相应出现了提高。虽然碳载体的引入能够提高催化剂的导电性，但其作为非活性相引入后，有可能会在一定程度上降低活性位点密度。因此，研究者也尝试采取其他非添加的方法提高催化剂的导电性。例如，J. Shui 等通过静电纺丝技术合成了一种纤维状的催化剂，这些由碳纤维构成的网络结构能够加速电子传递，从而大幅度提高了催化剂在燃料电池中的功率密度[31]。

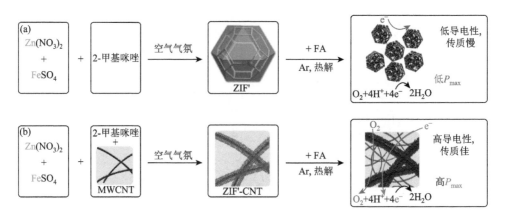

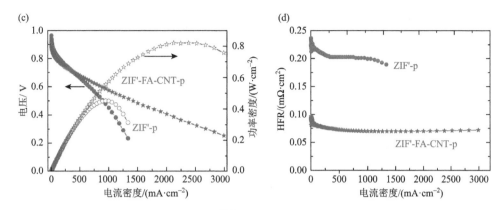

图 7.5 催化剂引入碳纳米管提高导电性[30]。(a) 以硝酸锌、硫酸亚铁和 2-甲基咪唑合成的 ZIF'
大颗粒晶体为前体，热解制得 Fe/N/C 催化剂(ZIF'-p)的导电性低，传质慢，因此燃料电池峰值
功率密度(P_{max})低；(b) 在合成 ZIF 过程中引入多壁碳纳米管(MWCNT)，得到的催化剂(ZIF'-FA-
CNT-p)具有高的导电性和优异的传质性能，因而具有高功率密度；(c) H_2-O_2 质子交换膜燃料电
池极化曲线； (d) 燃料电池高频电阻(HFR)随电流密度的变化曲线

7.1.3 提高 M/N/C 催化剂的传质性能

除了催化剂的本征活性和导电性，催化剂的传质性能也非常关键。在小电流
(高电池电压)区域，氧还原反应所需的反应物质较少，传质并不是限制因素。
然而，在大电流区域，动力学足够快，此时，催化层的传质性质开始变为限制因
素。氧还原反应过程中的物质传输实际上是气、液两相传输。气相指的是氧气，
液相指的是水，聚电解质中质子的跳跃传输需要液态水作为介质，但水太多又会
阻碍氧气传输。在阴极催化层中，需要构建出稳定的气液两相传输通道，从而形
成三相界面(反应场所)。

催化剂的孔隙率及表面湿润性能够显著影响催化层的物质传输。对于绝大部
分高活性的 M/N/C 催化剂而言，其活性位点主要分布在微孔中。然而微孔的孔径
小，孔内吸附势能大，这导致了微孔的传质速度存在一定的限制，且很容易吸附
液态分子，发生水淹，造成氧气传输限制。为了改善 M/N/C 催化剂的微孔传质问
题，比较常用的一种策略是增加催化剂中介孔或大孔的含量。模板法是最常用的
调节催化剂孔道结构的方法之一。例如，在制备前驱体时引入 SiO_2 或者介孔分子
筛等作为模板，热解后再用酸或碱去除模板，可以显著增加 Fe/N/C 催化剂的外表
面积和介孔孔隙率 [图 7.6(a)]，从而大幅度提高了催化剂的传质性能[32-34]。除了
模板法，另一种常用的方法是采用介孔或大孔孔隙率较高的碳材料作为载体，它
们还能在空间上分离金属，避免热解过程中因金属的聚集而形成金属颗粒。采用模
板法和高孔隙率碳载体能够在催化剂中比较可控地引入一定量的介孔或大孔。除了

这些策略，研究者们也报道了一些其他能够改变催化剂孔隙率的方法，如筛选前驱体中氮源的种类。这些方法虽然能够增加介孔含量，但不具有普适性。例如，P. Zelenay 课题组使用苯胺和腈氨的混合物作为 N 源，共聚包裹在碳载体上，后通过二次热解叠加酸洗的方法，合成了具有多级孔结构的 Fe/N/C 催化剂[21]。相对于使用苯胺作为单一的氮源，使用两种氮源的 Fe/N/C 催化剂具有更多的介孔，大幅度提高了其传质性能。W. Shi 等对比了两种氮源(间苯二胺和 2-氨基苯并咪唑)对催化剂介孔孔隙率的影响[35]，见图 7.6(b)。研究发现，两种催化剂的 BET 比表面积一致，但是基于 2-氨基苯并咪唑的 Fe/N/C 催化剂具有更多的介孔，虽然两种催化剂的本征活性一致，但后者在燃料电池中表现出了更高的峰值功率密度($710\mathrm{mW/cm^2}$ *vs.* $616\,\mathrm{mW/cm^2}$)。调节催化剂孔隙率的方法还有很多，例如溶胶凝胶法、腐蚀性气氛热处理($\mathrm{NII_3}$，$\mathrm{CO_2}$ 等)。当采用不同的方法调节催化剂的孔隙率时，需要注意的是，催化剂的介孔含量并不是越多越好，而是需要控制在一定的比例范围内。当催化剂的介孔含量太高时，承载活性位点的微孔比例就会降低，其本征活性会下降。而介孔含量过低，传质就变得很缓慢。对于催化剂的理性合成而言，确定催化剂的最优介孔含量非常关键。然而，目前为止，还没有相关的研究能够明确这一参数。

　　除了孔隙率，催化剂表面的亲疏水性也能够影响阴极传质。亲疏水性质能够影响催化剂中的水相流动与分布，从而影响三相界面的形成。太亲水的表面会使液态水发生富集，导致催化剂"水淹"，阻碍氧气传质。而表面太过疏水，催化剂表面的水含量偏低，质子传输会出现问题。因此，调控催化剂表面的亲疏水性能够有效改善阴极的传质性能。例如，Y. C. Wang 等通过共价接枝的方法对催化剂的表面进行氟化，以提高催化剂表面的疏水性[36]，见图 7.6(c)。尽管氟化过程导致了催化剂的初始活性下降，但是氟化后的催化剂表面形成了稳定的氧气传输通道，避免了反应过程中"水淹"的发生，因而大幅度提高了阴极的长期稳定性。此外，J. P. Dodelet 课题组也通过提高热解温度，来降低催化剂表面亲水官能团的含量，从而增加了催化剂表面的疏水性，得到了稳定性较高的催化剂[37]。

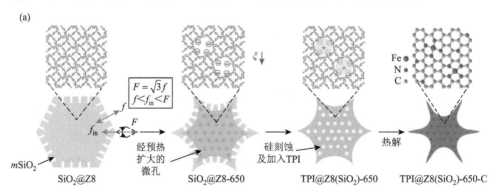

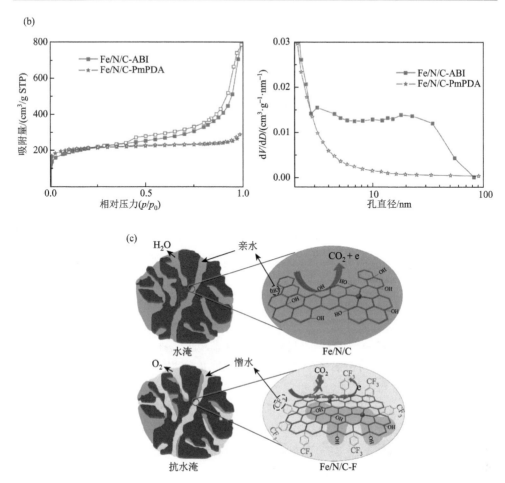

图 7.6　(a) 以介孔 SiO_2 为模板调节 Fe/N/C 催化剂的孔道结构[32]；(b) 使用不同的含氮前驱体(2-氨基苯并咪唑和间苯二胺) 调控 Fe/N/C 催化剂的孔道结构[35]；(c) Fe/N/C 催化剂表面氟化增加疏水性，防止催化剂 "水淹"，提高传质性能[36]

　　总之，M/N/C 催化剂的可控合成是通过改变合成条件来调控催化剂的表界面性质 (表面组成、亲疏水性及界面传输等) 和孔道结构及导电性质的，以提高催化剂的本征活性、物质传输和电子传递，最终提高氧还原催化剂在质子交换膜燃料电池中的性能。

7.2　M/N/C 催化剂的活性位结构

　　M/N/C 催化剂要真正代替 Pt 催化剂需要有与之可比较的活性和稳定性。然而，M/N/C 催化剂发展至今，其稳定性和活性似乎触及到一个 "天花板"，因此，我们需要明确其活性位结构，为进一步设计 M/N/C 催化剂提供更加理性和深入的指导。目前，M/N/C 催化剂常用的金属包括：Fe、Co 和 Mn，其中 Fe/N/C 具有最高的氧还原活性。因此，M/N/C 催化剂的活性位研究主要以 Fe/N/C 作为研究对象。

从活性位点的组成元素和铁的分散态上看，Fe/N/C 催化剂可能的活性位点可以分为：①碳缺陷(C)；②氮掺杂碳(N-C)；③包裹铁颗粒的氮掺杂碳(Fe@N-C)；④碳承载的 Fe-N$_x$ 配位结构(FeN$_x$C$_y$)。以下将分别阐述这几类活性位点，并对其作为真实活性位点的可能性进行分析。

碳材料的边缘和缺陷位点 [图 7.7(a)] 被认为是 M/N/C 催化剂中一种可能的活性位点。为了明确碳缺陷是否可以有效地促进催化氧还原反应，A. Shen 等通过电化学微电极技术观察到边缘缺陷碳的氧还原活性明显高于平面内的氧还原活性[38]。同时，其他的一些证据也表明，碳缺陷的增加能够有效提高催化剂的氧还原活性。例如，将商业石墨颗粒进行球磨，结果表明球磨时间越长，氧还原反应活性越好，说明碳缺陷的增加有利于氧还原反应[39]。在高温下对石墨烯、碳纳米管等进行等离子体刻蚀，形成非掺杂、表面富缺陷的结构，也能够显著提高催化剂的氧还原活性[40]。基于这些事实，一部分研究者认为缺陷碳是 M/N/C 催化剂的活性中心，金属和杂原子的掺杂能够大幅度提高缺陷位密度。虽然这一说法具有一定的可能性。但是，到目前为止，在酸性体系中，未经金属和杂原子掺杂的碳催化剂所表现出来的氧还原活性都较低。且一系列的电化学分子探针实验[41]都表明，在酸性体系中，金属掺杂和氧还原催化活性是具有强关联性的。因此，在酸性体系中，碳缺陷对 M/N/C 催化剂真实活性贡献很小。

氮掺杂碳的结构 [图 7.7(b)] 也被认为是一种可能的活性位点。K. Gong 等通过热解大环化合物制备出了无金属的氮掺杂碳纳米管阵列，其在碱性介质中表现出了媲美商业 Pt/C 的活性和稳定性[42]。然而这一氮掺杂碳的结构在酸性介质中的氧还原活性较低。W. Liang 等以二氧化硅为基底，使用甲烷和氨气制备出了氮掺杂的碳纳米管，其在酸性介质中表现出了较好的氧还原活性[43]。这说明氮掺杂碳的结构有可能是一种潜在的活性位点。一般来讲，氮在碳平面中存在三种状态：吡啶氮、吡咯氮和石墨氮。其活性来源是哪种类型的氮呢？为了解决这一问题，D. Guo 等选取高取向的热解石墨(HOPG)作为模型体系[44]，研究发现：在酸性体系中，氧还原活性的来源是吡啶 N，而真正的反应位点则是吡啶 N 邻位的路易斯碱性碳。而这一观点进一步被 T. Wang 等所证实[45]：他们使用有机分子分别选择性地取代 N 掺杂石墨烯催化剂中的吡啶 N 位点和邻位的碳位点，吡啶 N 被取代后，其氧还原活性不变，而吡啶 N 邻位的碳被取代后，其氧还原活性大幅度下降。这说明催化剂的活性位点是吡啶 N 邻位的碳而不是吡啶 N 本身。虽然氮掺杂碳被认为是一种可能的氧还原活性位点，但是至今尚未有人证实过完全无金属的催化剂在酸性介质中具有和 M/N/C 催化剂相当的氧还原活性，因此，对于 M/N/C 催化剂，其氧还原活性是否来源于氮掺杂的碳结构，仍然有待商榷。

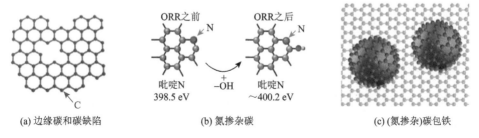

(a) 边缘碳和碳缺陷　　　　　　(b) 氮掺杂碳　　　　　　(c) (氮掺杂)碳包裹铁

图 7.7　M/N/C 催化剂中可能的活性位点结构。(a) 碳材料中位于边缘的碳位点和碳缺陷[39]；(b) 吡啶 N-C 位点[44]；(c) 氮掺杂的碳包裹铁颗粒[46]

　　Fe/N/C 催化剂中，Fe 主要以两种形式存在：①纳米粒子或团簇形式存在的晶态铁或 Fe_3C；②原子级分散的非晶态铁。在 M/N/C 催化剂中，晶态铁可能裸露在表面，也可能被碳层包裹。当研究者们使用强酸将裸露在表面的铁颗粒去掉后，催化剂的氧还原活性出现了一定程度的提高[47]，这说明，裸露在外表面的铁颗粒并不是催化剂的活性中心。M/N/C 催化剂中被碳层包裹的铁颗粒，其在反应过程中并不直接接触反应物。因此，一部分研究者认为，被包裹的晶态铁能够提高表面碳层的氧还原活性，但铁本身并不直接参与氧还原反应 [图 7.7(c)]。基于这一设想，D. H. Deng 等使用二茂铁和叠氮化钠作为前驱体，在 350℃ 下进行热处理，合成了豆荚状的碳纳米管包裹铁纳米颗粒的结构，而位于碳层外的铁颗粒则通过酸洗去除，该催化剂在酸性条件下表现出了一定的氧还原活性[48]。由于铁颗粒被包裹在碳层内部，不直接接触反应物和酸性环境，因此表现出了较高的稳定性和优异的耐受有毒气体(如 SO_2)的能力。这些实验证据结合 DFT 进一步表明，铁纳米颗粒能够将电子传递给表面的碳层，导致碳层的局部功函降低。同时，氮的掺杂能够进一步降低碳层的局部功函，从而导致催化剂的氧还原活性大幅度提升。这些实验和理论上的证据能够在一定程度上表明包裹铁颗粒的碳层是氧还原反应的活性位点，但仍存在一些不足之处：①铁富集的碳层表面可能也存在 $Fe-N_x$ 配位结构，这些结构无法被排除；②作者并没有给出豆荚铁结构在酸性条件下的电化学分子探针数据，故而并不能确认反应位点是来自 Fe 位还是碳层。J. A. Varnell 等在高温下分别使用 Cl_2 和 H_2 对催化剂进行连续处理[46]。实验发现，Cl_2 气氛下热解，会导致催化剂失活，接着用 H_2 处理，催化剂活性恢复。使用各种先进的表征技术对初始催化剂、失活催化剂及活性再恢复的催化剂进行表征，对比分析后发现：FeN_4 结构并不是催化剂的高活性位点，催化剂的高活性位点是被碳层保护的还原性铁物种。这一论证过程虽然具有一定的说服力，但是仍然存在以下问题：

①使用 Cl_2 高温处理催化剂时，Fe 晶态颗粒转变的同时，周边的 $Fe-N_x$ 配位结构可能也会被破坏，而在 H_2 条件下再次热解时，两者可能同时形成，因此很难排除 $Fe-N_x$ 配位结构对活性的贡献；②对不同状态的催化剂进行表征和分析时，多次对实验数据进行拟合，导致结论不具有决定性；③X 射线吸收谱和穆斯堡尔谱均为体相表征技术，而催化剂的活性位点都在表面，这有可能导致结论的不确定性；④所提出的活性结构无法解释催化剂对探针分子的响应(如 SCN^-)。C. H. Choi 等对比了不含 Fe 颗粒的 FeN_xC_y 催化剂和含有碳包铁结构的氮掺杂碳催化剂(Fe@N-C)的氧还原反应过程[49]。他们认为 FeN_xC_y 和 Fe@N-C 结构均具有氧还原活性，但是 FeN_xC_y 具有比 Fe@N-C 结构更高的选择性(4 电子过程)。同样地，K. Strickland 等通过原位 XAS 测试发现，FeN_xC_y 结构在氧还原过程中会发生 Fe 的变价，而在碳包铁结构中未观察到 $Fe-N_x$ 结构，且 Fe 的价态并不随电极电位移动而发生变化[50]。因此，他们认为包裹铁颗粒的氮掺杂碳是氧还原活性位。然而，该研究仍然无法排除碳包铁结构中可能存在的 $Fe-N_x$ 结构，因为该催化剂中 Fe 含量很高(3.1 wt%)，而通常非晶态的 FeN_xC_y 中 Fe 含量低于 1 wt%，甚至低于 0.5 wt%。因此，较高含量的晶态 Fe 可能会掩盖低含量 $Fe-N_x$ 的信号，使得原位 XAS 未能观察到 $Fe-N_x$ 配位结构。

综合以上研究，对于 Fe@N-C 结构是否可能是 Fe/N/C 催化剂中的高效活性位点，目前可以得出以下比较确定的结论：①在酸性条件下，主体为 Fe@N-C 结构的催化剂可以表现出较高的氧还原活性；②由于无法排除 Fe@N-C 结构的周边是否存在一定含量的 $Fe-N_x$ 配位结构，这导致了其活性来源仍然不清楚；③如果反应位点是包裹铁颗粒的 N-C 位点，研究者们需要进一步解释催化剂所表现出来的对 SCN^- 和 CO 等探针的响应。

对于热解型的 Fe/N/C 催化剂中，目前最为研究者们所接受的一类活性位点是碳承载的 FeN_x 配位结构(FeN_xC_y)。基于这一认识的证据主要是以下两点：①当催化剂中 Fe 的含量下降到 1 wt% 以下时，可以合成出不含金属颗粒的原子级分散的 Fe/N/C 催化剂，这些催化剂表现出了优异的氧还原活性，甚至能够媲美 Pt/C 催化剂[51]，这说明晶态铁并不是高活性催化剂的必要条件；②在酸性条件下，绝大部分高活性的 Fe/N/C 催化剂都对探针分子/离子，如 CO、CN^-、SCN^-、SO_2、H_2S、SO_2 和乙硫醇等具有明显的响应[41]。这些探针分子/离子均能和表面的 Fe 位点发生配位，从而占据金属中心，导致氧还原活性降低。这一系列的分子/离子探针实验进一步表明催化剂表面的 Fe 位可能是催化活性中心。基于电化学表面探针技术，研究者们还提出了可用于估算活性位密度和转换频率的策略。例如，N. R. Sahraie 等发现低温下 Fe/N/C 催化剂对 CO 的吸附量与其氧还原活性成正比[52]。因此，他们提出使用脉冲化学吸附法测量催化剂对 CO 的吸附量，从而确定 Fe/N/C 催化剂的活性位密度和转换频率，见图 7.8(a)。在酸性介质中，当电位控制在 0.3～

1.0 V(RHE)时,一氧化氮(NO)能够和表面的 Fe 位发生配位。当电位降低至−0.3～0.3 V(RHE)时,配位的 NO 则会被还原。基于此,D. Malko 等利用 NO 吸脱附的电量计算催化剂表面 Fe 位的密度[53]。这两项工作将非贵金属的表面探针技术从定性表征发展为定量表征技术,这也从侧面支撑了"FeN$_x$C$_y$结构是催化剂的活性位点"这一观点。X. D. Yang 等在 FeCl$_3$(g)/NH$_3$ 前驱体气氛中,通过高温热处理单层石墨烯,得到了单原子层的 Fe/N/C 模型催化剂[54],见图 7.8(b)。单层 Fe/N/C 表现出与实际 Fe/N/C 催化剂相近的氧还原反应活性和相同的对 SCN$^-$的毒化响应。以此为模型催化剂,通过控制模型催化剂中 Fe-N$_x$ 的含量,观察到 Fe-N$_x$ 含量与氧还原反应活性之间的线性关系,这进一步说明了 Fe-N$_x$ 结构可能是氧还原反应的活性位点。

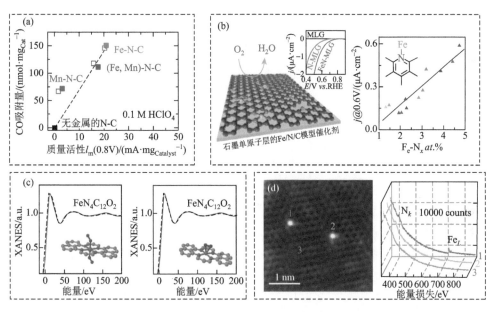

图 7.8　热解 Fe/N/C 催化剂中的 FeN$_x$C$_y$ 位点。(a)CO 吸附量与 M/N/C 催化剂质量活性的线性关系图[52];(b)基于单层石墨烯的 Fe/N/C 模型催化剂,Fe-N$_x$ 物种与氧还原反应活性成线性关系[54];(c)Fe/N/C 中 Fe 元素的 X 射线近边吸收光谱与结构拟合[55];(d)Fe/N/C 催化剂活性位的高角环形暗场扫描透射电镜的直接观测[21]

　　为了明确 FeN$_x$C$_y$ 的具体结构,研究者们开始寻求一些先进的表征技术。J. P. Dodelet 课题组使用飞行时间二次离子质谱技术(TOF-SIMS)对不同条件下合成的 Fe/N/C 催化剂进行分析,成功检测到 FeN$_4$C$_y^+$ 和 FeN$_2$C$_y^+$ 物种,其丰度与催化剂的氧还原活性呈现正相关[56]。这说明催化剂中的活性物种可能是 FeN$_4$-C 和 FeN$_2$-C 位点。Y. S. Zhu 等分别以邻/间/对-苯二胺为前驱体合成了数种氧还原催化剂,并使用穆斯堡尔谱对这些催化剂中铁的结构进行分析，提出了 FeN_6 的结构，即：在 Fe^{III} 卟啉平面上下各有一个与铁中心配位的吡啶 $N^{[57]}$。U. I. Kramm 等结合穆斯堡尔谱和 X 射线吸收精细结构谱(EXAFS)对活性位的结构进行研究[58]。他们对比研究了 Fe 质量分数在 0.03%~1.55% 的 Fe/N/C 催化剂，将铁物种分成以下几类：低自旋态的 $Fe(II)N_4/C$ 结构(D1)；类 FePc 的 $Fe(II)N_4$ 结构(D2)；高自旋态的 $N-Fe(II)N_{2+2}/C$ 结构(D3)；低自旋的 $N-Fe(III)N_4-CN$ 结构(D4)；中自旋的 $Fe(III)N_4$ 结构(D5)；$FeN_x(x<2.1)$ 结构(D6)以及其他类型的铁颗粒。其中，D1 和 D3 被认为是催化剂活性的主要来源。A. Zitolo 等通过控制 Fe/N/C 催化剂的制备条件，合成了 Fe 单原子催化剂，并通过 EXAFS 和穆斯堡尔谱确认了 Fe 的分散态[55]。为了确定 Fe 中心的周边原子排列，对其 X 射线吸收近边结构谱(XANES)进行拟合，得出了类卟啉的 FeN_4C_{12} 结构［图 7.8(c)］。近年来，低加速电压(<80 kV)下的透射电镜得到了较大的发展，使得轻元素(C、N、B 等)的直接观测成为可能。基于这一技术，P. Zelenay 等使用球差矫正扫描透射电镜观察到承载在碳骨架中的 $Fe-N_x$ 结构，进一步，使用高分辨电子能量损失谱确定了 Fe 和 N 的比例为 1∶4，从而确认了 Fe/N/C 催化剂中 FeN_4 位点的存在[21]［图 7.8(d)］。

在以上这些研究中，研究者们采取了多种表征方法，如飞行时间二次离子质谱技术、X 射线吸收谱、穆斯堡尔谱、球差矫正扫描透射电镜等，对 Fe/N/C 催化剂中含 Fe 活性位的具体结构进行研究。实际上，这些研究方法都存在各自的问题，例如，飞行时间二次离子质谱技术对样品具有破坏性，其给出的结构和样品中的真实结构可能存在一定的区别；X 射线吸收谱和穆斯堡尔谱反映的是样品整体的平均信号，而不仅仅是催化剂的表面；透射电镜仅能观察到位于碳平面中的 FeN_4 结构，而位于边缘位置的铁物种具有非常高的氧还原活性，但是其很不稳定，在观测过程中，其结构会被电子束(60 keV)破坏，故而透射电镜往往不能给出边缘区域的信息。因此，基于这些表征手段所给出的 FeN_xC_y 结构，其相互之间会存在一些区别。然而，这些结构之间仍存在一致性，即都含有 FeN_4 或 FeN_{2+2} 结构，区别在于是否在轴向上存在配体。

总之，明确 M/N/C 催化剂中的高活性位点对理性设计催化剂而言非常关键。目前，主流的观点是：碳骨架中的金属-氮配位结构(MN_xC_y)是催化剂的活性中心。研究者们使用大量非原位表征技术用于确认 MN_xC_y 的具体结构，并取得了一些进展。但非原位表征技术仅仅只能确认催化剂的结构，而无法将这些活性结构与电化学过程关联起来。因此，对于活性位点的探究，下一步的研究思路应该是采用电化学原位谱学表征技术，观察氧还原过程中活性位点的动态演变过程。

7.3　M/N/C 催化剂的表界面过程

氧还原催化剂的有效反应位点位于催化剂的表面，而氧还原反应则发生在三相界面区域，因此，M/N/C 催化剂的表界面性质对其氧还原性能具有非常重要的影响。目前，高活性的 Fe/N/C 催化剂具有以下一些特点：①富含大量承载活性位点的微孔，而聚电解质 Nafion 则无法进入这些 <2 nm 的孔道中，这会导致 Nafion 无法完全接触活性位点，因而不能形成均一的催化剂/电解质界面；②M/N/C 催化剂的表面元素组成复杂，这也衍生出了复杂的表面性质，如亲疏水性质、表面极性等，这些复杂的表面性质往往会影响催化层中三相界面的形成，从而影响催化性能；③M/N/C 催化剂的表面含有大量的碱性吡啶 N 物种，这些碱性物种会和 Nafion 中的—SO_3H 发生作用，这一酸碱中和作用对催化剂的活性可能会产生影响。因此，对 M/N/C 催化剂的这些表界面性质形成清晰的认识，有助于高活性催化剂的合成，同时也能为后续的催化层设计提供一些思路。

J. P. Dodelet 等认为位于催化剂表面的碱性吡啶 N 在酸性介质中会发生质子化，质子化的吡啶 N 又会进一步吸附阴离子，阴离子的吸附会导致 Fe/N/C 催化剂的活性下降[23]。类似地，M. Rauf 等观察到 Fe/N/C 催化剂所表现出的酸碱活性差异和吡啶 N 的质子化程度有关，因此，他们认为导致催化剂产生酸碱活性差异的原因在于：吡啶 N 在酸性介质中会发生质子化，活性受到抑制；而在碱性环境下，吡啶 N 不被质子化，因而活性较高[60]，见图 7.9(a)～(c)。由于催化剂表面的吡啶 N 具有碱性，在不同的 pH 条件下，吡啶 N 的状态会不同，因而催化剂的表面状态也会不同，进而会导致催化剂的一些表界面现象存在 pH 效应。例如，Y. C. Wang 等发现有机物，如醇类，在碱性条件下能够抑制 Fe/N/C 催化剂的活性，且其抑制作用与催化剂的微孔含量有关；而在酸性条件下，催化剂基本不被抑制[59]。进一步，通过物理表征推断出了 pH 效应的来源：在酸性条件下，微孔内的吡啶 N 被质子化，形成阳离子，增加微孔极性，阻碍低极性的有机物吸附；而在碱性条件下，吡啶 N 没有被质子化，微孔极性小，很容易吸附有机物［图 7.9(d)～(f)］。P. Atanassov 等也对 Fe/N/C 催化剂的复杂表界面进行了研究[61]。他们研究了电解质的 pH 对 Fe/N/C 催化剂氧还原活性的影响，研究发现，氧还原反应的机理主要取决于 Fe/N/C 催化剂表面的官能团对质子或氢氧根的亲和能力。当 pH<10.5 时，氧还原反应主要由质子耦合电子过程所决定；当 pH>10.5 时，反应主要发生在外 Helmholtz 层，趋向于产生双氧水。

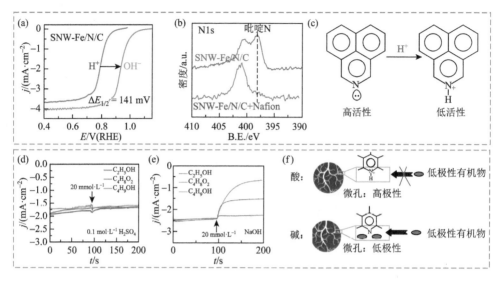

图 7.9　(a) SNW-Fe/N/C 分别在 0.1 mol/L 硫酸和 0. 1 mol/L 氢氧化钾溶液中的氧还原极化曲线[35]；转速：900 rpm；扫描速率：10 mV/s；(b) 初始催化剂和混合 Nafion 后催化剂的高分辨 N 1s XPS 谱图；(c) 吡啶 N 质子化示意图；(d) 酸性介质中 Fe/N/C 催化剂对有机物的响应；(e) 碱性介质中 Fe/N/C 催化剂对有机物的响应[59]；(f) 吡啶 N 质子化对 Fe/N/C 催化剂吸附有机物的影响的示意图

　　M/N/C 催化剂的表界面具有非常复杂的性质，当基于这些具有复杂表界面性质的 M/N/C 催化剂去构建催化层时，又会形成更加复杂的固液界面以及三相界面。明确这些表界面性质对 M/N/C 催化剂的制备和应用都具有非常重要的意义。然而，就目前而言，针对 M/N/C 催化剂表界面性质的研究还比较少，未来需要进一步加强这方面的研究。

7.4　非贵金属氧还原催化剂的燃料电池性能与稳定性

　　非贵金属氧还原催化剂的最终发展目标是在质子交换膜燃料电池中取代 Pt 催化剂，这就要求非贵金属氧还原催化剂具有媲美 Pt 催化剂的活性（燃料电池极化性能）和稳定性。发展至今，以 M/N/C 催化剂为代表的非贵金属氧还原催化剂的活性和稳定性已经取得了长足的进步，但仍距离 Pt 较远。明确这一差距以及差距的具体来源，能够让研究者们更加清楚未来努力的方向。

　　从 M/N/C 催化剂在质子交换膜燃料电池中的应用历程上看，存在一个关键的时间节点，即：2011 年，J. P. Dodelet 课题组采用微孔有机金属框架作为载体，结合行星球磨和二次热解（氩气和氨气），制备出了在燃料电池中具有高功率密度的 M/N/C 催化剂[11]。将该催化剂应用于 H₂-O₂ 质子交换膜燃料电池，其峰值功率密度(P_{max})达 0.91 W/cm^2。在此之前，虽然 M/N/C 催化剂在旋转圆盘电极(RDE)上表现出了较高的催化本征活性，但是这些高活性的催化剂并没有在质子交换膜燃料电池中表现出优异的极化性能。

目前，M/N/C 氧还原催化剂主要用于两类质子交换膜燃料电池：氢-质子交换膜燃料电池和直接甲醇燃料电池。其中，根据阴极所使用的气体类型不同，氢-质子交换膜燃料电池可分为氢气-氧气质子交换膜燃料电池(H_2-O_2 PEMFC)和氢气-空气质子交换膜燃料电池(H_2-Air PEMFC)。同样，对于直接甲醇燃料电池(DMFC)而言，阴极使用的气体不同，其电池性能也会产生明显的区别。以下将分别阐述 M/N/C 催化剂在这两类质子交换膜燃料电池中的极化性能。

7.4.1　氢-质子交换膜燃料电池(H_2-PEMFC)

在 H_2-PEMFC 中，为了评价阴极催化剂的性能，往往需要一些定量的指标，如高电位(动力学区域)下的表观电流密度，质量活性或体积活性；燃料电池工作电位(0.6 V)下的功率密度及峰值功率密度等。对于 Pt 载阴极而言，Pt 的用量是一个非常重要的指标，研究者们需要在低的 Pt 载量下实现高的氧还原性能。因此，通常使用高电位($>$0.8 V)下 Pt(贵金属)的质量活性来代表 Pt 载催化剂的本征活性，即：将某一高电位下的电流密度对催化层中 Pt 的质量进行归一化，得到 Pt 的质量活性，其单位一般用 A/mg 表示。而对于非贵金属 M/N/C 催化剂而言，其使用的金属比较廉价，研究者们不再刻意追求低的金属用量，而是以提高催化层的表观电流密度为目的。因此，在对不同催化剂的本征活性进行纵向对比时，一般采用催化剂在高电位(0.8 V)下的表观电流密度。此外，对于阴极催化剂(Pt 或非 Pt)而言，其在燃料电池工作电压(0.4~0.7 V)区间的性能是由催化剂的本征活性、电子传递和物质传输性能共同决定的。因此，阴极催化剂在 0.6 V 下的功率密度和峰值功率密度是评价催化剂整体性能的一个重要参数。本节将基于这两个燃料电池参数来阐述 M/N/C 催化剂在 H_2-PEMFC 中的极化性能进展。

第一个具有代表性的工作就是 J. P. Dodelet 课题组于 2011 年合成的具有高功率密度的 Fe/N/C 催化剂[11](标记为#1)。当阴阳极的气体背压为 100 kPa，测试温度为 80℃时，该催化剂在 0.8 V(欧姆校正，iR-free)下的电流密度达 219 mA/cm^2，0.6 V 下的功率密度达 0.75 W/cm^2，其 P_{max} 达 0.91 W/cm^2，见图 7.10(a)。这项研究工作也打开了 M/N/C 催化剂的研究大门，在随后的数年中，越来越多的研究者开始探索合成高活性的 M/N/C 催化剂，并将其应用到 H_2-O_2 PEMFC 中。例如，S. W. Yuan 等使用具有超高表面积的多孔聚卟啉作为前驱体，合成了一种具有高比表面积和窄孔径分布的 Fe/N/C 催化剂[62](标记为#2)。将该催化剂应用于 H_2-O_2 PEMFC，当阴阳极的气体背压为 100 kPa，测试温度为 80℃时，该催化剂在

0.8 V(iR-free)下的电流密度达 160 mA/cm^2，0.6 V 下的功率密度达到 0.35 W/cm^2，其 P_{max} 达 0.73 W/cm^2。J. Tian 等使用 2, 4, 6-三(2-吡啶基)-三嗪代替邻二氮菲作为氮源，混合铁源以及微孔 ZIF-8 载体，结合球磨和多步热解制备出了高活性的 Fe/N/C 催化剂[63](标记为#3)。当阴阳极的气体背压为 100 kPa，测试温度为 80℃时，该催化剂在 0.8 V(iR-free)下的电流密度达 270 mA/cm^2，0.6 V 下的功率密度达到 0.63 W/cm^2，其 P_{max} 达 0.75 W/cm^2。J. Shui 等采用静电纺丝技术合成了一种纤维状的 Fe/N/C 催化剂[31](标记为#4)。该催化剂的纤维上存在大量的微孔，这些微孔能够承载大量的活性位点，保证催化剂高的本征活性。而由纤维构成的网络结构则加速了其电子传输，同时，碳纤维之间存在的大孔能够加快氧气和水的传输。基于这些特点，该催化剂在 H$_2$-O$_2$ PEMFC 中表现出了优异的性能。当阴阳极的气体背压为 100 kPa，测试温度为 80℃时，该催化剂在 0.8 V(iR-frec)下的电流密度达 160 mA/cm^2。当背压提高至 150 kPa 时，0.6 V 下的功率密度达 0.72 W/cm^2，其 P_{max} 达 0.9 W/cm^2。相比 J. P. Dodelet 等在 2011 年报道的催化剂，这些后续报道的催化剂在高电位区域的电流密度有所提高，但在工作区域(0.6 V)下的功率密度和 P_{max} 并没有出现提高，仍然维持在原来或更低的水平。直到 2015 年，Y. C. Wang 等报道了一种硫元素掺杂的 Fe/N/C 催化剂[24](标记为#5)。S 掺杂不仅能提高催化剂的本征活性，还能够增加催化剂的介孔含量，从而提高其传质性能。将其应用于 H$_2$-O$_2$ PEMFC，当阴阳极的气体背压为 100 kPa，测试温度为 80℃时，其在 0.8 V(iR-free)下的电流密度达到 225 mA/cm^2，0.6 V 下的功率密度达 0.74 W/cm^2，其 P_{max} 达 0.94 W/cm^2。当背压升高至 200 kPa 时，其 P_{max} 首次超过了 1 W/cm^2，达到了 1.03 W/cm^2 [图 7.10(b)]。相较于 J. P. Dodelet 等于 2011 年报道的性能，该催化剂首次在功率密度上出现了提高。虽然提升的幅度还不够大，但这也激发了研究者们更多的研究热情。紧接着，X. Fu 等发展了一种具有 3D 纳米多孔石墨烯结构的 Fe/N/C 催化剂(标记为#6)，其 3D 多孔结构能够承载大量的活性位点，同时也能大幅度增加传质[64]。该催化剂在 H$_2$-O$_2$ PEMFC 中的性能出现了进一步的提高。当阴阳极的气体背压为 136 kPa，测试温度为 80℃时，其在 0.8 V(iR-free)下的电流密度达到 390 mA/cm^2，0.6 V 下的功率密度达 0.86 W/cm^2，其 P_{max} 达 1.06 W/cm^2。随后，Q. Liu 等发展了一种环境友好的固态合成铁掺杂 ZIF-8 颗粒的方法，再通过一步热解，形成了高密度的单原子铁催化剂[65](标记为#7)。该催化剂在 H$_2$-O$_2$ PEMFC 中的 P_{max} 提高至 1.14 W/cm^2(背压为 200 kPa，电池温度 80℃)，0.6 V 下的功率密度达 0.96 W/cm^2。该催化剂也表现出了优异的本征活性，当背压为 50 kPa(气体绝对压力为 100 kPa)时，其 0.8 V(iR-free)下的表观电流密度达 244 mA/cm^2。进一步，X. Wan 等以 ZIF-8 和 Fe(II)-邻二氮杂菲络合物作为前驱体，并使用 SiO$_2$ 作为模板，合成出了具有内凹结构的 Fe/N/C 催化剂[32](标记为#8)。该催化剂在 H$_2$-O$_2$ PEMFC 中的 P_{max} 进一步提升至 1.18 W/cm^2，且在 0.6 V

下的功率密度达 1.05 W/cm² (背压为 200 kPa，电池温度 80℃)。催化剂的本征活性也出现了明显的提高，0.8 V(iR-free)下的表观电流密度达到了 300 mA/cm² (背压为 50 kPa)。

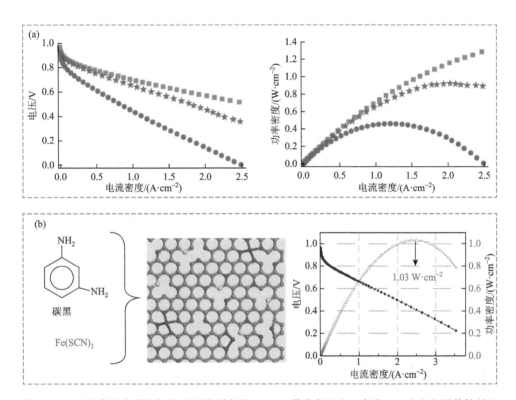

图 7.10　(a)以有机金属框架为前驱体制备的 Fe/N/C 催化剂(★)、商业 Pt/C(■)和用其他前驱体制备的 Fe 基催化剂(●)的燃料电池的极化性能和功率密度比较图[11]；(b)S 掺杂 Fe/N/C 催化剂的示意图与质子交换膜燃料电池的极化曲线和功率密度曲线[24]

　　除了 H₂-O₂ PEMFC，M/N/C 催化剂在 H₂-Air PEMFC 中的应用也取得了较大的进展。上述部分催化剂(#6 和#8)除了应用于 H₂-O₂ PEMFC 外，其在 H₂-Air PEMFC 中也表现出较高的电池性能，例如，当阴阳两极的背压为 136 kPa，测试温度为 80℃时，#6 催化剂在 0.8 V(iR-free)下的电流密度达 120 mA/cm²，0.6 V 下的功率密度为 0.38 W/cm²，此时正对应其峰值功率密度(P_{max})。#8 催化剂则表现出了更高的电池性能：当阴阳两极的气体背压为 50 kPa，电池温度为 80℃时，其在 0.8 V(iR-free)下的电流密度达到了 129 mA/cm²，0.6 V 下的功率密度为 0.41 W/cm²，P_{max} 进一步增加达到了 0.42 W/cm²。此外，还有很多的研究者也合成出了一系列高活性的 M/N/C 催化剂，且将其应用于 H₂-Air PEMFC，并取得了比较优异的电池性能。例如，K. Strickland 等使用微孔 ZIF-8 作为载体，混合邻二氮杂菲和醋酸铁作为前驱体，并依次在 Ar 和 NH$_3$ 气中经过两次热解，得到了高活性的 Fe/N/C 催化剂[50]。当阴阳两极的气体背压为 150 kPa，电池温度为 80℃时，其 P_{max} 达到了 0.38 W/cm^2，0.6 V 下的功率密度达 0.29 W/cm^2。但文中并未给出 iR 校正后的极化曲线，因而无法得到催化剂在 0.8 V(iR-free) 下的电流密度，其未校正(0.8 V$_{non\text{-}iR\ corrected}$)的电流密度为 50 mA/cm^2。X. Fu 等采用 NH$_4$Cl 辅助热解的方法，用于提高催化剂边缘 FeN$_4$ 位的密度，制备出了高活性的 Fe/N/C 催化剂[66]。当两极气体的背压为 136 kPa，电池温度为 80℃时，该催化剂的 P_{max} 为 0.43 W/cm^2，0.6 V 下的功率密度达 0.35 W/cm^2，该文章也没有给出 iR 校正后的极化曲线，其在 0.8 V(iR 未校正) 下的电流密度达 75 mA/cm^2。J. Wang 等通过主客体调控策略制备了 Fe, Co 双金属位点的 M/N/C 催化剂[16]。当阴阳两极气体的背压为 150 kPa，电池温度为 80℃时，其 P_{max} 达到了 0.5 W/cm^2，在工作电压(0.6 V) 下的功率密度达 0.33 W/cm^2。其在 0.8 V(iR 未校正) 下的电流密度达 58 mA/cm^2。以上所报道的 H$_2$-Air PEMFC 性能都是从催化剂设计的角度来提高电池性能的，鲜有研究者通过设计催化层的结构，来提高 M/N/C 催化剂的电池性能。D. Banham 等通过调控离子聚合物的当量，大幅度提高了阴极催化层的质子传输，从而使得 M/N/C 阴极的电池性能出现了极大的提升[67]。当电池温度为 80℃，空气压力为 173 kPa 时，其 P_{max} 达到了 0.57 W/cm^2，是目前 H$_2$-Air PEMFC 中最高的峰值功率密度。

M/N/C 催化剂的发展目标之一是电池极化性能可以媲美商业 Pt/C 阴极。M/N/C 催化剂发展至今已经取得了一系列的进展，但和商业 Pt/C 阴极相比，仍然存在一定的差距。以 H$_2$-O$_2$ PEMFC 为例，图 7.11 集合了上文所提及的具有代表性的 M/N/C 阴极(#1~#8)的电池极化性能。作为对比，商业 Pt 阴极(0.4 mg$_{Pt}$/cm^2)对应的数据也在图中列出[24]。横坐标是 0.8 V(iR-free) 下的表观电流密度(所有的电流密度都换算成标准测试条件，即 P_{O_2}，P_{H_2} 均为 100 kPa)，代表了 M/N/C 催化剂的本征活性。纵坐标是 H$_2$-O$_2$ PEMFC 的峰值功率密度(P_{max})，这一参数是由催化剂的本征活性，电子传输以及物质传输性质所共同决定的。一般来讲，对于 H$_2$-O$_2$ PEMFC，其峰值功率密度所对应的电压一般在 0.4 V 附近，这一电位已经开始接近极限扩散区域。因此，P_{max} 能极大程度地反映出催化剂的传质性能。从图中可以看出，高活性的 M/N/C 催化剂在 0.8 V(iR-free) 下的表观电流密度已经非常接近商业 Pt/C 阴极，但峰值功率密度还相差较远。造成这一差异的主要原因在于，M/N/C 催化层需要高催化剂载量以弥补其在动力学区域的差异，但是这往往会导致阴极催化层过厚(达到 100 μm，约为 Pt/C 催化层厚度的 10 倍)，造成严重的传质损失，使得 M/N/C 阴极的 P_{max} 与商业 Pt 阴极相差较远。因此，M/N/C 催化剂的未来研究应该着重于解决其传质问题。解决这一问题可以分为两个层面：①继续提高 M/N/C 催化剂的质量活性，进一步降低非贵金属催化剂的载量；②着眼于非贵金属催化剂的传质性质，降低其在高载量下的传质损失。

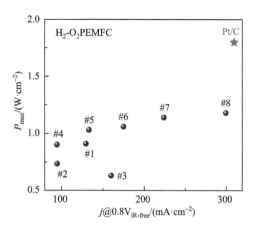

图 7.11　几种典型非贵金属氧还原电催化剂(#1～#8)在 H_2-O_2 PEMFC 中的峰值功率密度与 0.8 V 时的电流密度

7.4.2　酸性直接甲醇燃料电池（DMFC）

除了将 M/N/C 催化剂应用于 H_2-PEMFC，研究者们也开始探索其在酸性甲醇燃料电池中的应用。相对于 H_2-PEMFC，DMFC 的工作模式存在以下特点：①酸性条件下，甲醇的渗透造成混合电位和 Pt 催化剂中毒，对 Pt/C 阴极的影响极为严重，且 DMFC 阴极往往需要高载量($2\sim3$ mg_{Pt}/cm^2)的 Pt，约为 H_2-PEMFC 的 10 倍。因此，相较于 H_2-PEMFC，DMFC 更需要使用非贵金属阴极来代替 Pt 阴极。②DMFC 的电流一般较小，通常小于 1 A/cm^2，且在实际的工作模式中，DMFC 往往采用小电流（如 0.1 A/cm^2）进行恒电流工作。从这些特点来看，相较于 H_2-PEMFC，M/N/C 催化剂可能更适合在 DMFC 中使用，原因如下：①在小电流区域（<1 A/cm^2），高载量 M/N/C 催化剂的极化性能可以媲美商业 Pt/C 阴极，但是在大电流区域，过高的阴极催化剂载量会导致严重的传质损失。幸运的是，DMFC 并不需要在大电流下工作。因此，DMFC 很好地规避了 M/N/C 催化层的传质问题。②M/N/C 催化剂的稳定性较差，这一直是限制其商业化的最大挑战。然而，M/N/C 在某些工作模式下却表现出了较优异的稳定性，如 D. Bonham 等报道了，当 M/NC 催化剂在 0.04 A/cm^2 下恒电流工作时，其可以稳定工作长达 800 小时[68]。DMFC 的工作模式正是在小电流（0.1 A/cm^2）下进行恒电流工作，这一工作模式使得 M/N/C 催化剂的长期稳定工作成为可能。③Y. C. Wang 等发现 M/N/C 催化剂对有机物的响应存在 pH 效应，即，M/N/C 催化剂在碱性条件下对有机物敏感，酸性条件下对有机物具有优异的耐受性[59]。因而，在酸性 DMFC 中，有机物的渗透

对 M/N/C 阴极的影响将变小。结合上述 M/N/C 催化剂和酸性 DMFC 的特点不难发现，M/N/C 催化剂能够在酸性 DMFC 中发挥出诸多优势，同时规避传质和稳定性等问题。因此，M/N/C 催化剂在酸性 DMFC 中具有非常好的应用前景。

在 M/N/C 的初期研究中，大部分研究者们主要着眼于 M/N/C 催化剂在 H_2-PEMFC 中的应用，其在酸性 DMFC 中的应用报道较少，且报道的 DMFC 极化性能较低，这些催化剂的 P_{max} 都在 80 mW/cm^2 以下（氧气作为氧化剂）。例如，A. L. Mohana Reddy 等使用多壁碳纳米管承载 Co-聚吡咯的复合材料作为阴极[71]（标记为#9），应用于酸性 DMFC（电池温度 80℃），其 P_{max} 达 52 mW/cm^2；在 100 mA/cm^2 的电流密度下，其电池电压为 0.4 V。D. Sebastian 等通过后处理进一步提高了 Fe/N/C 催化剂的活性，并将处理后的催化剂（标记为#10）应用于酸性 DMFC[72]。当电池温度为 90℃时，其 P_{max} 达 50 mW/cm^2；在 100 mA/cm^2 的电流密度下，其电池电压为 0.34 V。J. C. Park 等通过物理球磨和化学修饰等策略制备了纳米石墨烯承载的 Fe-Co 双金属催化剂[73]（标记为#11），并将其应用于酸性 DMFC。当电池温度为 80℃时，其 P_{max} 仅 32 mW/cm^2；当电流密度为 100 mA/cm^2 时，其电池电压为 0.31 V。最近，研究者们越来越关注 M/N/C 催化剂在酸性 DMFC 中的应用，其性能也出现了较大的提高。例如，X. Xu 等使用双金属有机金属框架作为前驱体，合成了原子级分散的 Fe/N/C 催化剂，该催化剂在酸性 DMFC 中表现出了非常优异的极化性能[74]（标记为#12）。当电池温度为 80℃时，对比之前所报道的催化剂，其 P_{max} 出现了较大的提升，达到了 83 mW/cm^2。根据其极化曲线，当电流密度为 100 mA/cm^2 时，其电池电压为 0.43 V。进一步，Y. C. Wang 等通过调控疏水添加剂（二甲基硅油，DMS）的分子量，成功在 Fe/N/C 催化剂的微孔中构建出了稳定的三相界面，提高了阴极催化剂层的传质[69]。Fe/N/C 阴极的 P_{max} 从 72 mW/cm^2 上升到 102 mW/cm^2（电池温度 60℃，氧气作为氧化剂）。当温度上升至 80℃时，其 P_{max} 进一步提升至 130 mW/cm^2；当电流密度为 100 mA/cm^2，其对应的电池电压为 0.48 V［标记为#13，见图 7.12（a）］。Z. Xia 等对 DMFC 中的阳极结构进行优化，引入了由碳纳米管组成的超薄气体扩散层，显著提高了 DMFC 的性能[70]，见图 7.12（b）。当使用 M/N/C 催化剂作为阴极时，其 P_{max} 出现了进一步的提高，达到了 141 mW/cm^2（电池温度为 80℃），且当电流密度为 100 mA/cm^2 时，其电池电压为 0.52 V（标记为#14）。这一极化性能已经非常接近相同测试条件下的商业 Pt/C 阴极（160 mW/cm^2）。在酸性 DMFC 中，空气比氧气更加接近实际的应用体系，因此，一部分研究者也开始探索 M/N/C 催化剂在空气下的性能（目前的研究较少）。例如，在#13 的 DMFC 体系中，研究者也测试了 M/N/C 催化剂在空气下的极化性能。当电池温度为 80℃时，其 P_{max} 达 80 mW/cm^2；在 100 mA/cm^2 的工作电流密度下，其电池电压达 0.48 V。Q. Li 等使用还原石墨烯作为碳载体，通过铁和氮元素掺杂合成了基于氧化石墨烯的 Fe/N/C 催化剂[75]。当使用空气作为氧化剂、电池温度为 75℃时，该催化剂在 DMFC 中的 P_{max} 达 56 mW/cm^2；在 100 mA/cm^2 的工作电流密度下，其电池电压达 0.45 V。

图 7.13 集合了上文所提及的具有代表性的 M/N/C 阴极(#9～#14)在酸性 DMFC

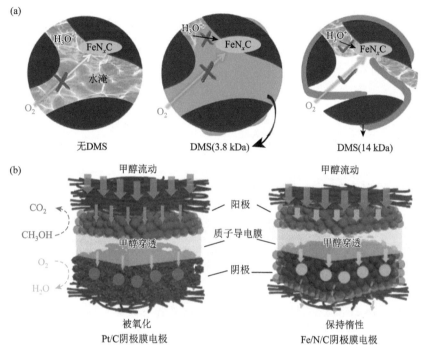

图 7.12　(a) Fe/N/C 催化剂引入合适分子量(14 kDa)的二甲基硅油(DMS)疏水剂，可抑制微孔"水淹"，保证氧气和质子传输，构建出高效的三相界面[69]；(b)直接甲醇燃料电池分别使用 Pt/C 和 Fe/N/C 阴极膜电极的催化层结构设计[70]

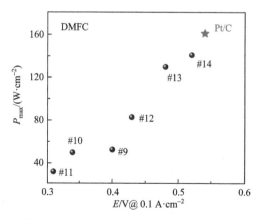

图 7.13　几种典型 M/N/C 催化剂(#9～#14)为阴极的 DMFC 峰功率密度(P_{max})与 0.1 A/cm^2 下的电池工作电压关系图

中的极化性能(氧气作为氧化剂)。为了更加清晰的认识到 M/N/C 阴极和 Pt 阴极的差距，Pt 阴极的性能也被列出。整体上看，在酸性 DMFC 中，M/N/C 催化剂的峰值功率密度和 100 mA/cm² 下的工作电压距离 Pt/C 阴极仍然存在一定的差距。然而，这些差距并不是无法消除。酸性 DMFC 的工作电流一般不超过 1 A/cm²，而在小于 1 A/cm² 的极化区域，M/N/C 催化剂的性能可以媲美商业 Pt 催化剂，这一点已经在 H₂-PEMFC 中得到证实。因此，随着研究者们进一步的深入研究，这一差距会慢慢缩小，最终，M/N/C 催化剂在酸性 DMFC 中的电池极化性能会接近甚至超过商业 Pt/C 阴极。

7.4.3　热解型 M/N/C 氧还原催化剂的稳定性

M/N/C 催化剂要代替 Pt 阴极催化剂，除了具备优异的氧还原活性，也需要具备相当的稳定性，即：在工作电压区域，稳定工作至少 1000 小时以上[76]。然而，尚未有催化剂能够达到这一稳定性指标。目前，绝大部分高活性的 M/N/C 催化剂都表现出了快速的衰减。因此，针对 M/N/C 的稳定性，研究者们的工作主要分为两部分：①探究 M/N/C 催化剂的衰减机理；②寻找能够提高 M/N/C 催化剂稳定性的方法。需要说明的是，M/N/C 催化剂的稳定性研究都集中在 H₂-PEMFC 中，而不是酸性 DMFC。这是因为 H₂-PEMFC 中表现出的衰减主要来源于 M/N/C 阴极催化层，而酸性 DMFC 中还存在甲醇渗透等其他衰减因素，这些因素可能会掩盖 M/N/C 催化层的衰减，加大研究的难度。

研究者们根据 M/N/C 催化剂在 H₂-PEMFC 中的衰减趋势，将其分为两部分：初期快速衰减和后期缓慢衰减 [图 7.14(a)]。由于这两部分的衰减趋势不一致，一部分研究者[77]认为这两部分的衰减机制是不同的。针对初期的快速衰减，J. P. Dodelet 等最初认为，燃料电池工作过程中，碳载体会发生缓慢氧化，导致碳表面的疏水性降低，从而导致微孔水淹，造成氧气传质损失[78]。然而，这一观点很快就被其他研究者所反驳，D. Banham 等认为微孔水淹并不是初期快速衰减的原因[79]。他们发现气体湿度、氧气含量对初期稳定性的影响不大，且干气吹扫并没有恢复已经衰减的活性，这说明微孔水淹导致的氧气传输问题并不是快速衰减的主要原因。紧接着，J. P. Dodelet 等又提出了另一衰减机理：反应过程中，位于微孔中的 Fe-N_x 活性物种的去金属化会降低催化剂的本征活性，导致初期快速衰减的发生[80]。根据这一观点，当催化剂中的 Fe-N_x 物种的密度降低时，可以预期的是，催化剂的稳定性会提高。然而，相关研究表明[78]：当催化剂中铁的含量降低时，其稳定性并没有提高，即使是无金属的 N-C 催化剂也表现出严重的初期快速衰减。到目前为止，M/N/C 催化剂的初期快速衰减机制仍然处于争论之中。

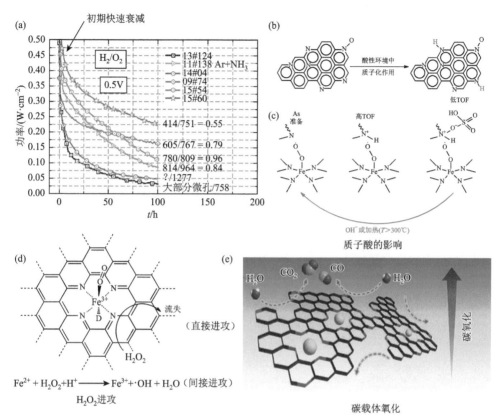

图 7.14　(a)几种典型 Fe/N/C 催化剂在燃料电池中的恒压 (0.5 V) 稳定性曲线[78]；(b)和(c)为催化剂在酸性环境中的两种失活机制：(b)吡啶 N 的质子化过程[81]；(c)吡啶 N 质子化与否对氧还原中间体的相互作用差异[23]；(d)H_2O_2 对活性位点的两种进攻方式[82,83]；(e)碳载体的氧化腐蚀[84]

除此之外，研究者们也提出了其他的衰减机制，但是这些衰减机制并不是针对初期快速衰减过程或后期缓慢衰减过程所提出的，而是针对整个过程提出的可能的衰减机制。这些衰减机制主要分为以下三类：

(1)质子酸的影响：基于 M/N/C 催化剂在碱性条件下稳定，但在酸性条件下不稳定这一实验现象，一部分研究者们认为质子酸对活性位的破坏作用可能是催化剂失活的原因。G. Liu 等也持有类似的观点。他们通过调节热解温度，改变了 M/N/C 催化剂表面 N 的种类。在 800℃下合成的催化剂，含有两种类型的 N(吡啶 N 和石墨 N)，而在 1100℃下合成的催化剂仅含有石墨 N。对应地，在燃料电池中，800℃下合成的催化剂表现出了高的初始活性，但稳定性很差；而 1000℃下合成的催化剂初始活性不高，但稳定性更好。基于这一实验现象，他们认为 M/N/C 催化剂表面的吡啶 N 上存在孤对电子，其存在有利于氧气的吸附，因此催化剂表现出了高的初始活性，但是吡啶 N 很容易被质子化，质子化的发生会影响氧气的吸附，从而导致催化剂失活[81] [图 7.14(b)]。然而，D. Banham 等则对这一观点持怀疑态度[77]。他们认为，根据这一观点，在质子传输更快的旋转圆盘电极(RDE)溶液相体系中，吡啶 N 含量更高的催化剂(900℃)会因为快速质子化而丧失其本身的高活性，故而两种催化剂在溶液相中应该表现出很接近的氧还原性能，然而这明显和实验现象不符合。在实际情况中，当在溶液相中进行测试时，相比于1000℃的催化剂，吡啶 N 含量较高的催化剂(900℃)仍然能表现出更高的氧还原活性。D. Banham 等的怀疑有一定的合理性，但是笔者认为他们没有考虑到 M/N/C催化剂独特的微孔结构及 RDE 测试过程中的特点。首先，M/N/C 催化剂具有大量的微孔，$Fe-N_x$ 活性结构位于这些微孔中，微孔的限域作用是否能够在一定程度上降低微孔内的质子浓度，从而降低吡啶 N 被质子化的可能性？此外，在 RDE 测试过程中，使用的交联剂是 Nafion，而 Nafion 具有一定的疏水性，可以在一定程度上减少催化剂所接触的液体量，从而降低吡啶 N 被质子化的可能性。从这两点上看，即使在质子传输更快的 RDE 中，两种催化剂也是有可能出现性能差异的。整体来看，吡啶 N 质子化影响氧气吸附这一观点还需要进一步的研究。J. P. Dodelet等也提出了另一种质子酸导致催化剂失活的机制 [图 7.14(c)]：质子化后的吡啶$N(NH^+)$能与 FeN_4 位点形成具有高 TOF 的活性结构(FeN_4-NH^+)，但质子化后的NH^+极容易吸附阴离子(A^-)，形成具有低 TOF 的 $FeN_4-NH^+A^-$结构，从而导致活性衰减[23]。为了证实这一观点，J. P. Dodelet 等设计了一系列的实验：首先使用硫酸溶液对催化剂进行处理，处理后催化剂的氧还原活性明显降低，后将酸处理的催化剂低温热处理或碱洗，去掉吸附的阴离子，发现其活性可以大部分恢复，结合 XPS、TGA-MS 等表征发现，酸洗后的催化剂中存在一定量的硫酸，而低温热处理或碱洗能够去掉吸附的硫酸根。这一说法虽然具有一定的实验依据，然而，催化剂中的质子和硫酸根阴离子同时存在，同时去除后，很难区分活性的失去和恢复是源于质子或者硫酸根的单独作用，还是两者共同的作用。

(2) H_2O_2 的作用 [图 7.14(d)]：氧还原反应一般分为 2 电子过程和 4 电子过程。当进行 2 电子过程时，其不完全氧化产生的中间产物(H_2O_2)会进攻活性位点，使得催化剂的氧还原活性下降。H_2O_2 对催化剂的破坏作用一般分为两类：直接进攻[82]和间接进攻[83]。一部分研究者认为，H_2O_2 会直接进攻 $Fe-N_x$ 活性结构中的 N原子，被氧化的 N 物种会溶解到电解质中流失掉，从而造成催化剂的活性降低。这一观点可以很好地解释为什么衰减后的催化剂中检测不到氧化型的氮。尽管穆斯堡尔谱可以为这一机理提供一些证据，但是关于这一机理的详细过程仍然不明确。另一种机制是 H_2O_2 的间接进攻。二价铁作为一种 Fenton 试剂，能够促进 H_2O_2的分解，形成自由基，而自由基具有很强的氧化性，会进攻电解质膜，$Fe-N_x$ 活性中心以及碳载体，从而导致电池性能的大幅度下降。Fe^{2+} 是一种典型的 Fenton 试剂，但是 Co 并不是 Fenton 试剂[85]。因此，当使用 Co 载催化剂时，其稳定性明显优于 Fe 载催化剂, 这也从侧面证明了 Fenton 反应是 Fe/N/C 催化剂衰减的原因之一。尽管如此, Co 载催化剂在质子交换膜燃料电池中的稳定性仍然远无法满足其实用化的要求, 同时 Co 载催化剂的活性也远低于 Fe 载催化剂。

(3) 碳载体氧化［图 7.14(e)］: 在 M/N/C 催化剂中, 碳载体不仅是活性位点的组成元素, 同时也作为导电基底。在酸性环境中, 碳的氧化电位为 0.2 V(SHE), 而在燃料电池的工作模式下, 阴极的电位($>$0.5 V)往往高于这一氧化电位。因此, 碳材料的氧化在燃料电池的工作过程中不可避免。碳载体的氧化腐蚀不仅会影响其导电性, 还可能直接破坏其活性结构。J. P. Dodelet 等在高电位(1.2 V)下研究了 M/N/C 催化剂的氧化行为, 结果发现氧化后的催化剂明显失活, 结合穆斯堡尔谱和 XPS 等表征发现, 高电位下催化剂活性大幅度下降的原因是 C 载体的氧化导致了活性位从载体中脱出[86]。V. Goellner 等也发现高电位下 C 载体的腐蚀程度会随温度升高而明显加快, C 载体的腐蚀可能会导致以下问题[87]: ①活性位脱出, 催化剂的本征活性下降; ②碳氧化导致催化剂的疏水性降低, 产生较大的传质损失; ③碳载体结构被破坏, 催化剂的导电性降低, 增加了欧姆损失。

M/N/C 催化剂的稳定性一直是研究者们比较关注的问题, 在 M/N/C 催化剂的衰减机理方面, 研究者们做出了大量的工作, 然而, 对于如何提高 M/N/C 催化剂的稳定性, 仍然存在着较大的空白, 只在很少的文献中有过报道。例如, J. P. Dodelet 等通过提高热解温度, 降低了催化剂表面亲水官能团(N, O 等)的含量, 防止反应过程中水淹的发生, 使得催化剂在 0.6 V 下的稳定性有了一定的提升[37]。Y. C. Wang 等对 Fe/N/C 催化剂进行表面氟化, 一方面, 表面氟化能够增加 Fe/N/C 催化剂的表面疏水性, 进而稳定催化层中的三相界面, 降低其传质损失。另一方面, 含氟基团强的拉电子效应和疏水性质能有效降低碳的腐蚀速率, 并抑制催化剂在氧还原过程中的铁流失。因此, 氟化后的催化剂能在氢氧质子交换膜燃料电池中稳定工作超过 100 小时 (0.5 和 0.6 V)[36], 见图 7.15。

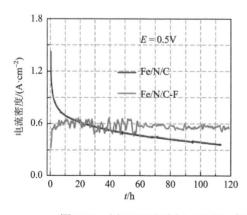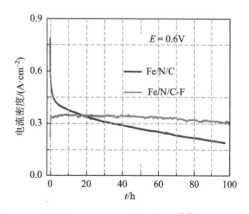

图 7.15　(a) 0.5 V 和 (b) 0.6 V 下, 氟化前后 Fe/N/C 催化剂的稳定性曲线[36]

　　总之，热解 M/N/C 催化剂，尤其是 Fe/N/C，在酸性介质中表现出良好的氧还原活性，成为当前质子交换膜燃料电池非贵金属电催化的研究重点。经过研究者半个多世纪的努力，当前 M/N/C 催化剂的初期活性也接近实用化要求，如燃料电池功率密度可超过 1 W/cm^2，但稳定性差（工况电压下的寿命约 100 小时）成为限制其商业化的最大挑战。未来热解 M/N/C 催化剂的重点研究方向可能如下：①发展先进的电化学原位谱学方法，结合理论计算，揭示 M/N/C 催化剂的活性位结构和氧还原机理，为高活性、高稳定性催化剂的理性设计奠定基础；②基于对活性位的认识，发展非热解型活性位结构明确的非贵金属催化剂；③研究 M/N/C 催化剂在燃料电池工况条件下的失活机制，并定量评价不同失活机制的贡献；④探索可抑制碳腐蚀（如低温石墨化）和抗自由基腐蚀的新方法，提高 M/N/C 催化剂的稳定性；⑤阐明燃料电池中 M/N/C 催化层的三相界面结构，以及处于微孔内原子级分散的活性位与聚合物电解质的相互作用，探索高效三相界面的构筑新方法。在提高活性和稳定性的基础上，优先开发 M/N/C 催化剂在铂载量高、对有机物渗透敏感的直接醇类燃料电池中的应用，可能比 H$_2$-O$_2$ 质子交换膜燃料电池更易取得突破。

参 考 文 献

[1]　Yoshida T，Kojima K. Toyota MIRAI fuel cell vehicle and progress toward a future hydrogen society[J]. Electrochem Soc Interface，2015，24：45-49.

[2]　Jaouen F，Proietti E，Lefèvre M，Chenitz R，Dodelet J P，Wu G，Chung H T，Johnston C M，Zelenay P. Recent advances in non-precious metal catalysis for oxygen-reduction reaction in polymer electrolyte fuel cells[J]. Energy Environ Sci，2011，4：114-130.

[3]　Kim J，Lee S M，Srinivasan S，Chamberlin C E. Modeling of proton exchange membrane fuel cell performance with an empirical equation[J]. J Electrochem Soc，1995，142：2670-2674.

[4]　Tong L，Wang Y C，Chen M X，Chen Z Q，Yan Q Q，Yang C L，Zhou Z Y，Chu S Q，Feng X L，Liang H W. Hierarchically porous carbons as supports for fuel cell electrocatalysts with atomically dispersed Fe–N$_x$ moieties[J]. Chem Sci，2019，10：8236-8240.

[5]　Wang X X，Cullen D A，Pan Y T，Hwang S，Wang M Y，Feng Z X，Wang J Y，Engelhard M H，Zhang H G，He Y H，Shao Y Y，Su D，More K L，Spendelow J S，Wu G. Nitrogen-coordinated single cobalt atom catalysts for oxygen reduction in proton exchange membrane fuel cells[J]. Adv Mater，2018，30：1706758.

[6]　He Y H，Hwang S，Cullen D A，Uddin M A，Langhorst L，Li B Y，Karakalos S，Kropf A J，Wegener E C，Sokolowski J，Chen M J，Myers D，Su D，More K L，Wang G F，Litster S，Wu G. Highly active atomically dispersed CoN$_4$ fuel cell cathode catalysts derived from surfactant-assisted MOFs：Carbon-shell confinement strategy[J]. Energy Environ Sci，2019，12：250-260.

[7]　Wu G，More K L，Johnston C M，Zelenay P. High-performance electrocatalysts for oxygen reduction derived from polyaniline，iron，and cobalt[J]. Science，2011，332：443-447.

[8]　Lefevre M，Proietti E，Jaouen F，Dodelet J P. Iron-based catalysts with improved oxygen reduction activity in polymer electrolyte fuel cells[J]. Science，2009，324：71-74.

[9]　Zamani P，Higgins D C，Hassan F M，Fu X，Choi J Y，Hoque M A，Jiang G，Chen Z. Highly active and porous

graphene encapsulating carbon nanotubes as a non-precious oxygen reduction electrocatalyst for hydrogen-air fuel cells[J]. Nano Energy，2016，26：267-275.

[10] Kramm U I，Lefevre M，Larouche N，Schmeisser D，Dodelet J P. Correlations between mass activity and physicochemical properties of Fe/N/C catalysts for the ORR in PEM fuel cell via ^{57}Fe mossbauer spectroscopy and other techniques[J]. J Am Chem Soc，2014，136：978-985.

[11] Proietti E，Jaouen F，Lefevre M，Larouche N，Tian J，Herranz J，Dodelet J P. Iron-based cathode catalyst with enhanced power density in polymer electrolyte membrane fuel cells[J]. Nat Commun，2011，2：416.

[12] Goellner V，Armel V，Zitolo A，Fonda E，Jaouen F. Degradation by hydrogen peroxide of metal-nitrogen-carbon catalysts for oxygen reduction[J]. J Electrochem Soc，2015，162：H403-H414.

[13] Li J，Chen M，Cullen D A，Hwang S，Wang M，Li B，Liu K，Karakalos S，Lucero M，Zhang H，Lei C，Xu H，Sterbinsky G E，Feng Z，Su D，More K L，Wang G，Wang Z，Wu G. Atomically dispersed manganese catalysts for oxygen reduction in proton-exchange membrane fuel cells[J]. Nat Catal，2018，1：935-945.

[14] Li J，Chen S，Yang N，Deng M，Ibraheem S，Deng J，Li J，Li L，Wei Z. Ultrahigh-loading zinc single-atom catalyst for highly efficient oxygen reduction in both acidic and alkaline media[J]. Angew Chem Int Ed，2019，58：7035-7039.

[15] Peng Y，Lu B，Chen S. Carbon-supported single atom catalysts for electrochemical energy conversion and storage[J]. Adv Mater，2018，30：1801995.

[16] Wang J，Huang Z，Liu W，Chang C，Tang H，Li Z，Chen W，Jia C，Yao T，Wei S，Wu Y，Li Y. Design of N-coordinated dual-metal sites：A stable and active Pt-free catalyst for acidic oxygen reduction reaction[J]. J Am Chem Soc，2017，139：17281-17284.

[17] Gong S，Wang C，Jiang P，Hu L，Lei H，Chen Q. Designing highly efficient dual-metal single-atom electrocatalysts for the oxygen reduction reaction inspired by biological enzyme systems[J]. J Mater Chem A，2018，6：13254-13262.

[18] Liu D，Wang B，Li H，Huang S，Liu M，Wang J，Wang Q，Zhang J，Zhao Y. Distinguished Zn，Co-N$_x$-C-S$_y$ active sites confined in dentric carbon for highly efficient oxygen reduction reaction and flexible Zn-air Batteries[J]. Nano Energy，2019，58：277-283.

[19] Zhang N，Zhou T，Chen M，Feng H，Yuan R，Zhong C A，Yan W，Tian Y，Wu X，Chu W，Wu C，Xie Y. High-purity pyrrole-type FeN$_4$ sites as a superior oxygen reduction electrocatalyst[J]. Energy Environ Sci，2020，13：111-118.

[20] Shen H，Gracia Espino E，Ma J，Zang K，Luo J，Wang L，Gao S，Mamat X，Hu G，Wagberg T，Guo S. Synergistic effects between atomically dispersed Fe-N-C and C-S-C for the oxygen reduction reaction in acidic media[J]. Angew Chem Int Ed，2017，56：13800-13804.

[21] Chung H T，Cullen D A，D Sneed B T，Holby E F，More K L，Zelenay P. Direct atomic-level insight into the active sites of a high-performance PGM-free ORR catalyst[J]. Science，2017，357：1-5.

[22] Yang L，Cheng D，Xu H，Zeng X，Wan X，Shui J，Xiang Z，Cao D. Unveiling the high-activity origin of single-atom iron catalysts for oxygen reduction reaction[J]. Proc Natl Acad Sci U S A，2018，115：6626-6631.

[23] Herranz J，Jaouen F，Lefevre M，Kramm U I，Proietti E，Dodelet J P，Bogdanoff P，Fiechter S，Abs Wurmbach I，Bertrand P，Arruda T M，Mukerjee S. Unveiling N-protonation and anion-binding effects on Fe/N/C-catalysts for O$_2$ reduction in PEM fuel cells[J]. J Phys Chem C，2011，115：16087-16097.

[24] Wang Y C，Lai Y J，Song L，Zhou Z Y，Liu J G，Wang Q，Yang X D，Chen C，Shi W，Zheng Y P，Rauf M，Sun S G. S-doping of an Fe/N/C ORR catalyst for polymer electrolyte membrane fuel cells with high power

density[J]. Angew Chem Int Ed，2015，54：9907-9910.

[25] Kim D W，Li O L，Saito N. Enhancement of ORR catalytic activity by multiple heteroatom-doped carbon materials[J]. Phys Chem Chem Phys，2015，17：407-413.

[26] Jin Z，Nie H，Yang Z，Zhang J，Liu Z，Xu X，Huang S. Metal-free selenium doped carbon nanotube/graphene networks as a synergistically improved cathode catalyst for oxygen reduction reaction[J]. Nanoscale，2012，4：6455-6460.

[27] Yan X C，Jia Y，Yao X D. Defects on carbons for electrocatalytic oxygen reduction[J]. Chem Soc Rev，2018，47：7628-7658.

[28] Wiener M，Reichenauer G，Hemberger F，Ebert H P. Thermal conductivity of carbon aerogels as a function of pyrolysis temperature[J]. Int J Thermophys，2006，27：1826-1843.

[29] Chen C，Zhang X，Zhou Z Y，Yang X D，Zhang X S，Sun S G. Highly active Fe，N co-doped graphene nanoribbon/carbon nanotube composite catalyst for oxygen reduction reaction[J]. Electrochim Acta，2016，222：1922-1930.

[30] Zhang C，Wang Y C，An B，Huang R，Wang C，Zhou Z，Lin W. Networking pyrolyzed zeolitic imidazolate frameworks by carbon nanotubes improves conductivity and enhances oxygen-reduction performance in polymer-electrolyte-membrane fuel cells[J]. Adv Mater，2016，29：1604556.

[31] Shui J，Chen C，Grabstanowicz L，Zhao D，Liu D J. Highly efficient nonprecious metal catalyst prepared with metal-organic framework in a continuous carbon nanofibrous network[J]. Proc Natl Acad Sci U S A，2015，112：10629-10634.

[32] Wan X，Liu X，Li Y，Yu R，Zheng L，Yan W，Wang H，Xu M，Shui J. Fe-N-C electrocatalyst with dense active sites and efficient mass transport for high-performance proton exchange membrane fuel cells[J]. Nat Catal，2019，2：259-268.

[33] Serov A，Artyushkova K，Atanassov P. Fe-N-C oxygen reduction fuel cell catalyst derived from carbendazim：Synthesis，structure，and reactivity[J]. Adv Energy Mater，2014，4：1301735.

[34] Liang H W，Wei W，Wu Z S，Feng X，Mullen K. Mesoporous metal-nitrogen-doped carbon electrocatalysts for highly efficient oxygen reduction reaction[J]. J Am Chem Soc，2013，135：16002-16005.

[35] Shi W，Wang Y C，Chen C，Yang X D，Zhou Z Y，Sun S G. A mesoporous Fe/N/C ORR catalyst for polymer electrolyte membrane fuel cells[J]. Chinese J Catal，2016，37：1103-1108.

[36] Wang Y C，Zhu P F，Yang H，Huang L，Wu Q H，Rauf M，Zhang J Y，Dong J，Wang K，Zhou Z Y，Sun S G. Surface fluorination to boost the stability of the Fe/N/C cathode in proton exchange membrane fuel cells[J]. ChemElectroChem，2018，5：1914-1921.

[37] Yang L，Larouche N，Chenitz R，Zhang G，Lefèvre M，Dodelet J P. Activity，performance，and durability for the reduction of oxygen in PEM fuel cells，of Fe/N/C electrocatalysts obtained from the pyrolysis of metal-organic-framework and iron porphyrin precursors[J]. Electrochim Acta，2015，159：184-197.

[38] Shen A，Zou Y，Wang Q，Dryfe R A，Huang X，Dou S，Dai L，Wang S. Oxygen reduction reaction in a droplet on graphite：Direct evidence that the edge is more active than the basal plane[J]. Angew Chem Int Ed，2014，53：10804-10808.

[39] Tao L，Wang Q，Dou S，Ma Z，Huo J，Wang S，Dai L. Edge-rich and dopant-free graphene as a highly efficient metal-free electrocatalyst for the oxygen reduction reaction[J]. Chem Commun，2016，52：2764-2767.

[40] Jiang Y，Yang L，Sun T，Zhao J，Lyu Z，Zhuo O，Wang X，Wu Q，Ma J，Hu Z. Significant contribution of intrinsic carbon defects to oxygen reduction activity[J]. ACS Catal，2015，5：6707-6712.

[41]　Wang Q，Zhou Z Y，Lai Y J，You Y，Liu J G，Wu X L，Terefe E，Chen C，Song L，Rauf M，Tian N，Sun S G. Phenylenediamine-based FeN$_{(x)}$/C catalyst with high activity for oxygen reduction in acid medium and its active-site probing[J]. J Am Chem Soc，2014，136：10882-10885.

[42]　Gong K，Du F，Xia Z，Durstock M，Dai L. Nitrogen-doped carbon nanotube arrays with high electrocatalytic activity for oxygen reduction[J]. Science，2009，323：760-764.

[43]　Liang W，Chen J，Liu Y，Chen S. Density-functional-theory calculation analysis of active sites for four-electron reduction of O$_2$ on Fe/N-doped graphene[J]. ACS Catal，2014，4：4170-4177.

[44]　Guo D，Shibuya R，Akiba C，Saji S，Kondo T，Nakamura J. Active sites of nitrogen-doped carbon materials for oxygen reduction reaction clarified using model catalysts[J]. Science，2016，351：361-365.

[45]　Wang T，Chen Z X，Chen Y G，Yang L J，Yang X D，Ye J Y，Xia H P，Zhou Z Y，Sun S G. Identifying the active site of N-doped graphene for oxygen reduction by selective chemical modification[J]. ACS Energy Lett，2018，3：986-991.

[46]　Varnell J A，Tse E C，Schulz C E，Fister T T，Haasch R T，Timoshenko J，Frenkel A I，Gewirth A A. Identification of carbon-encapsulated iron nanoparticles as active species in non-precious metal oxygen reduction catalysts[J]. Nat Commun，2016，7：12582.

[47]　Zhu Q L，Xia W，Zheng L R，Zou R Q，Liu Z，Xu Q. Atomically dispersed Fe/N-doped hierarchical carbon architectures derived from a metal-organic framework composite for extremely efficient electrocatalysis[J]. ACS Energy Lett，2017，2：504-511.

[48]　Deng D H，Yu L，Chen X Q，Wang G X，Jin L，Pan X L，Deng J，Sun G Q，Bao X H. Iron encapsulated within pod-like carbon nanotubes for oxygen reduction reaction[J]. Angew Chem Int Ed，2013，52：371-375.

[49]　Choi C H，Choi W S，Kasian O，Mechler A K，Sougrati M T，Bruller S，Strickland K，Jia Q，Mukerjee S，Mayrhofer K J J，Jaouen F. Unraveling the nature of sites active toward hydrogen peroxide reduction in Fe-N-C catalysts[J]. Angew Chem Int Ed，2017，56：8809-8812.

[50]　Strickland K，Miner E，Jia Q，Tylus U，Ramaswamy N，Liang W，Sougrati M T，Jaouen F，Mukerjee S. Highly active oxygen reduction non-platinum group metal electrocatalyst without direct metal-nitrogen coordination[J]. Nat Commun，2015，6：7343.

[51]　Kumar K，Gairola P，Lions M，Ranjbar Sahraie N，Mermoux M，Dubau L，Zitolo A，Jaouen F，Maillard F. Physical and chemical considerations for improving catalytic activity and stability of non-precious-metal oxygen reduction reaction catalysts[J]. ACS Catal，2018，8：11264-11276.

[52]　Sahraie N R，Kramm U I，Steinberg J，Zhang Y J，Thomas A，Reier T，Paraknowitsch J P，Strasser P. Quantifying the density and utilization of active sites in non-precious metal oxygen electroreduction catalysts[J]. Nat Commun，2015，6：1-9.

[53]　Malko D，Kucernak A，Lopes T. In situ electrochemical quantification of active sites in Fe-N/C non-precious metal catalysts[J]. Nat Commun，2016，7：1-7.

[54]　Yang X D，Zheng Y P，Yang J，Shi W，Zhong J H，Zhang C K，Zhang X，Hong Y H，Peng X X，Zhou Z Y，Sun S G. Modeling Fe/N/C catalysts in monolayer graphene[J]. ACS Catal，2017，7：139-145.

[55]　Zitolo A，Goellner V，Armel V，Sougrati M T，Mineva T，Stievano L，Fonda E，Jaouen F. Identification of catalytic sites for oxygen reduction in iron-and nitrogen-doped graphene materials[J]. Nat Mater，2015，14：937-942.

[56]　Lefevre M，Dodelet J P，Bertrand P. Molecular oxygen reduction in PEM fuel cells: Evidence for the simultaneous presence of two active sites in Fe-based catalysts[J]. J Phys Chem B，2002，106：8705-8713.

[57]　Zhu Y S，Zhang B S，Liu X，Wang D W，Su D S. Unravelling the structure of electrocatalytically active Fe-N

complexes in carbon for the oxygen reduction reaction[J]. Angew Chem Int Ed，2014，53：10673-10677.

[58]　Kramm U I，Herrmann-Geppert I，Behrends J，Lips K，Fiechter S，Bogdanoff P. On an easy way to prepare metal nitrogen doped carbon with exclusive presence of MeN$_4$-type sites active for the ORR[J]. J Am Chem Soc，2016，138：635-640.

[59]　Wang Y C，Lai Y J，Wan L Y，Yang H，Dong J，Huang L，Chen C，Rauf M，Zhou Z Y，Sun S G. Suppression effect of small organic molecules on oxygen reduction activity of Fe/N/C catalysts[J]. ACS Energy Lett，2018，3：1396-1401.

[60]　Rauf M，Zhao Y D，Wang Y C，Zheng Y P，Chen C，Yang X D，Zhou Z Y，Sun S G. Insight into the different ORR catalytic activity of Fe/N/C between acidic and alkaline media：Protonation of pyridinic nitrogen[J]. Electrochem Commun，2016，73：71-74.

[61]　Rojas Carbonell S，Artyushkova K，Serov A，Santoro C，Matanovic I，Atanassov P. Effect of pH on the activity of platinum group metal-free catalysts in oxygen reduction reaction[J]. ACS Catal，2018，8：3041-3053.

[62]　Yuan S W，Shui J L，Grabstanowicz L，Chen C，Commet S，Reprogle B，Xu T，Yu L P，Liu D J. A highly active and support-free oxygen reduction catalyst prepared from ultrahigh-surface-area porous polyporphyrin[J]. Angew Chem Int Ed，2013，52：8349-8353.

[63]　Tian J，Morozan A，Sougrati M T，Lefèvre M，Chenitz R，Dodelet J P，Jones D，Jaouen F. Optimized synthesis of Fe/N/C cathode catalysts for PEM fuel cells：A matter of iron–ligand coordination strength[J]. Angew Chem Int Ed，2013，125：7005-7008.

[64]　Fu X，Zamani P，Choi J Y，Hassan F M，Jiang G，Higgins D C，Zhang Y，Hoque M A，Chen Z. *In situ* polymer graphenization ingrained with nanoporosity in a nitrogenous electrocatalyst boosting the performance of polymer-electrolyte-membrane fuel cells[J]. Adv Mater，2017，29：1604456.

[65]　Liu Q，Liu X，Zheng L，Shui J. The solid-phase synthesis of an Fe-N-C electrocatalyst for high-power proton-exchange membrane fuel cells[J]. Angew Chem Int Ed，2018，57：1204-1208.

[66]　Fu X，Li N，Ren B，Jiang G，Liu Y，Hassan F M，Su D，Zhu J，Yang L，Bai Z，Cano Z P，Yu A，Chen Z. Tailoring FeN$_4$ sites with edge enrichment for boosted oxygen reduction performance in proton exchange membrane fuel cell[J]. Adv Energy Mater，2019，9：1803737.

[67]　Banham D，Kishimoto T，Zhou Y，Sato T，Bai K，Ozaki J I，Imashiro Y，Ye S. Critical advancements in achieveing high power and stable nonprecious metal catalyst for MEAs[J]. Sci Adv，2018，4：eaar7180.

[68]　Bonham D，Choi J Y，Kishimoto T，Ye S Y. Integrating PGM-free catalysts into catalyst layers and proton exchange membrane fuel cell devices[J]. Adv Mater，2019，31：1804846.

[69]　Wang Y C，Huang L，Zhang P，Qiu Y T，Sheng T，Zhou Z Y，Wang G，Liu J G，Rauf M，Gu Z Q，Wu W T，Sun S G. Constructing a triple-phase Interface in micropores to boost performance of Fe/N/C catalysts for direct methanol fuel cells[J]. ACS Energy Lett，2017，2：645-650.

[70]　Xia Z，Xu X，Zhang X，Li H，Wang S，Sun G. Anodic engineering towards high-performance direct methanol fuel cells with non-precious-metal cathode catalysts[J]. J Mater Chem A，2020，8：1113-1119.

[71]　Mohana Reddy A L，Rajalakshmi N，Ramaprabhu S. Cobalt-polypyrrole-multiwalled carbon nanotube catalysts for hydrogen and alcohol fuel cells[J]. Carbon，2008，46：2-11.

[72]　Sebastian D，Serov A，Artyushkova K，Gordon J，Atanassov P，Arico A S，Baglio V. High performance and cost-effective direct methanol fuel cells：Fe-N-C methanol-tolerant oxygen reduction reaction catalysts[J]. ChemSusChem，2016，9：1986-1995.

[73]　Park J C，Choi C H. Graphene-derived Fe/Co-N-C catalyst in direct methanol fuel cells：Effects of the methanol

concentration and ionomer content on cell performance[J]. J Power Sources，2017，358：76-84.

[74] Xu X，Xia Z，Zhang X，Li H，Wang S，Sun G. Size-dependence of the electrochemical performance of Fe-N-C catalysts for the oxygen reduction reaction and cathodes of direct methanol fuel cells[J]. Nanoscale，2020，12：3418-3423.

[75] Li Q，Wang T Y，Havas D，Zhang H G，Xu P，Han J T，Cho J，Wu G. High-performance direct methanol fuel cells with precious-metal-free cathode[J]. Adv Sci，2016，3：1600140.

[76] Banham D，Ye S. Current status and future development of catalyst materials and catalyst layers for proton exchange membrane fuel cells：An industrial perspective[J]. ACS Energy Lett，2017，2：629-638.

[77] Banham D，Ye S，Pei K，Ozaki J-i，Kishimoto T，Imashiro Y. A review of the stability and durability of non-precious metal catalysts for the oxygen reduction reaction in proton exchange membrane fuel cells[J]. J Power Sources，2015，285：334-348.

[78] Zhang G，Chenitz R，Lefèvre M，Sun S，Dodelet J P. Is iron involved in the lack of stability of Fe/N/C electrocatalysts used to reduce oxygen at the cathode of PEM fuel cells？[J]. Nano Energy，2016，29：111-125.

[79] Choi J Y，Yang L，Kishimoto T，Fu X，Ye S，Chen Z，Banham D. Is the rapid initial performance loss of Fe/N/C non precious metal catalysts due to micropore flooding？[J]. Energy Environ Sci，2017，10：296-305.

[80] Zhang G X，Yang X H，Dubois M，Herraiz M，Chenitz R，Lefevre M，Cherif M，Vidal F，Glibin V P，Sun S H，Dodelet J P. Non-PGM electrocatalysts for PEM fuel cells：Effect of fluorination on the activity and stability of a highly active NC_Ar+NH$_3$ catalyst[J]. Energy Environ Sci，2019，12：3015-3037.

[81] Liu G，Li X G，Ganesan P，Popov B N. Studies of oxygen reduction reaction active sites and stability of nitrogen-modified carbon composite catalysts for PEM fuel cells[J]. Electrochim Acta，2010，55：2853-2858.

[82] Schulenburg H，Stankov S，Schunemann V，Radnik J，Dorbandt I，Fiechter S，Bogdanoff P，Tributsch H. Catalysts for the oxygen reduction from heat-treated iron（III）tetramethoxyphenylporphyrin chloride：Structure and stability of active sites[J]. J Phys Chem B，2003，107：9034-9041.

[83] Lefevre M，Dodelet J P. Fe-based catalysts for the reduction of oxygen in polymer electrolyte membrane fuel cell conditions：Determination of the amount of peroxide released during electroreduction and its influence on the stability of the catalysts[J]. Electrochim Acta，2003，48：2749-2760.

[84] Choi C H，Baldizzone C，Grote J P，Schuppert A K，Jaouen F，Mayrhofer K J. Stability of Fe-N-C catalysts in acidic medium studied by operando spectroscopy[J]. Angew Chem Int Ed，2015，54：12753-12757.

[85] Gubler L，Koppenol W H. Kinetic simulation of the chemical stabilization mechanism in fuel cell membranes using cerium and manganese redox couples[J]. J Electrochem Soc，2012，159：B211-B218.

[86] Kramm U I，Lefevre M，Bogdanoff P，Schmeisser D，Dodelet J P. Analyzing structural changes of Fe-N-C cathode catalysts in PEM fuel cell by Mossbauer spectroscopy of complete membrane electrode assemblies[J]. J Phys Chem Lett，2014，5：3750-3756.

[87] Goellner V，Baldizzone C，Schuppert A，Sougrati M T，Mayrhofer K，Jaouen F. Degradation of Fe/N/C catalysts upon high polarization in acid medium[J]. Phys Chem Chem Phys，2014，16：18454-18462.

第8章 锂离子电池电极材料的结构设计和性能调控

化学电源是一种能将化学能与电能相互转换的装置。自 1859 年法国普兰特(R. G. Planté)试制成功铅酸电池和 1868 年法国勒克朗谢(G. Leclanché)制成锌锰干电池以来，化学电源经历了 100 多年的发展历史，现已形成独立完整的科技与工业体系，已成为当前应用广泛的能源系统。进入 20 世纪以后，化学电源向小型化、高能量、长寿命和无污染的方向发展。自 90 年代日本索尼公司率先推出商品化锂离子电池以来，锂离子电池逐渐成为移动便携式能源和动力电池的首选[1, 2]。锂离子电池的性能受诸多因素影响，主要包括电池设计、电池材料、电池充放电机制、电池管理等。而锂离子电池的广泛使用，对其电化学性能和安全性能提出了更高的要求。电极材料是影响电池性能的主要因素，对电极材料性能改善和提升一直是电池问世以来研究的主要方向。本章主要阐述如何通过对电极材料结构和形貌调控以提高其比容量、倍率性能和循环性能。

8.1 电极材料的结构与性能基础

8.1.1 锂离子电池的电化学性能

相较于其他电化学储能体系，锂离子电池具有以下优点：①比能量高，锂离子电池的质量比能量为镍镉电池的 3 倍以上、镍氢电池的 1.5 倍以上，截至 2017 年年底，商业化应用的 18650 型锂离子电池的质量比能量可达约 250 W·h/kg；②工作电压高，一般单体锂离子电池的工作电压约为 3.6 V；③循环寿命长，锂离子电池在 80%放电深度时，充放电次数可达 1200 次以上，具有长期使用的经济性；④自放电小、无记忆效应，一般月均放电率 10%以下，同时，锂离子电池可在任何电量情况下充放电，不影响总容量；⑤环境友好，电池中不含有镉、铅、汞等有害物质，是一种洁净的"绿色"能源。

经过不断发展和改进，锂离子电池逐渐成为移动便携式能源(1 W·h～1 kW·h)、动力电池(1 kW·h～1 MW·h)的首选，甚至在大型储能领域(大于 1 MW·h)也有逐渐使用锂离子电池的趋势。在动力电池方面，电池能量密度是决定汽车续航里程的重要因素，对于电动汽车的市场接受度具有重要影响。如不考虑电池的能量密度，通过增加电池重量来增大续航里程，会导致能耗的增加，载人空间和可载重量的减少，整车成本的大幅度增加，不利于电动汽车的发展。动力电池的总体发展方向，应该在满足安全性的情况下，大幅度提高电池的能量密度、功率密度和循环寿命。

锂离子电池的能量密度与电极材料、电解液及电池的设计和制造工艺等有密切联系。通常单体电池的质量能量密度 E 可用以下公式计算

$$E = \xi \frac{V_{\mathrm{C}} - V_{\mathrm{A}}}{\dfrac{1}{C_{\mathrm{C}}} + \dfrac{1}{C_{\mathrm{A}}}} \tag{8.1}$$

式中，C_{C} 和 C_{A} 分别为阴极材料和阳极材料比容量，V_{C} 和 V_{A} 为阴极电势和阳极电势，ξ 为活性电极材料占单体电池的质量分数。电池工作时，通过正极和负极的电量总是相等。而实际工作时正极容量控制整个电池的整体容量，负极容量过剩。提高电池的能量，有两种方法：一是减少电池中非活性物质的质量(如电池壳体、集流体、电解液)，但过多减少非活性物质对电池的安全性、循环性会有负面影响；二是采用高比容量和具有较大电势差的电极材料。材料的理论容量和电极电势通常由其热力学性质决定，但电极材料的实际容量和电极电势及其容量保持能力(循环性能)与其组成、结构和电极过程有关。电极材料的理论比容量(C)与参加电化学反应的活性物质有关，可通过公式计算

$$C = 26800 \frac{n}{M} \tag{8.2}$$

式中，n 为反应得失电子数，M 为电极材料的摩尔质量(g/mol)，C 的单位为 mA·h/g。

功率密度是电池电化学性能的另外一个重要指标。电池功率密度低，高倍率充放时可逆性变差，容量衰减较快，安全性能变差。锂离子电池的功率密度取决于锂离子和电子在组成电极的活性物质和电解液中的迁移速率，受其动力学性质约制，与电池内部电子和离子的传输过程中的电化学极化、浓差极化、欧姆极化有关。图 8.1 为锂离子电池放电时以正极材料为例的主要电极过程。在放电过程中，锂离子首先在电极附近去溶剂化，穿过电极/电解液界面，然后在固相电极材料中扩散，形成嵌锂化合物，同时通过导电剂传输的电子进行电荷补偿。因此功率密度与锂离子在电极材料、电解质及其界面处的迁移能力紧密相关。通过减少材料中锂离子扩散路径，提高锂离子的扩散系数，降低浓差极化，进而提高电池的功率密度。减小电极材料尺寸，可缩短锂离子和电子的扩散路径，增加材料与电解液接触面积，从而提高倍率性能。但电极材料颗粒尺寸若过小，材料容易团聚，界面副反应也增加。锂离子在固相材料的扩散系数与材料的结构有密切关系。通常具有离子通道的电极材料(主要是嵌入/脱出材料)会表现出较大的锂离子扩散系数，如具有一维离子通道的橄榄石结构材料，具有二维通道的层状材料和三维通道的尖晶石结构材料。提高电极材料体相和表面的电子电导，降低欧姆极化，也可提高电

池的功率密度。当前，表面包碳和体相掺杂是提高材料电子电导的常见方法。

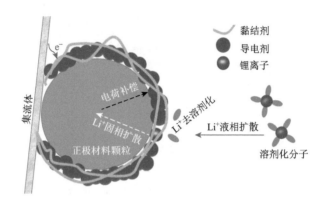

图 8.1　锂离子电池正极材料放电时主要电极过程的示意图

8.1.2　锂离子电池的电极材料

锂离子电池实际上是一种锂离子浓差电池。充电时，锂离子从正极脱出，在外电压的驱使下经过电解质嵌入负极，负极处于富锂状态，正极处于贫锂状态，同时等量的电子通过外电路从正极流向负极进行电荷补偿；放电时则相反。电极材料是提高锂离子电池能量密度和功率密度的关键。通过研发新型电极材料可提高电池性能，也可通过对现有材料进行掺杂、包覆，调控其形貌结构，提高电池性能。

当前锂离子电池的正极材料主要都是过渡族金属的材料，包括层状氧化物材料、尖晶石材料、聚阴离子型材料。三类材料在锂离子电池正极材料的报道可追溯到 20 世纪 80 年代。1981 年 J.B. Goodenough 等提出 $LiCoO_2$ 层状正极材料[3]；1983 年 M.M. Thackeray 等发现 $LiMnO_4$ 尖晶石正极材[4]；1997 年 J.B. Goodenough 等报道了 $LiFePO_4$ 正极材料[5]，J.B. Goodenough 教授也因此获得 2019 年度诺贝尔化学奖。作为锂离子电池正极材料应当满足以下条件：①具有较高的锂离子嵌脱电势；②允许大量的锂离子可逆嵌脱；③具有较好的电子电导率和离子电导率；④锂离子的嵌脱过程结构变化小；⑤价格便宜，对环境友好。

锂离子电池最早采用金属锂负极材料，但因其安全性较差，一度阻碍了锂离子电池的商业化进程。锂离子电池的成功商业化起始于使用石油焦负极材料。当前，负极主要集中在石墨、钛酸锂及硅基负极材料。石墨负极可基本满足消费型电子设备、动力电池、储能电池的要求，采用钛酸锂可以满足高功率密度、长循环寿命的要求，采用硅基负极材料可进一步提高能量密度。作为锂离子电池负极材料应当满足以下条件：①具有较低的锂离子嵌脱电势；②允许锂离子的可逆嵌脱；③具有较好的电子电导率和离子电导率；④锂离子的嵌脱过程结构稳定，嵌锂化合物不与电解液发生反应；⑤价格便宜，对环境友好。

8.1.3　锂离子电池电极材料与锂离子反应类型

根据材料类型不同，电池电极材料与锂离子的反应通常可分为三类，如图 8.2 所示，包括：嵌入/脱出反应、合金化/去合金化反应和转化反应。每类反应中锂离子的扩散方式和途径及电荷补偿机制不同。在电化学循环过程中，这三类电极材料结构组分变化也不一样，因而对其结构和电化学性能的调控策略也不同。

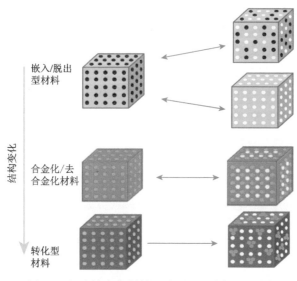

图 8.2　锂电池电极材料三种不同反应机理示意图

● 孔隙；　金属离子；　锂离子

电化学嵌入反应是指由于锂离子电化学势的差异推动，锂离子在电极材料的固体晶格上迁移，形成嵌入化合物，并进行电荷补偿的过程。电化学嵌入反应分为两种：一种是均相的嵌入反应，另一种是异相的嵌入反应。均相的嵌入反应是指锂离子均一地嵌入到化合物的晶格空隙中，不改变主体化合物的结构，也没有新相生成。异相的嵌入反应，是指锂离子嵌入到化合物的主体晶格中，逐渐生成一种新的相，但两相的晶体结构基本相似。嵌入/脱出电极材料主要包括层状氧化物、聚阴离子型和尖晶石型正极材料，以及石墨和钛酸锂负极材料。由于反应前后材料的主体晶格不发生显著结构变化，反应需要克服的活化能小，具有很好的电化学可逆性。但由于锂的嵌入量需要限制在一定比例范围内，材料才能维持主体晶格结构的稳定，这限制了该类材料比容量。该类材料在充电和放电过程中，其结构和主体晶格能保持稳定，电化学性能与其表面的晶面结构具有一定联系。

合金化/去合金化反应是指在放电过程中锂离子与材料生成合金相，而在充电过程中锂合金相发生去合金化反应。大部分金属或半导体材料都能和锂离子生成合金。由于锂合金中 Li 的原子比例可以数倍于合金元素，因此具有很高的储锂容量。但如图 8.3 锂锡、锂硅相图所示，合金化过程中材料历经多次相变，无法保持其初始晶体结构[6,7]。合金/去合金电极材料主要包括硅基、锡基负极材料及锗基负极材料[8]。由于铝在低电极电位下也可与锂发生合金化/去合金化反应，一般不用于锂离子电池负极集流体。合金类负极面临的问题是其高容量伴随的体积变化。即便解决了循环性、倍率特性等问题，由于实际应用时电池电芯体积不允许发生较大的变化(一般<5%，最大允许 30%)，而合金类材料的容量与体积变化成正比，因此合金类负极材料在实际电池的容量发挥中受到了限制。

转换反应是金属化合物从高氧化态到低氧化态的多电子固相氧化还原过程，是一种多电子反应过程，比容量也较高，具有一定的可逆性。基于转换反应的过渡金属化合物(MX_n)具有比容量较高及种类丰富等优点，M 主要为 Co、Fe、Mn、Ni、Cu、Sn 等金属元素，X 为 F、O、S、P 等非金属元素[9]。在放电过程，金属化合物被锂离子置换为金属单质(或进一步还原成锂化物)，锂离子占据了金属离子的位置，原有的金属化合物的晶体结构被破坏，转变成结构不同的锂氧化物和金属单质的纳米(或原子级)混合相。充电过程中，锂离子在具有很高的反应活性的两相界面区域脱出，重新生成纳米的金属化合物。这种异相的固-固氧化还原反应涉及化学键的断裂和重组、化合物晶体结构变化，反应既需要克服较大的活化能，又受到结构重排等过程的动力学限制，因而材料的可逆性较差。

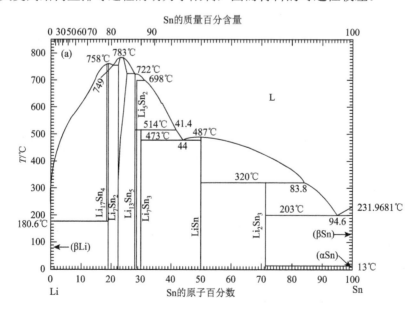

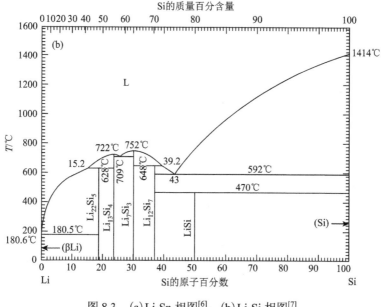

图 8.3　(a) Li-Sn 相图[6]；(b) Li-Si 相图[7]

8.2　层状氧化物正极材料的结构与性能调控

8.2.1　层状金属氧化物正极材料晶面的调控思路

层状金属氧化物正极材料主要包括 $LiNi_xCo_yMn_{1-x-y}O_2$ 和 $xLiMn_2O_3 \cdot yLiMO_2$ ($M = Ni, Co, Mn$) 两类。由于其能量密度高、循环性能好，$LiCoO_2$ 材料和三元材料（含高镍材料）等层状金属氧化物目前被广泛商业化应用。材料具有 α-$NaFeO_2$ 六方晶系，由 MO_6 ($M = Co$，Ni，Mn) 正八面体和 LiO_6 正八面体堆积而成 [图 8.4(a)]，层状氧化物正极材料六方晶系晶体晶面标注如图 8.4(d) [10]。与 c 轴垂直的为 {0001} 晶面，其含 NiO_6，CoO_6 和 MnO_6 正八面体，这些八面体彼此间通过共享氧原子相互连接形成了紧密堆积的结构，使得 {0110} 晶面不能提供足够的锂离子传输路径，阻碍了锂离子在 [0001] 方向传输 [图 8.4(b)]。6 个与 c 轴平行的晶面为 ($01\bar{1}0$)，($0\bar{1}10$)，($10\bar{1}0$)，($\bar{1}010$)，($1\bar{1}00$) 和 ($\bar{1}100$) 晶面，表示为 {0110} 晶面。如图 8.4(c) 所示，{0110} 晶面具有开放的表面原子排布，这种结构有利于锂离子在 MO_6 八面体层之间传输。具有高比例的 {0110} 晶面的层状金属氧化物电极材料一般具有更优的电化学性能，因此层状金属氧化物正极材料的电化学性能可通过表面 {0001} 晶面和 {0110} 晶面的比例进行评估[11]。图 8.4(e) 和 (f) 为六方晶系沿 c 轴或 a 轴方向生长而成的完整晶体。假设晶体的长度和高度分别为 L 和 H，则 {0110} 晶面所占晶体表面的比例可以通过式 (8.3) 进行计算，式中 $S_{\{0001\}}$ 为 {0001} 晶面的面积，$S_{\{0110\}}$为$\{0110\}$晶面的面积。L/H值越小，$\{0110\}$晶面占的比例越高。当晶体沿c轴方向生长，L/H值随着H增大而减小，最终使$\{0110\}$占有较高的比例。当沿a轴方向增长，$\{0110\}$比例会随着L/H值的增加而减小。因此，为获得具有高比例的$\{0110\}$的层状金属氧化物正极材料，材料在生长过程中需要沿c轴方向生长。不同形貌的层状金属氧化物中$\{0110\}$晶面所占的比例如图 8.5 所示。

$$S_{\{0110\}} = \frac{S_{\{0110\}}}{S_{\{0001\}} + S_{\{0110\}}} = \frac{6HL}{6HL + 3\sqrt{3}L^2} = 1\Big/\left(1 + \frac{\sqrt{3}}{2} \times \frac{L}{H}\right) \tag{8.3}$$

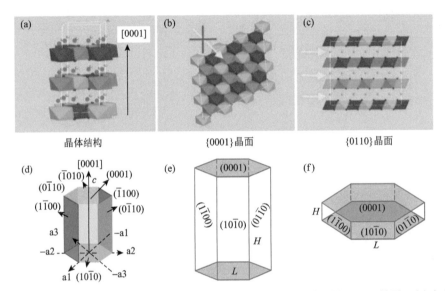

图 8.4 层状金属氧化物正极材料。(a)晶体结构；(b) $\{0001\}$晶面；(c) $\{0110\}$晶面；(d)六方晶系晶体密勒指数；(e)六方晶系晶体沿c轴方向生长的晶体模型；(f)六方晶系晶体沿a轴方向生长的晶体模型

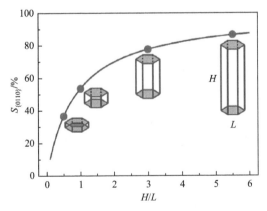

图 8.5 不同形貌的层状金属氧化物正极材料的$\{0110\}$晶面占有比例随着H/L值的变化情况

8.2.2　晶体生长习性调变的 Li(Li$_{0.17}$Ni$_{0.25}$Mn$_{0.58}$)O$_2$ 材料

Li(Li$_{0.17}$Ni$_{0.25}$Mn$_{0.58}$)O$_2$ 是具有 α-NaFeO$_2$ 结构的层状结构材料。如图 8.6 所示，锂离子沿 {0001} 晶面传输需穿过两层氧层和一层过渡金属层，传输位阻较大。可根据锂离子在不同传输路径上的活化能判断锂离子传输难易程度。例如，图 8.6(b) 中，路径 (2→1) 表示锂离子在 [0110] 方向上传输，活化能是 230 MeV；路径 (3→1) 表示锂离子沿 [11$\bar{2}$0] 方向传输，活化能是 263 MeV；路径 (4→1) 表示锂离子沿 [0001] 方向传输，活化能是 2280 MeV。根据传输活化能大小可知，锂离子在 [0110] 方向容易传输，而沿 [0001] 方向的传输阻力大，所以 {0110} 晶面是具有嵌脱锂活性的晶面。

在制备过程中，若 Li(Li$_{0.17}$Ni$_{0.25}$Mn$_{0.58}$)O$_2$ 材料沿垂直于 [0001] 方向生长，其表面将主要由 {0001} 晶面构成，生长成 {0001} 纳米片；若沿着垂直于 [0110] 方向生长，其表面将主要由 {0110} 晶面构成，生长成 {0110} 纳米片。但据计算，(01$\bar{1}$0) 晶面的表面能为 1.467 J/m^2，(0001) 晶面的表面能为 0.937 J/m^2，而 (11$\bar{2}$0) 晶面的表面能为 1.808 J/m^2。表面能的大小次序为：(0001) < (01$\bar{1}$0) < (11$\bar{2}$0)。根据晶体生长习性，晶体在高表面能的晶面轴方向上的生长速率快于在低表面能的晶面轴方向的生长速率。所以在一般的合成途径中，所制备的材料表面将主要是表面能最低的 {0001} 晶面。

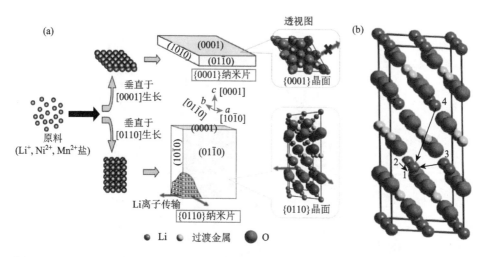

图 8.6　(a) Li(Li$_{0.17}$Ni$_{0.25}$Mn$_{0.58}$)O$_2$ 两种不同取向的纳米片及其表面原子排列示意图；(b) 锂离子在晶体中传输途径示意图

在常规的水热法中，因为反应时间足够长，往往形成热力学稳定 {0001} 纳米片。若能调控晶体生长规律，使得晶体沿 c 轴方向生长，就能增加材料的 {0110} 晶面，有助于提高材料电化学性能。G. Z. Wei 等通过调控晶体生长习性，制备了表面 {0110} 晶面比例明显提高的 $Li(Li_{0.17}Ni_{0.25}Mn_{0.58})O_2$ 纳米材料 (HTN-LNMO)[12]。该材料的制备主要包括两个过程：首先采用类似水热的半密封加热预处理，经过进一步溶液搅拌处理后，进行程序控制的高温加热合成。详细步骤包括：①混合并搅拌按化学计量比配成的镍盐、锰盐、锂盐混合溶液，往其中加入适量草酸和乙酸；②前驱体溶液放置于聚四氟乙烯反应器中以 150～200℃预加热 6～12 h；③混合物转移出水热装置继续强力搅拌至蒸干；④干燥后的前驱体在 450℃预煅烧 4～5 h；⑤进行程序控制升温煅烧。

　　图 8.7 为所制备的 HTN-LNMO 材料的 TEM 图，可以观察到两种形状的纳米片，包括：六边形纳米片和矩形纳米片 [图 8.7(a) 中白线框]，厚度约 5～9 nm [图 8.7(b)]。根据 HRTEM 图分析，矩形纳米片为 {0110} 纳米片 [图 8.7(c)]，六边形纳米片为 {0001} 纳米片。根据 TEM 图统计，HTN-LNMO 材料中 {0001} 纳米片与 {0110} 纳米片的比例约为 6∶1。经计算，HTN-LNMO 材料表面 {0110} 晶面所占比重比常规 $Li(Li_{0.17}Ni_{0.25}Mn_{0.58})O_2$ 纳米片高约 50%，这使得 HTN-LNMO 材料具备优异的循环稳定性和倍率性能。在图 8.7(e) 中，其首次充电和放电容量分别为 260 mA·h/g 和 190 mA·h/g；循环 5 周之后充电容量降低到 226 mA·h/g，而放电容量上升到 221 mA·h/g；循环 100 周后，放电容量保持在 238 mA·h/g。图 8.7(f) 为 HTN-LNMO 材料的倍率性能，在放电倍率为 6 C 时，材料比容量为 197 mA·h/g（是 0.1 C 时比容量的 80%）。

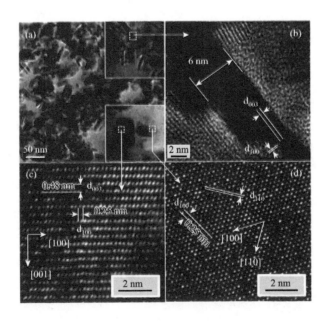

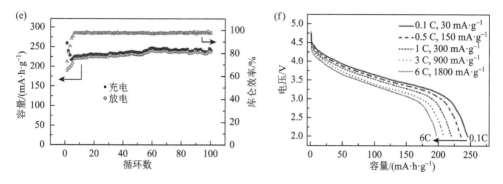

图 8.7　（a）调控晶体生长习性的 Li(Li$_{0.17}$Ni$_{0.25}$Mn$_{0.58}$)O$_2$（HTN-LNMO）材料的 TEM 图；（b）～（d）六边形纳米片和矩形纳米片表面原子排列的 HRTEM 图；（e）、（f）HTN-LNMO 的循环型性能（0.2 C）和倍率性能，测试电压 2.0～4.8 V[12]

8.2.3　具有高 {0110} 晶面比例的 LiNi$_{1/3}$Co$_{1/3}$Mn$_{1/3}$O$_2$ 纳米砖材料

LiNi$_{1/3}$Co$_{1/3}$Mn$_{1/3}$O$_2$ 的结构和形貌很大程度上取决于前驱体，前驱体可以是氢氧化物、碳酸盐或草酸盐。F. Fu 等采用图 8.8 流程以氢氧化物为前驱体制备了具有高 {0110} 晶面比例的 LiNi$_{1/3}$Co$_{1/3}$Mn$_{1/3}$O$_2$ 纳米砖材料[13]。制备过程可分为三个阶段：前驱体的制备、前驱体与锂源混合预煅烧和高温烧结。

在共沉淀法氢氧化物前驱体制备过程中，由于 Ni(OH)$_2$、Co(OH)$_2$ 和 Mn(OH)$_2$ 的溶解度低，成核速率高于生长速率，易形成细小、无定形的胶体状颗粒，这种结构的前驱体最终导致无规则的三元材料，难于制备表面具有高比例 {0110} 晶面的三元晶体材料；另一方面 Mn(OH)$_2$ 的溶度积常数比 Ni(OH)$_2$ 和 Co(OH)$_2$ 高两个数量级，难以共同复合沉淀。因此，沉淀过程中，有必要加入氨水或其他络合剂，以控制成核速率和晶体生长速率。例如，氨水的加入使得溶液中大量过渡金属离子以氨络合物的形式存在，Ni^{2+}、Co^{2+} 和 Mn^{2+} 与 OH$^-$ 的反应速率迅速减慢，晶体成核速率降低，晶核有足够时间长大，前驱体的成核过程可得到有效控制；氨水的加入还有利于三种金属离子在一定的 pH 范围内同时沉淀，有利于形成计量比的前驱体。

在共沉淀过程中，加入适量特殊结构的表面活性剂，通过控制反应条件可以得到理想结构的材料。表面活性剂通过配位或电荷作用吸附在晶体的特定表面，晶种不同晶面的生长速率受吸附在纳米粒子表面的表面活性剂的影响。被包覆的晶面生长受阻，未被包覆的晶面可以自由生长，从而可获得某些特定晶面择优生长的纳米结构。聚乙烯吡咯烷酮(PVP)是一种高分子型表面活性剂，含有疏水性的亚甲基碳链和强极性的内酰基，可以多种方式吸附在粒子表面，在控制晶体尺寸、调控晶体生长方向上有很好的作用。

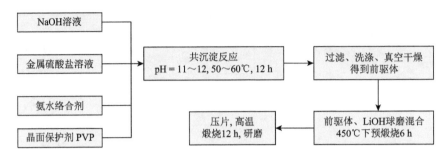

图 8.8　氢氧化物共沉淀法制备具有高 {0110} 晶面比例的 $LiNi_{1/3}Co_{1/3}Mn_{1/3}O_2$ 纳米砖材料的
工艺流程图

　　图 8.9(a) 为煅烧温度为 900℃ 下制得的 $LiNi_{1/3}Co_{1/3}Mn_{1/3}O_2$ 的 SEM 图，其为六边形纳米砖组装成类球形多孔聚集体，粒径约 8～12 μm。六边形的纳米砖表面平滑，侧面较厚，平均边长为 199.9 nm，平均厚度为 141.7 nm。图 8.9(c) 和 (d) 为 $LiNi_{1/3}Co_{1/3}Mn_{1/3}O_2$ 纳米砖正面和侧面的 TEM 图；图 8.9(e) 和 (f) 为对应的 HRTEM 和 SAED 图，显示材料具有单晶结构。图 8.9(e) 中单个颗粒正面有两套清晰的晶格衍射条纹，晶面间距都为 0.246 nm，晶面夹角 120.5°，为 $LiNi_{1/3}Co_{1/3}Mn_{1/3}O_2$ 的 $(10\bar{1}0)$ 和 $(0\bar{1}10)$ 晶面，由此可以推断纳米砖的上下底面为 {0001} 晶面。图 8.9(f) 中单个颗粒侧面有两组呈 80.2° 夹角的晶格衍射条纹，其晶面间距分别为 0.244 nm 和 0.475 nm，为 $LiNi_{1/3}Co_{1/3}Mn_{1/3}O_2$ 的 $(10\bar{1}1)$ 和 (0003) 晶面，因此该侧面为 $LiNi_{1/3}Co_{1/3}Mn_{1/3}O_2$ 的 {0110} 晶面。由于 {0110} 晶面能提供 Li^+ 扩散通道，制得的 $LiNi_{1/3}Co_{1/3}Mn_{1/3}O_2$ 纳米砖侧面为有利于 Li^+ 嵌脱的活性面。计算表明该纳米砖材料 {0110} 活性晶面的比例约为 58.6%。

　　根据分析，$LiNi_{1/3}Co_{1/3}Mn_{1/3}O_2$ 纳米砖的生长过程可分为两个阶段 [图 8.10(e)]。首先是六边形纳米片前驱体的可控合成；然后以六边形纳米片前驱物作为模板，在高温驱动下，形成六边形纳米砖。在六边形纳米片前驱体的形成过程中，表面活性剂 PVP 的加入使溶液黏度加大，降低了前驱体的成核和生长速率；另外，反应过程中一旦有新核形成，因 PVP 的吸附，前驱体只能沿着垂直于[0001]的方向生长。然后前驱体与锂源混合，先在 450℃ 进行预煅烧，此时前驱体表面吸附的 PVP 已降解，部分锂离子扩散到前驱体中，但并未形成完整的层状结构；随着煅烧温度升高，反应分子运动速率加快，锂离子可获得足够的能量沿着垂直于[0001]的方向扩散到前驱体的层与层之间，从而生成 $LiNi_{1/3}Co_{1/3}Mn_{1/3}O_2$。在煅烧的最初阶段(450℃)，侧面厚度约为 21.7 nm 的纳米片，形貌不够规则，边界和轮廓也比较模糊 [图 8.10(a)]。当煅烧温度升至 800℃ 时，纳米片的厚度逐渐长大，侧面厚度约为 67.2 nm，轮廓变得清晰 [图 8.10(b)]。继续升高温度至 900℃ 时，纳米片的厚度明显长大，侧面厚度增加到 141.7 nm 左右，但六边形边长变化不大，最终形成了晶面完美且规则的六边形纳米砖［图 8.10（c）］。从 800℃到 900℃，LiNi$_{1/3}$Co$_{1/3}$Mn$_{1/3}$O$_2$ 晶体的 H/L 值从 0.365 增加到 0.709，｛0110｝活性面占晶体总表面积的比例相应地从 42.2%提高到 58.6%。继续升高温度至 1000℃，晶体的侧面厚度并未继续生长，样品的形貌和结构发生了突变，转变为八面体的尖晶石结构［图 8.10（d）］。

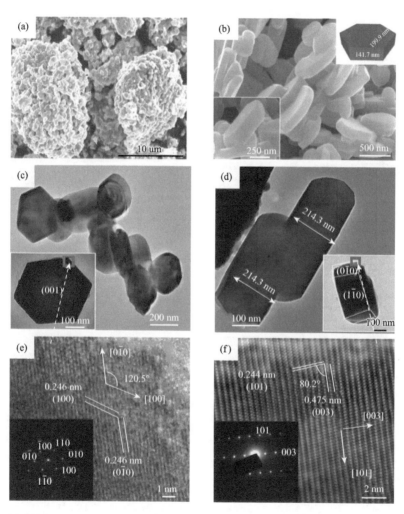

图 8.9　（a）和（b）LiNi$_{1/3}$Co$_{1/3}$Mn$_{1/3}$O$_2$ 纳米砖的 SEM 图，插图为纳米砖模型图；（c）材料正面及单个纳米砖的 TEM 图；（d）材料侧面及单个纳米砖的 TEM 图；（e）和（f）指（c）和（d）插图内紫色框图标注区域的 HRTEM 图及单个纳米砖的 SAED 图[13]

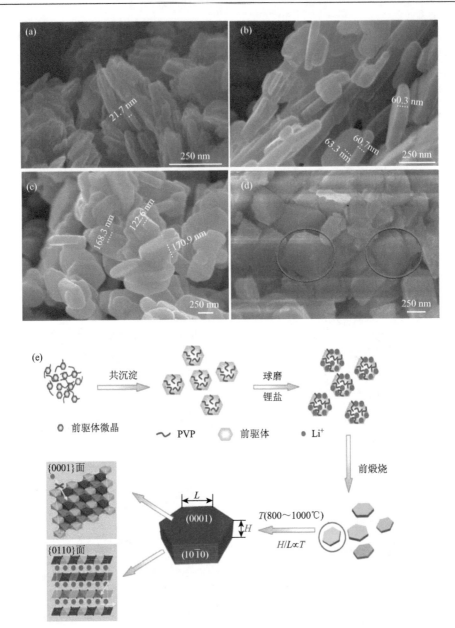

图 8.10　不同温度煅烧制得 LiNi$_{1/3}$Co$_{1/3}$Mn$_{1/3}$O$_2$ 材料的 SEM 图：(a) 450℃；(b) 800℃；(c) 900℃；
(d) 1000℃，(e) 具有高比例 {0110} 晶面 LiNi$_{1/3}$Co$_{1/3}$Mn$_{1/3}$O$_2$ 纳米砖材料的
生长机理示意图[13]

　　图 8.11(a) 为 {0110} 活性晶面比例为 58.6% LiNi$_{1/3}$Co$_{1/3}$Mn$_{1/3}$O$_2$ 纳米砖的电
化学性能，首次充/放电容量分别为 175.2 mA·h/g 和 158.2 mA·h/g，库仑效率 90.3%；

50 周循环后放电容量为 158.8 mA·h/g。图 8.11 (b) 是 {0110} 活性晶面分别为 58.6% 与 42.2% 的纳米砖的倍率性能比较，前者具有更高的放电比容量和更好的倍率性能；相同倍率下前者比后者放电容量高 15 mA·h/g；如图 8.11 (b) 所示，当在电流密度为 2 C 和 5 C 时，前者比后者要高出 20 mA·h/g 和 30 mA·h/g。这表明具有高比例 {0110} 活性晶面的 $LiNi_{1/3}Co_{1/3}Mn_{1/3}O_2$ 具有更好的电化学性能。

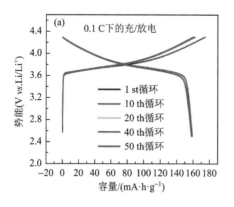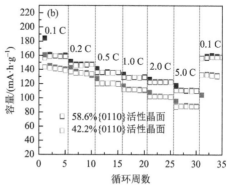

图 8.11　(a) {0110} 活性晶面比例为 58.6% 的 $LiNi_{1/3}Co_{1/3}Mn_{1/3}O_2$ 纳米砖在 0.1 C 倍率下的充/放电曲线和循环性能；(b) {0110} 活性晶面分别为 58.6% 与 42.2% 的 $LiNi_{1/3}Co_{1/3}Mn_{1/3}O_2$ 纳米砖的倍率性能比较 (1.0 C = 160 mA/g，2.5～4.3 V)

8.2.4　一维纳米结构层状氧化物材料

若层状氧化物材料沿 c 轴方向连续生长，会形成纳米棒和纳米线的一维纳米结构，L/H 值将进一步降低，材料表面对应的 {0110} 活性晶面的比例会进一步提高。但在制备层状氧化物材料的过程中，由于 {0110} 晶面的表面能高，一维纳米结构很难在高温煅烧下保持其原有结构。通常一维金属氧化物或金属氢氧化物前驱体经高温煅烧后会被破坏并转化为不规则的纳米粒子，因此需要新的合成策略或更精确地控制反应条件。

X. L. Xiao 等采用水热法制备了 $LiCoO_2$ 纳米线材料[14]。在制备过程中，首先以 $CoCl_2$ 为原料，以尿素为添加剂，水热条件下制备 $Co(CO_3)_{0.35}Cl_{0.2}(OH)_{1.1}$ 纳米线材料 [图 8.12 (a)]；在 500℃ 热处理 3 h，进一步转化为 Co_3O_4 纳米线前驱体 [图 8.12 (b)]；然后 Co_3O_4 纳米线前驱体与 LiOH 在 750℃ 煅烧 2 h，便制得 $LiCoO_2$ 纳米线材料 [图 8.12 (c)，(d)]。HRTEM 图显示 $LiCoO_2$ 纳米线由纳米颗粒组成，主要被 {0110} 面包络。$LiCoO_2$ 纳米线在 1 A/g 时，100 周循环后的可逆容量为 100 mA·h/g。$LiCoO_2$ 纳米线的电化学性质可归因于它们的一维纳米结构和 {0110} 面的增加。

图 8.12　(a) Co(CO$_3$)$_{0.35}$Cl$_{0.2}$(OH)$_{1.1}$ 纳米线材料；(b) Co$_3$O$_4$ 纳米线前驱体；(c) LiCoO$_2$ 纳米线的 SEM 图；(d) LiCoO$_2$ 纳米线的 TEM 图[14]

　　Z. Chen 等制备了一维 LiNi$_{0.4}$Co$_{0.2}$Mn$_{0.4}$O$_2$ 棒状三元正极材料，其表面主要为 {0110} 晶面[15]。在制备过程中，首先将锂、镍、锰、钴的乙酸盐按化学计量比溶解于水和乙醇的混合溶液，加入草酸溶液后，在 60℃ 下干燥，生成一维棒状的草酸盐前驱体；前驱体先在 450℃ 前处理 10 h，然后在高温（750～900℃）煅烧 20 h。800℃ 煅烧时三元纳米棒材料直径为 200 nm，且其电化学性能最优。当电流密度为 0.1 C，1 C，2 C，5 C，10 C 时，该材料初始容量依次为 177.1 mA·h/g，152.8 mA·h/g，141.7 mA·h/g，122.7 mA·h/g 和 104.2 mA·h/g；100 周后容量保持率分别为 91%（0.1 C）和 94%（10 C）。Z. H. Yang 等也采用一维棒状的草酸盐前驱体，制备了具有多孔棒状的一维 LiNi$_{1/3}$Co$_{1/3}$Mn$_{1/3}$O$_2$ 三元材料[16]。所不同的是，他们先制备了镍、锰、钴的草酸盐前驱体，再将其与草酸锂混合，经过 480℃ 的前处理 6 h，再于 850℃ 煅烧 20 h。

　　M. G. Kim 等采用水热法无模板下制备了 Li[Ni$_{0.25}$Li$_{0.15}$Mn$_{0.6}$]O$_2$ 纳米线[17]。首先在室温条件下 K$_{0.32}$MnO$_2$ 与 NiCl$_2$·2H$_2$O 在水溶液中进行离子交换得到具有层状结构的 Ni$_{0.3}$Mn$_{0.7}$O$_2$ 前驱体，再将其与锂盐水热反应 5 h，通过水热温度调控所制备材料的结构和形貌。当水热温度为 200℃，可以制备出一维纳米结构材料。图 8.13(a) 和 (c) 为 Li[Ni$_{0.25}$Li$_{0.15}$Mn$_{0.6}$]O$_2$ 纳米线的 SEM 和 TEM 图，其长度在 1 mm 以上，直径在 30 nm 左右。HRTEM 图［图 8.13(b)］显示材料的 (0003) 晶面的晶格距离为 0.47 nm，因此所制备的纳米线是沿 c 轴方向生长，表面主要为 {0110} 晶面。图 8.13(d) 显示了在电压范围为 2.0～4.8 V、0.3 C（1 C = 400 mA/g）时 Li[Ni$_{0.25}$Li$_{0.15}$Mn$_{0.6}$]O$_2$ 纳米线的循环性能。其首周放电容量为 311 mA·h/g，库仑效率 85%；80 周循环后容量为 294 mA·h/g，保持率为 95%。80 周循环后的 TEM 图［图 8.13(e)］表明，一维纳米线结构保持良好。如图 8.13(f) 所示，与纳米片材料相比，该纳米线材料具有更好的倍率性能；在 7 C 的充放电倍率下，三元纳米线材料的放电容量为 256 mA·h/g。

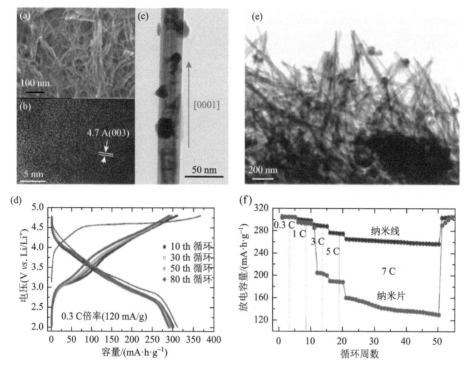

图 8.13　Li[Ni$_{0.25}$Li$_{0.15}$Mn$_{0.6}$]O$_2$ 纳米线材料的表征及性能图：(a) SEM 图；(b) HRTEM 图；(c) TEM
图；(d) 循环性能和库仑效率图(0.3 C，120 mA/g)；(e) 循环 80 周后 TEM 图；
(f) Li[Ni$_{0.25}$Li$_{0.15}$Mn$_{0.6}$]O$_2$ 纳米线与纳米片的倍率性能比较[17]

8.2.5　分级结构层状氧化物材料

微/纳米结构聚集体材料既可保持初级纳米材料结构的尺度优势，又具有次级微米结构材料的稳定性和高振实密度特点。微/纳米结构聚集体材料对应前驱体的控制合成是形成微/纳米结构材料的关键。其前驱体的制备通常采用共沉淀的方法。共沉淀法制备前驱体是一个复杂的热力学和动力学过程，实质是多种金属离子在沉淀剂作用下发生的沉淀反应平衡。前驱体的制备过程包括晶体成核和生长、晶体团聚等过程。前驱体可长大聚集成不同的单晶团聚体，并因聚集方式不同而呈现出不同的形貌。因此反应过程中，除了控制溶液中络合物的浓度还需控制反应液的 pH、反应温度、进料速率和搅拌速率。F. Q. Cheng 等报道了由纳米片组成的单分散 Li$_{1.2}$Mn$_{0.6}$Ni$_{0.2}$O$_2$ 微球分级纳微聚集体，发现共沉淀过程中的 pH 在决定前驱体初级纳米材料的厚度和堆积方式方面起着至关重要的作用；其将所得前驱体与 Li$_2$CO$_3$ 进一步煅烧，获得富锂的层状 Li$_{1.2}$Mn$_{0.6}$Ni$_{0.2}$O$_2$ 正极材料；该材料并很好地保留了氢氧化物前驱体的形态[18]。D. Wang 等通过共沉淀过程合成了 Ni$_{0.25}$Mn$_{0.75}$(OH)$_2$ 前驱体，该前驱体由六边形纳米片组装而成；在 900℃下与锂盐进行热处理后，纳米片的边缘呈圆形，横向尺寸缩小，厚度增大，导致非电化学活性 {0001} 面减少[19]；所得的 $Li_{1.5}Ni_{0.25}Mn_{0.75}O_{2+d}$ 正极材料在 0.1 C 的倍率下，容量为 275 mA·h/g，可循环 50 周，而在 5 C 的条件下仍可保持 159 mA·h/g，说明了该材料具备优异的循环和倍率性能。

　　浓度梯度材料是指材料中不同部位元素的局域浓度不一致，也即电极材料组分分布不均。通常材料中较为稳定的组分在表面的浓度高，这可抑制电解液在电极表面的分解，提升电极/电解液界面的稳定性和电池的长循环性能；而容量较高不太稳定的组分在材料内部浓度较高，可提供高容量。保持浓度梯度材料在长期循环中其浓度分布的稳定是这类材料的关键。浓度梯度材料可以分为核壳梯度材料和全梯度材料。对于核壳梯度材料，其内核成分不变，而外壳的成分由内到外逐渐变化；全梯度材料颗粒中心到表面整个范围内各元素浓度呈线性变化，不存在明显的内核和外壳的分界线。共沉淀是合成浓度梯度材料的主要方法。材料内部过渡金属含量逐渐变化的梯度设计通常有以下两种方式：①先用共沉淀方法制备出梯度前驱体，再通过固相法焙烧获得所需梯度材料，这是目前梯度材料制备的主流方法；②首先通过共沉淀方法制备出核壳材料，接着在高温焙烧过程中利用过渡金属离子在高温下的扩散形成所需的梯度。Y. K. Sun 等采用共沉淀方法制备出梯度核壳的前驱体，再高温煅烧制备了 $Li(Ni_{0.64}Co_{0.18}Mn_{0.18})O_2$ 核壳梯度结构的三元材料 [图 8.14(a)][20]。该材料内核成分为 $Li(Ni_{0.8}Co_{0.1}Mn_{0.1})O_2$，可提供高比容量；梯度壳层的平均成分为 $Li(Ni_{0.46}Co_{0.23}Mn_{0.31})O_2$，可以提升结构稳定性和热稳定性。Y. K. Sun 等还于 2012 年等报道了全梯度三元层状氧化物材料 [图 8.14(b)][21]。在材料中，表面锰离子的浓度高，内部为镍离子的浓度高。外部锰离子含量更高，其稳定性更好，可有效减少与电解液的反应，从而减少首次容量衰减并提高材料的循环性能和热稳定性；而内部锰离子含量低，镍离子含量提高，其容量较高。因而该正极材料同时具有高比能量、高循环性能的优点。

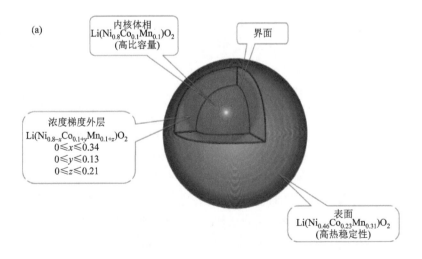

(a)

内核体相
$Li(Ni_{0.8}Co_{0.1}Mn_{0.1})O_2$
（高比容量）

界面

浓度梯度外层
$Li(Ni_{0.8-x}Co_{0.1+y}Mn_{0.1+z})O_2$
$0 \leq x \leq 0.34$
$0 \leq y \leq 0.13$
$0 \leq z \leq 0.21$

表面
$Li(Ni_{0.46}Co_{0.23}Mn_{0.31})O_2$
（高热稳定性）

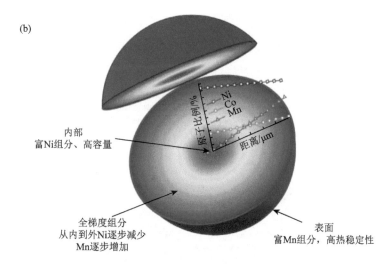

图 8.14　(a)核壳梯度三元层状氧化物材料的结构示意图[20]；(b)全梯度三元层状氧化物材料的结构示意图[21]

8.3　尖晶石型氧化物正极材料的结构与性能调控

8.3.1　尖晶石正极材料晶面调控

尖晶石 $LiMn_2O_4$ 正极材料因其资源丰富、电压平台高、无毒无污染的特点而受到了广泛关注。该材料属立方晶系，具有 $Fd\bar{3}m$ 空间群。其中氧原子构成面心立方密堆积，锂占据面心立方密堆积的四面体位置($8a$)，构成 LiO_4 框架；锰在面心立方密堆积的八面体位置($16d$)，构成 Mn_2O_4 网络框架；四面体晶格 $8a$、$8f$ 和一个空的八面体晶格 $16c$ 共面构成互通的三维网络通道，锂离子可以在这种结构中脱嵌。充电时，$LiMn_2O_4$ 正极材料的 Li^+ 从 $8a$ 位置脱出，Mn^{3+} 氧化成 Mn^{4+} 变成 $\lambda\text{-}MnO_2$，同时伴随着晶格发生各向同性的收缩。$LiMn_2O_4$ 的理论放电容量 148 mA·h/g，实际放电容量 110～120 mA·h/g。$LiMn_2O_4$ 存在电压平台，分别位于 4.0 V 和 3.0 V。4.0 V 的平台是分两步进行的，当有一半 Li^+ 脱出时，对应于 $LiMn_2O_4$ 和 $Li_{0.5}Mn_2O_4$ 两相的转化，充电曲线上出现 4.0 V 的电压平台。进一步脱锂时，当几乎全部的 Li^+ 脱出时，对应于 $Li_{0.5}Mn_2O_4$ 和 $\lambda\text{-}MnO_2$ 两相的转化，充电曲线上出现 4.1 V 的电压平台。由于 $LiMn_2O_4$ 存在 $16c$ 空位，Li^+ 可以嵌入到 $16c$ 位置，使得 $LiMn_2O_4$ 的 Mn^{4+} 还原为 Mn^{3+}，出现 3 V 电压平台。电化学循环过程中，Mn^{3+} 离子在电解液中的溶解和 MnO_6 八面体畸变引起的结构退化，导致其容量衰减。M. Hirayama 等分析了 $LiMn_2O_4$ 晶体表面不同晶面上 Mn^{3+} 离子溶解情况[22]。图 8.15 是 $LiMn_2O_4$ 晶体的(111)晶面和(110)晶面的原子排列。(111)晶面为立方紧密堆积的氧原子;而在(110)晶面没有紧密堆积的氧排列,因此(110)晶面的锰离子比(111)晶面的锰离子更易溶解,在电化学过程中(110)晶面相对不稳定。但(110)晶面的取向与 Li$^+$传输方向一致,可支持锂离子的快速嵌入/脱出。S. Lee 等[23]报道了具有[$\bar{1}$10]取向的碳包覆 LiMn$_2$O$_4$ 单晶纳米材料。该材料具有高比容量、长循环性和高倍率性。同时,对于表面由(110)晶面包络的 LiMn$_2$O$_4$ 纳米管材料[24]、纳米棒材料[25]和纳米线材料[26],其倍率性和可逆比容量也有显著提高。

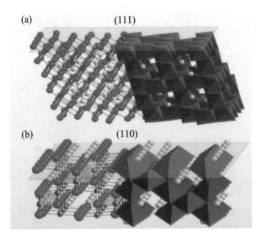

图 8.15　LiMn$_2$O$_4$ 材料不同晶面的原子排列: (a) (111)晶面; (b) (110)晶面[22]

　　J. S. Kim 等通过 Mn$_3$O$_4$ 截角八面体与 LiOH 固态反应制备了截角八面体的 LiMn$_2$O$_4$ 材料 [图 8.16(a)] [27]。材料表面主要为(111)晶面,这可抑制 Mn 离子溶解 [图 8.16(e)];而一小部分为(110)晶面,可提供锂离子传输活性中心 [图 8.16(d)]。同时制备了表面由(111)晶面构成的八面体结构和尺寸更小的纳米盘材料 [图 8.16(b)和(c)]。电化学测试结果表明,截角八面体材料的倍率性能优于八面体材料和纳米盘材料[图 8.16(g)],这与截角八面体材料表面存在部分(110)晶面有关;而截角八面体材料循环性能和八面体材料类似,但明显优于盘状纳米片材料[图 8.16(h)和(i)],这与截角八面体材料和八面体材料表面存在较多的(111)晶面有关。因此 LiMn$_2$O$_4$ 材料的电化学是一个表面晶面敏感过程。

　　在尖晶石 LiMn$_2$O$_4$ 中掺杂少量 Ni 元素,可提高 LiMn$_2$O$_4$ 的循环性能和平台电压。尖晶石型 LiNi$_{0.5}$Mn$_{1.5}$O$_4$ 材料理论比容量为 147 mA·h/g,平台高电压为 4.7 V。与 LiMn$_2$O$_4$ 材料一样,LiNi$_{0.5}$Mn$_{1.5}$O$_4$ 材料的电化学性质亦具有表面晶面敏感性。如 Mn^{3+}离子可能通过歧化反应形成 Mn^{2+}离子,从而溶解到电解质;特别是在高温下,锰锂子的溶解导致循环过程中明显的容量损失。根据表面结构对锰离子溶解的影响分析,在电化学循环过程中 LiNi$_{0.5}$Mn$_{1.5}$O$_4$ 材料的(111)晶面比(110)

晶面更稳定。K. R. Chemelewski 等比较了不同方法制备的不同形貌和阳离子混排的 $LiNi_{0.5}Mn_{1.5}O_4$ 正极材料的电化学性能[28]。在立方体、截角八面体、八面体和球形样品中［图 8.17(a)］，表面为(111)晶面的 $LiNi_{0.5}Mn_{1.5}O_4$ 八面体材料可逆容量和倍率性能最高，而 $LiNi_{0.5}Mn_{1.5}O_4$ 截角八面体材料［表面存在(110)晶面］电化学性能较差，这可能是由于 $LiNi_{0.5}Mn_{1.5}O_4$ 固有的锂离子快速通道削减了(110)晶面提供扩散通道的影响。B. Hai 等也分析了表面晶面取向对 $LiNi_{0.5}Mn_{1.5}O_4$ 正极材料动力学特性的影响[29]。他们比较了尺度相似的(110)面取向的 $LiNi_{0.5}Mn_{1.5}O_4$ 盘状材料和(111)取向的 $LiNi_{0.5}Mn_{1.5}O_4$ 八面体材料的结构、动力学特性和相变机理。他们发现，表面为(111)晶面的八面体材料比盘状材料具有更好的速率能力和更大的化学扩散系数，这说明尖晶石结构材料的形貌对其动力学性质有明显影响。这些研究结果都与 J. S. Kim 等报道的 $LiMn_2O_4$ 材料相反，这可能是因为 $LiNi_{0.5}Mn_{1.5}O_4$ 的性能主要受制于 Mn^{3+} 溶解，而表面的(111)晶面能抑制其溶解[27]。

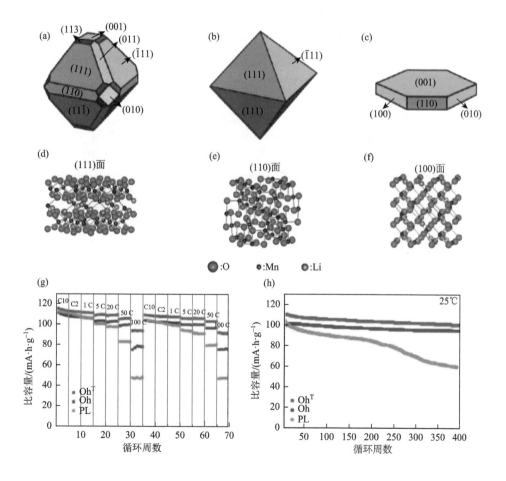

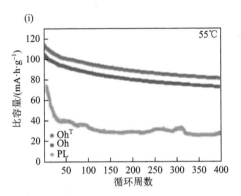

图 8.16　截角八面体(Oh^T)(a)，八面体(Oh)(b)和盘状(PL)$LiMn_2O_4$材料(c)的示意图及其表面晶面；$LiMn_2O_4$晶体(110)晶面(d)，(111)晶面(e)和(100)晶面(f)的原子排列；三种$LiMn_2O_4$材料的倍率性能(g)；三种$LiMn_2O_4$材料在25℃(h)和55℃(i)的循环性能比较[27]

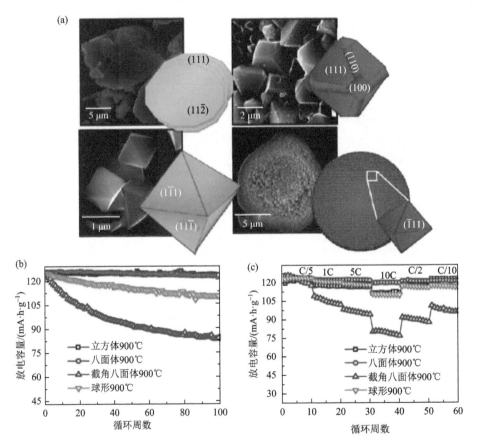

图 8.17　(a)在900℃条件下合成的具有立方体、截角八面体、八面体和球形形貌的$LiNi_{0.5}Mn_{1.5}O_4$样品的SEM表征和结构示意图；不同形貌材料在0.5℃下的电化学循环性能(b)和倍率性能(c)[28]

8.3.2　尖晶石型氧化物正极材料的体相掺杂与表面修饰

掺杂改性可稳定尖晶石框架和消除杂质相。利用其他离子替代 Mn 离子，减少 Mn 离子的量抑制 Jahn-Teller 效应，可稳定尖晶石结构，有效改善其循环性能。其中，金属元素(Ti、Ru、Fe、Cr、Cu、Mg、Al、Ni、Cr、Co)掺杂可减少 Mn^{3+} 的量和降低氧空位浓度，消除杂质相 $Li_xNi_{1-x}O$，改善循环性能；同时掺杂的金属元素还可替代尖晶石中的金属离子，减少循环中相变程度和体积变化。非金属元素 F、Cl 和 Br 掺杂到材料中，由于掺杂离子的电子亲和力大于 O，与材料中的 Mn 成键，Mn—F 键，Mn—Cl 键和 Mn—Br 键比 Mn—O 强，可稳定尖晶石框架，改善材料的长循环性能。

表面包覆可避免尖晶石材料与电解液的反应，抑制 Mn 离子溶解和副产物(如 LiF)在电极表面累积。包覆层的作用包括如下几类：①物理保护层，避免正极材料与电解液的直接接触；②表面层附近的材料结构变化，稳定材料结构。氧化物 (ZnO、TiO_2、Al_2O_3、ZrO_2、MgO、V_2O_5、SnO_2、SiO_2、CuO、RuO_2、$ZnAl_2O_4$ 和 $LiAlO_2$)，磷酸盐(Li_3PO_4、$AlPO_4$、$FePO_4$、$LiFePO_4$、$Li_4P_2O_7$ 和 ZrP)和氟化物 (AlF_3 和 MgF_2)等已被用于包覆材料，例如包覆层材料 V_2O_5，甚至充当脱 HF 剂。Wang 等通过湿涂法将 $5\%V_2O_5$ 涂覆在 $LiNi_{0.5}Mn_{1.5}O_4$ 上作为保护层和 HF 清除剂。实验结果表明 V_2O_5 层能够抑制材料中 Mn 和 Ni 的溶解，在室温下，1 C 循环 100 周后，具有较高的容量保持率 92.2%，并且在高温下，5 C 循环 100 周后，容量保持率较高，为 92%[30]。包覆改性后，尖晶石型正极材料的表面层附近材料的结构也会产生变化，包括形成过渡区域，轻微掺杂。J. P. Cho 等将金属氧化物 Al_2O_3 和 CoO 作为表面包覆材料，经热处理过程中的相互扩散，在材料表面形成固溶体层 $LiMn_{1-x}M_xO_2$(M = Al 和 Co)，该固溶体层能显著提高材料在高温(55℃)下的比容量和循环性能[31]。B. W. Xiao 等在 $LiNi_{0.5}Mn_{1.5}O_4$ 表面通过原子层沉积(ALD)方法包覆 TiO_2。热处理后，一部分 Ti 原子扩散到 $LiNi_{0.5}Mn_{1.5}O_4$ 晶格中，形成了类似 $TiMn_2O_4$(TMO)尖晶石相的表面层，这有助于保持表面结构稳定并抑制锂离子迁移的阻抗增加[32]。

8.3.3　层状-尖晶石复合结构材料

在层状氧化物材料引入尖晶石相，能为锂离子提供扩散通道，从而提高其倍率性能，还能提高材料的首次库仑效率。多种方法可调控富锂锰基材料结构生长过程，使其具有层状($R\bar{3}m$)-层状($C2/m$)-尖晶石($Fd\bar{3}m$)复合结构。F. Wu 等制备了被尖晶石结构密封包裹的富锂材料，所制备的材料在 1.5～4.8 V 时，10 C 的放电比容量为 190 mA·h/g[33, 34]。D. Luo 等通过控制溶剂热合成工艺，制备了具有层状-尖晶石复合结构的富锂材料 $Li_{1.2}Mn_{0.4}Co_{0.4}O_2$，同样展现出优异的倍率性能[35]。构建层状-尖晶石复合结构的方法还有：H^+/Li^+ 离子交换[36]、共沉淀控制合成[37]、原位同步碳化还原[38]、H_3BO_3[39]和 Super P[40]对富锂材料的表面处理等方法。

　　Y. P. Deng 等通过溶剂热法制备富锂锰基正极材料 $Li_{1.16}Mn_{0.6}Ni_{0.12}Co_{0.12}O_2$，合成路径如图 8.18 所示[41]。该溶剂热反应中使用金属乙酸盐为原料及草酸为沉淀剂，所得前驱体经过不同的高温煅烧过程产物不同；在 650℃得到层状-尖晶石复合结构富锂锰基材料(LS)，而在 900℃获得纯相层状富锂锰基材料(PL)。

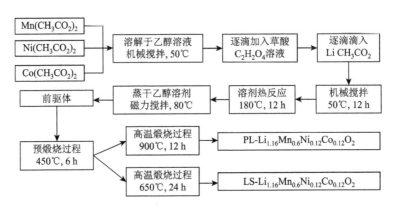

图 8.18　溶剂热法制备富锂锰基正极材料的工艺流程图

　　图 8.19 为所制备的 PL 和 LS 的 SEM 和 XRD 图。两种材料都是由纳米颗粒构成的二次球型聚集体，且聚集体的大小相似，直径均在 3~5 μm。不同的煅烧条件对两种材料的一次颗粒有较大影响。烧结温度较高时，PL 的一次颗粒较大，粒径约为 100~200 nm，且颗粒之间边际不清晰，而 LS 一次颗粒粒径仅 20~30 nm，颗粒与颗粒之间分界明显。两种材料的主体均为 α-NaFeO₂ 六方晶系层状结构($R\bar{3}m$)；在 20°~25°之间的弱衍射峰对应于 $C2/m$ 单斜层状结构 Li_2MnO_3 的(020)和(110)超晶格衍射峰，说明两个样品均为富锂锰基固溶体材料。LS 与 PL 的(006)与(012)、(108)与(110)衍射峰分裂明显。六方晶系层状结构中 I_{003}/I_{104} 峰强比(R 值)代表其结构中的 Li^+/Ni^{2+} 混排程度，R 值大于 1.2 时被认为 Li^+/Ni^{2+} 混排程度较小。PL 的 R 值为 1.22，而 LS 的 R 值为 0.95，表明 LS 中的阳离子混排程度高于 PL。对比两个材料的 XRD 谱图，相较于纯相层状结构，LS 出现了新衍射峰(图中"*"标出)，分别对应于 $Fd\bar{3}m$ 尖晶石结构的(111)、(220)、(311)、(222)、(400)及(511)衍射峰，表明在合成过程中 LS 的确有新相生成。XRD 精修结果表明，LS 中生成了 18%的尖晶石结构；XANES 确认尖晶石相为 $Li_4Mn_5O_{12}$。

图 8.20 为 PL 和 LS 两种材料的 TEM 和 SAED 图。从单个微米球的 TEM 图中可观察到［图 8.20(a)和(b)］，PL 和 LS 均为空心球型聚集体，这有利于电解液的渗透。对比两种材料的 SAED 图，除层状富锂材料所表现出来的六方晶系及 Li_2MnO_3 结构的多晶衍射环以外，LS 的 SAED 图中还多出了两套衍射环，分别对应于尖晶石结构的(220)及(442)晶面衍射环。图 8.20(c)～(h)为 PL 和 LS 标注区域的 HRTEM、SAED、和 IFFT(反傅里叶变换图)。PL 的单个颗粒 SAED 图(i 区域)有一套规则的六边形亮点，对应于六方晶系层状结构 $LiMO_2$ 组分的(0001)晶面；而在每两个亮点之间都存在两个暗点，这归结于材料中的单斜层状 Li_2MnO_3 结构，说明其为 $LiMO_2·Li_2MnO_3$ 固溶体。图中 ii 和 iii 分别为 LS 不同区域的颗粒。ii 区域中有一套清晰的晶格衍射条纹，其晶面间距为 0.47 nm，为(003)晶面间距，而其相应的 IFFT 图也对应于六方晶系的($1\bar{2}1\bar{3}$)面；而 iii 中的晶格条纹为 0.27 nm，在层状结构中并无与之对应的晶面，应归结为尖晶石相的(220)晶面；其对应的 IFFT 图也为尖晶石相的(013)晶面。TEM 测试中，未观察到 LS 中有颗粒同时具有层状和尖晶石相的晶格条纹，说明 LS 的一部分颗粒上生成了 $Li_4Mn_5O_{12}$ 型尖晶石结构材料，且其与具有层状结构的一次颗粒一起分散在球型聚集体中。

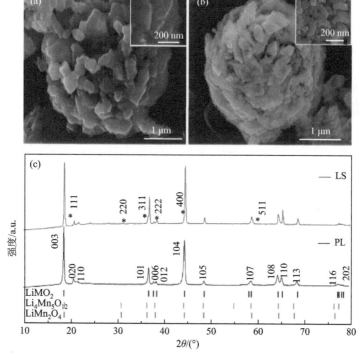

图 8.19　(a)PL 和(b)LS 的二次球型聚集体材料的 SEM 图；(c)PL 和 LS 材料的 XRD
谱图对比图

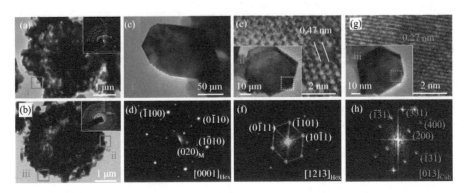

图 8.20　(a)PL 和(b)LS 材料的 TEM 及 SAED 图；(c),(d)i 区域、(e),(f)ii 区域、(g),(h)iii 区域的 HRTEM、SAED 及 IFFT 图

两种材料的首周电化学性能如表 8-1 所示。LS 在 0.2 C、0.5 C、1 C 和 2 C 的首次充放电库仑效率分别为 94%、93%、90% 和 88%，均比 PL 约高出 15%。相较于 PL 在各不同倍率下均大于 70 mA·h/g 的首次不可逆容量损失，LS 的首次不可逆容量得到了有效控制，在 0.2 C、0.5 C、1 C 和 2 C 倍率条件下，分别仅为 19 mA·h/g、24 mA·h/g、31 mA·h/g 和 35 mA·h/g。以上结果说明尖晶石相的引入能极大地减少富锂锰基固溶体材料的首次不可逆容量损失。

表 8-1　PL 与 LS 在不同倍率下的首次充放电性能(2.0～4.8 V，30℃)

	倍率	0.2 C	0.5 C	1 C	2 C
纯相层状富锂锰基材料	首周充电/(mA·h/g)	348	339	266	239
	首周放电/(mA·h/g)	278	258	196	167
	首周库仑效率/(%)	80	76	74	70
层状-尖晶石复合结构富锂锰基材料	首周充电/(mA·h/g)	321	323	323	294
	首周放电/(mA·h/g)	302	299	292	259
	首周库仑效率/(%)	94	93	90	88

图 8.21 为两种材料在 10 C 倍率下的充放电性能比较。LS 在 100 圈之后循环保持率为 122%，放电比容量为 174 mA·h/g，其循环稳定容量比 PL 高出了 138 mA·h/g，且 PL 在循环过程中库仑效率波动较大，而 LS 明显比 PL 更为稳定，这得益于其层状-尖晶石复合结构所提供的三维锂离子扩散通道。因此，通过调控合成工艺制备具有层状-尖晶石复合结构能极大地优化富锂锰基正极材料的电化学性能。

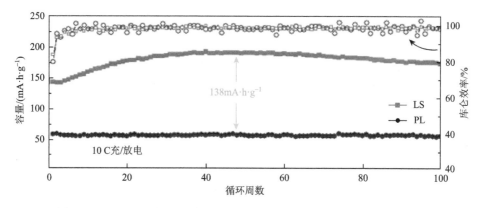

图 8.21　PL 和 LS 在 10 C 充放电倍率下前 100 周的放电容量及库仑效率

8.4　聚阴离子型正极材料的结构与性能调控

8.4.1　LiFePO₄ 晶体结构分析

橄榄石型结构的 LiFePO₄ 理论比容量为 170 mA·h/g，其具有循环性能优良、安全性好、资源丰富、无毒等优点[42]。LiFePO₄ 属正交晶系，Pnma 空间群，晶胞参数 $a = 1.0329$ nm，$b = 0.6006$ nm，$c = 0.4691$ nm，晶胞体积 $V = 0.2910$ nm³，晶体结构如图 8.22(a) 所示。Li^+ 和 Fe^{2+} 位于八面体位置，P^{5+} 位于四面体位置。氧离子通过共价键与 P^{5+} 构成稳定的 PO_4^{3-} 聚阴离子基团，因此晶格中的氧不易丢失。LiFePO₄ 具有高热力学和动力学稳定性。LiFePO₄ 的充放电过程实际是 LiFePO₄ 和 FePO₄ 的两相界面的反应过程[43]。由于 LiFePO₄ 和 FePO₄ 的晶体结构相似，体积接近，在 Li^+ 嵌脱过程中材料的晶体结构变化很小。然而在 LiFePO₄ 结构中，FeO₆ 八面体共顶点被 PO₄ 四面体分隔，没有连续的 FeO₆ 共棱八面体网络，不能形成电子导体，电子传导只能通过 Fe-O-Fe 进行，使得 LiFePO₄ 的电子导电率较低。同时，位于 LiO₆ 八面体和 FeO₆ 八面体之间的 PO₄ 四面体在很大程度上限制了 Li^+ 的移动空间，使得 Li^+ 的扩散速率降低。因此，LiFePO₄ 的本征电子电导和离子电导偏低，这使得它的倍率性能较差。通过碳包覆、加入高电导材料、掺杂金属离子、纳米化、结构和形貌控制合成等方法可提高 LiFePO₄ 的电化学性能。

LiFePO₄ 晶体晶面的表面能和结构与其电化学行为密切相关。图 8.22(b)，(c) 和 (d) 为 LiFePO₄ 晶体 (010) 晶面，(001) 晶面和 (100) 晶面的表面原子排列。(010) 晶面和 (001) 晶面具有一维锂离子扩散通道。G. Ceder 课题组通过第一性原理计算研究了 LiFePO₄ 晶体中的锂离子迁移过程[44]。计算结果表明与 (001) 晶面相比，(010) 晶面具有更低的锂离子迁移能，且其锂离子扩散系数高出几个数量级。M. S.

Islam课题组使用建模方法也证实了这一结果[45, 46]。G. Ceder课题组计算表明(010)晶面的锂的氧化还原电势为2.95 V,远低于体相对应的值3.55 V[47]。因此,提高表面(010)晶面的比例,将会提升LiFePO$_4$材料的电化学性能,特别是倍率性能。

图8.22(e)为具有正交晶系的LiFePO$_4$晶体生长模型,如沿ac平面生长,将形成(010)面为主的纳米片或一维纳米结构[图8.22(f)]。但L. F. Nazar课题组认为由于锂离子受晶格的影响,实际活化能可能比计算值高[48]。J. Maier课题组还发现,在约150℃时(010)和(001)晶面中离子电导率和扩散系数的数量级是相同的[49]。尽管如此,不同方法制备的各种表面含有(010)晶面的LiFePO$_4$晶体纳米材料(包括纳米片,纳米棒和纳米线)都给出了优异的电化学性能,这表明(010)晶面的开放表面结构确实能提高LiFePO$_4$的电化学性能。

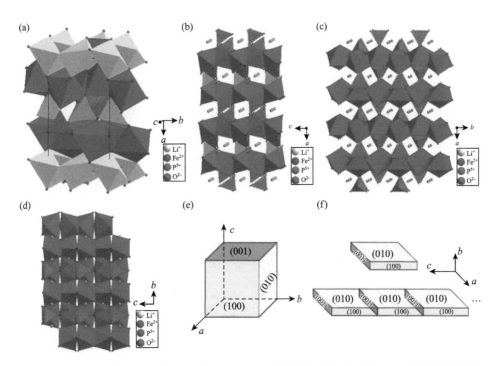

图8.22　LiFePO$_4$晶体的:(a)结构示意图;(b)(010)晶面原子排列;(c)(001)晶面原子排列;
(d)(100)晶面原子排列;(e)基础晶面的Miller指数;(f)沿ac面的生长模型[57]

8.4.2　(010)晶面包络的LiFePO$_4$纳米片材料

(010)晶面包络的LiFePO$_4$纳米片可通过溶剂热[50]、水热[51]、共沉淀[52]、微波辅助[53]、固态反应[54]、液相还原[55]和超临界流体等方法[56]制备。其中,水热法和溶剂热法是最常用的方法,其螯合剂的选择、反应温度和时间、表面活性剂的组成和浓度都显著影响 LiFePO$_4$ 纳米晶体的生长，进而影响其电化学行为。

　　L. Wang 等通过采用乙二醇为溶剂，经溶剂热法制备 LiFePO$_4$ 纳米片材料[57]。LiFePO$_4$ 纳米片的表面主要晶面可以通过原料的混合过程来调控。图 8.23(a) 和(b) 为(010) 晶面包络的 LiFePO$_4$ 纳米片的 SEM 和 TEM 图；图 8.23(c) 和(d) 为(100) 晶面包络的 LiFePO$_4$ 纳米片的 SEM 和 TEM 图。电化学测试结果表明，以上两种表面具有不同晶面的 LiFePO$_4$ 纳米片虽然在 0.1 C、0.5 C 和 1 C 的低倍率下放电容量均为约 160 mA·h/g，但在 5 C 和 10 C 的高倍率下则显示出完全不同的放电容量。(010) 面包络的 LiFePO$_4$ 纳米片在 5 C、10 C 容量分别为 156 mA·h/g 和 148 mA·h/g；而(100) 面包络的 LiFePO$_4$ 纳米片为 132 mA·h/g 和 128 mA·h/g。这表明 LiFePO$_4$ 纳米片表面原子的排列对其电化学性能影响极大，这也证实(010) 晶面可以有较高倍率性能。

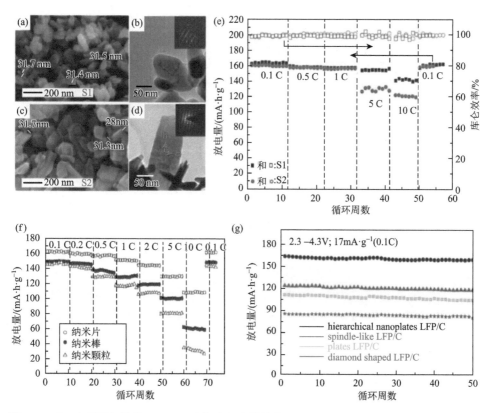

图 8.23　(010) 晶面包络的 LiFePO$_4$ 纳米片(S1) 材料的(a) SEM 和(b) TEM 图；(100) 晶面包络的 LiFePO$_4$ 纳米片(S2) 材料的(c) SEM 和(d) TEM 图；(e) S1 和 S2 材料不同放电倍率下的放电量和库仑效率比较[57]；(f) LiFePO$_4$/C 纳米颗粒、纳米棒和纳米片材料电化学性能比较[58]；(g) 不同纳米结构 LiFePO$_4$ 材料的电化学循环性能比较[59]

B. Pei 等通过改变水热法过程中表面活性剂十二烷基苯磺酸钠的浓度，控制晶体 b 轴方向的厚度，制备了 LiFePO$_4$/C 纳米颗粒(尺度 200 nm)、纳米棒(沿 b 轴直径 90 nm，长度为 200 nm～1 μm)和纳米片(沿 b 轴厚度 20 nm，宽度 50 nm)材料[58]。b 轴方向的厚度对 LiFePO$_4$/C 纳米材料的(010)晶面在表面的比例和电化学性能有明显影响[图 8.23(f)]；减小 b 轴方向晶粒尺寸，可增大(010)面比例，缩短锂离子扩散路径。LiFePO$_4$/C 纳米颗粒、纳米棒、纳米片在 0.1 C 时的初始放电容量分别为 145.3 mA·h/g、149.0 mA·h/g 和 162.9 mA·h/g，10 C 时分别为 33.9 mA·h/g、61.3 mA·h/g 和 107.9 mA·h/g。他们计算出 LiFePO$_4$/C 纳米颗粒、纳米棒和纳米片的 Li 离子扩散系数分别为 1.66×10^{-12} cm^2/s、2.99×10^{-12} cm^2/s 和 1.64×10^{-11} cm^2/s。K. Saravanan 等通过溶剂热法，仅改变 Fe 前驱体就可以合成具有不同厚度的 LiFePO$_4$ 纳米材料，包括分层纳米盘状(hierarchical nanoplates，厚度 30 nm)，纺锤形(spindle-like，厚度 20 nm，聚集)，盘状(plates，厚度 200～300 nm)和菱形(diamond shaped，厚度 300～500 nm)[59]。电化学结果表明，随着纳米片厚度的增加，材料的可逆容量和倍率性能变差；在电流密度为 17 mA/g，电压范围为 2.3～4.3 V 时，分层纳米盘状 LiFePO$_4$/C 材料的可逆容量为 167 mA·h/g，而纺锤形材料的为 121 mA·h/g，盘状材料的为 110 mA·h/g，菱形材料的仅为 82 mA·h/g。纺锤状的 LiFePO$_4$/C 材料的团聚导致了其电化学性能不佳。C. Y. Nan 等通过溶剂热反应法制备了表面具有高(010)晶面比例的 LiFePO$_4$ 纳米片，发现乙二醇可调节晶体的生长方向和晶粒尺寸[60]；电化学测试表明，在 0.1 C 倍率下，纳米片的可逆容量为 165 mA·h/g，在 5 C 倍率下为 140 mA·h/g。

8.4.3 (010)晶面包络的一维 LiFePO$_4$ 纳米材料

(010)包络的纳米棒和纳米线材料，不仅其一维纳米结构材料有利于锂离子和电子的传输，其表面的(010)晶面可进一步促进锂离子的运输。因此(010)晶面包络的一维 LiFePO$_4$ 纳米材料也表现出优异的电化学性能。

J. J. Song 等以乙二醇和油酸的混合物为溶剂，通过条件温和可控的溶剂热法制备了具有多种形态的单分散 LiFePO$_4$ 纳米晶体；通过改变油酸与乙二醇的体积比可调控(010)晶面包络的 LiFePO$_4$ 纳米粒子的形貌[61]。当乙二醇和油酸的比例为 1:1 时，所制备的材料为纳米棒，该 LiFePO$_4$/C 纳米棒材料在 0.5 C 时可逆容量为 155 mA·h/g，在 5 C 可保持 80%的容量(图 8.24)。C. Y. Nan 等通过改变乙二醇溶剂热制备过程中试剂比例和添加顺序，准备了六种不同形状的 LiFePO$_4$ 纳米材料，包括纺锤形(spindle)、棒状(rod)、海胆状(urchin)、小颗粒状(small-particle)、长方体(cuboid)和花形(flower-like)，实现了 LiFePO$_4$ 的尺寸和形状的控制[62]。电化学结果表明，在六种不同的 LiFePO$_4$ 粒子中，以表面为(010)晶面的 LiFePO$_4$/C 纳米棒倍率性能最佳。

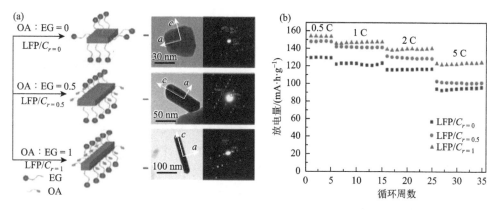

图 8.24　以乙二醇 (EG) 和油酸 (OA) 为溶剂，采用溶剂热法制备的不同 LiFePO$_4$/C 的 (a) TEM 和 SAED 图及 (b) 电化学放电倍率性能比较[61]

　　关于 (010) 晶面包络的 LiFePO$_4$ 纳米线材料的报道相对较少。S. H. Lim 等使用模板方法制备了 LiFePO$_4$ 纳米线[63]，但该制备过程相对复杂，且其用 HF 或 NaOH 对 LiFePO$_4$ 进行后处理，这会溶解 LiFePO$_4$ 或与其发生其他副反应。G. X. Wang 等通过水热法合成的 LiFePO$_4$ 纳米线直径为几百纳米，长度为几十微米[64]。静电纺丝法常用于制备一维纳米结构材料[65, 66]。E. Hosono 等通过静电纺丝法制备了具有气相生长碳纤维 (VFCF) 芯柱和碳壳的三轴 LiFePO$_4$ 纳米线[67]，但是该纳米线材料的直径为 500 nm～1 μm，因此 (010) 晶面所占比例较低，限制了该材料的电化学性能。C. B. Zhu 等也通过静电纺丝的方法成功地合成了直径为 100 nm 的碳包覆单晶 LiFePO$_4$ 纳米线[68]，该材料在 0.1 C 时可逆容量为 169 mA·h/g，10 C 时可逆容量为 93 mA·h/g。

8.5　硅负极材料的结构与性能调控

8.5.1　硅负极材料结构和组分调控

　　硅负极材料具有理论容量高、嵌脱锂平台低、资源丰富、安全性好等优点。但是，在充放电过程中，硅负极材料伴随着巨大的体积变化，导致硅活性材料粉化、电极涂层破裂，最终造成容量快速衰减，阻碍了其在锂离子电池中的实际应用[69]。同时，由于硅是半导体材料，本征导电性差，导致硅材料的倍率性能较差。在硅负极材料的结构调控方面，采用的方法主要是设计合成纳米尺度材料、复合材料和多孔材料。

1. 纳米尺度材料

硅颗粒在锂化过程中，表面的硅先发生合金化反应，形成外部锂硅合金相环绕的晶态硅相。颗粒表面由于合金化产生的体积膨胀，出现明显的箍拉伸应力。随着锂化反应的进行，在两相界面处，因体积膨胀所引起的应力导致颗粒表面箍拉伸应力产生。持续的体积膨胀导致箍拉伸应力的继续增加，最终导致硅颗粒表面的破裂[70]。控制硅颗粒的粒径，使内部锂化产生的体积膨胀应力低于颗粒表面箍拉伸应力的临界值，硅颗粒就可以发生可逆的体积膨胀和收缩，不引起颗粒的破裂。原位透射电镜技术已经观察到硅颗粒破裂的临界尺寸为 150 nm，低于该尺寸可以发生可逆的膨胀和收缩，高于该尺寸的硅颗粒随锂化过程发生破裂[71]。另外，纳米硅颗粒比表面积将增大硅活性材料与电解液的接触面积，同时可以缩短锂离子和电子的传输路径。与大粒径的硅材料相比，纳米硅颗粒具有更高的可逆容量和更优的循环性能和倍率性能。因此，对硅负极材料在纳米尺度进行调控，可以有效提高硅负极的电化学性能。

当前已有研究设计并合成了各种维度和形貌的纳米硅材料，并成功将其用作锂离子电池负极材料，获得了优异的电化学性能。零维硅纳米球[图 8.25(a)]与同体积其他形状的硅材料相比，比表面积小，同时硅球表面的应力为各向同性，可以有效缓解锂化过程中不均匀的应力增加导致的颗粒破裂和粉化[72]。一维的硅纳米线[图 8.25(b)][73]、硅纳米管[图 8.25(c)][74]、硅纳米棒[图 8.25(d)][75]和硅纳米片[图 8.25(e)][76]可以有效缓解体积变化产生的应力，同时一维硅材料可以与

图 8.25　不同纳米硅负极材料的 SEM 图和 TEM 图：(a)硅纳米球[72]，(b)硅纳米线[73]，(c)硅纳米管[74]，(d)硅纳米棒[75]，(e)硅纳米片[76]，(f)二维硅薄膜[77]

导电网络很好地接触，增加导电性和降低电极/电解液的界面阻抗。二维硅薄膜[图 8.25(f)]由于电化学性能优异和电极制备工艺简单而引起广泛关注[77]。纳米尺度硅薄膜可以将体积变化最小化，进而保持结构完整。循环稳定性和储锂能力主要取决于膜厚度，膜越薄，抗体积变化能力越强；但是，膜厚度小会引起硅的面载量低，导致其实际应用受到限制。

2. 复合材料

硅颗粒在锂化和去锂化过程中体积变化引起颗粒的破裂和粉化，导致硅活性材料的利用率降低、电极/电解液界面阻抗增加、电极结构完整性破坏。将硅颗粒均匀分散在宿主基质材料中，可以将硅颗粒控制在基质内部，缓冲和调节体积变化产生的应力作用，同时可以保持电极结构的完整性和与集流体的良好接触。另外，将硅颗粒分布于基质中，可以有效减少硅颗粒与电解液的接触面积，阻碍由硅颗粒破裂和粉化引起的电极/电解液界面的固体电解质界面膜(SEI)膜的持续生长。基质材料应具有高的机械强度以抵抗循环过程中体积变化产生的应力，同时，还需具有高的离子和电子电导率来促进电荷转移反应的发生。因此，将硅颗粒与理想的宿主基质复合，可以有效缓解体积变化对电极材料和电极结构的破坏，进而提高硅基负极材料的循环稳定性。

碳具有良好的电子导电性、良好的离子嵌入能力及体积变化小的特点，是硅颗粒理想的宿主基质之一。硅与无定形碳的复合可以在一定程度上缓解体积变化，同时硅颗粒表面无定形碳的包覆可以起到稳定电极/电解液界面的作用，如图 8.26(a)~(c)所示[78]。硅与石墨片(图 8.26(d)~(g)或石墨烯复合，其片状结构可以形成导电骨架，硅颗粒在骨架结构中可逆的膨胀和收缩，可缓解体积变化对电极结构的破坏，同时可以改善硅基电极的电子导电性[79]。具有高导电性和高机械强度的金属及金属化合物也被广泛地用作宿主基质与硅颗粒进行复合，如图 8.26(h)和(i)所示[80]。硅颗粒与导电的金属及金属化合物复合，可以提供更多电子传输路径，提高硅基电极的大电流充放电能力。同时，机械强度高的金属及金属化合物可以有效缓解体积变化产生的箍拉伸应力，保持电极结构的完整性。其他具有特殊性能的宿主基质，如导电聚合物[图 8.26(j)~(l)][81]等，也被用于与硅颗粒进行复合来提高硅基负极的电化学性能。

3. 多孔材料

硅基材料内部的孔结构可以为硅的体积变化提供空间，利于保持电极结构的完整性，同时可使电解液进入硅颗粒内部，使其表现出良好的电化学性能。因此，通过设计制备具有不同形貌和结构的多孔纳米硅颗粒可提高硅基负极的循环稳定性[图 8.27(a)~(c)]，主要包括三类。①多孔结构纳米硅颗粒[82]：在纳米尺度的硅颗粒中引入孔道结构可以为硅颗粒体积膨胀提供空间，缓解锂扩散引起的机械应力。②实心核-空心壳结构纳米硅复合材料[83]：纳米硅颗粒封装在空心的壳层中，空心的壳层为硅纳米颗粒的体积膨胀提供空间，缓解由体积变化引起的电极结构破坏；同时，外部壳层还可以减少硅纳米颗粒与电解液的接触，形成稳定的 SEI 膜；离子和电子电导率高的壳层材料可以保证电荷转移反应的发生。③空心核-实心壳结构纳米硅复合材料[84]：空心的硅纳米颗粒内部空隙可以为硅体积膨胀提供空间，缓解颗粒表面的箍拉伸应力，从而保持硅活性材料的完整性；外部机械强度高的壳层可以保证硅纳米颗粒体积变化在内部进行，保持外部结构和形貌的均一性；外部壳层可以稳定电极/电解液界面，形成稳定的 SEI 膜；外部壳层需具有良好的离子和电子导电性，保证锂离子和电子的传输。

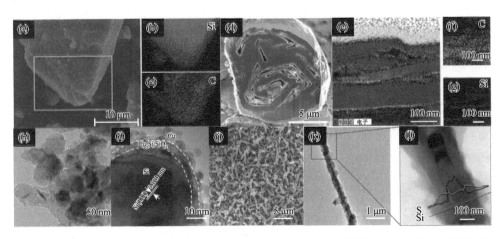

图 8.26　不同硅复合负极材料的 SEM 图、TEM 图和元素含量分布图：（a）～（c）硅/碳复合物的 SEM 图和元素分布图[78]；（d）～（g）硅/石墨复合物的 SEM 图和元素分布图[79]；（h），（i）硅/铜硅合金/二氧化硅/铜复合物的 TEM 图[80]；（j）～（l）硅/导电聚合物复合物[81]

4. 微纳聚集体

尽管纳米尺度的硅材料具有明显的优势，但是在实际应用过程中存在振实/压实密度低、比表面积大导致的库仑效率低和合成工艺复杂的问题。具有多尺度的硅材料既具有纳米硅材料的优异性能又能避免其问题[85]，一般包括两类。①微米尺度多孔硅材料[图 8.27 (d)][86]：微米尺度多孔硅内部富含纳米尺度硅和纳米孔结构，可以阻碍持续的充放电循环引起的硅颗粒的破裂和粉化；孔道结构可以为体积变化提供空间以保持电极结构的完整性，同时可以保证电解液进入微米尺度硅材料的内部。原位透射电镜技术已经观察到多孔硅颗粒破裂的临界尺寸增加至 1.52 μm，高于纳米硅颗粒的 150 nm 和无定形硅颗粒的 870 nm[87]。②纳米硅与微米尺度宿主基质复合［图 8.27（e）］[88]：石墨碳具有循环稳定性好和成本低的特点，是纳米硅理想的微米尺度的宿主基质材料，石墨碳形成的骨架结构内部空隙可以为纳米硅的内部体积膨胀提供空间，同时石墨碳优异的导电性可以在电极内部提供良好的电子传输通路[89]。石墨碳与硅的复合物具有质量容量高、循环稳定性好和振实/压实密度高的优点，是下一代锂离子电池理想的负极材料。

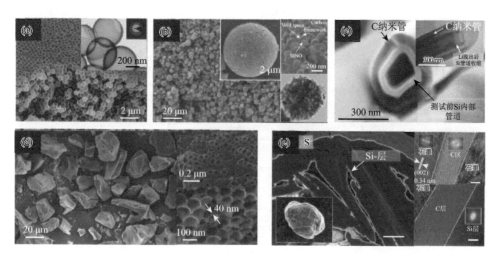

图 8.27　(a)多孔硅纳米球[82]，(b)实心核-空心壳硅碳复合物[83]，(c)空心核-实心壳硅碳复合物[84]，(d)微米级多孔硅[86]和(e)微米级石墨/纳米硅复合物[88]的 SEM 图

8.5.2 黏结剂提升硅负极材料性能

黏结剂是将电极活性物质黏附在集流体的物质，其主要作用是增强电极活性材料、导电剂、集流体间的接触，对电池性能有重要影响[90]。由于结构稳定、抗电氧化性强，且在电解液中具有良好的润湿性能，PVDF（聚偏氟乙烯）是锂离子电池最常用的商用黏结剂（特别在正极方面）。但 PVDF 的电子和离子电导性较差，与电极材料作用弱（主要是范德瓦耳斯力），无法有效抑制充放电过程中硅负极材料因巨大的体积变化导致的硅活性材料粉化及电极涂层破裂，最终造成容量快速衰减。采用机械强度更高、更稳定的黏结剂缓冲电极材料体积变化，维持离子/电子通道，可以提高硅负极的电化学性能（图 8.28）[91]。

羧甲基纤维素钠（CMC）及其与丁苯橡胶（SBR）复配物是早期锂离子电池研究中常用的黏结剂。W. R. Liu 等报道了在微米硅电极上使用 CMC-SBR 黏结剂时，可逆容量为 600 mA·h/g 能稳定循环 50 次以上[92]。N.S. Hochgatterer 等证明了 CMC 上的羧基与硅材料表面羟基间的氢键是提高循环稳定性的主要因素[93]。J. Li 等发现，CMC 可影响硅电极固体电解质界面膜(SEI 膜)的形成，从而改善电池循环性能[94]。由于 CMC 与硅之间的氢键作用是性能提升的关键，此后数年许多具有大量羟基、羧基的聚合物被报道尝试用作硅负极黏结剂。

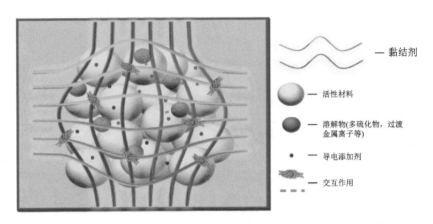

图 8.28　黏结剂缓冲硅负极体积变化，稳定电极导电网络示意图[91]

　　2010 年 A. Magasinski 等发现，聚丙烯酸(PAA)中高浓度的羧基可与硅产生较强的相互作用。当使用 PAA 黏结剂时，碳包覆的硅电极在 0.5 C 时可稳定循环超过 100 周[95]。随后，许多改性后的 PAA 聚合物也被用作黏结剂[96,97]。2011 年，I. Kovalenko 等在 Science 杂志上首次报道了海藻酸钠(Na-Alg)作为硅材料的黏结剂的研究，该工作引起了广泛关注[98]。Alg 分子内的极性官能团可以与硅表面氧化硅层形成氢键，因而可有效地维持 Alg 与硅材料之间的黏结作用，保持电极结构的完整性，维持稳定的导电网络。另外，由于 Alg 硬度高，可抑制硅材料的体积变化。J. Liu 等也报道 Ca^{2+} 能促进 Alg 形成交联的二维网状结构，其可进一步提高黏结剂的黏度和硬度[99]。该工作此后也被其他课题组证实，并应用于纳米和微米硅负极材料[100,101]。

　　Z.Y. Wu 等研究了其他多价阳离子对 Na-Alg 黏结剂的改性效果[102]，他们将 Na-Alg 与二价和三价金属离子进行交联，制备了具有不同空间网络结构的金属离子-海藻酸复合黏结剂(M-Alg，M = Ca、Al、Ba、Mn、Zn)(图 8.29)。这些黏结剂具有不同的机械强度。黏结剂黏度可以在一定程度上反映出黏结剂对电极材料和集流体的黏附能力，通常黏度大的黏结剂可以将电极材料和集流体黏附的更加牢固，从而减少循环过程中电极容量损失。黏结剂黏度的高低依次为 Ba-Alg＞Al-Alg＞Ca-Alg＞Na-Alg＞Mn-Alg＞Zn-Alg[图 8.30(a)]。几种金属离子均会与海藻酸钠发生配位作用，使得分子链之间交联，但各金属离子半径、价态不同，交联增强机械性能的程度可能会有所区别。Ba-Alg 的黏度增幅达到 20 多倍，而

Mn-alg、Zn-Alg 黏度相比 Na-Alg 低，这是因为海藻酸钠分子间作用是由配位交联和分子间氢键这两个因素共同影响的结果。图 8.30(b)对比了 M-Alg 的硬度，其高低依次为：Al-Alg>Ba-Alg>Zn-Alg>Ca-Alg>Mn-Alg>Na-Alg。硬度更高的黏结剂膜可以更好地承受硅负极在充放电过程中的体积变化，保持电极结构和导电网络的完整，从而减少电极的容量损失。对剥离作用力由强到弱进行排序，可以发现其和黏度排序相同，图 8.30(c)为黏结剂剥离强度比较，其大小依次为 Ba-Alg≥Al-Alg>Ca-Alg>Na-Alg>Mn-Alg>Zn-Alg，和其黏度的趋势一致，但剥离作用力的差异没有黏度差异那么显著，因为剥离强度除了体现黏结剂对电极材料和集流体的黏附能力外，也体现了黏结剂硬度对电极涂层完整性的保护作用。因此以剥离强度评价黏结剂的机械强度比单一使用黏度或硬度评价更具综合性。但是，剥离试验时力的作用方式和实际充放电时电极材料膨胀应力的作用方式并不完全相同，所以以剥离强度排序与充放电循环性能高低顺序不一定完全一致。使用各金属离子-海藻酸钠复合黏结剂和纯海藻酸钠黏结剂的纳米硅负极在 420 mA/g 电流密度下的循环性能如图 8.30(d)所示。其中，使用 Al-Alg 的电极首次充电比容量达到3462 mA·h/g，经 300 次充放电循环后，其容量保持率为 62.0%；使用 Ba-Alg 的电极首次充电比容量为 3512 mA·h/g，300 周循环容量保持率为 59.2%；使用 Ca-Alg 的电极首次充电比容量为3445 mA·h/g，经300 次循环后容量保持率43.1%；使用 Na-Alg 的电极首次充电比容量为 3103 mA·h/g，前 180 次循环较为平稳，但在 180 周之后容量开始迅速衰减。总的来看，使用 Al-Alg 和 Ba-Alg 黏结剂的电极表现出了相似的循环性能，在 300 次充放电循环后容量保持在 2100 mA·h/g。

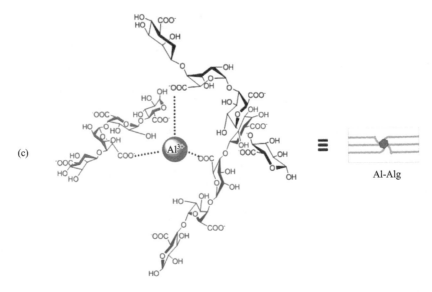

图 8.29　(a)海藻酸钠分子式；(b)二价金属离子和海藻酸钠配位交联结构示意图；(c)三价 Al^{3+}
离子和海藻酸钠配位交联结构示意图[102]

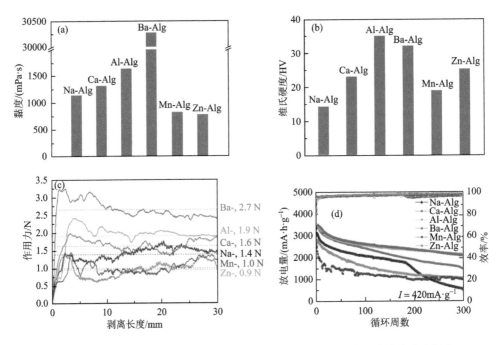

图 8.30　M-Alg 的：(a)黏度值比较，(b)硬度值比较，(c)剥离强度测试，(d)纳米硅负极(100 nm，
0.3~0.5 mg)与 M-Alg 黏结剂在电流密度 420 mA/g 下的循环性能[102]

海藻酸钠黏结剂的报道使研究者转向了具有较高机械强度的高分子聚合物。这些高聚物大多含有大量羟基、羧基，能与硅颗粒表面产生较强的相互作用。Y.K. Jeong 等制备了超支化的 β 环糊精聚合物黏结剂[103]；超支化的 β 环糊精内含有大量极性羟基，可以与硅表面形成更多的极性氢键，能增强黏结剂与硅材料之间的作用力。该课题组还将黄原胶(XG)用作黏结剂，其复杂的侧链结构与 Si 颗粒之间具有较强相互作用；在 3500 mA/g 下循环 200 次后，使用 XG 的 Si 负极仍可保持 2150 mA·h/g 的容量[104]。M. Ling 等使用天然多糖分子阿拉伯胶作为硅负极黏结剂，纳米划痕、压痕实验及剥离实验结果表明，阿拉伯胶具有远超 CMC 黏结剂的机械强度[105]。

J. Liu 等首次报道了瓜尔豆胶作为纳米硅负极黏结剂[106]。瓜尔豆胶的黏度与维氏硬度均优于海藻酸钠，且比海藻酸钠具有更多的羟基，能与硅表面生成更多的氢键；同时瓜尔豆胶中的一些氧原子的孤对电子可起到类似 PEO 固体电解质的作用，为 Li[+]提供传输通道。因此 Si-瓜尔豆胶电极在电流密度为 2100 mA/g 时，首次容量为 3364 mA·h/g，首次库仑效率为 88.3%，100 次循环后容量 2222 mA·h/g。之后 R. Kuruba 等将瓜尔豆胶用于 Si/C 电极也证实了其优异的电化学性能[107]。

8.6　基于转换反应的氧化物负极材料的结构与性能调控

过渡金属氧化物既不存在可供锂离子嵌入的空位，也不能与锂形成合金，但是它们却可以通过转化反应使锂离子置换出原来的过渡金属离子生成氧化锂与过渡金属的复合物，从而具备储锂功能，而且这一转化反应在电化学动力学上是可逆的。但是，其发展存在几个挑战。其一，其充放电平台略高，大部分过渡金属氧化物的电动势值均比较高(>1.0 V)，降低了全电池的工作电压，进而降低了全电池的比能量。这是材料本身的电化学特性，无法通过调控材料的组成和结构来改善，只能从众多金属氧化物中挑选合适的电极材料。其二，动力学反应速率和电压极化在整个转化反应过程中，尤其是充电过程中，涉及 Li—O 键的断裂，需要克服较高的活化能，因此受动力学控制，它将产生比较大的电化学极化。另外，大部分金属氧化物为半导体，导电性普遍较差，因此也将产生欧姆极化，这些都将引起充放电过程中充放电电压平台偏离平衡值，即放电平台降低而充电平台升高，进而导致材料的充放电效率比较低，倍率性能通常也较差。再者，从反应机理可以看到，过渡金属氧化物在转化反应过程中电极材料的结构与形貌不断地改变和重排，因而在充放电过程中通常伴随着较大的体积变化，从而引起材料的比容量随着充放电的进行不断下降，因此循环性能较差。由以上分析可以看出，虽然转化反应电极材料都具有高的理论比容量，但是也应该看到其也存在不可忽视的问题。特别地，对于过渡金属氧化物，它们是基于转化反应机理，在充放电过程中伴随着较大的体积和结构变化，因此，很多研究者认为电化学性能的晶面特性在过渡金属氧化物负极材料中并不适用。然而，越来越多的研究表明过渡金属氧化物的电化学性能也存在这种晶面依赖性。K. F. Chen 等研究了 Cu_2O 负极材料，发现表面由(111)围成的 Cu_2O 八面体的比容量和循环性能均优于 Cu_2O 纳米粒子聚集体[108]；X. S. Hu 等也以 Cu 有机金属化合物为模板，在常温下制备了八面体 CuO 负极材料[109]；研究表明 Fe_2O_3 负极材料和 Fe_3O_4 负极材料的电化学性能也具有晶面依赖特性[110, 111]。

8.6.1　Co_3O_4 负极材料

Co_3O_4 属于尖晶石结构，空间点群为 $Fd\overline{3}m$，晶格氧物种以立方密堆积的方式在晶胞内排布，形成了 32 个四面体空穴和 16 个八面体空穴，Co^{2+} 占据了 1/8 的四面体空穴，Co^{3+} 占据了 1/2 的八面体空穴。图 8.31 为 Co_3O_4 立方体(100)、十二面体(110)和八面体(111)的表面原子排列；相比(100)和(110)，(111)晶面更为开放，更有利于充放电过程中锂离子的传输。因此表面由(111)围成的 Co_3O_4 八面体的电化学性能应优于表面由(100)围成的 Co_3O_4 立方体和表面由(110)围成的 Co_3O_4 十二面体的电化学性能。

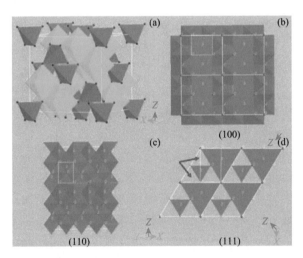

图 8.31　Co_3O_4 晶体的 (a) 结构，(b) (100) 晶面的原子排布，(c) (110) 晶面的原子排布，(d) (111) 晶面的原子排布。其中蓝色和绿色多面体代表 $Co(II)O_4$ 四面体空穴和 $Co(III)O_6$ 八面体，红色球代表氧原子

　　Y. D. Li 课题组通过调控 NaOH 和 Co(NO₃)·6H₂O 的比例分别制备出了表面由(100)围成的 Co_3O_4 立方体,表面由(111)围成的 Co_3O_4 八面体以及表面由(100)和(111)围成的截角八面体(图 8.32)[112]。电化学结果表明 Co_3O_4 的电化学性能关系为:八面体>截角八面体>立方体,这表明(111)晶面比较有利于锂离子的嵌/脱,而(100)不利于锂离子的嵌/脱。G. M. Zhou 等将 Co_3O_4 八面体负载在碳纳米管上,以 500 mA/g 的电流密度充放电 100 周后还能保持 600 mA·h/g,具有较好的循环稳定性[113];而充放电后的 SEM 结果显示八面体形貌在经过长时间的充放电循环后仍能很好被保持。X. Li 等[114]和 J. B. Zhu[115]也分别报道了正表面由(111)围成的 Co_3O_4 纳米片,在 1600 mA/g 和 890 mA/g 充放电均能放出超过 800 mA·h/g 的容量。

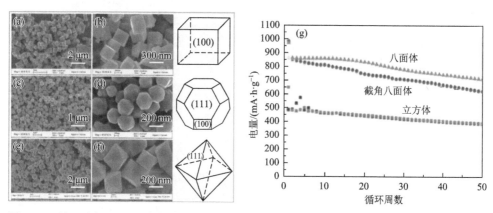

图 8.32　(a),(b):Co_3O_4 立方体 SEM 图;(c),(d):Co_3O_4 截角八面体 SEM 图;(e),(f):Co_3O_4 八面体 SEM 图;(g)3 种 Co_3O_4 纳米材料的循环性能比较,电流密度 1000 mA/g[112]

　　G. L. Xu 等通过液相法和后续热处理制备得表面为{111}晶面的 Co_3O_4 材料(图 8.33)[116],该 Co_3O_4 材料为单晶八面体结构,平均尺寸为 387 nm。图 8.33(c)是 Co_3O_4 纳米八面体[1$\bar{1}$2]方向上的 TEM 图,呈长方形;其对应的 SAED 图为有序的长方形点阵,分别对应(1$\bar{1}$1)晶面,(311)晶面和(220)晶面。图 8.33(c)中 A 区域对应的 HRTEM 图中可测得间距分别为 0.47 nm 和 0.29 nm 的两套晶格条纹,对应于(1$\bar{1}$1)和(220)的晶面间距。图 8.33(f)为 Co_3O_4 纳米八面体[1$\bar{1}$1]方向的 TEM 图,呈棱角不够规则的六边形,分别对应(02$\bar{2}$)晶面、(220)晶面和(202)晶面。图 8.33(f)中 B 区域的 HRTEM 图中有两套晶面间距为 0.29 nm 且夹角为 60°,对应(220)的晶面。电化学测试表明,Co_3O_4 纳米八面体具有优异的循环性能和倍率性能。以 0.11 C 充放电循环 200 周后能保持 955.5 mA·h/g 的可逆比容量,以 3.52 C 充放电能放出 476.1 mA·h/g 的可逆比容量;而 Co_3O_4 微米八面体则呈现快速容量衰减,0.11 C 充放电 200 周后容量仅为 288.5 mA·h/g。

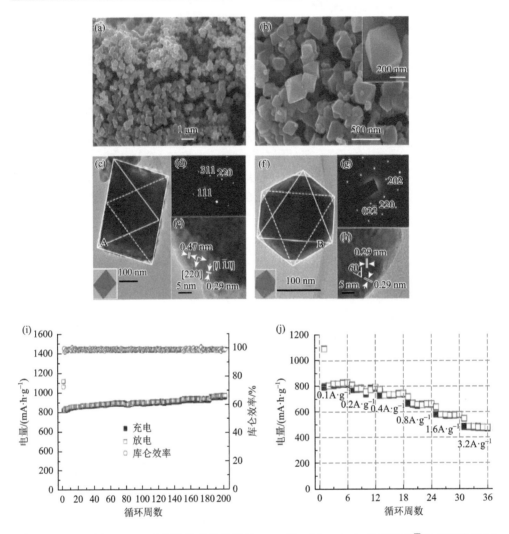

图 8.33　(a)，(b)：Co₃O₄ 八面体纳米单晶材料 SEM 图；(c)：Co₃O₄ 八面体[1 $\bar{1}$ 2]方向的 TEM 图；(d)，(e)：对应的 SAED 图和 HRTEM 图；(f)：Co₃O₄ 纳米八面体[1 $\bar{1}$ 1]方向 TEM 图；(g)，(h)：对应的 SAED 图和 HRTEM 图；(i)：Co₃O₄ 八面体纳米单晶材料在 0.11 C(1 C = 890 mA/g)的循环性能；(j)：Co₃O₄ 八面体纳米单晶材料的倍率性能[113]

8.6.2　Mn 基氧化物负极材料

MnO 具有相对较低的电动势(1.03 V *vs.* Li/Li⁺)，相对较高的振实密度(5.43 g/cm³)和较高的理论比容量(755.6 mA·h/g)。但 MnO 在充放电过程中也存在较大的体积效应，并且它的导电性较差，因而它的循环性能和倍率性能不佳。

一维多孔纳米材料不仅具有比较短的锂离子和电子的传输路径，还能有效地缓解充放电过程中产生的应力，这使得 MnO 有较高的比容量和较好的循环性能[图 8.34(a)]。G. L. Xu 等采用无氨基的短链碳链状分子——无水乙醇作为模板，制备得到具有多孔结构的一维 MnO/C 纳米材料[图 8.34(b)][117]，其在 0.66 C 充放电倍率下的循环性能如图 8.34(c)所示。首次放电比容量为 1001.9 mA·h/g，首次充电比容量为 651.6 mA·h/g，库仑效率为 65.0%；在前 20 周内，其充放电比容量逐渐降低；第 20 周的可逆(充电)比容量为 633.9 mA·h/g，容量保持率为 97.2%；从第 20 周循环开始，其比容量逐渐上升，第 100 周的可逆比容量为 734.2 mA·h/g；从第 100 周开始，比容量开始慢慢衰减，第 200 周的可逆比容量为 618.3 mA·h/g。图 8.34(d)为不同充放电倍率下 MnO/C 多孔纳米管的充电曲线；随着充放电倍率的增大，在 0.13 C 充放电倍率下的平均可逆比容量为 744.1 mA·h/g，非常接近它的理论比容量；在 4.16 C 的大充放电倍率下，仍能放出 302.5 mA·h/g 的可逆比容量。

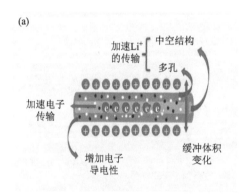

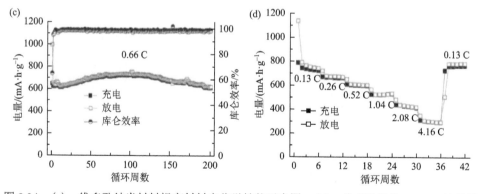

图 8.34　(a)一维多孔纳米材料提高材料电化学性能示意图；(b)一维多孔结构 MnO/C 纳米材料的 SEM 图；(c)MnO/C 多孔纳米管在 0.66 C 充放电倍率下的循环性能；(d)MnO/C 多孔纳米管的倍率性能(1 C = 755.6 mA·g⁻¹)[117]

　　J. Henzie 等根据生物矿化的思路，采用高聚物调控制备了单分散的表面由
{111}晶面包络的 α-Mn₂O₃ 单晶八面体纳米材料[118]。在制备过程中，聚乙烯吡
咯烷酮（PVP；55000 M.W.）溶于 *N*, *N*-二甲基甲酰胺（DMF），再将其加入
$Mn(NO_3)_2$ 水溶液中，然后在 180℃水热 6 h。PVP 可当作纳米反应器，Mn^{2+}
前驱体和 NO_3^- 与 PVP 中的吡咯烷酮亚基结合，利于 Mn^{2+} 氧化和 NO_3^- 还原为
NO_x [图 8.35(c)]。同时，PVP 也是一种分子模板，提供成核位点，引导 Mn_3O_4
形成三角双锥。当热处理温度大于 151℃，Mn_3O_4 组成的三角双锥酰胺进一步
氧化成 Mn_2O_3 八面体材料；SEM 图显示 α-Mn₂O₃ 单晶八面体纳米材料边长约
为 422 nm[图 8.35(a)]；图 8.35(b)为其[110]方向 HRTEM 图，其(111)晶面间
距为 0.272 nm，夹角为 70.53 度，表明其表面为(111)晶面；SAED 显示所制备
的 Mn_2O_3 为单晶材料。当作为负极材料，电流为 100 mA/g 时，100 周循环后
比容量为 780 mA·h/g；电流增加到 3.2 A/g 时，材料的容量为 425 mA·h/g；循
环 100 周后，该单晶纳米材料能保持其八面体形貌，这表明其具有良好的结构
稳定性和电化学性能。

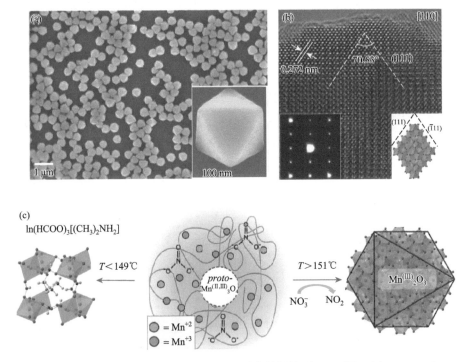

图 8.35　表面由{111}晶面的-Mn₂O₃ 单晶八面体纳米材料的(a)SEM 图，(b)HRTEM 和 SAED
图，(c)制备机理图[118]

8.7　本　章　小　结

电极材料的组分、介观结构、尺寸及微观表面原子结构对锂离子电池的性能具有决定性作用。锂离子电池电极材料的比容量、倍率性能和循环性能与发生在电极材料表界面和体相中电子和离子的转移及化学反应机制密切相关。材料的理论容量和电极电势通常由其热力学性质决定，但材料的实际容量和电极电势及其保持能力（循环性能）与其组成、结构和电极过程有关。锂离子电池的功率密度受动力学性质约制，与电池内部电子和离子的传输过程中的电化学极化、浓差极化、欧姆极化有关。通过对电极形貌材料结构和化学组分两方面的调控可提高电极材料的电化学性能。电极材料表面包覆、体相掺杂、引入活性/非活性组分以及调控表面晶面取向等是常见的电极性能调控方法，但这些方法针对不同类型的电极材料因其储锂、导锂机制等不同，所产生的效果也不同。

此外，减小电极材料尺寸，可缩短锂离子和电子的扩散路径，增加材料与电解液的接触面积，从而提高倍率性能，这对氧化物负极材料和合金类负极材料效果明显。但电极材料颗粒尺寸过小时，材料易团聚，且与电解液副反应增加，这导致其界面反应复杂化和材料结构不稳定。因此，将纳米颗粒聚集成具有分级结构的二次颗粒，可使其兼具纳米材料和微米材料的优势。

表面晶面调控方法主要目的是提高活性晶面比例，从而提高锂离子的扩散系数。该方法对电化学过程中晶体结构变化较小的嵌入脱出型材料效果明显，但不太适用于在充放电过程中相变较大的材料（硅负极、锡负极）。对于这类充放电过程中体积变化较大的材料，如何维持电极的导电网络，并抑制其体积膨胀效应，显得更加重要。一般可通过对相关电极材料进行纳米化、引入孔道、空腔、包覆等方式，增强其对体积变化的容纳程度，缓解因体积变化导致的电极结构破坏；采用合适的黏结剂亦是稳定这类电极材料结构的有效途径。

参 考 文 献

[1]　Yoshino A. The birth of the lithium-ion battery[J]. Angew Chem Int Ed，2012，51：5798-5800.

[2]　Nishi Y. Lithium ion secondary batteries：Past 10 years and the future[J]. J Power Sources，2001，100：101-106.

[3]　Mizushima K，Jones P C，Wiseman P J，Goodenough J B. LiCoO$_2$（0＜x＜1）：A new cathode material for batteries of high energy density[J]. Solid State Ionics，1981，3-4：171-174.

[4]　Thackeray M M，David W I F，Bruce P G，Goodenough J B. Lithium insertion into manganese spinels[J]. Mater Res Bull，1983，18：461-472.

[5]　Padhi A K，Nanjundaswamy K，Goodenough J B. Phospho-olivines as positive-electrode materials for rechargeable lithium batteries[J]. J Electrochem Soc，1997，144：1188-1194.

[6]　Okamoto H. Li-Si（Lithium-silicon）[J]. J Phase Equilib Diff，2009，30：118-119.

[7]　Okamoto H. Supplemental literature review of binary phase diagrams: B-Fe, Cr-Zr, Fe-Np, Fe-W, Fe-Zn, Ge-Ni, La-Sn, La-Ti, La-Zr, Li-Sn, Mn-S, and Nb-Re[J]. J Phase Equilib Diff, 2016, 37: 621-634.

[8]　Park C M, Kim J H, Kim H, Sohn H J. Li-alloy based anode materials for Li secondary batteries[J]. Chem Soc Rev, 2010, 39: 3115-3141.

[9]　Bhatt M D, Lee J Y. High capacity conversion anodes in Li-ion batteries: A review[J]. Int J Hydrogen Energy, 2019, 44: 10852-10905.

[10]　Xu G L, Wang Q, Fang J C, Xu Y F, Li J T, Huang L, Sun S G. Tuning the structure and property of nanostructured cathode materials of lithium ion and lithium sulfur batteries[J]. J Mater Chem A, 2014, 2: 19941-19962.

[11]　Zhou S Y, Mei T, Wang X B, Qian Y T. Crystal structural design of exposed planes: Express channels, high-rate capability cathodes for lithium-ion batteries[J]. Nanoscale, 2018, 10: 17435-17455.

[12]　Wei G Z, Lu X, Ke F S, Huang L, Li J T, Wang Z X, Zhou Z Y, Sun S G. Crystal habit-tuned nanoplate material of Li[Li$_{1/3-2x/3}$Ni$_x$Mn$_{2/3-x/3}$]O$_2$ for high-rate performance lithium-ion batteries[J]. Adv Mater, 2010, 22: 4364-4367.

[13]　Fu F, Xu G L, Wang Q, Deng Y P, Li X, Li J T, Huang L, Sun S G. Synthesis of single crystalline hexagonal nanobricks of LiNi$_{1/3}$Co$_{1/3}$Mn$_{1/3}$O$_2$ with high percentage of exposed {010} active facets as high rate performance cathode material for lithium-ion battery[J]. J Mater Chem A, 2013, 1: 3860-3864.

[14]　Xiao X L, Yang L M, Zhang H, Hu Z B, Li Y D. Facile synthesis of LiCoO$_2$ nanowires with high electrochemical performance[J]. Nano Res, 2012, 5: 27-32.

[15]　Chen Z, Chao D L, Liu J L, Copley M, Lin J Y, Shen Z X, Kim G T, Passerini S. 1D nanobar-like LiNi$_{0.4}$Co$_{0.2}$Mn$_{0.4}$O$_2$ as a stable cathode material for lithium-ion batteries with superior long-term capacity retention and high rate capability[J]. J Mater Chem A, 2017, 5: 15669-15675.

[16]　Yang Z H, Lu J B, Bian D C, Zhang W X, Yang X N, Xia J F, Chen G D, Gu H Y, Ma G. Stepwise coprecipitation to synthesize LiNi$_{1/3}$Co$_{1/3}$Mn$_{1/3}$O$_2$ one-dimensional hierarchical structure for lithium ion batteries[J]. J Power Sources, 2014, 272: 144-151.

[17]　Kim M G, Jo M, Hong Y S, Cho J. Template-free synthesis of Li[Ni$_{0.25}$Li$_{0.15}$Mn$_{0.6}$]O$_2$ nanowires for high performance lithium battery cathode[J]. Chem Commun, 2009, 2: 218-220.

[18]　Cheng F Q, Xin Y L, Chen J T, Lu L, Zhang X X, Zhou H H. Monodisperse Li$_{1.2}$Mn$_{0.6}$Ni$_{0.2}$O$_2$ microspheres with enhanced lithium storage capability[J]. J Mater Chem A, 2013, 1: 5301-5308.

[19]　Wang D, Belharouak I, Zhou G, Amine K. Nanoarchitecture multi-structural cathode materials for high capacity lithium batteries[J]. Adv Funct Mater, 2013, 23: 1070-1075.

[20]　Sun Y K, Myung S T, Park B C, Prakash J, Belharouak I, Aminek. High-energy cathode material for long-life and safe lithium batteries[J]. Nat Mater, 2009, 8: 320-324.

[21]　Sun Y K, Chen Z H, Noh H J, Lee D J, Jung H G, Ren Y, Wang S, Yoon C S, Myung S T, Amine K. Nanostructured high energy cathode materials for advanced lithium batteries[J]. Nat Mater, 2012, 11: 942-947.

[22]　Hirayama M, Ido H, Kim K, Cho W, Tamura K, Mizuki J, Kanno R. Dynamic structural changes at LiMn$_2$O$_4$/electrolyte interface during lithium battery reaction[J]. J Am Chem Soc, 2010, 132: 15268-15276.

[23]　Lee S, Cho Y, Song H K, Lee K T, Cho J. Carbon-coated single-crystal LiMn$_2$O$_4$ nanoparticle clusters as cathode material for high-energy and high-power lithium-ion batteries[J]. Angew Chem Int Ed, 2012, 51: 8748-8752.

[24]　Ding Y L, Xie J, Cao G S, Zhu T J, Yu H M, Zhao X B. Single-Crystalline LiMn$_2$O$_4$ nanotubes synthesized via template-engaged reaction as cathodes for high-power lithium ion batteries[J]. Adv Funct Mater, 2011, 21: 348-355.

[25]　Kim D K, Muralidharan P, Lee H W, Ruffo R, Yang Y, Chan C K, Peng H, Huggins R A, Cui Y. Spinel LiMn$_2$O$_4$

nanorods as lithium ion battery cathodes[J]. Nano Lett, 2008, 8: 3948-3952.

[26]　Hosono E, Kudo T, Honma I, Matsuda H, Zhou H S. Synthesis of single crystalline spinel $LiMn_2O_4$ nanowires for a lithium ion battery with high power density[J]. Nano Lett, 2009, 9: 1045-1051.

[27]　Kim J S, Kim K, Cho W, Shin W H, Kanno R, Choi J W. A truncated manganese spinel cathode for excellent power and lifetime in lithium-ion batteries[J]. Nano Lett, 2012, 12: 6358-6365.

[28]　Chemelewski K R, Lee E S, Li W, Manthiram A. Factors influencing the electrochemical properties of high-voltage spinel cathodes: Relative impact of morphology and cation ordering[J]. Chem Mater, 2013, 25: 2890-2897.

[29]　Hai B, Shukla A K, Duncan H, Chen G. The effect of particle surface facets on the kinetic properties of $LiMn_{1.5}Ni_{0.5}O_4$ cathode materials[J]. J Mater Chem A, 2013, 1: 759-769.

[30]　Wang J, Yao S Z, Lin W Q, Wu B H, He X Y, Li J Y, Zhao J B. Improving the electrochemical properties of high-voltage lithium nickel manganese oxide by surface coating with vanadium oxides for lithium ion batteries[J]. J Power Sources, 2015, 280: 114-124.

[31]　Cho J P, Kim T J, Park B. The effect of a metal-oxide coating on the cycling behavior at 55 degrees C in orthorhombic $LiMnO_2$ cathode materials[J]. J Electrochem Soc, 2002, 149: A288-A292.

[32]　Xiao B W, Liu H S, Liu J, Sun Q, Wang B Q, Kaliyappan K, Zhao Y, Banis M N, Liu Y L, Li R Y, Sham T K, Botton G A, Cai M, Sun X L. Nanoscale manipulation of spinel lithium nickel manganese oxide surface by multisite ti occupation as high-performance cathode[J]. Adv Mater, 2017, 29: 1703764.

[33]　Wu F, Li N, Su Y F, Shou H F, Bao L Y, Yang W, Zhang L J, An R, Chen S. Spinel/layered heterostructured cathode material for high-capacity and high-rate Li-ion batteries[J]. Adv Mater, 2013, 25: 3722-3726.

[34]　Wu F, Li N, Su Y F, Zhan L J, Bao L Y, Wang J, Chen L, Zheng Y, Dai L Q, Peng J Y, Chen S. Ultrathin spinel membrane-encapsulated layered lithium-rich cathode material for advanced Li-ion batteries[J]. Nano lett, 2014, 14: 3550-3555.

[35]　Luo D, Li G S, Fu C C, Zheng J, Fan J M, Li Q, Li L P. A new spinel-layered li-rich microsphere as a high-rate cathode material for Li-ion batteries[J]. Adv Energy Mater, 2014, 4: 1400062.

[36]　Zhao J Q, Huang R M, Gao W P, Zuo J M, Zhang X F, Misture S T, Chen Y, Lockard J V, Zhang B L, Guo S M, Khoshi M R, Dooley K, He H X, Wang Y. An ion-exchange promoted phase transition in a Li-excess layered cathode material for high-performance lithium ion batteries[J]. Adv Energy Mater, 2015, 5: 1401937.

[37]　Bhaskar A, Krueger S, Siozios V, Li J, Nowak S, Winter M. Synthesis and characterization of high-energy, high-power spinel-layered composite cathode materials for lithium-ion batteries[J]. Adv Energy Mater, 2015, 5: 1401156.

[38]　Xia Q B, Zhao X F, Xu M Q, Ding Z P, Liu J T, Chen L B, Ivey D G, Wei W F. A Li-rich layered@spinel@carbon heterostructured cathode material for high capacity and high rate lithium-ion batteries fabricated via an *in situ* synchronous carbonization-reduction method[J]. J Mater Chem A, 2015, 3: 3995-4003.

[39]　Bian X F, Fu Q, Qiu H L, Du F, Gao Y, Zhang L J, Zou B, Chen G, Wei Y J. Heterostructured cathode material coated with a lithium borate oxide glass layer[J]. Chem Mater, 2015, 27: 5745-5754.

[40]　Song B H, Liu H W, Liu Z W, Xiao P F, Lai M O, Lu L. High rate capability caused by surface cubic spinels in Li-rich layer-structured cathodes for Li-ion batteries[J]. Sci Rep, 2013, 3: 3094.

[41]　Deng Y P, Fu F, Wu Z G, Yin Z W, Zhang T, Li J T, Huang L, Sun S G. Layered/spinel heterostructured Li-rich materials synthesized by one-step solvothermal strategy with enhanced electrochemical performance for Li-ion batteries[J]. J Mater Chem A. 2016, 4: 257-263.

[42] Palacin M R. Recent advances in rechargeable battery materials: A chemist's perspective[J]. Chem Soc Rev, 2009, 38: 2565-2575.

[43] Delmas C, Maccario M, Croguennec L, Le Cras F, Weill F. Lithium deintercalation in LiFePO₄ nanoparticles via a domino-cascade model[J]. Nature Mater, 2008, 7: 665-671.

[44] B. Kang, G. Ceder. Battery materials for ultrafast charging and discharging[J]. Nature, 2009, 458: 190-193.

[45] Fisher C A J, Islam M S. Surface structures and crystal morphologies of LiFePO₄: Relevance to electrochemical behavior[J]. J Mater Chem, 2008, 18: 1209-1215.

[46] Islam M S, Driscoll D J, Fisher C A J, Slater P R. Atomic-scale investigation of defects, dopants, and lithium transport in the LiFePO₄ olivine-type battery material[J]. Chem Mater, 2005, 17: 5085-5092.

[47] Wang L, Zhou F, Meng Y S, Ceder G. First-principles study of surface properties of LiFePO₄: Surface energy, structure, Wulff shape, and surface redox potential[J]. Phys Rev B, 2007, 76: 165435.

[48] Ellis B, Perry L K, Ryan D H, Nazar L F J. Small polaron hopping in LiₓFePO₄ solid solutions: Coupled lithium-ion and electron mobility[J]. J Am Chem Soc, 2006, 128: 11416-11422.

[49] Amin R, Balaya P, Maier J. Anisotropy of electronic and ionic transport in LiFePO₄ single crystals[J]. Electrochem Solid-State Lett, 2007, 10: A13-A16.

[50] Yi X, Zhang F Q, Zhang B, Yu W J, Dai Q Y, Hu S Y, He W J, Tong H, Zheng J C, Liao J Q. (010) Facets dominated LiFePO₄ nano-flakes confined in 3D porous graphene network as a high-performance Li-ion battery cathode[J]. Ceram Int, 2018, 15: 18181-18188.

[51] Zhang M M, Liu R, Feng F, Liu S J, Shen Q. Etching preparation of (010)-defective LiFePO₄ platelets to visualize the one-dimensional migration of Li⁺ions[J]. J Phys Chem C, 2015, 119: 12149-12156.

[52] Huang C C, Ai D S, Wang L, He X M. Rapid synthesis of LiFePO₄ by coprecipitation[J]. Chem Lett, 2013, 42: 1191-1193.

[53] Zeng G B, Caputo R, Carriazo D, Luo L, Niederberger M. Tailoring Two polymorphs of LiFePO₄ by efficient microwave-assisted synthesis: A combined experimental and theoretical study[J]. Chem Mater, 2013, 25: 3399-3407.

[54] Wu Y M, Wen Z H, Li J H. Hierarchical carbon-coated LiFePO₄ nanoplate microspheres with high electrochemical performance for Li-ion batteries[J]. Adv Mater, 2011, 23: 1126-1129.

[55] Jiang J, Liu W, Chen J, Hou Y. LiFePO₄ Nanocrystals: Liquid-phase reduction synthesis and their electrochemical performance[J]. ACS Appl Mater Interfaces, 2012, 4: 3062-3068.

[56] Rangappa D, Sone K, Ichihara M, Kudo T, Honma I. Rapid one-pot synthesis of LiMPO₄ (M = Fe, Mn) colloidal nanocrystals by supercritical ethanol process[J]. Chem Commun, 2010, 46: 7548-7550.

[57] Wang L, He X M, Sun W T, Wang J L, Li Y D, Fan S S. Crystal orientation tuning of LiFePO₄ nanoplates for high rate lithium battery cathode materials[J]. Nano Lett, 2012, 12: 5632-5636.

[58] Pei B, Yao H X, Zhang W X, Yang Z H. Hydrothermal synthesis of morphology-controlled LiFePO₄ cathode material for lithium-ion batteries[J]. J Power Sources, 2012, 220: 317-323.

[59] Saravanan K, Balaya P, Reddy M V, Chowdari B V R, Vittal J J. Morphology controlled synthesis of LiFePO₄/C nanoplates for Li-ion batteries[J]. Energy Environ Sci, 2010, 3: 457-464.

[60] Nan C Y, Lu J, Chen C, Peng Q, Li Y D. Solvothermal synthesis of lithium iron phosphate nanoplates[J]. J Mater Chem, 2011, 21: 9994-9996.

[61] Song J J, Wang L, Shao G J, Shi M W, Ma Z P, Wang G L, Song W, Liu S, Wang C X. Controllable synthesis, morphology evolution and electrochemical properties of LiFePO₄ cathode materials for Li-ion batteries[J]. Phys

Chem Chem Phys，2014，16：7728-7733.

[62] Nan C Y, Lu J, Li L H, Li L L, Peng Q, Li Y D. Size and shape control of LiFePO₄ nanocrystals for better lithium ion battery cathode materials[J]. Nano Res，2013，6：469-477.

[63] Lim S H, Yoon C S, Cho J. Hierarchically porous monolithic LiFePO₄/Carbon composite electrode materials for high power lithium ion batteries[J]. Chem Mater，2008，20：4560-4564.

[64] Wang G X, Shen X P, Yao J. One-dimensional nanostructures as electrode materials for lithium-ion batteries with improved electrochemical performance[J]. J Power Sources，2009，189：543-546.

[65] Dong Z X, Kennedy S J, Wu Y Q. Electrospinning materials for energy-related applications and devices[J]. J Power Sources，2011，196：4886-4904.

[66] Cavaliere S, Subianto S, Savych I, Jones D J, Roziere J. Electrospinning: Designed architectures for energy conversion and storage devices[J]. Energy Environ Sci，2011，4：4761-4785.

[67] Hosono E, Wang Y, Kida N, Enomoto M, Kojima N, Okubo M, Matsuda H, Saito Y, Kudo T, Honma I, Zhou H. Synthesis of triaxial LiFePO₄ nanowire with a VGCF core column and a carbon shell through the electrospinning method[J]. ACS Appl Mater Interfaces，2010，2：212-218.

[68] Zhu C B, Yu Y, Gu L, Weichert K, Maier J. Electrospinning of Highly Electroactive Carbon-Coated SingleCrystalline LiFePO₄ Nanowires [J]. Angew Chem Int Ed，2011，50：6278-6282.

[69] Ren W F, Zhou Y, Li J T, Huang L, Sun S G. Si anode for next-generation lithium-ion battery[J]. Curr Opin Electrochem，2019，18：46-54.

[70] McDowell M T, Lee S W, Nix W D, Cui Y. 25ᵗʰ anniversary article: Understanding the lithiation of silicon and other alloying anodes for lithiumion batteries[J]. Adv Mater，2013，25：4966-4985.

[71] Liu X H, Zhong L, Huang S, Mao S X, Zhu T, Huang J Y. Size-dependent fracture of silicon nanoparticles during lithiation[J]. ACS Nano，2012，6：1522-1531.

[72] Hou G L, Cheng B L, Cao Y B, Yao M S, Ding F, Hu P, Yuan F L. Scalable synthesis of highly dispersed silicon nanospheres by RF thermal plasma and their use as anode materials for high-performance Li-ion batteries[J]. J Mater Chem A，2015，3：18136-18145.

[73] Chan C K, Peng H, Liu G, McIlwrath K, Zhang X F, Huggins R A, Cui Y. High-performance lithium battery anodes using silicon nanowires[J]. Nat Nanotech，2008，3：31-35.

[74] Wu H, Chan G, Choi J W, Ryu I, Yao Y, McDowell M T, Lee S W, Jackson A, Yang Y, Hu L. Stable cycling of double-walled silicon nanotube battery anodes through solid-electrolyte interphase control[J]. Nat Nanotech，2012，7：310-315.

[75] Chen Q Z, Zhu R L, Liu S H, Wu D C, Fu H Y, Zhu J X, He H P. Self-templating synthesis of silicon nanorods from natural sepiolite for high-performance lithiumion battery anodes[J]. J Mater Chem A，2018，6：6356-6362.

[76] Lang J L, Ding B, Zhang S, Su H X, Ge B H, Qi L H, Gao H J, Li X Y, Li Q Y, Wu H. Scalable synthesis of 2D Si nanosheets [J]. Adv Mater，2017，29：1701777.

[77] Cui L F, Hu L, Choi J W, Cui Y. Light-weight free-standing carbon nanotube-silicon films for anodes of lithium ion batteries[J]. ACS Nano，2010，4：3671-3678.

[78] Liu J, Zhang Q, Wu Z Y, Li J T, Huang L, Sun S G. Nano-/microstructured Si/C composite with high tap density as an anode material for lithiumion batteries[J]. ChemElectroChem，2015，2：611-616.

[79] Ko M, Chae S, Ma J, Kim N, Lee H W, Cui Y, Cho J. Scalable synthesis of silicon-nanolayer-embedded graphite for high-energy lithium-ion batteries[J]. Nat Energy，2016，1：1-8.

[80] Ren W F, Li J T, Zhang S J, Lin A L, Chen Y H, Gao Z G, Zhou Y, Deng L, Huang L, Sun S G. Fabrication

of multi-shell coated silicon nanoparticles via *in-situ* electroless deposition as high performance anodes for lithium ion batteries[J]. J Energy Chem, 2020, 48: 160-168.

[81] Yao Y, Liu N, McDowell M T, Pasta M, Cui Y. Improving the cycling stability of silicon nanowire anodes with conducting polymer coatings[J]. Energy Environ Sci, 2012, 5: 7927-7930.

[82] Yao Y, McDowell M T, Ryu I, Wu H, Liu N, Hu L, Nix W D, Cui Y. Interconnected silicon hollow nanospheres for lithium-ion battery anodes with long cycle life[J]. Nano Lett, 2011, 11: 2949-2954.

[83] Liu N, Lu Z, Zhao J, McDowell M T, Lee H W, Zhao W, Cui Y. A pomegranate-inspired nanoscale design for large-volume-change lithium battery anodes[J]. Nat. Nanotech, 2014, 9: 187-192.

[84] Hertzberg B, Alexeev A, Yushin G. Deformations in Si-Li anodes upon electrochemical alloying in nano-confined space[J]. J Am Chem Soc, 2010, 132: 8548-8549.

[85] Feng K, Li M, Liu W W, Kashkooli A G, Xiao X C, Cai M, Chen Z W. Silicon-based anodes for lithium-ion batteries: From fundamentals to practical applications[J]. Small, 2018, 14: 1702737.

[86] Kim H, Han B, Choo J, Cho J. Three-dimensional porous silicon particles for use in high‐performance lithium secondary batteries[J]. Angew Chem Int Ed, 2008, 47: 10151-10154.

[87] Shen C F, Ge M Y, Luo L L, Fang X, Liu Y H, Zhang A Y, Rong J P, Wang C M, Zhou C W. In situ and ex situ TEM study of lithiation behaviours of porous silicon nanostructures[J]. Sci Rep, 2016, 6: 31334.

[88] Ma J, Sung J, Hong J, Chae S, Kim N, Choi S H, Nam G, Son Y, Kim S Y, Ko M. Towards maximized volumetric capacity via pore-coordinated design for large-volume-change lithium-ion battery anodes[J]. Nat Commun, 2019, 10: 1-10.

[89] Chae S, Choi S H, Kim N, Sung J, Cho J. Integration of graphite and silicon anodes for the commercialization of high-energy lithium-ion batteries[J]. Angew Chem Int Ed, 2020, 59: 110-135.

[90] Chou S L, Pan Y D, Wang J Z, Liu H K, Dou S X. Small things make a big difference: Binder effects on the performance of Li and Na batteries[J]. Phys Chem Chem Phys, 2014, 16: 20347-20359.

[91] Li J T, Wu Z Y, Lu Y Q, Zhou Y, Huang Q S, Huang L, Sun S G. Water soluble binder, an electrochemical performance booster for electrode materials with high energy density[J]. Adv Energy Mater, 2017, 7: 1701185.

[92] Liu W R, Yang M H, Wu H C, Chiao S M, Wu N L. Enhanced cycle life of Si anode for Li-ion batteries by using modified elastomeric binder[J]. Electrochem Solid-State Lett, 2005, 8: A100-A103.

[93] Hochgatterer N S, Schweiger M R, Koller S, Raimann P R, Wöhrle T, Wurm C, Winter M. Silicon/graphite composite electrodes for high-capacity anodes: Influence of binder chemistry on cycling stability[J]. Electrochem Solid-State Lett, 2008, 11: A76-A80.

[94] Li J, Lewis R B, Dahn J R. Sodium carboxymethyl cellulose, a potential binder for Si negative electrodes for Li-ion batteries[J]. Electrochem Solid-State Lett, 2007, 10: A17-A20.

[95] Magasinski A, Zdyrko B, Kovalenko I, Hertzberg B, Burtovyy R, Huebner C F, Fuller T F, Luzinov I, Yushin G. Toward efficient binders for Li-ion battery Si-based anodes: Polyacrylic acid[J]. ACS Appl Mater Interfaces, 2001, 2: 3004-3010.

[96] Han Z J, Yabuuchi N, Shimomura K, Murase M, Yui H, Komaba S. High-capacity Si‐graphite composite electrodes with a self-formed porous structure by a partially neutralized polyacrylate for Li-ion batteries[J]. Energy Environ Sci, 2012, 5: 9014-9020.

[97] Yabuuchi N, Shimomura K, Shimbe Y, Ozeki T, Son J Y, Oji H, Katayama Y, Miura T, Komaba S. Graphite-silicon-polyacrylate negative electrodes in ionic liquid electrolyte for safer rechargeable Li-ion batteries[J]. Adv Energy Mater, 2011, 1: 759-765.

[98] Kovalenko I，Zdyrko B，Magasinski A，Hertzberg B，Milicev Z，Burtovyy R，Luzinov I，Yushin G. A major constituent of brown algae for use in high-capacity Li-ion batteries[J]. Science，2011，334：75-79.

[99] Liu J，Zhang Q，Wu Z Y，Wu J H，Li J T，Huang L，Sun S G. A high-performance alginate hydrogel binder for the Si-C anode of a Li-ion battery[J]. Chem Commun，2014，50：6386-6389.

[100] Yoon J，Oh D X，Jo C，Lee J，Hwang D S. Improvement of desolvation and resilience of alginate binders for Si-based anodes in a lithium ion battery by calciummediated cross-linking[J]. Phys Chem Chem Phys，2014，16：25628-25635.

[101] Zhang L，Zhang L Y，Chai L L，Xue P，Hao W W，Zheng H H. A coordinatively cross-linked polymeric network as a functional binder for high-performance silicon submicroparticle anodes in lithium-ion batteries[J]. J Mater Chem A，2014，2：19036-19045.

[102] Wu Z Y，Deng L，Li J T，Huang Q S，Lu Y Q，Liu J，Zhang T，Huang L，Sun S G. Multiple hydrogel alginate binders for Si anodes of lithium-ion battery[J]. Electrochim Acta，2017，245：371-378.

[103] Jeong Y K，Kwon T W，Lee I，Kim T S，Coskun A，Choi J W. Hyperbranched β-cyclodextrin polymer as an effective multidimensional binder for silicon anodes in lithium rechargeable batteries[J]. Nano Lett，2014，14：864-870.

[104] Jeong Y K，Kwon T W，Lee I，Kim T S，Coskun A，Choi J W. Millipede-inspired structural design principles for high performance polysaccharide binders in silicon anodes[J]. Energy Environ Sci，2015，8：1224-1230.

[105] Ling M，Xu Y N，Zhao H，Gu X X，Qiu J X，Li S，Wu M Y，Song X Y，Yan C，Liu G，Zhang S Q. Dual-functional gum arabic binder for silicon anodes in lithium ion batteries[J]. Nano Energy，2015，12：178-185.

[106] Liu J，Zhang Q，Zhang T，Li J T，Huang L，Sun S G. A robust ion-conductive biopolymer as a binder for Si anodes of lithium-ion batteries[J]. Adv Funct Mater，2015，25：3599-3605.

[107] Kuruba R，Datta M K，Damodaran K，Jampani P H，Gattu B，Patel P P，Shanthi P M，Damle S，Kumta P N. Guar gum：Structural and electrochemical characterization of natural polymer based binder for silicon-carbon composite rechargeable Li-ion battery anodes[J]. J Power Sources，2015，298：331-340.

[108] Chen K F，Xue D F. Chemoaffinity-nediated crystallization of Cu_2O：A reaction effect on crystal growth and anode property[J]. Crystengcomm. 2013，15：1739-1746.

[109] Hu X S，Li C，Lou X B，Yang Q，Hu B W，Hierarchical CuO octahedra inherited from copper metal–organic frameworks：High-rate and highcapacity lithium-ion storage materials stimulated by pseudocapacitance[J]. J Mater Chem A，2017，5：12828-12837.

[110] Lu F Q，Wu Q L，Yang X F，Chen L Q，Cai J J，Liang C L，Wu M M，Shen P K. Comparative investigation of the performances of hematite nanoplates and nanograins in lithium-ion batteries[J]. Phys Chem Chem Phys，2013，15：9768-9774.

[111] Yu J J，Hao Q，Liu B B，Li Y P，Xu C X，Facile preparation of graphene nanosheets encapsulated Fe_3O_4 octahedracomposite and its high lithium storage performances[J]. Chem Eng J，2017，315：115-123.

[112] Xiao X L，Liu X F，Zhao H.，Chen D F，Liu F Z，Xiang J H，Hu Z B，Li Y D. Facile shape control of Co_3O_4 and the effect of the crystal plane on electrochemical performance[J]. Adv Mater，2012，24：5762-5766.

[113] Zhou G M，Li L，Zhang Q，Li N，Li F. Octahedral Co_3O_4 particles threaded by carbon nanotube arrays as integrated structure anodes for lithium ion batteries[J]. Phys Chem Chem Phys，2013，15：5582-5587.

[114] Li X，Xu G L，Fu F，Lin Z，Wang Q，Huang L，Li J T，Sun S G. Room-temperature synthesis of $Co(OH)_2$ hexagonal sheets and their topotactic transformation into $Co_3O_4(111)$porous structure with enhanced lithium-storage properties[J]. Electrochim Acta，2013，96：134-140.

[115] Zhu J B, Bai L F, Sun Y F, Zhang X D, Li Q Y, Cao B X, Yan W S, Xie Y. Topochemical transformation route to atomically thick Co₃O₄ nanosheets realizing enhanced lithium storage performance[J]. Nanoscale, 2013, 5: 5241-5246.

[116] Xu G L, Li J T, Huang L, Lin W F, Sun S G. Synthesis of Co₃O₄ nano-octahedraenclosed by {111} facets and their excellent lithium storage properties as anode material of lithium ionbatteries[J]. Nano Energy, 2013, 2: 294-402.

[117] Xu G L, Xu Y F, Sun H, Fu F, Zheng X M, Huang L, Li J T, Yang S H, Sun S G. Facile synthesis of porous MnO/C nanotubes as a high capacity anode material for lithium ion batteries[J]. Chem Commun, 2012, 48: 8502-8504.

[118] Henzie J, Etacheri V, Jahan M, Rong H P, Hong, C N, Pol V G. Biomineralization-inspired crystallization of monodisperse alpha-Mn₂O₃ octahedra and assembly of high-capacity lithium-ion battery anodes[J]. J Mater Chem A, 2017, 5: 6079-6089.

第9章　结论与展望

本书所论述的电化学能源材料的结构特点可以归纳为：

1. 燃料电池催化剂。 电催化反应发生在电催化剂表面和固|液|气三相界面，反应物和产物均为气体或液体。对于阳极氧化反应，氢气氧化机理相对简单、动力学很快，但有机小分子液体燃料氧化机理比较复杂、动力学相对较慢。催化剂的表界面过程和反应为速率决定步骤，反应速率与催化剂的表面结构(化学结构、原子排列结构，电子结构，纳米结构)密切相关。相对而言，阴极氧气还原的动力学十分缓慢，催化剂的表面结构和氧气的传输效率共同影响氧还原反应的速率，在催化剂设计，特别是非贵金属催化剂制备中不仅要提升催化反应位的活性，同时还需要考虑反应物(O_2)和产物(H_2O)的传输通道。

2. 锂离子电池电极材料。 无论是正极还是负极电极材料，其共同的需求是能够可逆地储存更多的锂(金属)离子。显然，这与材料的组成和结构直接关联。在电能量存储和释放循环中，电极材料不仅需要保持结构稳定，还需要能够快速、可逆地吸收和释放锂离子，这一特性取决于离子的传输通道，特别是材料表面的锂离子传输活性位点的密度。

本书较系统地阐述了燃料电池和锂离子电池体系的催化剂和电极材料的结构与性能之间的构效规律，以及设计制备高性能电化学能源材料的主要进展。但限于篇幅和时间，尚未涉及其他重要的电化学能源体系如固体氧化物燃料电池、熔融碳酸盐燃料电池、锂空气电池、锂硫电池、有机化合物电池、液流电池等的催化剂或电极材料，也未讨论载体的结构、效应和各种材料的纳米结构效应，以及一些受到广泛关注的新型电化学能源材料如石墨炔电极、有机分子电极和单原子催化剂，等等。随着对电化学能源体系性能的需求不断提高，特别是对高能量密度、高功率密度、高安全性、长循环寿命、低成本和宽运行温度等需求的提高，各种新材料、新结构、新机理和新体系将不断被发现、创新，并在实际应用中得到检验，电化学能源也将不断面临新的发展机遇和挑战。相应地，对电化学能源材料的结构与性能之间的构效规律的研究也将不断深入。可以预期，在未来一段时间，以下几个方面将得到进一步的关注和深入研究。

第一，深入研究电化学能源体系运行过程中电极材料的结构变化，揭示各种材料的结构与性能的动态变化规律。

在电化学能源体系的工作状态不断变化的条件下，电极材料的结构(表面结

构、界面结构、体相结构)如何发生变化,这些变化又是如何影响电极材料乃至电化学能源体系的性能是当前研究面临的一大难题。运用非原位及原位和工况条件下的 XRD、XPS,TEM 等表征方法,以及借助同步辐射光源、散裂中子源和自由电子激光等大科学装置建立的原位/工况条件研究技术,已经对二次电池电极材料体相结构及其变化的研究取得了长足的进展[1-8]。例如,B. Philippe 等[9]利用 XPS 研究了 Li 离子电池的界面反应机理。通过原位软 X 射线与硬 X 射线光电子能谱相结合,观察到充放电过程中硅颗粒表面的界面相变过程,以及固体|电解质相界面层(SEI)的组成和厚度变化。软 X 射线谱学对元素、化学态及表面态的探测非常灵敏。X. S. Liu 等[10]使用原位动态 X 射线吸收谱(X-ray absorption spectroscopy,XAS)研究了锂离子电池的阴极反应。他们以聚合物作为电解质,$Li(Co_{1/3}Ni_{1/3}Mn_{1/3})O_2$ 和 $LiFePO_4$ 作为阴极,跟踪电池充放电过程中锂离子和电子迁移的动态过程,充分显示了原位动态 XAS 在电池研究中的重要作用。不仅如此,他们还将 XAS 应用于锂离子电池导电黏合剂的研究。利用 XAS 对分子最低未占据轨道(LUMO)的灵敏探测,并通过调节聚合物黏合剂的 LUMO 能级使其在放电过程中具有足够的电子导电性。J. Lim 等[11]使用 X 射线显微镜,在工况状态下原位表征了 Li_xFePO_4 中 Li 成分和嵌入速率,发现纳米级的空间变化速率和组成变化控制了亚粒子尺度的锂化反应通道,锂化合物和表面反应速率的耦合是控制电化学离子嵌入过程中动力学和均匀性的关键因素。F. Pan 等应用中子散射并结合 XRD 和扫描透射电子显微镜(STEM)研究了锂离子电池负极富锂高镍过渡金属氧化物材料的性能,通过调控其化学结构(组成)提升材料的循环稳定性和倍率性能[12]。这些研究丰富了对锂离子电池电极材料的体相结构及其动态过程的认识。但是,对于催化剂来说,更重要的是表面结构及其变化。在催化过程中由于反应分子、中间体、产物及溶剂和溶质分子的吸附和脱附、电场的变化、环境的影响,必将导致催化剂表面结构动态变化。目前对于工况条件下催化剂表面结构(同样对电池电极材料的表面结构)的研究还不多见[13-17]。如 M.F. Shang 等[14]利用上海光源 BL14W1 线站建立原位燃料电池研究实验装置,以 JM-Pt/C 作为燃料电池的阴极催化剂和 JM-Pd/C 作为阳极催化剂的质子交换膜燃料电池,在燃料电池工作状态下获取 XAFS(X 射线吸收精细结构)数据,并同步监测燃料电池的输出电压和功率密度随放电电流的变化。观察到 JM-Pt/C 催化剂在反应过程中不同电位下氧化态的变化,在高电位下 Pt/C 催化剂的表面存在较强的 Pt—O 键而降低了 Pt/C 催化剂的性能。无论是燃料电池催化剂或是电池电极材料的表面,在电化学能源体系运行中,其表面结构随着电压、电流、反应分子、中间体和产物及溶液中物种的吸脱附不断发生变化。要能够实时(皮秒,飞秒时间尺度)探测其变化,特别是在原子结构、纳米结构微观层次的结构演化过程还相当困难,迄今的研究方法还不足以实现这一研究。因此,发展电化学能源体系工况条件下的高能量分辨、高空间分辨和高时间分辨

研究方法，是揭示电化学能源材料表界面结构动态变化规律的重大挑战和未来发展的重要方向之一。

　　第二，发展纳米尺度模型催化剂，获取实际催化剂的构效规律，理性设计、制备和筛选高活性、高选择性和高稳定性的催化剂。

　　虽然燃料电池阳极、阴极和锂-空气电池正极的催化剂的结构、催化反应的本质和作用机制不尽相同，但其最核心的共同点是催化剂的活性中心。催化剂的结构与性能之间的构效规律是理性设计和制备高性能催化剂的基础。长期以来，这一构效规律的研究都是基于表面结构明确的本体单晶模型催化剂。在燃料电池催化剂的基础研究中使用金属(合金)单晶面作为模型催化剂，获得了表面原子排列结构层次构效规律的认识，极大地推动电催化基础理论的发展并对设计和制备高活性电催化剂给予了有效的指导。但是，实际电催化剂都是将催化剂纳米粒子负载到导电载体上，而纳米粒子表面的结构更为丰富。本体单晶模型催化剂与实际应用的纳米粒子催化剂在尺度(mm *vs.* nm)、维度(2D *vs.* 3D)和表面位点结构等方面存在巨大的差异。在尺寸上，本体单晶面模型催化剂为 mm～cm 尺度，与实际纳米催化剂相差 6～7 个数量级；在维度和结构上，本体单晶面是二维平面、具有长程有序结构，而实际纳米催化剂是三维粒子，具有复杂和不规则的表面结构；在纳米粒子实际催化剂表面不仅可能存在单晶面的原子排列结构，还存在棱边、拐角和其他单晶面上不具有的结构位点。这些差异导致两者的催化性能产生巨大的差异。虽然运用传统的单晶模型催化剂取得了表面原子排列结构层次构效规律研究的重大突破，获得诸多有关催化剂的催化活性位点和表面选择性的认识，如本书第 3 章和第 4 章中所述，但从上面的分析可知单晶模型催化剂与纳米粒子实际催化剂存在巨大的鸿沟。因此，构建纳米尺度模型催化剂，获得更接近实际体系的构效规律，是实现理性设计、制备和筛选实际催化剂的基础。N. F. Yu 等通过发展电化学控制合成方法精确调控纳米粒子的表面结构，制备出一系列表面结构连续变化的高指数晶面 Pd 纳米晶，作为纳米模型催化剂，首次实现了在原子水平上研究纳米粒子催化剂的构效规律[18]。这一纳米模型催化剂的建立，开辟了在原子层次获取纳米尺度催化剂构效规律的新途径。

　　对于非贵金属催化剂，目前研究得最为成熟、性能最好的是 M/N/C 催化剂。深入认识 M/N/C 催化剂的活性位结构和氧还原反应路径是该类催化剂的关键科学问题，也是进一步理性设计高活性和高稳定性的非贵金属催化剂的理论基础。然而历经数十年的研究，热解 Fe/N/C 的活性位结构依旧不够明确。其原因一方面在于热解 Fe/N/C 催化剂的结构十分复杂，有可能存在多种形式的活性位；另一方面，现有研究所用的表征手段往往是非原位的(如 XPS，穆斯堡尔谱等)，导致对活性位的理解造成偏差。深入认识热解 Fe/N/C 的活性位需要由简入繁，即首先研制结构明确单一的模型催化剂。X. D. Yang 等利用石墨烯成功构建了 Fe/N/C 模型催化剂。从完整单层石墨烯出发，通过刻蚀产生缺陷、掺杂 N 原子，进一步加入 Fe 元素，得到不同结构的单原子层模型 ORR 催化剂，通过 AFM、XPS、Raman 和电化学表征所制备的一系列模型催化剂的结构和性能，揭示了 N_x-Fe 是 Fe/N/C 催化剂的活性位[19]。显然，构建合适的模型催化剂，可在原子结构层次深入认识非贵金属催化剂的活性位结构及其演化规律。

虽然燃料电池阳极和阴极催化剂都已经成功构建了有限的纳米尺度模型催化剂，从而开辟了从原子结构层次获得实际催化剂构效规律的途径，但仍需要根据各种电催化剂材料的特征和不同的反应特点设计和制备纳米尺度模型催化剂。这不仅需要理解催化活性中心的结构与性能的构效规律，更重要的是能够探测在电化学反应过程中活性中心的结构及其变化。发展在工况条件下探测模型催化剂表面各种反应位点的结构及其变化规律的表征方法，特别是高时间分辨的高灵敏度的方法用于探测催化剂表面活性位点与反应分子相互作用中的动态变化尤为重要。

对于锂离子电池电极材料或锂-空气电池正极催化剂，因其结构十分复杂，有关模型催化剂[20, 21]或模型电极材料的研究结果还十分有限。随着锂离子电池和锂-空气电池的发展，相关的研究必将得到进一步关注并深入进行。

第三，深入研究催化剂载体结构及其动态变化，特别是与催化剂粒子间的相互作用和协同催化机制，指导开发新型载体材料。

催化剂载体的性质对催化剂活性和稳定性有着至关重要的影响。载体不仅发挥电子传输和分散催化剂纳米粒子的功能，更重要的是协同参与催化过程。一方面，载体与活性金属粒子之间相互作用的强度影响着催化剂粒子的附着力，二者相互作用的增强可以防止催化剂活性金属粒子的团聚、迁移，这是提高催化剂稳定性的关键[22, 23]；另一方面，载体也会对催化剂活性产生影响，并且载体自身的稳定性也会直接影响到电极甚至燃料电池整体的稳定运行。对于单原子催化剂，载体对于稳定单分散原子至关重要，并且要求能够与催化剂原子协同参与催化过程；而对于锂-空气电池正极催化剂，载体不仅要高度分散催化剂粒子，而且需要有足够的空间储存固态 Li_2O_2 产物，同时具有合理纳微结构提供高效的气体传输通道。

尽管催化剂载体在 PEMFC 的性能和稳定性上起到重要的作用，但是载体材料(通常为碳材料)在苛刻的工作条件下会发生腐蚀，而电催化剂的载体的腐蚀会改变包括孔隙率在内的催化剂结构及其表面化学状态，影响了活性位点作用的发挥和反应物传输过程，从而导致 PEMFC 电催化剂性能的衰退。通常，载体的表面化学特性决定了催化剂粒子的负载位点和数量，高的孔隙率、大的传输通道和低的弯曲度有利于传质过程。

非碳材料载体(如金属氧化物)和金属氧化物-碳复合载体的研究已经取得良

好的进展。但是,材料的性质和实际需求之间还存在差距和挑战。首先,大多数金属氧化物都存在电导率差和孔隙率低的问题,可以通过掺杂或者与其他导电金属氧化物混合,达到提高导电性的目的。在金属氧化物-碳复合载体中,如果催化剂金属、金属氧化物和碳之间形成了特殊的结构,例如"三相边界"结构,此时碳可以提供长距离的导电。但是,金属氧化物的选择、理想结构的可控合成和将催化剂整合在膜电极中的制作方法等需要开展系统性研究。

催化剂载体的改进主要可以从两方面着手,一是改进目前的碳载体材料,通过对碳载体的性质,例如微观结构、表面官能团、比表面积、孔径分布、导电性等进行优化,如采用高温石墨化处理、功能化等方法,增强高电位下碳载体的耐腐蚀性,以期获得高效的燃料电池催化剂载体材料。二是采用新型的载体材料,碳纳米管或氮掺杂的碳纳米管[24, 25]、金属掺杂的二氧化钛[26]等含碳与非碳载体。例如,用 Ni/ZnO 纳米粒子修饰碳载体,一方面使 Pt 催化剂粒子的分散度更好,同时产生了更多的活性位点[27]。以 TiC/纳米金刚石(TiC/ND)作为载体负载 Pt 纳米粒子,不仅增强了载体的导电性,还增加了 Pt 粒子的分散度,相对于商业 Pt/C 催化剂,Pt/TiC/ND 的电催化活性和稳定性得到了大幅度提升[28]。这些新型载体材料在一定程度上提高了催化剂的耐腐蚀性,然而在比表面积方面还不甚理想,均低于现有的载体材料。因此,具有高比表面积、高耐蚀性能和高导电性兼顾的载体材料还是目前研究的热点和难点。另外,新颖的载体材料,包括非碳材料和金属氧化物-碳复合材料,需要在膜电极中评价,而由于复杂的工况条件(例如,水、热管理和组件间的相容性等),使用非碳载体的 MEAs 所表现出的性能并不理想,这就需要对催化剂以及膜电极的制造工艺进行深入研究和开发。

在电化学能源体系中,催化剂与载体的相互作用和协同效应对于增强催化剂的性能十分重要。已经有一些工作成功研究了载体与催化剂的协同作用,增强催化剂的性能,例如将无机物(无机金属氧化物,硫化物,金属-氮复合物等)负载到功能化纳米碳(石墨烯、纳米管)载体上,形成纳米复合催化剂。基于两者间强的化学结合和电子相互作用,无机物/纳米碳复合催化剂在燃料电池阴极氧还原、氯碱催化、氧析出和氢析出等能源反应中都表现出高催化活性和稳定性[29]。但是,相关的研究还相对较少。因此,对催化剂载体在燃料电池运行中的电化学腐蚀及其动态过程、(表面)结构及其变化,特别是载体与催化剂粒子之间的相互作用和协同催化机制的研究亟待进一步深入。

第四,最后但同样重要的是加大理论研究的力度。

虽然密度泛函(DFT)、分子反应动力学(MD)、蒙特卡洛模拟(Mont-Carlo)等许多理论方法已经被应用到电化学能源体系的计算和模拟,推进了对电化学能源材料结构和性能的认识。例如,J. K. Norskov 课题组计算了 Pt 表面 ORR 每个原步骤的过电势,揭示了氧还原过程的决速步骤,从而指导了电催化剂的实验设计[30]。

但是，电化学体系界面结构和电场变化，反应物、中间体、产物分子的吸附和脱附，以及溶液的影响等，导致电化学能源材料的理论研究非常复杂，目前的理论计算还难以有效解释电化学能源体系的性能，也不能预测高效催化剂的结构。需要解决的挑战包括：①如何更精确地模拟界面双电层，以及提高对双电层的认知；②如何在特定的电化学环境下(特定电压和 pH 条件)进行电化学过程模拟；③如何发展多尺度模拟方法，从而提升计算上的时间和空间尺度。显然，当前快速发展的机器学习、大数据和人工智能，特别是超级计算机的发展，极大地拓展了对电化学能源材料的理论研究的能力。如 Shao-Horn 等使用机器学习技术，对 50 万篇论文的数据进行统计分析，定量分析了包括电子结构和晶体结构在内的各因素对 OER 过程的影响，为理解电催化过程并设计高效的电催化体系提供了清晰的认识[31]。Olivetti 等结合自然语言处理和机器学习技术，分析了 24 万余篇论文[32]，从中提取实验参数，生成实验方案并预测实验产物。Buonassisi 等利用贝叶斯推断，通过有限元计算来辅助光电材料的合成过程，使得合成表征更加高效[33]。这些研究通过搜索大量潜在的材料，基于可靠的筛选标准，以高通量计算来降低实验成本，从而加快电极材料的开发和应用。但是，当前的电化学研究中数据通量低，不能进行组合并行，实验效率低。一方面，为了进行高通量的实验以获取数据，需要对仪器设备和实验装置进行改进。自动化、流程化的仪器设备与操作软件将促进大数据技术应用于电化学研究。另一方面，从现存数据中获取新知识离不开针对电化学数据的处理分析算法。由于数据获取和分析手段的限制，虽然我们在电化学研究中获取了大量的信息，但囿于以往数据分析能力的限制，真正可利用的数据量并不多。近年来数学、统计学和计算科学等领域所发展的数据处理手段在自然科学领域，尤其是化学领域应用还较少，因此多学科交叉合作是今后发展的重要方向。可以预期，包含电化学体系各种复杂因素影响的 DFT、MD 和 Mont-Carlo 等理论方法的发展，结合大数据、机器学习和人工智能，将对电化学能源材料的理论认识和结构设计方面提供广阔的空间和无限的可能。

参 考 文 献

[1]　Ronci Scrosati B，Albertini V R，Perfetti P. A novel approach to *in situ* diffractometry of intercalation materials: The EDXD technique - Preliminary results on LiNi$_{0.8}$Co$_{0.2}$O$_2$[J]. Electrochem Solid State Lett，2000，3：174-177.

[2]　Hirayama M，Sonoyama N，Abe T，Minoura M，Ito M，Mori D，Yamada A，Kanno R，Terashima T，Takano M，Tamura K，Mizuki J. Characterization of electrode/electrolyte interface for lithium batteries using *in situ* synchrotron X-ray reflectometry - A new experimental technique for LiCoO$_2$ model electrode[J]. J Power Sources，2007，168：493-500.

[3]　Doeff M M，Chen G Y，Cabana J，Richardson T J，Mehta，Shirpour M，Duncan H，Kim C，Kam K C，Conry T. Characterization of electrode materials for lithium ion and sodium ion batteries using synchrotron radiation techniques[J]. Jove-J Visualized Experiments，2013，81：e50594.

[4] Katayama M, Miyahara R, Watanabe T, Yamagishi H, Yamashita S, Kizaki, Sugawara Y, Inada Y. Development of dispersive XAFS system for analysis of time-resolved spatial distribution of electrode reaction[J]. J Synchrotron Radiation, 2015, 22: 1227-1232.

[5] Bianchini M, Fauth F, Suard E, Leriche J B, Masquelier C, Croguennec L. Spinel materials for Li-ion batteries: New insights obtained by operando neutron and synchrotron X-ray diffraction[J]. Acta Cryst Sect B-Struc Sci Crystal Eng Mater, 2015, 71: 688-791.

[6] Huang W F, Marcelli A, Xia D G. Application of Synchrotron Radiation Technologies to Electrode Materials for Li- and Na-Ion Batteries[J]. Adv Energy Mater, 2017, 7: 1700460.

[7] Li W H, Li M S, Hu Y F, Lu J, Lushington A, Li R Y, Wu T P, Sham T K, Sun X L. Synchrotron-Based X-ray Absorption Fine Structures, X-ray Diffraction, and X-ray Microscopy Techniques Applied in the Study of Lithium Secondary Batteries[J]. Small Methods, 2018, 2: UNSP 1700341.

[8] Mikita R, Ogihara N, Takahashi N, Kosaka S, Isomura N. Phase Transition Mechanism for Crystalline Aromatic Dicarboxylate in Li+ Intercalation[J]. Chem Mater, 2020, 32: 3396-3404.

[9] Philippe B, Dedryvère R, Allouche J, Lindgren F, Gorgoi M, Rensmo H, Gonbeau D. Nanosilicon electrodes for lithium-ion batteries: Interfacial mechanisms studied by hard and soft X-ray photoelectron spectroscopy[J]. Chem Mater, 2012, 24: 1107-1115.

[10] Liu X S, Wang D D, Liu G, Srinivasan V, Liu Z, Hussain Z, Yang W L. Distinct charge dynamics in battery electrodes revealed by in situ and operando soft X-ray spectroscopy[J]. Nat Commun, 2013, 4: 3568.

[11] Lim J, Li Y, Alsem D H, So H, Lee S C, Bai P, Cogswell D A, Liu X Z, Jin N, Yu Y S, Salmon N J, Shapiro D A, Bazant M Z, Tyliszczak T, Chueh W C. Origin and hysteresis of lithium compositional spatiodynamics within battery primary particles[J]. Science, 2016, 353: 566-571.

[12] Wang R, Qian G Y, Liu T C, Li M F, Liu J J, Zhang B K, Zhu W M, Li S K, Zhao W G, Yang W Y, Ma X B, Fu Z D, Liu Y T, Yang J B, Jin L, Xiao Y G, Pan F. Tuning Li-enrichment in high-Ni layered oxide cathodes to optimize electrochemical performance for Li-ion battery[J]. Nano Energy, 2019, 62: 709-717.

[13] Yang L F, Shan S Y, Loukrakpam R, Petkov V, Ren Y, Wanjala B N, Engelhard M H, Luo J, Yin J, Chen Y S, Zhong C J. Role of support-nanoalloy interactions in the atomic-scale structural and chemical ordering for tuning catalytic sites[J]. J Am Chem Soc. 2012, 134: 15048-15060.

[14] Shang M F, Duan P Q, Zhao T T, Tang W C, Lin R, Huang Y Y, Wang J Q. In situ XAFS methods for characterizing catalyst structure in proton exchange membrane fuel cell[J]. Acta Physico-Chimica Sinica, 2015, 31: 1609-1614.

[15] Marinkovic N S, Sasaki K, Adzic R R. Design of efficient Pt-based electrocatalysts through characterization by X-ray absorption spectroscopy[J]. Frontiers in Energy, 2017, 11: 236-244.

[16] Bortoloti F, Ishiki N A, Della-Costa M L F, Rocha K O, Angelo A C D. Influence of Pt-Sn system nanostructure on the electronic conditions at a Pt adsorption surface site[J]. J Phys Chem C, 2018, 122: 11371-11377.

[17] Takagi Y, Uruga T, Tada M, Iwasawa Y, Yokoyama T. Ambient pressure hard X-ray photoelectron spectroscopy for functional material systems as fuel cells under working conditions[J]. Acc Chem Res, 2018, 51: 719-727.

[18] Yu N F, Tian N, Zhou Z Y, Sheng T, Lin W F, Ye J Y, Liu S, Ma H B, Sun S G. Pd nanocrystals with continuously tunable high-index facets as a model nanocatalyst[J]. ACS Catal, 2019, 9: 3144-3152.

[19] Yang X D, Zheng Y P, Yang J, Shi W, Zhong J H, Zhang C K, Zhang X, Hong Y H, Peng X X, Zhou Z Y, Sun S G. Modeling Fe/N/C catalysts in monolayer graphene[J]. ACS Catal, 2017, 7: 139-145.

[20] Yang Y, Liu W, Wu N A, Wang X C, Zhang T, Chen L F, Zeng R, Wang Y M, Lu J T, Fu L, Xiao L,

Zhuang L. Tuning the Morphology of Li$_2$O$_2$ by Noble and 3d metals: A Planar Model Electrode Study for Li-O$_2$ Battery[J]. ACS Appl Mater Interfaces, 2017, 9: 19800-19806.

[21] Torayev A, Magusin P C M M, Grey C P, Merlet C, Franco A A. Importance of incorporating explicit 3D-resolved electrode mesostructures in Li-O$_2$ battery models[J]. ACS Energy Mater, 2018, 1: 6433-6441.

[22] Xu X, Zhang X, Sun H, Yang Y, Dai X, Gao J S, Li X Y, Zhang P F, Wang H H, Yu N F, Sun, S G. Synthesis of Pt-Ni alloy nanocrystals with high-index facets and enhanced electrocatalytic properties[J]. Angew Chem Int Ed, 2014, 53: 12522-12527.

[23] Sasaki K, Naohara H, Cai Y, Choi Y M, Liu P, Vukmirovic M B, Wang J X, Adzic R R. Core-protected platinum monolayer shell high-stability electrocatalysts for fuel-cell cathodes[J]. Angew Chem Int Ed, 2010, 49: 8602-8607.

[24] Shao Y, Yin G, Gao Y. Understanding and approaches for the durability issues of Pt-based catalysts for PEM fuel cell[J]. J Power Sources, 2007, 171: 558 - 566.

[25] Yu K, Groom D J, Wang X P, Yang Z W, Gummalla M, Ball S C, Myers D J, Ferreira P J. Degradation mechanisms of platinum nanoparticle catalysts in proton exchange membrane fuel cells: The role of particle size[J]. Chem Mater, 2014, 26: 5540-5548.

[26] Hu L, Hecht D S, Grüner G. Carbon nanotube thin films: Fabrication, properties, and applications[J]. Chem Rev, 2010, 110: 5790-5844.

[27] Mirzaie R A, Firooz A A, Bakhtiari M. Highly efficient electrocatalyst of Pt electrodeposited on modified carbon substrate with Ni/ZnO for methanol oxidation reaction[J]. J Electronic Mater, 2019, 48: 2971-2977.

[28] Zhao Y, Wang Y, Cheng X, Dong L, Zhang Y, Zang J. Platinum nanoparticles supported on epitaxial TiC/nanodiamond as an electrocatalyst with enhanced durability for fuel cells[J]. Carbon, 2014, 67: 409-416.

[29] Liang Y, Li Y, Wang H, Dai H. Strongly coupled inorganic/nanocarbon hybrid materials for advanced electrocatalysis[J]. J Am Chem Soc, 2013, 135: 2013-2036.

[30] Nørskov J K, Rossmeisl J, Logadottir A, Lindqvist L, Kitchin J R, Bligaard T, Jonsson H. Origin of the overpotential for oxygen reduction at a fuel-cell cathode[J]. J Phys Chem B, 2004, 108: 17886-17892.

[31] Hong W T, Welsch R E, Shao-Horn Y. Descriptors of oxygen-evolution activity for oxides: A statistical evaluation[J]. J Phys Chem C, 2015, 120: 78-86.

[32] Kim E, Huang K, Saunders A, McCallum A, Ceder G, Olivetti E. Materials synthesis insights from scientific literature via text extraction and machine learning[J]. Chem Mater, 2017, 29: 9436-9444.

[33] Brandt R E, Kurchin R C, Steinmann V, Kitchaev D, Roat C, Levcenco S, Ceder G, Unold T, Buonassisi T. Rapid photovoltaic device characterization through bayesian parameter estimation[J]. Joule, 2017, 1: 843-856.